高等职业教育“十三五”规划教材

计算机应用基础案例驱动教程

（Windows 7+Office 2010）

罗 俊 编著

中国铁道出版社有限公司
CHINA RAILWAY PUBLISHING HOUSE CO., LTD.

内 容 简 介

本书根据当前高等职业教育的发展和社会生活、职业工作的需要，以作者丰富的一线工作经验和多年的教学案例为支撑编写而成，是湖北省教育科学“十二五”规划专项资助重点课题“Office办公软件全案例教学与教法研究”的研究成果，也是作者总结、研究出的“全案例驱动教学法”的最新成果。全书共五章，分别为：工欲善其事，必先利其器——计算机基础知识；视觉高于一切——浏览和处理图片；文案专家——Word 2010；演示大师——PowerPoint 2010；报表奇才——Excel 2010。具有体例新颖、内容新颖、案例新颖的特点。

本书适合作为高等职业院校和中等职业学校计算机公共基础课程教材，也可作为广大计算机爱好者的自学用书，以及广大职场人士的参考用书。

图书在版编目（CIP）数据

计算机应用基础案例驱动教程：Windows 7 + Office 2010/罗俊编著．—北京：中国铁道出版社，2015.10（2022.9 重印）

高等职业教育“十三五”规划教材

ISBN 978-7-113-20957-5

Ⅰ．①计… Ⅱ．①罗… Ⅲ．①Windows 操作系统－高等职业教育－教学参考资料②办公自动化－应用软件－高等职业教育－教学参考资料 Ⅳ．①TP316.7②TP317.1

中国版本图书馆 CIP 数据核字（2015）第 216584 号

书　　名：计算机应用基础案例驱动教程（Windows 7+Office 2010）
作　　者：罗　俊

策　　划：李小军　　　　编辑部电话：（010）83517321
责任编辑：许　璐
编辑助理：曾露平
封面设计：刘　颖
封面制作：白　雪
责任校对：王　杰
责任印制：樊启鹏

出版发行：中国铁道出版社有限公司（100054，北京市西城区右安门西街 8 号）
网　　址：http://www.tdpress.com/51eds/
印　　刷：三河市宏盛印务有限公司
版　　次：2015 年 10 月第 1 版　　2022 年 9 月第 12 次印刷
开　　本：787 mm×1 092 mm　1/16　印张：18.75　字数：447 千
书　　号：ISBN 978-7-113-20957-5
定　　价：48.00 元（附光盘）

前　言

信息时代早已来临，计算机和互联网如今已经不只是一种工具，它正在发展成为人脑的补充，让人类超越生理、时间、空间的束缚，用最少的时间、最便捷的方式，获取和处理海量的信息。在这样的背景下，运用计算机和互联网获取、分析、处理、应用信息已经成为每个大学生在走向社会之前必须掌握的基本能力。

对于职业院校的学生来说，信息处理能力的核心仍然是计算机操作能力，计算机操作能力的核心是 Office 办公软件的运用能力，因此，“Office”是本书的第一个关键词。

随着智能手机的普及和移动通信技术的发展，人们正在逐步摆脱对传统计算机和有线网络的依赖：人们可以随时随地获取信息；可以将数据和信息存储于“云”端，随时随地调用；可以让“云”服务器自动帮助分析处理信息。基于这种发展趋势，本书的另外两个关键词就是“云”和“移动”。

围绕这三个关键词，本书介绍了计算机的基本构成和基本操作，介绍了与日常学习、工作、生活密切相关的常用网络应用，讲解了如何使用计算机和手机快速、简便地浏览、处理图片，详细讲解了 Office 办公软件三大基本组件 Word、Excel、PowerPoint 的实用功能。在这些内容中，又贯穿了计算思维、信息安全、网络道德等能力和意识的培养。

公共计算机课程应该是一门技能课程，其重点是培养学生的操作能力，这决定了它必须摆脱传统章节式的学科教学体系，依靠实际工作任务提取教学案例，通过案例来组织教学。本书作者长期在教学一线工作，在多年教学实践中融案例教学、项目教学、情景教学、工作过程导向教学等教学模式、方法于一体，总结出“全案例驱动教学法”。这一教学法经过多年实践检验，证明是行之有效的。由本书作者主持的湖北省教育科学“十二五”规划专项资助年度重点课题“Office 办公软件全案例教学与教法研究”项目已成功结题，项目成果《Office 2003 全案例驱动教程》于 2013 年 9 月由中国铁道出版社出版。本书正是“全案例驱动教学法”的最新应用成果。

本书的主要特点：

- 体例新颖，面向教学实际需要。本书是作者多年教学实践的总结，采用全案例驱动教学，力求教学模式与教学方法、教学内容的统一；案例编排循序渐进，遵循由易到难、由简到繁、由单一到综合的认知规律和职业成长规律；每个案例讲解细致，图文并茂，以完成案例的过程作为学习过程的引导，适合教学，也适宜自学。
- 内容新颖，紧跟时代发展趋势。本书不仅把传统的计算机基础知识重新归纳重点后纳入了内容体系，也将日益重要的云计算、手机应用等内容引入了教学；作为本书教学重点的微软公司 Windows 7 操作系统和 Office 2010 办公软件，都是当前最普及的版本，适应大多数人的实际需要；本书所介绍的其他应用软件，选择的也都是成熟稳定、应用广泛的版本。

- 案例新颖，满足日常实践需要。本书所选择的教学案例，都来自社会生活和职业工作中的真实情景和项目，经过作者根据教学需要整合、优化，具有教学性，也具有很强的实用性和可操作性，可以在日常实践中直接引用。

本书在编写过程中得到了江汉艺术职业学院院长杨文堂、常务副院长李永华、教务处处长廖江涛、网络信息中心主任潘方胜、科研处处长袁航等同志的深切关心和大力支持，也得到了江汉艺术职业学院全体计算机教师的鼎力协助，在此一并表示诚挚谢意！

书中案例所需素材，参见所附光盘。如需帮助，可发送邮件至 luoj999@qq.com，我们愿为每一位读者提供热忱服务。

限于编者水平，书中难免不妥之处，恳请读者不吝赐教。

编　者

2015 年 8 月

目　录

第 1 章　工欲善其事，必先利其器
——计算机基础知识

计算机的出现、发展和应用，是 20 世纪科学技术最卓越的成就之一。随着科技的进步和发展，计算机以及互联网已经影响到人类生活的各个方面，不仅成为与现代人生活、学习和工作密切相关的重要工具，而且正深刻地影响并改变着人们的思维方式、工作方式、交往方式和生活方式。

李克强总理在 2015 年政府工作报告中指出：新兴产业和新兴业态是竞争高地。要实施高端装备、信息网络、集成电路、新能源、新材料、生物医药、航空发动机、燃气轮机等重大项目，把一批新兴产业培育成主导产业。制定“互联网+”行动计划，推动移动互联网、云计算、大数据、物联网等与现代制造业结合，促进电子商务、工业互联网和互联网金融健康发展，引导互联网企业拓展国际市场。

所有这些高、精、尖的新技术、新产业、新业态，都离不开以计算机和互联网为核心的信息技术。

案例 1.1　认识计算机

知识建构

- 计算机的工作原理
- 计算机的硬件结构
- 计算机的组装
- 计算机的启动与关闭
- 计算机的软件系统
- 计算机硬件和软件的关系

技能目标

- 掌握启动与关闭计算机的方法
- 掌握正确组装计算机的方法

计算机，俗称“电脑”，人们通常所说的计算机（Computer）主要指个人计算机（Personal Computer，简称 PC）。

美籍匈牙利数学家冯·诺依曼于 1945 年提出了“计算机的工作原理”：计算机的基本原理是存储程序和程序控制，也就是预先把指挥计算机进行操作的指令序列（称为程序）和原始数据通过输入设备输送到计算机内存储器中，每一条指令中都明确规定了计算机从什么地址取数，进行什么操作，然后送到什么地址去等步骤。这一原理也被称为“冯·诺依曼原理”。

计算机在运行时，先从内存中取出第一条指令，通过控制器的译码，按指令的要求，从存储器中取出数据进行指定的运算和逻辑操作等加工，然后再按地址把结果送到内存中去。接下来，再取出第二条指令，在控制器的指挥下完成规定操作。依此进行，直至遇到停止指令。程序与数据一样存储，按程序编排的顺序，一步一步地取出指令，自动完成指令规定的操作。要完成这些“工作”，计算机必须具备五大基本组件：输入数据和程序的输入设备，记忆程序和数据的存储器，完成数据加工处理的运算器，控制程序执行的控制器，输出处理结果的输出设备，这些都属于计算机硬件系统。指挥计算机进行操作的程序属于软件系统。

完整的计算机系统都由硬件系统和软件系统组成。硬件系统是指组成计算机的各种物理设备，也就是能看得见、摸得着的实际物理设备，包括计算机的主机和外部设备。软件系统是指人们按照需要实现的功能，利用计算机语言编写的各种程序。

计算机系统的结构如图 1-1 所示。

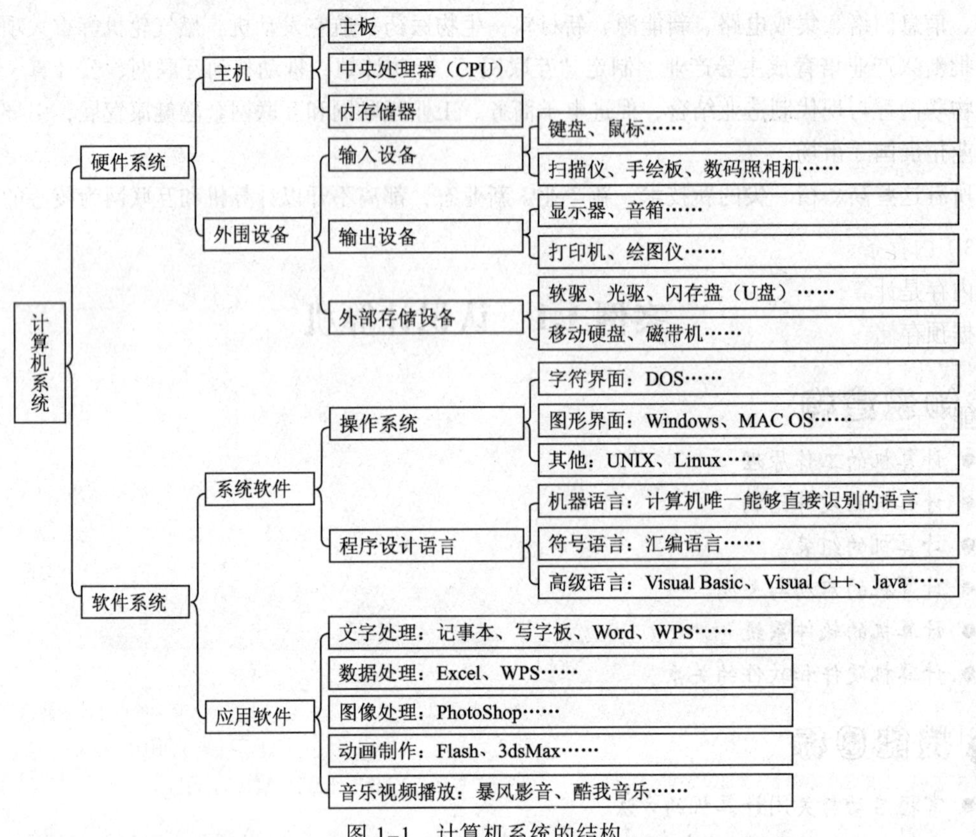

图 1-1 计算机系统的结构

1.1.1 计算机硬件

从外观上看，计算机由主机、显示器、键盘、鼠标、音箱等部件组成，如图 1-2 所示。这些看得见、摸得着的物理部件称为计算机的硬件。其中，放置有主板和其他计算机主要部件的容器（机箱）称为“主机”。除主机以外的其他设备称为计算机的外围设备，外围设备由输入设备和输出设备组成。

1．主机

计算机主机的主要构件包括主板、CPU、内存条、硬盘、光驱、声卡、显卡、网卡、机箱、电源等。

1）主板

主板又称主机板、母板，安装在机箱内，计算机的绝大多数设备都通过它连在一起，是计算机最基本的也是最重要的部件之一，如图1-3所示。

图1-2　计算机的主要外部设备

图1-3　主板

2）中央处理器

中央处理器（Central Processing Unit，CPU）统一指挥调度计算机的所有工作，相当于一台计算机的“大脑”。常说的586、奔腾、I3、I7是指不同系列和型号的CPU，如图1-4所示。

3）内存条

内存是计算机工作过程中临时存储数据信息的地方，CPU运算时并不直接读取硬盘，而是先将数据预存储在内存中，再从内存中读取数据进行运算，运算结果也是先存储在内存中，当用户选择保存时，才会将运算结果保存到硬盘中。因此，内存的读取速度和容量也直接决定着计算机的性能。计算机关机后，内存中的数据会被清空。

内存在硬件系统中称为内存条，如图1-5所示。

图1-4　CPU

图1-5　内存条

计算机中的基本存储单位是“字节”，1个字母或数字占用1个字节的存储空间，1个汉字占用两个字节的存储空间。1 024字节=1 KB，1 024 KB=1MB，1 024 MB=1 GB，1 024 GB=1 TB，现在的计算机通常安装有8 GB或更大的内存。

温馨提示：每次停电，就会听到有人在计算机前尖叫：啊，我的文件没有保存啊，我处理了半天的数据全没了！——这些处理过的数据到哪里去了呢？原因就在内存这里。如果用软件处理数据时，没有设置自动保存，也没有手动存盘的话，那么处理的数据实际上一直存储在内存中，一旦断电关机或死机，内存中的数据就会被清空，处理过的数据也就消失了。所以，要养成在处理文件的过程中及时存盘保存的习惯。

4）硬盘

硬盘是计算机的主要存储设备，计算机系统文件、应用软件、用户文件都保存在硬盘中，通俗点说，硬盘相当于计算机系统中的仓库。

目前使用的计算机硬盘主要有机械硬盘（HDD）、固态硬盘（SSD）。机械硬盘技术成熟、容量大、价格低；固态硬盘读写速度快、能耗低、体积小、价格高、容量小、损坏后数据难以恢复。一台计算机，可以同时安装机械硬盘和固态硬盘，这样可以在保证足够大的存储空间的同时提高计算机性能。图 1-6 所示为机械硬盘。

目前计算机配备的机械硬盘容量一般都在 500 GB 或者 1 TB 以上。

5）显卡

显卡又称显示适配器，也是计算机最基本、最重要的配件之一，负责将显示内容输出到显示器。

显卡分为集成显卡和独立显卡。集成显卡是直接将显示芯片集成到主板上，不需要另外购置、安装；独立显卡需要单独购置后，插在主板显卡插槽里。一般用户使用集成显卡就可以适应日常工作和娱乐要求；游戏玩家和对图形图像要求较高的用户则需要选装独立显卡。图 1-7 所示为独立显卡。

图 1-6 硬盘

图 1-7 独立显卡

6）声卡

声卡与显卡的功能性质一样，负责将声音信号转换，输出到音箱、耳机、录音机、扩音机等声音设备。

声卡也分为集成声卡和独立声卡。如果音响设备的档次不高，不需要安装独立声卡。图 1-8 为独立声卡。

7）网卡

网卡又称网络适配器，是将计算机接入网络的扩展卡，负责和外部的沟通。主板通常自带集成网卡。图 1-9 所示为独立网卡。

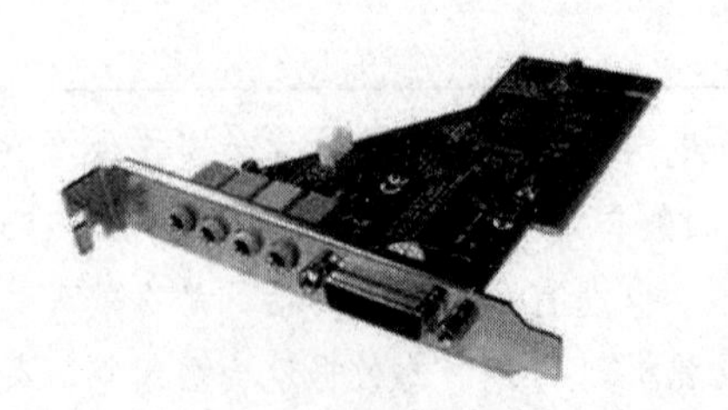

图 1-8 独立声卡

图 1-9 独立网卡

2．常见的外部设备

1）键盘

键盘是计算机最基本的输入设备，是人与计算机沟通的主要交互工具，大量信息都是通过键盘输入给计算机的。常见的键盘如图 1-10、图 1-11 所示。

图 1-10 普通键盘

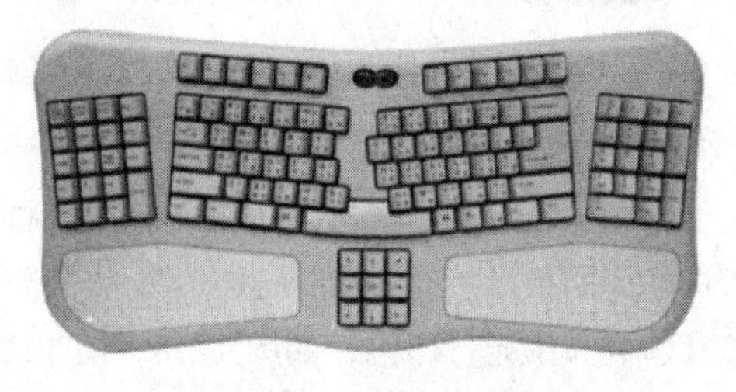

图 1-11 人体工学键盘

2）鼠标

鼠标是向计算机发出操作命令的输入设备，是计算机使用最频繁的输入设备之一。“鼠标”因形似老鼠而得名。

鼠标按工作原理可分为机械鼠标、光学鼠标；按连接方式可分为有线鼠标、无线鼠标，如图 1-12、图 1-13、图 1-14 所示。

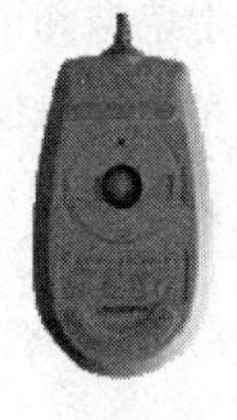

图 1-12 机械鼠标

图 1-13 光学鼠标

图 1-14 无线鼠标

3）显示器

显示器是计算机主要的输出设备，是将计算机内的文件或运算结果显示到屏幕上再反射到人眼的显示工具，如图 1-15 所示。

根据制造材料的不同，显示器可分为阴极射线管显示器（CRT）、等离子显示器（PDP）、液晶显示器（LCD）等。目前市场上的主流产品是 LED 液晶显示器。显示器的规格一般用屏幕对角线的尺寸来表示，尺寸大小以英寸单位，1 英寸=2.54 厘米。比如，常说的 21 寸、23 寸显示器，指的就是屏幕的对角线尺寸是 21 英寸、23 英寸。

温馨提示：手机和平板电脑的屏幕尺寸与显示器屏幕尺寸的标示方法是一样的，所谓 4 寸屏、5 寸屏、7 寸屏、9 寸屏，都是指以英寸为单位的屏幕对角线尺寸。

4）音箱

音箱是将音频信号转换为声音的设备，没有音箱、耳机等声音输出设备的计算机就是一台“哑巴计算机”。台式计算机配备的小型音箱，箱体内一般自带功率放大器，对音频信号进行放大处理后由音箱喇叭放出声音，如图 1-16、图 1-17 所示。

图 1-15　LED 液晶显示器

图 1-16　音箱 1

图 1-17　音箱 2

5）打印机

打印机是计算机的输出设备之一，用于将计算机处理后的结果输出打印到相关介质上。衡量打印机好坏的指标主有 3 项：打印分辨率、打印速度和噪声。常用的打印机主要分为针式打印机、喷墨打印机和激光打印机，如图 1-18、图 1-19、图 1-20 所示。

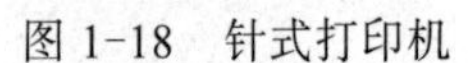

图 1-18　针式打印机

图 1-19　喷墨打印机

图 1-20　激光打印机

针式打印机使用成本低，打印速度慢，噪声较大，目前主要用于票据和证件打印；喷墨打印机购买便宜，但使用成本高，打印速度慢，主要用于彩色打印；激光打印机使用成本低，打印速度快，打印效果清晰。

在 Windows 7 中安装打印机的步骤如下：

（1）用 USB 数据线连接计算机和打印机；

（2）单击“开始”按钮，打开“控制面板”窗口；

（3）选择“硬件和声音”选项，打开如图 1-21 所示窗口；

（4）单击“设备和打印机”选项的“添加打印机”超链接；

（5）选择“添加本地打印机”选项，如图 1-22 所示，单击“下一步”按钮；

（6）选择打印机的端口类型，这里选择对应的 USB 端口；

（7）在厂商和打印机列表内选中对应的打印机品牌和型号（从机身或说明书中可以查看打印机品牌、型号），根据提示安装即可。

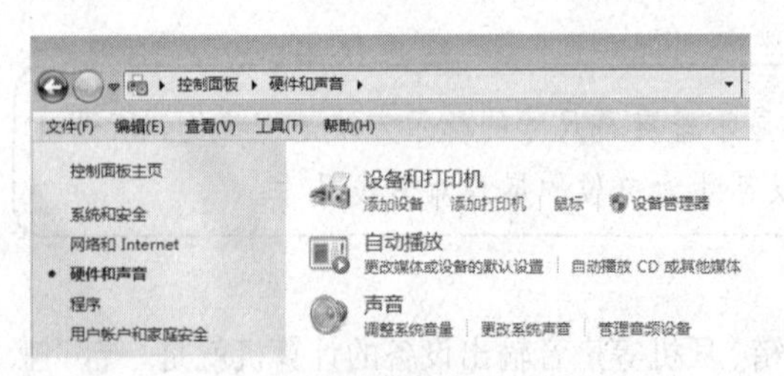

图 1-21　“硬件和声音”选项

图 1-22　“添加本地打印机”选项

如果在打印机品牌和型号列表中没有找到对应的打印机，就说明这款打印机的驱动没有被集成到 Windows 系统中，这种情况下，可以通过打印机驱动光盘中的安装程序按提示安装打印机，没有驱动光盘的，也可以到网上下载对应的驱动程序进行安装。

3. 外部设备与主机的连接

计算机的外部设备都是通过主板上的各种接口与计算机主机相连的，这些接口直接裸露在机箱的后面，如图 1-23 所示。

通常，键盘接口为蓝色，鼠标接口为绿色，键盘和鼠标接口端常有一个指示箭头，在连接时需要按箭头指示的方向插入键盘与鼠标接口。如果插入方向不对，将无法插入，强行用力插入，会造成鼠标和键盘插头弯针。

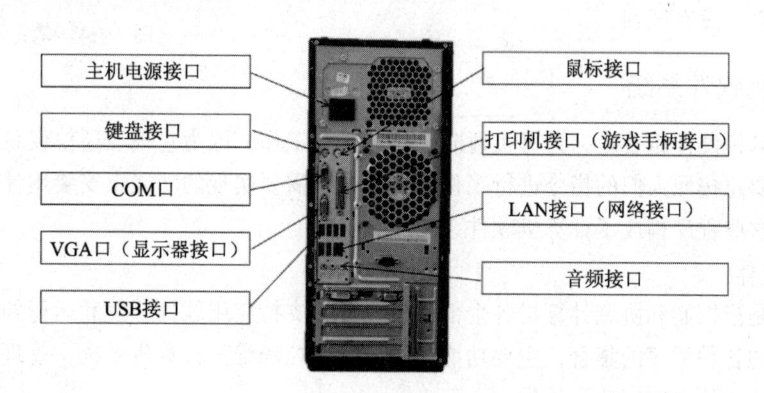

图 1-23　主机箱背部接口

其他接口一般也都有固定的方向，观察好后，再进行连接。

现在大多数的计算机设备都可以使用 USB 接口，将这些设备连接到计算机任一 USB 接口，安装驱动程序，都可正常使用。

4. 计算机的启动与关闭

正确地启动和关闭计算机能起到保护计算机的作用，养成良好的计算机开关机习惯能在不经意间有效地延长计算机的使用寿命。

1）启动计算机的步骤

（1）按下显示器电源按钮；

（2）按下主机箱电源按钮：在主机箱面板上按下标有 Power 的按钮，此时主机上的电源指示灯被点亮；

（3）登录系统：显示器显示操作系统登录界面，如果设定了密码，则需要输入正确的密码才能进入系统；

（4）进入系统：系统启动完成后，即可运行其他应用程序。

2）关闭计算机的步骤

在关闭计算机前，要确保各类数据均已保存。

（1）单击计算机屏幕左下角的“开始”按钮；

（2）在弹出的菜单中选择“关机”选项，即可关闭计算机。

1.1.2　笔记本电脑

笔记本电脑（Notebook Computer，简称 Notebook、NB）又称手提电脑，是一种小型、可携带的个人电脑。笔记本电脑与台式电脑相比，外形上有很大区别，如图 1-24 所示。

图 1-24 笔记本电脑

便携性是笔记本电脑相对于台式电脑最大的优势，一般的笔记本电脑重量只有 2 千克左右，方便随身携带。

目前，笔记本电脑正在向平板化发展，如微软公司推出的 Surface 系列平板电脑使用计算机操作系统，而不是手机操作系统，在需要时可以连接外部键盘、鼠标，操作方式与普通计算机没有区别。

1.1.3 计算机软件系统

在完成计算机硬件组装后，计算机暂时还不能进行工作，因为它现在还仅仅只是一台物理意义上的机器，要想按照人们的指令进行工作，还要根据需要实现的功能来安装用计算机语言编写的各种程序，这些程序构成了计算机软件系统。

1．系统软件

系统软件是指控制和协调计算机各个部件、设备，支持应用软件开发和运行的软件系统，是无需用户干预的各种程序的集合，主要功能是调度、监控和维护计算机系统，管理计算机系统中各种独立的硬件，使得它们协调工作。

2．应用软件

应用软件是为满足用户不同领域、不同问题的应用需求而开发的软件。它可以拓宽计算机系统的应用领域，放大硬件的功能。如办公软件、游戏、视频音频播放软件等。

1.1.4 计算机硬件与软件的关系

计算机硬件与软件相互依存。硬件是软件赖以存在、工作的物质基础，没有计算机硬件，计算机软件也将不复存在，所谓“皮之不存，毛将焉附”；反之，没有计算机软件，计算机硬件也只是一堆金属，无法体现其价值。所以，计算机系统必须配备完善的软件系统才能正常工作，进而充分发挥硬件的各种功能。

硬件和软件的界限也不是绝对的，因为软件和硬件在功能上具有等效性。计算机系统的许多功能，既能在基本的硬件基础上用软件实现，也能通过专门的硬件实现。如视频编辑系统，单纯用视频编辑软件来编辑、压缩、生成视频需要耗费大量时间，如果配备“视频编辑卡”之类的硬件系统，几乎可以在编辑时实现同步预览、压缩、生成。一般来说，用硬件实现特定功能的成本高、运算速度快；用软件实现的运算速度较慢，但成本低、较灵活、更改与升级比较方便。

软件与硬件的发展是相互促进的。硬件性能的提高可以为软件创造出更好的开发环境，在此基础上可以开发出功能更强的软件。如计算机的每一次升级改型，其操作系统的版本也随之提高，并产生一系列新版的应用软件。反之，软件的发展也对硬件提出更高的要求，促使硬件性能提高，甚至产生新的硬件。所以，硬件和软件是协同发展的，二者密切地交织，缺一不可。

案 例 小 结

本案例学习训练完成后，应对计算机系统有了比较具体的认知，对计算机软、硬件的关系有了基本的了解，这将有助于今后的学习。

实训 1.1　我是硬件能手

实训 1.1.1　配置台式计算机

（1）上网搜集相关资料，用 3 500 元预算配置一台办公用台式计算机，用 5 000 元预算配置一台图形图像处理用计算机；

（2）有条件的购置硬件，正式组装一台计算机。

实训 1.1.2　启动与关闭计算机

正确启动与关闭计算机。

实训 1.1.3　实训报告

完成一篇实训报告，将实训中遇到的问题、解决方案和收获整理并记录下来。

案例 1.2　与计算机对话

知识建构

- 主流操作系统
- Windows 7 操作系统的基本操作
- Windows 7 操作系统的硬件资源管理
- Windows 7 操作系统的文件管理
- Windows 7 操作系统的工具程序
- Windows 7 操作系统的新输入法安装
- Windows 7 操作系统的新字体安装

技能目标

- 掌握 Windows 7 中的文件管理操作
- 掌握 Windows 7 中常用工具程序的使用
- 掌握在 Windows 7 中安装新输入法和管理输入法的方法
- 掌握 Windows 7 中新字体的安装方法

人类无法直接与计算机硬件对话，要将各种计算机硬件组成一个可以为我们所用的智能设备，需要用硬件能够识别的语言将它们连接起来，并且将我们的指令“翻译”给硬件，让硬件按照我们的要求进行运算处理、输出。计算机操作系统就是用户与计算机之间的“交流平台”。

操作系统是管理和控制计算机硬件和软件资源的计算机程序，应用软件都必须在操作系统的支持下才能运行。完成一台计算机的硬件组装后，首先要安装操作系统，然后才能安装并运行其他应用软件。

1.2.1　常用操作系统

目前，比较常用的计算机操作系统有微软（Microsoft）公司的 Windows 系列操作系统、苹果公司的苹果计算机操作系统（Mac OS）、开放式的 UNIX 系统和 Linux 系统等。此外，还有主要用于移动设备的 Android 系统、iOS 系统。

1. Windows 系列操作系统

Microsoft Windows 是美国微软公司研发的一套操作系统，问世于 1985 年，起初仅仅是 Microsoft-DOS 模拟环境，后续的系统版本由于微软不断地更新升级，不但易用，也慢慢成为用户最喜爱的操作系统。

Windows 采用了图形化模式，比起从前的 DOS 系统需要键入指令使用的方式更为人性化。随着计算机硬件和软件的不断升级，微软的 Windows 也在不断升级，架构从 16 位、32 位发展到了 64 位，甚至 128 位，系统版本从最初的 Windows 1.0 逐步升级到了大家熟知的 Windows XP、Windows 7 和 Windows Server 服务器操作系统。目前较新的 Windows 操作系统版本是 2015 年 7 月 29 日发布的 Windows 10。

2. UNIX 操作系统

UNIX 操作系统（尤尼斯）最早由 Ken Thompson 等人于 1969 年在 AT&T 的贝尔实验室开发，目前其商标权由国际开放标准组织拥有。它是一个多用户、多任务的分时操作系统，支持多种处理器架构。只有符合单一 UNIX 规范的 UNIX 系统才能使用 UNIX 这个名称，否则只能称为类 UNIX（UNIX-like）。

3. Linux 操作系统

Linux 操作系统诞生于 1991 年 10 月 5 日（第一次正式向外公布时间），是一套免费使用和自由传播的类 UNIX 操作系统，是多用户、多任务、支持多线程和多 CPU 的操作系统。Linux 继承了 UNIX 以网络为核心的设计思想，支持 32 位和 64 位硬件，能运行主要的 UNIX 工具软件、应用程序和网络协议。Linux 存在着许多不同的版本，但它们都使用了 Linux 内核。

4. Mac OS 操作系统

Mac OS 是苹果公司为其所属的 Mac 系列计算机产品开发的专属操作系统，基于 UNIX 系统。它是首个在商用领域成功的图形用户界面操作系统，包括目前的全鼠标、下拉菜单操作和直观的图形界面，其实并不是产生于微软公司的 Windows 操作系统，而是苹果公司的 MAC OS 系统。

MAC OS 目前的最新版本为 OS X 10.10，于 2014 年 10 月 21 日发布。

5. Android 操作系统

Android，中文也称安卓、安致，是一种基于 Linux 的自由及开放源代码的操作系统，由 Google 公司和开放手机联盟领导及开发，主要使用于移动设备，如智能手机、平板电脑。

第一部 Android 智能手机发布于 2008 年 10 月。2011 年第一季度，Android 平台手机的全球市场份额超过诺基亚主导的 Symbian（塞班）系统，成为全球第一。目前，Android 已经从手机、平板电脑逐步扩展到了其他领域，如电视、数码相机、游戏机、导航仪等。

6. iOS 操作系统

iOS 是由苹果公司开发的移动操作系统，最初是苹果公司 iPhone 手机的专属操作系统，后来陆续被扩展到苹果公司的 iPod touch、iPad 以及 Apple TV 等产品上。它与 OS X 操作系统一样，都属于类 UNIX 操作系统。

1.2.2　设置 Windows 7

操作系统是用户和计算机沟通的平台，为了让计算机更好地为用户服务，可以按照个人使用习惯和工作需要对操作系统进行一些设置。Windows 7 操作系统是目前最为普及的计算机操作系统，这里以它为例。

1．控制面板

控制面板，是 Windows 操作系统为用户提供的一个查看并设置系统基本参数的工具，通过控制面板，可以设置大部分计算机的使用环境参数。

进入控制面板，并根据个人习惯改变视图显示模式的操作步骤：

（1）单击“开始”按钮，选择“控制面板”，打开“所有控制面板项”窗口；

（2）在“查看方式”中（见图 1-25）选择“类别”“大图标”或者“小图标”，将所有的控制功能选项都显示出来。

图 1-25　“所有控制面板项”窗口

2．屏幕保护程序

传统的 CRT 显示器，屏幕上显示的内容如果长时间静止不动，会造成显示器屏幕的老化损伤，因此，Windows 操作系统中都设有屏幕保护程序。

目前，LED 液晶显示器已经普及，但由于工作原理不一样，屏幕保护程序不仅不能保护屏幕，相反，可能还会对屏幕造成伤害。对于笔记本电脑来说，屏幕保护程序不仅伤害屏幕，而且耗电。

因此，笔记本电脑和使用 LED 液晶显示器的台式电脑，最好不要设置屏幕保护程序。

3．设置电源选项

计算机开机往往要耗费比较长的时间，如果暂时不使用计算机，但又想在需要时能迅速地使用它，可以不关机，而是让其处于等待或者睡眠状态，降低能耗，保护硬件，在需要使用的时候，只需动一下鼠标键盘，计算机将很快被唤醒，回到之前的工作状态。

操作步骤如下：

（1）在“控制面板”的“查看方式”为“大图标”选项状态时，选择“电源选项”项目（见

图 1-25），打开新窗口；

（2）系统预设了两种电源使用方案，可根据需要进行选择，如图 1-26 所示；

（3）每一种电源方案，都可以再点击后面的“更改计划设置”，根据个人使用习惯和需要进行更细致的设置；

（4）如果计算机设置了用户密码，当将计算机从休眠状态唤醒时，也可以设置成像开机时一样，需要重新输入密码，如图 1-26 左上角矩形框所示。

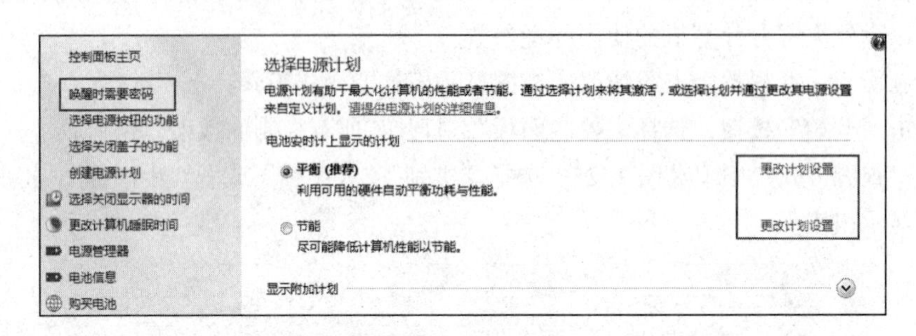

图 1-26　电源选项

4. 用户账户管理

系统安装完成后，会有一个负责管理系统的管理员账户：Administrator，还有一个来宾账户：Guest。通常都直接使用 Administrator 账户操作计算机，如果有多个用户使用同一台计算机，可以为每个用户建立单独的账户，以便实现更准确的权限管理。

本案例，将新建一个用户账户 Dear。操作步骤如下：

（1）打开“控制面板”窗口，选择“类别”视图显示模式；选择“用户账户和家庭安全”选项，打开“用户账户和家庭安全”设置窗口，如图 1-27 所示。

（2）选择“用户账户”中的“添加或删除用户账户”链接，打开“管理账户”窗口。

（3）单击“创建一个新账户”按钮，输入账户名为“Dear”，选择账户名为“标准用户”，然后单击“创建账户”按钮。

图 1-27 “用户账户和家庭安全”窗口

（4）如果需要，可以对账户进行“更改名称”“创建密码”“更改图片”和“设置家长控制”等操作。

5. 管理输入法

Windows 7 安装完成后，系统自带了英文输入法和几个中文输入法，但中文输入法可能没有全部显示出来，用户可以根据自己的习惯安装和管理输入法。

操作步骤如下：

（1）打开“控制面板”，选择“类别”视图显示模式，找到“时间、语言和区域”选区中的“更改键盘或其他输入法”链接，如图 1-28 所示，单击链接打开“区域和语言”对话框；

（2）在“键盘和语言”选项卡中，找到“更改键盘”选项并单击打开“文本服务和输入语言”对话框；

（3）在“文本服务和输入语言”对话框中单击“添加”按钮，如图 1-29 所示；

（4）在“添加输入语言”对话框中找到“中文（简体，中国）”，就可以看到系统里面的中文输入法，选中需要使用的输入法，单击“确定”按钮，即可添加该输入法。

图 1-28 更改键盘或其他输入法

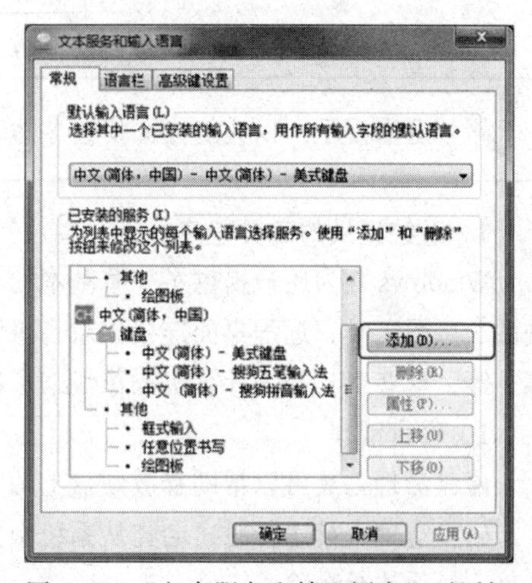

图 1-29 “文本服务和输入语言”对话框

如果用户惯用的输入法不属于系统自带的输入法，就需要自己到网络上下载、安装。

6．安装新字体

Windows 系统自带了部分中文字体，如果需要使用特殊的字体，就需要将这些字体安装进系统。在 Windows 7 中，安装字体的方法有如下几种：

第一种：右击字体文件（.ttf 格式或者.otf 格式），选择“安装”命令；

第二种：双击打开字体文件，单击“安装”按钮；

第三种：将字体复制到 C:/Windows/Fonts。

系统中的字体并不是越多越好。在系统中安装很多字体，使用起来可能会比较方便，但也会占用很多系统资源，过多的字体不仅会占用很多的系统盘空间，而且会拖慢相关应用软件的运行速度。有没有一种方法，既可以便捷地安装、使用丰富的字体，又不影响系统性能呢？这就需要以快捷方式安装字体，操作步骤如下：

（1）进入 C:/Windows/Fonts“字体”文件夹界面，单击“字体文件夹”左侧的“字体设置”，如图 1-30 所示；

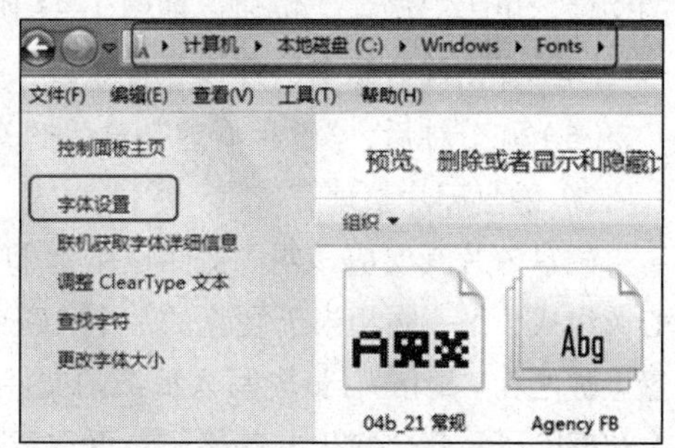

图 1-30 字体设置

（2）选中“允许使用快捷方式安装字体(高级)(A)”，如图 1-31 所示；

（3）双击打开需要安装的字体文件，在预览窗口中选中“快捷方式”，如图 1-32 所示；

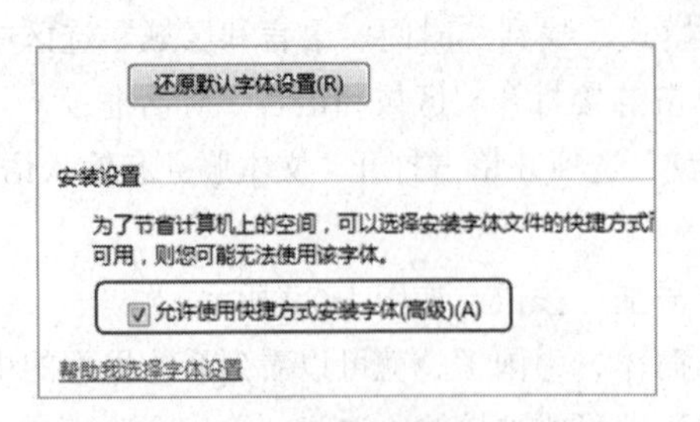

图 1-31 允许使用快捷方式安装字体

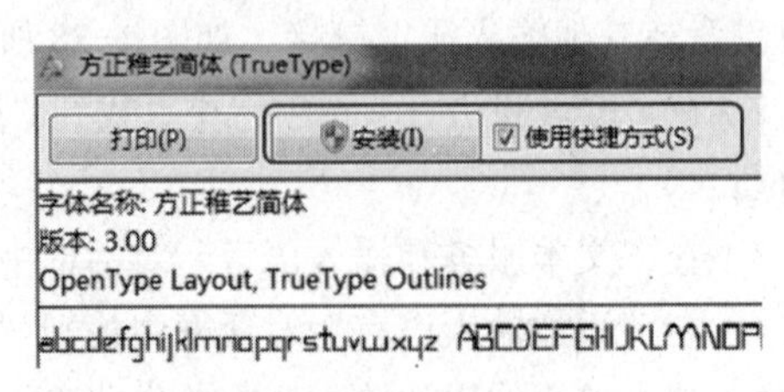

图 1-32 安装字体

（4）单击“安装”按钮即可以快捷方式安装。

温馨提示：以快捷方式安装字体，最好先把字体文件放在 C 盘以外的其他盘。

7. 系统提供的工具程序

Windows 7 为用户提供了一些基本的工具软件，如计算器、记事本、写字板、媒体播放器、画图、截图工具、远程桌面连接、录音机、系统工具（包括磁盘清理、磁盘碎片整理、系统还原等）等，这些工具都为计算机操作带来了便利。

1）磁盘清理

磁盘清理工具可以帮助释放硬盘上的空间，以提高硬盘利用率，提高计算机性能。

磁盘清理工具运行时，会先从系统中搜索出可以安全删除的文件，然后让用户确认要删除的文件，最后执行删除。

操作步骤如下：

（1）单击“开始”按钮，依次选择“所有程序”|“附件”|“系统工具”|“磁盘清理”命令，打开“选择驱动器”对话框，如图 1-33 所示，本案例选择“C 盘”；

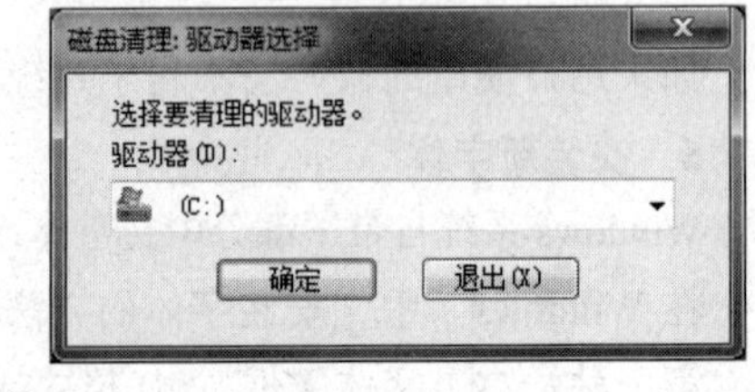

图 1-33 “磁盘清理：驱动器选择”对话框

（2）单击“确定”按钮后，弹出“磁盘清理”提示框，如图 1-34 所示，“磁盘清理”工具开始计算可以释放多少磁盘空间，以及大概需要的时间；

（3）弹出“磁盘清理”对话框，在“要删除的文件”列表框中上下拖动查看，并选中要删除的文件，单击“确定”按钮，如图 1-35 所示；

（4）弹出确认磁盘清理操作提示框，提示确认要删除的文件时，单击“是”按钮；

（5）几分钟后，“磁盘清理”对话框关闭，清理工作完成。

2）磁盘碎片整理

磁盘碎片其实应该叫“文件碎片”。将硬盘想象成一张巨大的圆形稿纸，这张稿纸由无数个同心圆组成，每一圈相当于硬盘的一个“磁道”，每一个同心圆又被分为一个个小小的扇形格子，硬盘上称之为“扇区”。最先写入稿纸的文件会根据文字多少依次填入相连的格子；如果中间的文件 A 被擦除了，就会空出一些格子；再重新写入一个文件 B 时，会被写入擦出来的空格中，但那些空格子容纳不下文件 B，文件 B 的一部分被写入其他区域的空格，这时候，文件 B 相当于被切分成了两部分，甚至更多的部分。这些被存储在硬盘不同区域的同一个文件的不同部分就是文件碎片，也就是磁盘碎片。随着文件的频繁删改、移动，磁盘碎片会越积越多。

图 1-34　磁盘清理提示框

图 1-35　确认磁盘清理操作提示框

磁盘碎片会降低硬盘的运行速度，硬盘读取文件需要在多个碎片之间跳转，这样就增加了等待盘片旋转到指定扇区和磁头切换磁道所需的寻道时间。

“磁盘碎片整理程序”的功能就是将同一个文件的不同部分，移动、存储到连续的磁盘空间上，并把无用的内容从磁盘中清理掉，如果磁盘上有错误，“磁盘碎片整理程序”还能修复磁盘错误。

操作步骤如下：

（1）单击“开始”按钮，依次选择“所有程序”|“附件”|“系统工具”|“磁盘碎片整理程序”命令，打开“磁盘碎片整理程序”对话框，如图 1-36 所示。

（2）选择盘符，单击“磁盘碎片整理”按钮，开始分析磁盘，然后进行整理；如果只要求分析磁盘，不进行整理，只需单击“分析磁盘”按钮。

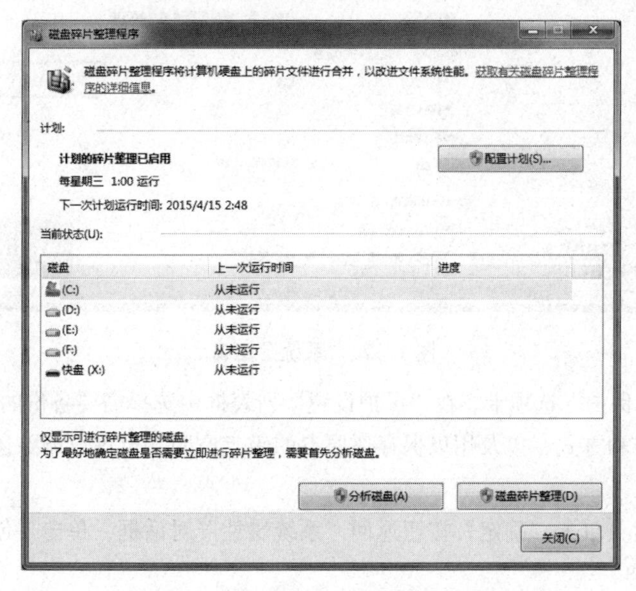

图 1-36　“磁盘碎片整理程序”对话框

温馨提示：如果希望计算机自动定期利用空闲时间进行磁盘碎片整理，可单击“配置计划”按钮，进行整理计划配置，如每周三 12：00 定期整理所有磁盘。

3）系统还原

利用 Windows 7 的系统备份和还原功能，可以在安装程序或者对系统进行重要改动前自动创建还原点，这样就可以在系统崩溃后将系统还原到最近的一个正常状态。

手动创建还原点的方法如下：

（1）右击桌面上的“计算机”图标，在弹出的快捷菜单中选择“属性”命令，打开“系统”窗口，如图 1-37 所示。在“系统”窗口中，显示了系统的硬件信息和系统信息，如处理器种类、内存大小、系统类型和操作系统版本，以及是否激活等，还显示计算机的网络工作环境，如计算机名、工作组等，单击“更改设置”按钮，可以给计算机改名或者给计算机所处的网络工作组改名。

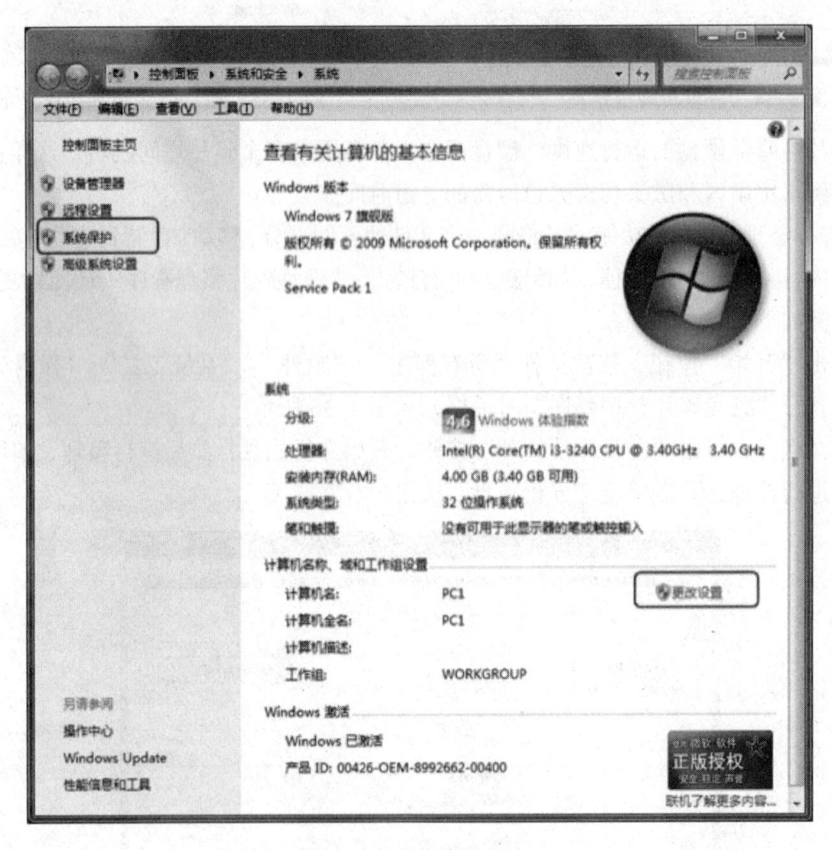

图 1-37 “系统”窗口

（2）打开“系统保护”选项卡，在“保护设置”列表框中选择需要备份的磁盘，单击“配置”按钮，设置保存内容和方式，以及用以保存还原点的磁盘空间，也可以删除还原点，如图 1-38、图 1-39 所示。

（3）设置完成后，单击“确定”按钮返回“系统属性”对话框，单击“创建”按钮，创建手动还原点，如图 1-38。

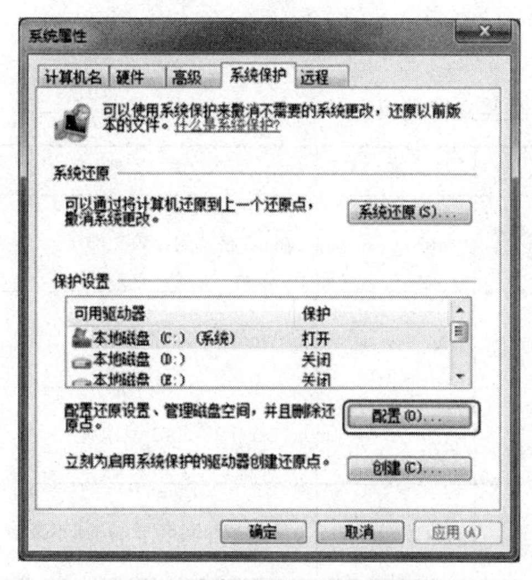

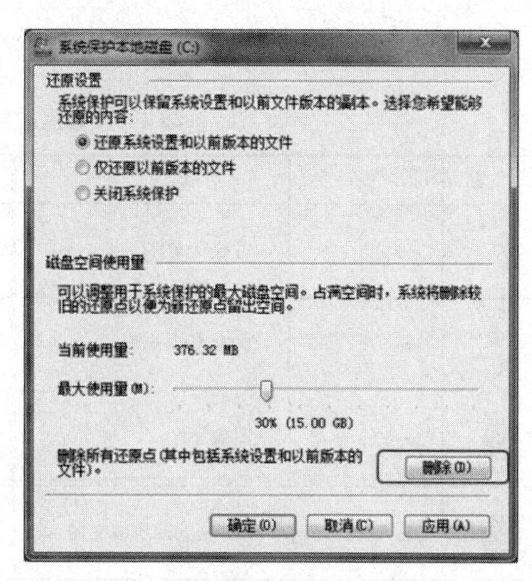

图 1-38　“系统保护”选项卡　　　　图 1-39　配置“系统保护本地磁盘”

还原系统：单击图 1-38 中的“系统还原”按钮，打开“系统还原”向导，单击“下一步”按钮进入选择还原点的界面，从指定的还原点进行还原，也可以选择“扫描还原后受影响的程序”，单击“确定”按钮实现还原，如图 1-40 所示。

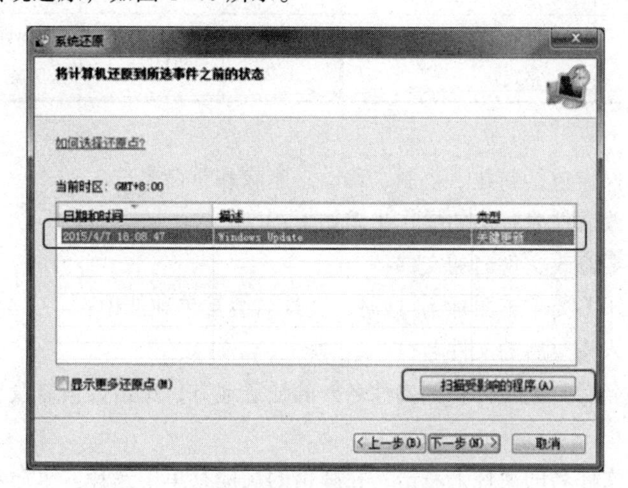

图 1-40　还原系统到特定“还原点”

1.2.3　管理计算机中的文件

计算机中的各类信息都是以“文件”形式存储的。

每个文件，系统都会要求有一个名字，称为文件名，文件名是系统识别文件的标识。文件名由“基本名”和“扩展名”构成，之间用“.”隔开，如：咖啡.txt，唐诗三百首.doc，销售报告.xls，似是故人来.mp3 等。

计算机中保存的文件有很多种类，不同类型的文件中保存着不同形式的内容。不同的扩展名，代表着不同类型的文件。系统通过文件的扩展名来识别文件类型，同时根据文件类型来为文件指定不同的图标，不同类型的文件用不同的图标来表示，使用者可以通过图标来识别文件的类型。

常见的扩展名及其文件类型如表 1-1 所示。

表 1-1　常见的扩展名及其文件类型

图　　标	扩 展 名	类　　型	图　　标	扩 展 名	类　　型
	.exe	可执行文件		.mp3	mp3 格式的音频文件
	.txt	文本文件		.doc	Word 97-2003 文档
	.bmp	图像文件		.xls	Excel 97-2003 工作簿
	.zip	ZIP 格式的压缩文件		.ppt	PowerPoint 97-2003 演示文稿
	.htm	网页文件		.docx	Word 2007 及以上版本文档
	.swf	Flash 动画发布的文件		.xlsx	Excel 2007 及以上版本工作簿
	.pdf	Adobe 公司开发的电子文件格式		. pptx	PowerPoint 2007 及以上版本演示文稿

1．修改文件名

文件管理的基本操作包括新建、复制、移动、删除和重命名。

重命名文件（修改文件名称）的操作步骤如下：

（1）单击选中需要修改文件名的文件；

（2）单击文件名（不要单击图标），这时，文件名会被单独选中；

（3）通过键盘键入修改后的文件名；

（4）修改完文件名后，把鼠标移到文件名外的任意地方，单击，被修改后的文件名被确认为新的文件名。

也可以在要修改文件名的文件上右击，在弹出的快捷菜单中选择“重命名”选项，文件名被单独选中，进入可修改状态。

修改文件夹名称的方法与修改文件名称相同。

如果修改了文件的扩展名，系统会将文件识别为新的文件类型，同时，文件图标也会自动修改为与新类型对应的图标。

系统还会根据文件扩展名来自动选择用于打开文件的应用程序，因此，在修改文件名时，注意不要修改文件的扩展名，否则可能会打不开被修改了扩展名的文件。

比如，系统会自动调用 Office Word 软件来打开扩展名为“doc”的文件，当文件的扩展名被修改为“mp3”后，系统就会用音乐播放软件来打开它，但这个文件并不是一个 mp3 音乐文件，自然也就无法播放。

如果用户修改文件的扩展名，系统会进行提示，如图 1-41 所示。

为了防止文件扩展名被误修改，可以将系统设置为不显示已知文件扩展名：

（1）打开任意文件夹，单击菜单“工具”，选择“文件夹选项”；

（2）在弹出的对话框上方选择“查看”选项卡；

（3）拖动右侧滑动条到最下方，在“隐藏已知文件类型的扩展名”前点选，点选后，这个选项前的方框中会出现一个小勾，单击“确定”按钮，保存设置，如图 1-42 所示。

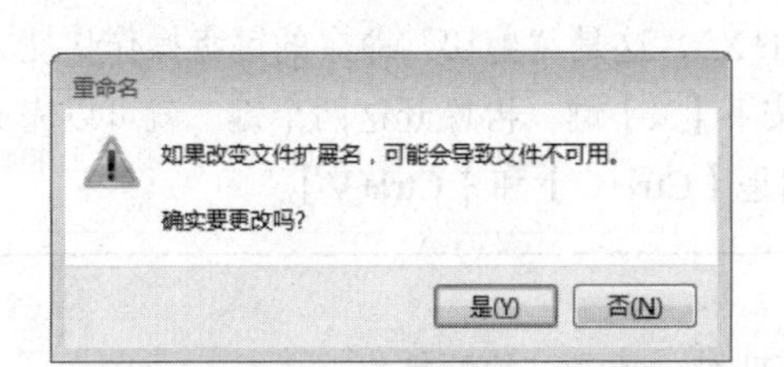

图 1-41　修改文件扩展名提示

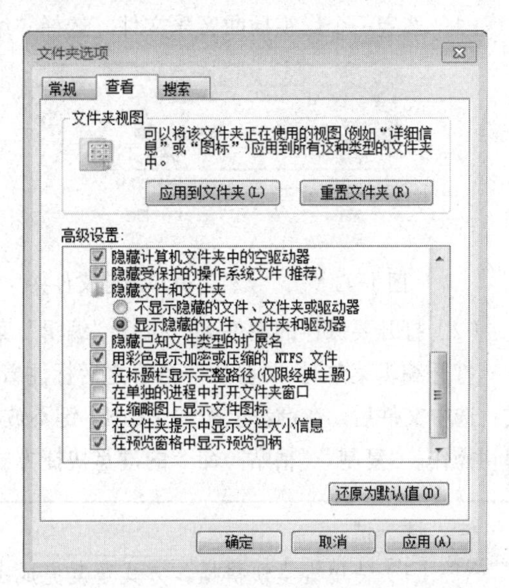

图 1-42　“隐藏已知文件类型的扩展名”选项

完成设置后，系统内所有能被系统识别的文件，都不会再显示扩展名，也就不用担心扩展名被修改了。

温馨提示：为了防止误删系统文件，可以将图 1-42 中的“隐藏受保护的操作系统文件”“不显示隐藏的文件、文件夹或驱动器”两个选项选中。

2．新建文件夹

文件夹是 Windows 系统中用于存放文件或者其他文件夹的容器。在文件夹中包含的文件夹通常称为“子文件夹”，每个文件夹可以包含任意数量的文件或者子文件夹。

为了方便管理文件，需要建立多个文件，以存储不同的文件。

例如，在 E 盘中新建一个文件夹，命名为“音乐”，再在“音乐”文件夹中新建两个子文件夹，分别命名为“影视插曲”“睡前小夜曲”。

操作步骤如下：

（1）双击桌面上“计算机”图标，进入 E 盘；

（2）选择“文件”|“新建”|“文件夹”命令，如图 1-43 所示，就创建了一个新的空白文件夹；

（3）给新文件夹命名：音乐；

（4）双击“音乐”文件夹，打开后，再新建两个文件夹，分别命名为“影视插曲”和“睡前小夜曲”。

3．复制、移动文件或文件夹

可以在同一个位置复制一个完全相同的文件或者文件夹，也可以改变存储位置，将文件、文件夹复制或移动到新的文件夹中。

例如，将D盘中的影视插曲移动到刚才新建的“影视插曲”文件夹中。

操作步骤如下：

（1）选定一个影视插曲音乐文件，选择“编辑”|“剪切”命令，如图1-44所示；

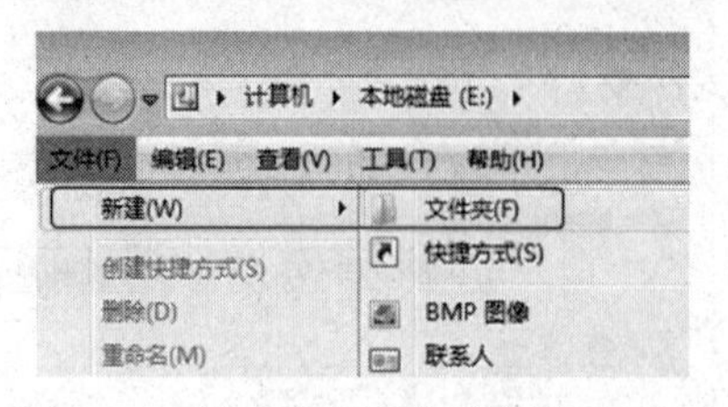

图1-43　从“文件”菜单新建文件夹

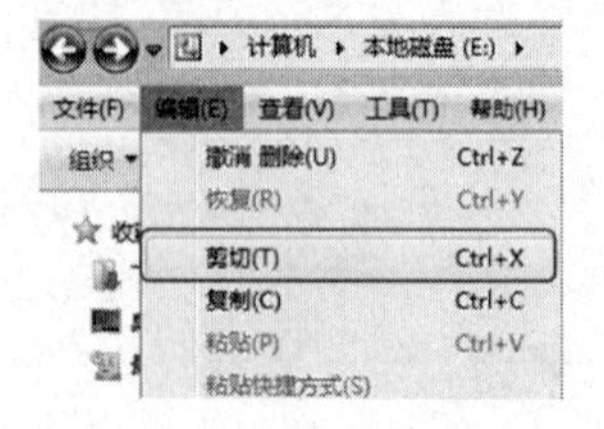

图1-44　“剪切”命令

（2）打开要保存的文件夹，执行“编辑”菜单中的“粘贴”命令。

打开编辑菜单时，“剪切”命令之后标注着“Ctrl+X”，这是“剪切”命令的键盘操作快捷方式，选中文件后，在键盘上按住【Ctrl】键不放，再按下【X】键，再松开这两个键，就可以完成剪切操作。“复制”“粘贴”命令的键盘快捷方式分别是【Ctrl+C】和【Ctrl+V】。

试一试：

（1）使用键盘快捷操作方式重复完成上面的剪切、复制、粘贴操作；

（2）将一个文件复制后，不切换文件夹，直接在当前文件夹中粘贴，看看文件名的变化。

4．删除文件或文件夹

为了便于文件管理，节省存储空间，要及时删除不再需要的文件和文件夹。

删除时，先选定需要删除的文件或文件夹，然后选择“文件”|“删除”命令，系统会提示“确实要把此文件（文件夹）放入回收站吗？”，选择“是”，完成删除操作。

此时，删除后的文件并没有完全从硬盘中消失，而是被放到了一个叫“回收站”的空间。打开“回收站”，可以将误删的文件恢复，也可以将文件从硬盘上彻底删除。

温馨提示：在管理计算机中的文件时，可以分层次建立符合需要的文件库，以提高文件管理的效率，方便查找和使用，如图1-45所示。

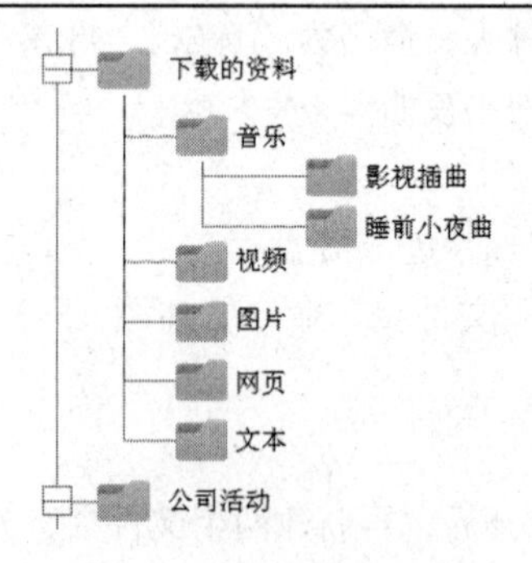

图1-45　分层次整理、管理文件

案 例 小 结

操作系统是计算机最基础的系统软件，熟练使用操作系统是管理、控制、操作计算机的前提，是学习使用其他计算机软件、发挥计算机功能的基础。

实训 1.2　我是系统专家

实训 1.2.1　设置 Windows 7

（1）为计算机用户“更改名称”“创建密码”“更改图片”；

（2）从网上下载并安装一种输入法的最新版；

（3）从网上下载一种字体文件，并以快捷方式安装到系统中。

实训 1.2.2　创建系统还原点

（1）将计算机中的所有磁盘清理一遍；

（2）对所有磁盘运行一遍碎片整理；

（3）完成磁盘清理和碎片整理后，为系统盘（C 盘）创建一个系统还原点。

实训 1.2.3　管理计算机中的文件

分类整理计算机上的文件，建立文件资源库，注意剪切、复制、粘贴时尽量使用键盘快捷方式进行操作。

实训 1.2.4　实训报告

完成一篇实训报告，将实训中遇到的问题、解决方案和收获整理并记录下来。

案例 1.3　熟练使用鼠标与键盘

知识建构

- 鼠标知识
- 键盘知识
- 鼠标和键盘的使用

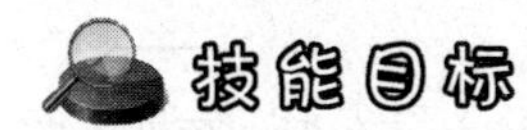

- 熟练、规范掌握鼠标操作方法
- 熟练、规范掌握键盘操作方法
- 鼠标与键盘的配合使用

键盘和鼠标是计算机最主要、最基础的输入设备。

是先有鼠标，还是先有键盘呢？

答案：键盘。因为最初的人机对话依靠的是计算机语言，所有的操作都要通过键盘向计算机发出指令，所以，那时的计算机只有经过专业学习的人才能使用。直到出现了图形界面的操作系统，个人计算机才开始使用鼠标。

1.3.1 鼠标

1963 年，美国斯坦福研究所的道格拉斯·恩格尔巴特博士设计制作出一款手掌大小、以轮子为基础的设备，这款设备就是鼠标的原型，如图 1-46 所示。在专利证书上，鼠标的正式名称叫“显示系统纵横位置指示器”，但因为其造型像老鼠，又被称为“鼠标”。

尽管鼠标 1973 年就应用在了施乐的 Alto 计算机系统上，但并不成功，所以，大多数人认为，苹果电脑公司在 1983 年 1 月推出“莉萨”（Lisa）计算机时，是鼠标的第一次商业化应用。

1．鼠标的基本结构

现在使用的鼠标一般都是光学鼠标，鼠标前端有左右两个按钮，中间一个滚轮。也有附加其他功能按键的鼠标，但日常使用不多。

鼠标的操作通过敲击它的左右两个按键和前后滑动中间的滚轮来实现。

2．鼠标的握持方法

手握鼠标，不要太紧，就像把手放在膝盖上一样，让鼠标的后半部分恰好在掌下，食指和中指分别轻放在左右按键上，拇指和无名指轻轻夹在两侧，如图 1-47 所示。

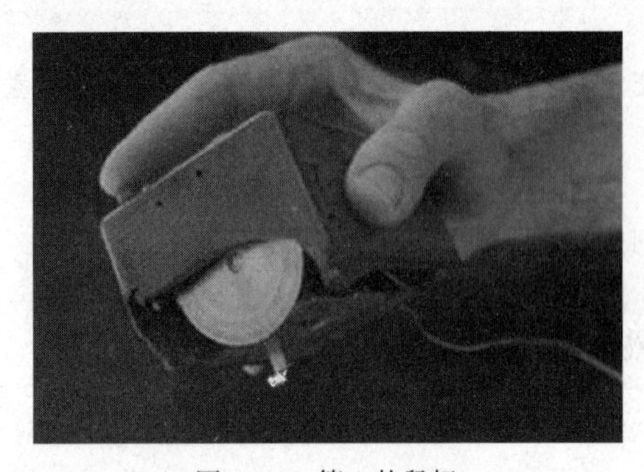

图 1-46　第一款鼠标

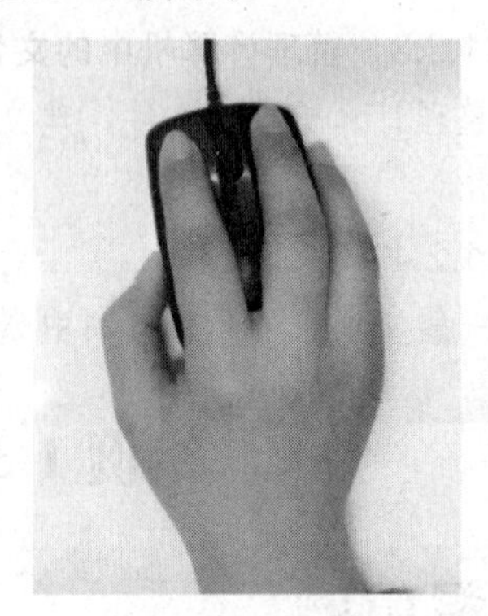

图 1-47　鼠标的握持方法

3．用鼠标移动光标

在鼠标垫上移动鼠标，显示屏上的光标也在移动。如果光标滑到显示屏边缘，没有关系，移回来就行了；如果鼠标已经移到鼠标垫的边缘，而光标仍未到达预定位置，只要拿起鼠标放回鼠标垫中心，再向预定方向移动鼠标，即可到达目标。

让鼠标在桌面上移动，会看到鼠标指针停留到哪个图标上，哪个图标就会处于一种“预选中”状态。

4．鼠标的单击动作

第一种：用食指快速地按一下鼠标左键，马上松开，称为“单击”；比如单击桌面上的“计算机”图标，就选中了它。

第二种：用中指点击鼠标右键一次的动作称为“右击”，又称“单击右键”。

右击这个动作在通常情况下都会打开一个快捷菜单，提供一些基本的操作链接。如右击桌面会弹出一个菜单，包括“刷新”“新建”“属性”等基本命令，如图 1-48 所示。

5．鼠标的双击动作

鼠标指针停留在目标对象上，用食指快速地连续按两下鼠标左键，马上松开，就完成了一次鼠标双击动作。“双击”与两次“单击”是有区别的。一般情况下，两次单击同一对象，与一次单击动作没有区别，而双击动作则会打开目标对象。比如：双击某个文件夹，就会打开这个文件夹；双击某个音乐文件，就会打开对应播放器，开始播放这个音乐文件。

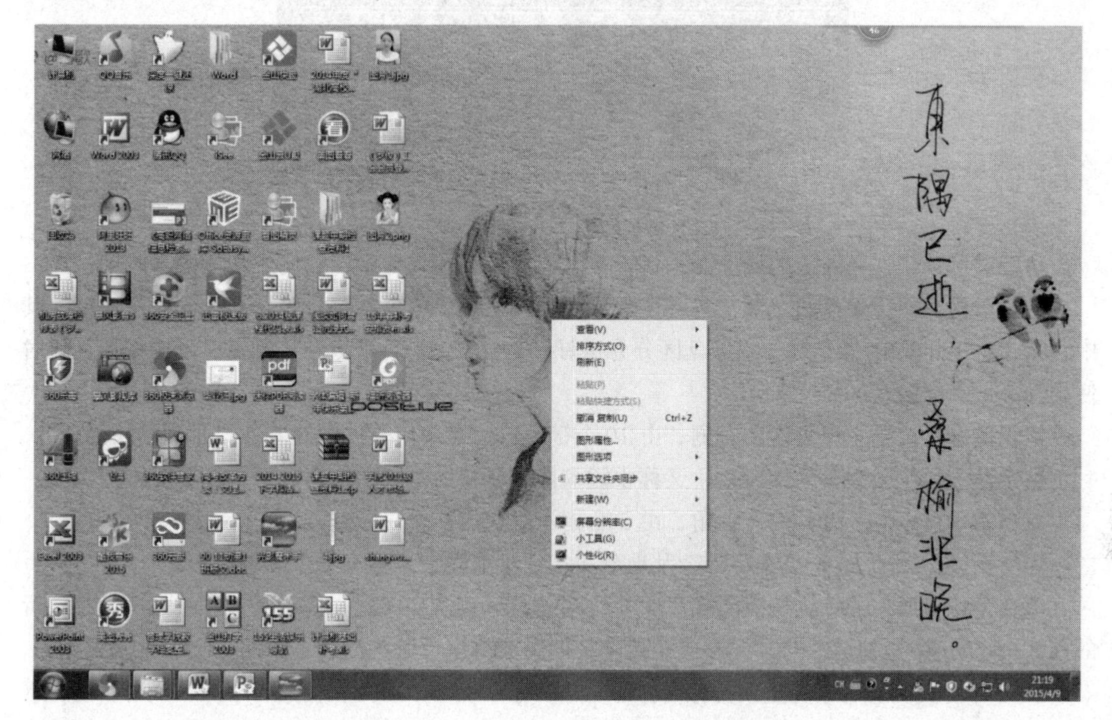

图 1-48　在“桌面”上右击弹出的快捷菜单

初次使用鼠标的用户要多练习双击动作，注意掌握好节奏。

6．鼠标的拖动动作

移动光标到选定对象，按住左键不要松开，通过移动鼠标将对象移到预定位置，然后松开左键，这样可以将一个对象由一处移动到另一处。

拖动动作有时也会执行一些快捷操作。比如：将桌面上的某个文件或文件夹，直接拖动到“回收站”的位置，与回收站图标重叠，就可以删除这个文件或文件夹。

1.3.2　键盘

在一些影视作品中，计算机高手或者计算机黑客出现在镜头里的时候，经常是在屏幕前操作着键盘，可见键盘在计算机操作中的地位。通过键盘可以将英文字母、数字、标点符号等输入到计算机中，从而向计算机发出命令、输入数据等，是用户与计算机进行交流的主要工具。

要用键盘快速、准确地向计算机中录入信息，必须首先了解键盘各键位的功能，科学、熟练地运用键盘指法。

早期的键盘多为 83 键，现在的普通键盘有 101 键或者 104 键，更多的有 107 键。

1．键盘分区

以 104 键盘为例。

整个键盘分为五个区：上面的一行是功能键区和状态指示区；下面的五行是主键盘区、编辑键区（光标控制区）和数字键区（辅助键区）。键盘具体分区如图 1-49 所示。

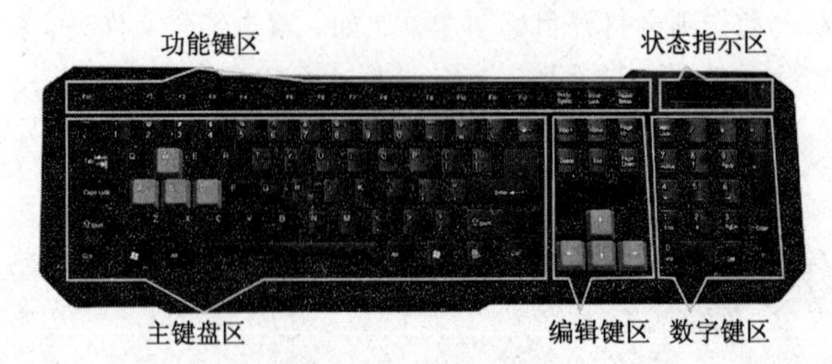

图 1-49　键盘分区

功能键区：排列在键盘的最上面一行，在不同的系统和软件中，它们的功能各不相同。

主键盘区：位于键盘的左部，各键位上标有英文字母、数字和符号等，共计 62 个按键，其中包括 3 个 Windows 操作键。主键盘区分为字母键、数字键、符号键和控制键，是操作计算机时使用频率最高的键盘区域。

编辑键区：位于主键盘区的右侧，由 10 个键组成，在应用软件中有着各自不同的控制功能。

数字键区：位于键盘的最右边，又称小键盘区或者辅助键区，兼有数字键和编辑键的功能。

状态指示区：位于键盘的右上角，由 3 个指示灯构成。

为什么键盘上的 26 个英文字母杂乱地分布在键盘上呢？这里有一个故事。

现在全世界通用的计算机英文键盘叫“快蹄键盘”（QWERTY，这 6 个字母就是键盘第一行的前 6 个字母），这种键盘的排列方式是从传统的英文打字机键盘沿袭下来的。

1873 年，美国发明家克里斯托弗·拉思兰·肖尔斯发明了第一台商用打字机。当时，他将键盘完全按字母顺序排列。可是后来肖尔斯发现，只要打字速度稍快一点，键盘就会卡住。他采取的解决方案是：将英语中使用频率较高的字母在键盘上尽可能分开排列，以此来人为造成打字时的停顿，降低打字速度，避免卡键。

肖尔斯为了推广自己的打字机，声称这样排列是经过科学计算的，可以使打字速度更快。他的说法被人们广泛认可，肖尔斯的打字机键盘方案独霸天下，其地位至今不可动摇。尽管科学研究已经证明，使用更加科学的方法设计出来的键盘（比如 1932 年华盛顿大学教授奥古斯特·多芙拉克设计的 DVORAK 键盘），打字速度会提高很多，但长期形成的习惯让人们至今仍不能接受键盘的改动。

事实上，肖尔斯的键盘排列方式，使打字者几乎每打一个英语单词都要将手移得更远一些。英国打字机博物馆主任、《打字机的世界》一书作者威尔弗雷德·A·比钦宣称：“肖尔斯所谓为了使打字者的手尽量少移动而做出的科学安排实际上是个弥天大谎”。

当然，也有支持者声称，将 26 个英文字母中组字频率高的放在中间，而中间的键盘对应的手指是相对灵活的“食指”和“中指”，其他依次往两边排，组字频率高的字母配上灵活的手指，对于提高信息的录入速度极其有效。

不管真实情况如何，现阶段，甚至很长一段时间内，人们都必须针对现在的键盘排列方案，熟练掌握正确规范的键盘指法，提高信息录入速度。

2．主要键位功能

【Shift↑】：换挡键，用来输入某键上半部分的字符。例如：主键盘区的【1】键的上半部分是

“!”，直接按【1】键，输入的是数字“1”，如果要输入“!”，则要先按住【Shift】键，再按一下主键盘区的数字键“1”。

【Caps Lock】是大小写字母锁定转换键，若原输入的字母是小写（或大写），按此键后，再输入的字母则切换为大写（或小写）。

温馨提示：
（1）“状态指示区”的第 2 个指示灯，也就是中间的指示灯，对应着【Caps Lock】键，灯亮时，代表键盘当前是“大写”状态，反之，则是小写状态。
（2）在小写状态下，若想输入大写字母，可以加【Shift】键辅助，反之，同理。例如：在英文文章里，一般都只有每一段第一个单词的首字母为大写，这时如果通过【Caps Lock】切换键盘大小写反而麻烦，直接用【Shit】辅助输入大写字母更快更方便。

【Backspace←】：退格键，在编辑文档时，每按一下此键，光标从当前位置向左回退一个字符位置并把所经过的字符删除。

试一试：【Backspace←】键和【Delete】键都有删除文本的功能，它们有什么区别呢？

【Enter】回车键，按此键表示一个操作和命令的执行或者结束。每执行完一个操作、输完一段文字，都要按此键告知计算机以确认。在文本编辑软件中，单击【Enter】键通常用来分段换行。

【PrtScn】(Print Screen)：截屏键，利用此键可以将屏幕上的内容整体作为一幅图画复制到剪贴板中。

试一试：按一下【PrtScn】键，在开始菜单中打开“附件”中的“画图”程序，单击程序左上角的“粘贴”命令（也可以使用【Ctrl+V】快捷方式），看看画图中是什么？

【Ctrl】和【Alt】：这是两个功能键，一般不能单独使用，需要和其他键搭配使用才能实现一些特殊功能。比如：【Alt+PrtSc】将不是复制整个屏幕，而是复制处于屏幕中的当前活动窗口；【Ctrl+C】是在编辑数据时，复制选中的内容。

【Esc】：一般用于退出某一环境或者废除错误操作。

【Pause/Break】：暂停键，一般用于暂停某项操作，或中断命令、程序的运行，一般和【Ctrl】键配合使用。

编辑区的 10 个键：【Insert】【Delete】【Home】【End】【PgDn】【PgUp【↑】【↓】【←】【→】，主要用于在文档编辑时控制光标的移动（【Insert】键主要用于文档编辑软件中插入和改写模式的切换，【Delete】键是删除光标后面的字符）。

在 Windows 7 中，为了操作快捷，有很多的快捷键，其中“Windows 徽标键”（带有窗口标志的按键，简称【Win】键），就是一个功能十分强大的按键。【Win】键与其他键组合使用时的常用功能如表 1-2 所示。

表 1-2 Windows 键与其他键组合使用时的功能

组合键	组合键功能说明
【Win】	打开“开始”菜单
【Win+D】	显示“桌面”开关，所有程序窗口最小化，再按一次恢复显示打开的窗口
【Win+E】	打开默认资源是“计算机”的“资源管理器”窗口
【Win+F】	打开“搜索窗口”
【Win+L】	锁定用户
【Win+M】	最小化所有窗口，不能恢复显示打开的窗口
【Win+P】	连接投影仪
【Win+R】	打开“运行”对话框
【Win+T】	切换选择当前任务，与【Enter】键配合，打开选择前往的任务窗口
【Win+U】	打开“轻松访问中心”窗口
【Win+Tab】	Flip 3D 功能的三维立体式切换窗口
【Win+=】	启动“放大镜”程序，再次按【Win++】放大，按【Win+-】缩小

温馨提示：键盘上的多个键组合使用可以进行一些快捷操作；在有些应用软件中，键盘上的特殊功能键和鼠标结合使用，也会实现一些快捷操作。

3．输入法切换

在文本输入过程中，经常既要输入中文，又要输入英文，既要输入中文标点，又要输入一些英文符号，这就需要经常切换输入法。所以，正确进行输入法的切换是文字录入的基础，包括：中英文的切换、输入法之间的切换和大小写切换。

输入法快捷切换方法：【Ctrl+Space】，在中、英文输入法之间切换；【Ctrl+Shift】，在各种输入法之间按顺序轮流切换。

通过输入法提示条进行切换：以智能 ABC 输入法为例，第 1 个按钮，“中英文切换”按钮；第 2 个按钮，“输入法名称”按钮；第 3 个按钮，“半角/全角切换”按钮，切换英文字符的全/半角状态（键盘切换方式：【Shift+Space】）；第 4 个按钮，“中英文标点符号切换”按钮，切换中/英文标点符号（键盘切换方式：【Ctrl+句点键】）。

4．主键盘区指法

指法是指双手在计算机键盘上的手指分工。指法正确与否、击键频率快慢，都直接影响信息录入速度。

现代社会，人们接触计算机的时间都比较早，所以等到真正接触到正确规范的指法时，多数都养成了一些不规范的指法习惯了。比如：左手基本不用，右手只用食指这一根手指，右手还要负责鼠标的操作，俗称“一指禅”；好一点的，左手的食指和右手的食指一起用，俗称“二指禅”；再好一点的，左右手各用三根手指。这些错误的指法，不仅输入速度慢，而且错误率高。

正确规范的指法是将左、右手的十个手指全部利用起来，科学地分配各个手指所负责的击键区域。正确的指法，有助于快速记住键盘键位，提高信息录入的正确率和速度。

正确的主键盘区指法如图 1-50 所示。

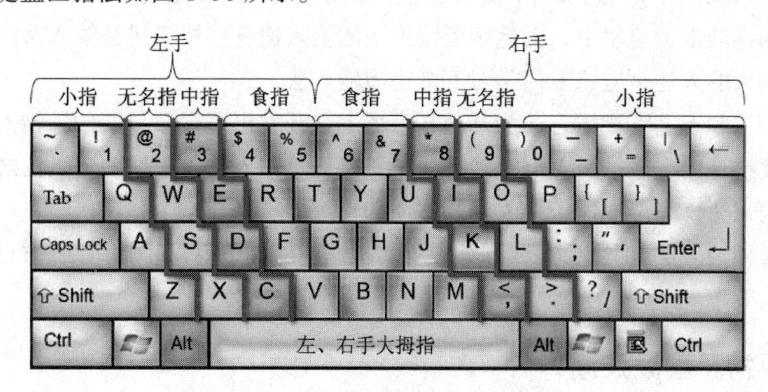

图 1-50　主键盘区指法图

在主键盘的中间有两个字母【F】和【J】，这两个按键上各有一个突起的小横杠，分别是左手食指和右手食指的控制范围。当两个食指放到这两个键上的时候，左手的小指、无名指、中指和食指依次自然地放在【A】【S】【D】【F】键上，右手的食指、中指、无名指和小指依次自然地放在【J】【K】【L】【;】键上，这 8 个键称为基准键，【F】和【J】键就是基准键的标准点，通过感觉上面突起的小横杠可以定位手指，而不需要用眼睛时刻在键盘、屏幕和文稿之间切换。

每个手指在按完所负责键盘区域的其他按键后，都要立刻回到对应的基准键，以便下次快捷、准确击键。

正确使用 8 个基准键，是练习键盘指法的基础，也是实现“盲打”的第一步——盲打，眼睛只看文稿不看键盘，也不看屏幕。

5．指法练习

要提高键盘输入速度，必须坚持用正确的指法练习，尤其是不灵活的无名指和小指。

可以借助专门的打字练习软件进行指法练习，比如“金山打字通”。刚开始练习时，先不要求快，没有正确率，再快也是枉然，要在保证正确率的情况下，慢慢提高打字速度。

有些人认为汉字输入很难，因为英文只有 26 个字母，而汉字却数不胜数。这其实是一种心理障碍。初学者可以先反复练习输入同一篇文章，熟练掌握这篇文章的输入后，基本上也就克服了这种心理障碍。其实，常用汉字仅 3、4 千字，绝大多数现代文都是由这些常用汉字组合而成，如果突击强化，勤加练习，不需要多长时间就能熟练掌握这些常用汉字的输入指法。

6．输入法的选择

常用汉字输入法主要有基于汉语拼音编码的输入法，基于汉字形体编码的输入法，以及将音码和形码结合的形声码输入法，此外还有手写输入法和语音输入法。其中使用最多的是拼音输入法和五笔字型输入法。

拼音输入法都基于汉语拼音进行输入，优点是上手快，简单易用，不足是输入每个汉字需要敲击的键太多，重码率高。

五笔字型输入法由有“当代毕昇”之称的王永民先生发明，他将每个汉字拆分为 1～4 个编码来输入，极大地降低了重码率，提高了汉字输入效率，但由于使用五笔字型输入法需要先记忆“汉字字根”，学习用字根对汉字进行编码，导致输入法学习难度大大增加。

从输入效率来说，同样一篇文章，使用五笔字型输入法所需要敲击的键大大少于拼音输入法，也就是说，在同样的击键速度下，五笔字型输入法的输入速度要快于拼音输入法。因此，平时汉字输入工作量较大的人还是应该专门学习五笔字型输入法。

以拼音输入法和五笔字型输入法为基础，市场上又开发出了很多“新的”输入法，如搜狗拼音输入法、百度拼音输入法、极点五笔输入法、万能五笔输入法等，这些输入法之间大同小异，具体选择哪种输入法，完全取决于个人输入习惯和喜好。

不管使用哪种输入法，都需要在熟练掌握英文指法的前提下对汉字输入法进行集中强化训练，以提高汉字输入效率。

1.3.3 左右互搏，鏖战江湖

在武侠小说《神雕侠侣》中，老顽童周伯通发明了一套新奇的武功——“左右互搏术”，简单来说，就是一心二用，一个人当两个人用，一只手打一套招式，两只手互为配合、补充。

如果能科学、熟练地利用左右手同时协调地操作键盘、鼠标后，也相当于掌握了“左右互搏术”。

1．左右互搏术之键盘

主键盘的指法图详细规定了每个手指的击键范围，不能越线。如果要输入主键盘区【2】键上的“@”符号，该怎么使用手指呢？

再如：输入英文单词的第 1 个大写字母，如单词“You”的“Y”时，又该如何快捷输入呢？

这个时候，就要用到“左右互搏术”了。

输入“@”：右手小指按住【Shift】键，左手无名指按一下主键盘区的【2】键，按完后两根手指回到基准键；

输入“Y”：键盘小写状态下，左手小指按住【Shift】键，左手无名指按一下主键盘区的【Y】键，按完后，两根手指自然松开，回到基准键。

2．左右互搏术之键盘+鼠标

在一些应用软件中，鼠标和键盘的配合使用，往往可以大幅提高操作效率，用传统方法做一个小时、甚至一天的工作，用键盘加鼠标的快捷方式，却可以一招搞定，甚至不需要调整。

比如：在 PowerPoint 中绘制一组水平方向上相同大小的正圆形。

操作步骤如下：

（1）右手持鼠标选中“椭圆形”绘制工具；

（2）左手按住【Shift】键，同时右手持鼠标，按住鼠标左键向右下角拖动鼠标，绘制图形；

（3）绘制完成后，先松开右手鼠标左键，再松开左手【Shift】键，可以看到绘制出了一个正圆形；

（4）左手按住【Shift+Ctrl+Alt】组合键，将鼠标移动到刚才绘制的正圆形上，按住鼠标左键，沿水平方向拖动，会看到在拖动过程中，水平方向上复制出了一个同样大小的圆形，且位置可细微控制。

试一试：第（4）步，如果只按住【Shift】【Ctrl】【Alt】中的一个键，拖动复制时，跟同时按住3个键有什么不同？同时按住其中任意2个键，拖动复制时，有什么不同？

温馨提示：

【Shift+Ctrl+Alt】组合键在Office办公软件中进行绘图时经常用到：右手持鼠标，左手配合使用【Shift】【Ctrl】【Alt】键，指法如图1-51所示，根据需要，这3个键还可以两两组合，或者单独使用。

图1-51 【Shift+Ctrl+Alt】组合键的指法

案例小结

键盘鼠标的配合使用，键盘指法，尤其是文字输入速度和精度的提高，需要花时间练习，这个过程谁也代替不了。就好比武侠小说中天下无敌的大侠，如何能有“一览众山小”“独孤求败”的豪情，一种是碰到一段奇遇，还有一种是要耐得住寂寞、闭关修炼。现实社会里，是不可能突然碰到某个隐世高人，倾自己一身绝学相授的，只有第二种可能，耐得住寂寞，勤学苦练，“修炼”成为高手。学习、工作，人生成长，都是如此。

实训1.3　我是键鼠狂人

实训1.3.1　画图

打开“画图”程序，利用鼠标和键盘绘制：

（1）一幅风景画；

（2）一幅动物图画。

实训1.3.2　记事本

在附件“记事本”程序中，录入一份个人简介，字数200字。

实训1.3.3　打字练习

（1）在“金山打字通”中进行文字录入练习；

（2）文字录入及格线：要求最低能达到每分钟 50 个汉字的录入速度（键盘指法正确，输入法不限）。

实训1.3.4　实训报告

完成一篇实训报告，将自己实训中遇到的问题、解决方案和收获整理并记录下来。

案例1.4　畅游浩瀚网络

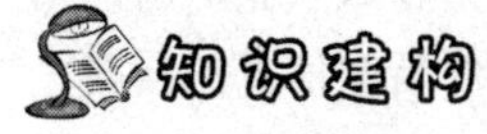

- 常用搜索引擎

- 百度高级搜索
- 即时通信与收发邮件
- 网上订票
- 云计算

技能目标

- 掌握百度高级搜索技巧
- 会用 QQ 邮箱收发电子邮件
- 会网上订票
- 认识“云存储”的基本用途

在计算机领域，凡是将地理位置不同，具有独立功能的多个计算机系统通过通信设备和线路连接起来，并且以功能完善的网络软件（网络协议、信息交换方式及网络操作系统等）实现网络资源共享和信息传递的系统，称为计算机网络。

Internet，正式中文名称为“因特网”，也称国际互联网，是由使用公用语言互相通信的计算机连接而成的全球网络，是目前应用最为广泛、对人类社会影响最大的计算机网络，现在人们谈到“网络”时通常指的就是“因特网”。

当前，作为信息化社会基础的计算机和信息网络已经融入国民生产和社会生活的方方面面，因特网的迅猛发展直接影响了人们的工作和生活方式，甚至思维方式。因特网不仅能提供浩如烟海的信息，也能提供各种便捷的学习、生活、工作所需要的工具。

1.4.1 网络应用

在因特网上能做什么？

简单归纳一下，主要有信息获取、商务交易、政府服务、交流沟通、网络娱乐等五大类。

1．信息获取

快速有效地获取信息，一直是人们使用因特网的主要原因之一，比如使用搜索引擎、浏览网络新闻、网上阅读和网上学习。

1）使用搜索引擎

伴随着因特网中爆炸般飞涨的信息，准确快捷的搜索引擎越来越受到人们的欢迎。常用的中文搜索引擎有：百度（Baidu）、搜狗（Sogou）、必应（Bing）等，国内使用最多的是“百度”。

要更加准确地搜索信息，需要使用到百度的“高级搜索”功能。在“百度”首页输入“高级搜索”，单击官方链接即可进入，百度“高级搜索”的界面如图 1-52 所示。

在百度高级搜索的输入框内，按信息搜索需求填入和选择相关内容，即可搜索到更加准确的信息。

2）浏览网络新闻

相对于传统新闻媒介，网络新闻的传播、更新速度更快，因特网正在成为多数人获取新闻信息的主要媒介。现在很多权威新闻机构也开始利用网络发布相关信息。在获取新闻信息的同时，人们也会通过社交网站、微博等上传信息、转发信息，还可以发表自己的看法，这些都提高了新闻传播的速度，并极大地提高了人们的参与感。

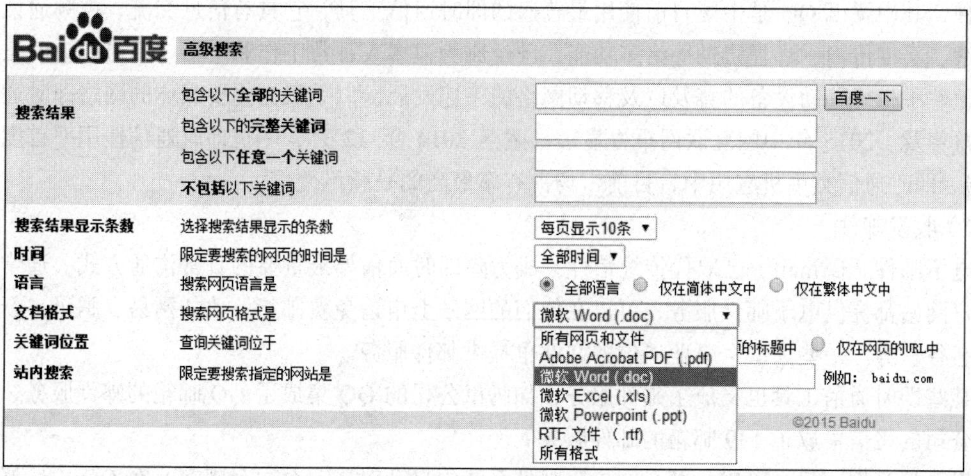

图 1-52　百度高级搜索

大型门户网站一般都有专门的新闻网站，如人民网、新华网、腾讯网、新浪网、凤凰网等。

3）网上阅读和网上学习

网络不仅为新闻传播提供了便捷的渠道，也提供了一种新的阅读方式。网络阅读让人们脱离了纸张限制，借助手机、平板电脑、计算机随时随地阅读。印刷品阅读率下降正成为一种不可逆转的趋势。

随着微课、慕课（MOOC）的兴起，网络化、碎片化学习正迅速发展。世界一流大学的知名教授、专家、学者，已不再神秘和遥不可及，它们主讲的经典课程在网上可以轻易搜索，并且免费学习。各个大型视频网站目前都设置有“公开课”频道，用户可以便捷地搜索到需要观看和学习的视频公开课。

2．商务交易

因特网目前可以提供网络购物、网上支付、网上银行、旅行预订等各类商务交易和服务，现在更可以直接在网上缴纳水电费等，十分方便。

在网络购物的过程中，人们可以足不出户就货比 N 家，直到挑到满意的商品为止；可以在旅行之前就预订好机票、酒店，并通过网上银行、手机银行和第三方支付工具等直接支付，也可以随时退款，不必“人在囧途”；对于卖方，无需门面柜台，甚至无需囤货。

但是随着网络电子商务的飞速发展，网络诚信、网络安全问题也日益突出，相关的监管法律法规也有待完善，在享受网络电商便利的同时，每个人都要遵守国家法律，坚守个人道德，讲究诚信，同时，保护好个人隐私和财产安全（包括虚拟财物）。

3．政府服务

提供公共服务，是政府的基本职责。各级政府部门正越来越多地将信息、行政审批、公共服务职能转移到网络平台，为人民群众提供方便快捷、公开透明的政府服务。

4．交流沟通

网络中的交流沟通包括即时通信、电子邮件、网络论坛、博客、微博、网络电话等。

1）即时通信

2014 年中国网民即时通信使用率达到 90.6%，是使用率最高的互联网应用。即时通信工具有很多种，其中腾讯 QQ 是中国目前使用最普遍的即时通信工具，它具有信息交流、视频通话、音频通话、文件传输、远程协助等诸多功能，已经成为很多人日常工作和生活中不可或缺的工具。

随着手机等移动设备的普及以及移动网络的飞速发展，以手机为主要载体的网络即时通信工具日益普及。2015 年中国互联网报告显示，截至 2014 年 12 月，手机即时通信使用率首度超过 PC 端。即时通信类手机应用中，目前市场占有率最高的是腾讯微信。

2）收发邮件

电子邮件（E-mail）已取代传统信件，成为除即时通信外最重要的日常沟通方式。通常，大型门户网站都提供电子邮件服务，可以在他们的网站上申请免费邮箱，比如网易、腾讯、新浪、搜狐、谷歌等。一些大型企事业单位的网站也提供邮件服务。

某些即时通信工具也集成了邮件服务，如腾讯公司的 QQ 集成了 QQ 邮箱的邮件服务，中国移动公司的飞信集成了 139 邮箱的邮件服务。

以 QQ 为例，每个 QQ 号都会在 QQ 邮件系统中自动对应一个同名邮箱。在 QQ 中给好友发一封邮件的操作步骤如下：

（1）在 QQ 主面板中找到该好友；

（2）在该好友的头像上右击，弹出如图 1-53 所示快捷菜单，选择“发送电子邮件”命令；

（3）在打开的“QQ 邮箱”网页中根据提示操作：输入主题、输入邮件内容、添加附件等，如图 1-54 所示；

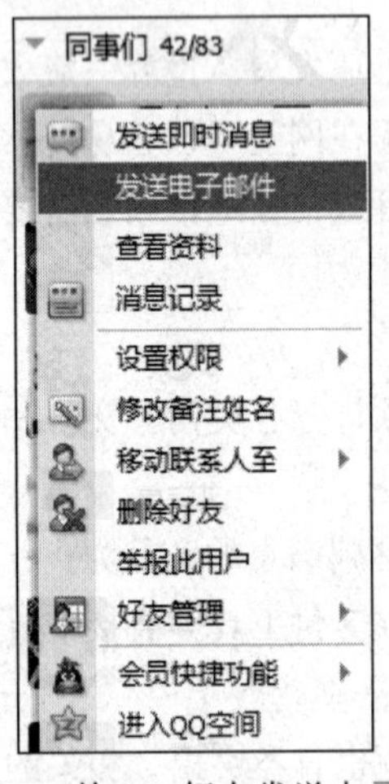

图 1-53　给 QQ 好友发送电子邮件

图 1-54　编辑邮件内容

（4）编辑好邮件内容，单击“发送”按钮即可。

更复杂的邮件操作，需要进入邮箱的网页界面进行操作。要进入 QQ 邮箱，可以在腾讯网首页单击“邮箱”链接，登录；也可在 QQ 主面板上方单击邮箱图标进入，如图 1-55 所示。

邮箱的网页界面，左侧是导航窗格，有“收件箱”“已发送”“群邮件”等选项，右侧为邮件列表和阅读窗格，可以进行邮件的阅读、转发、删除、标记等操作，如图 1-56 所示。

图 1-55　QQ 主面板

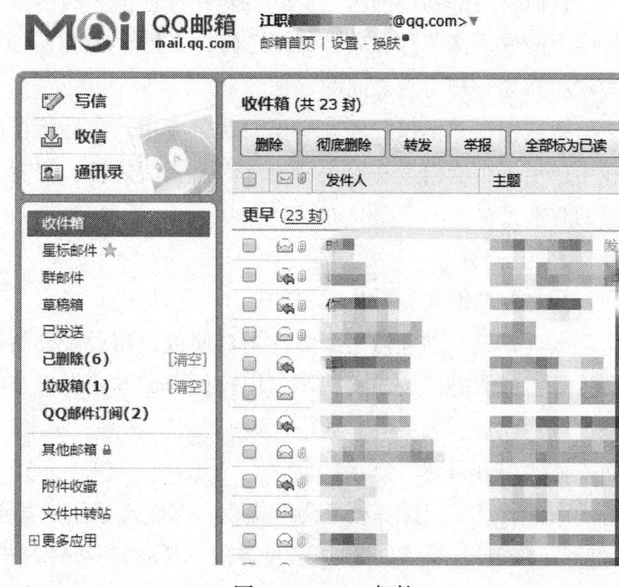

图 1-56　QQ 邮箱

除 QQ 邮箱外，常用的免费邮箱还有网易公司的 163 邮箱和 126 邮箱，谷歌公司的 Gmail 邮箱，微软公司的 Hotmail 邮箱等。

温馨提示：现在很多邮箱支持邮件撤回功能，在对方还没有阅读的前提下，可以将发出的邮件撤回。

5．网络娱乐

2014 年，中国网民使用率最高的网络应用前 6 位分别是即时通信、搜索引擎、网络新闻、网络音乐、网络视频、网络游戏，其中网络音乐、网络视频、网络游戏都属于网络娱乐，使用率分别达到了 73.7%、66.7%、56.4%。

网络娱乐提供了简单有效的休闲放松方式，但也产生了网络沉迷问题，尤其是网络游戏。由于大多数网络游戏都设置了在线时长累计奖励功能，导致部分青少年沉迷其中。要防止网络沉迷，需要人们培养更加多样而健康的兴趣爱好，合理分配网络应用使用时间，多参加集体活动。

1.4.2　物联网与云计算

1．物联网

随着信息技术的发展，从人与人之间沟通的互联网，到实现人与物、物与物之间连接的物联网时代已经来临。

通俗点说，物联网就是物物相连的互联网，它并不是区别于互联网的某种新型网络，物联网的核心和基础仍然是互联网，是互联网的延伸和扩展，它将互联网的终端由计算机扩展到了普通物品，让普通物品之间可以进行信息交换和通信。物联网对人类生活已经产生和可能产生的深远影响，使它被称为继计算机、互联网之后世界信息产业发展的第三次浪潮。

目前常用的物联网组建方式就是在物理世界的实体中部署具有一定感知能力、计算能力和执行能力的嵌入式芯片和软件，使之成为“智能物体”，通过网络实现信息传输、协同和处理，从而实现物与物、物与人之间的通信。

物联网技术不仅已经大规模商业化应用，而且正在进入人们的日常生活，不少厂家已经开发和生产出了智能门禁系统、智能灯泡、智能插座、智能空气净化器、智能电视等面向公众日常生活的智能产品。

2．云计算

云是互联网的一种比喻说法。

云计算是一种互联网服务。用户通过租用云服务商提供的云计算服务，免去了购置和维护高端计算机或服务器的昂贵费用，用较低的成本获得更多的资源，这些资源包括网络、服务器、存储、应用软件、服务等。通俗点说，“云”就像一座水厂，用户只需要根据需要购买适量的用水，而不需要单独再建一座水厂。

因此，只要云计算服务商能提供，那么普通用户甚至可以直接让“天河二号”“泰坦（Titan）”“红杉（Sequoia）”等目前排名世界前 3 位的超级计算机（2013 年排名）为自己所用，而用户所需要做的事情只不过是通过电脑、笔记本、手机等设备接入数据中心，让超级计算机按自己的需求进行运算。

3．云存储

云存储是云计算服务的一种形式和内容。面向普通公众用户的云存储服务通常称为“云盘”“网盘”，它是由互联网服务商提供的网络存储空间，用户可以将数据存储到网络空间，使用者可以在任何时间，任何地点，通过任何可联网的设备到云端方便地存取数据。相对于硬盘、U 盘等本地存储工具，云盘具有安全稳定、随时访问、海量存储等优点。

目前国内的免费云盘主要有百度云盘、微云盘、360 云盘、金山快盘等。这些云盘除了提供备份存储功能外，还提供实时同步功能。

以百度云为例：下载“百度云同步盘”，安装到本地计算机，通过百度帐号登录，即可设置某些本地文件夹为实时同步文件夹，当同步文件夹中的文件被修改、移动、删除时，网络上百度云盘中的对应文件也会立即进行相同变动。反之，当用户直接对网上文件进行修改、移动、删除等操作时，本地计算机中对应的文件也会立即同步变动。用户还可以在手机、平板电脑等设备上安装“百度云”应用，随时随地下载、查看云中的数据，也可以对手机中的数据进行备份。

案例小结

因特网上的信息浩如烟海，因特网应用日新月异，但归根结底，网络只是一种技术工具，生活在这样一个时代，每个人都要学会科学利用网络，让网络为己所用，而不是沉迷网络，成为一条整天趴在电脑前的“网虫”。

实训 1.4　我是网络高手

实训 1.4.1　申请 QQ 号

（1）通过在线方式给好友发送一个文件夹；

（2）通过离线方式给好友发送一个文档；

（3）给好友发送一封电子邮件，邮件中包含一个附件；

（4）邀请好友远程协助，让好友控制自己的电脑；

（5）请求控制好友的电脑。

实训 1.4.2　使用百度云

（1）申请一个百度账号；

（2）在百度官网中，下载“百度云”，安装在本地计算机，用百度账号登录；

（3）上传一个文件到百度云；

（4）在百度云官网下载“百度云同步盘”，安装、登录，设置一个本地文件夹为同步文件夹；

（5）在同步文件夹中新建几个子文件夹，如文档、图片、音乐等，查看百度云中是否同步生成相应文件夹；

（6）在文件夹中进行新建、修改、删除文件操作，查看百度云中的变化；

（7）使用智能手机的同学，用手机下载安装“百度云”应用，在手机中查看百度云中的相关文件。

实训 1.4.3　网络应用

（1）从网络上搜索、下载几首音乐、几张图片、几个文档、搜狗拼音输入法、方正小标宋字体等，存放到百度云同步盘的相应文件夹中。

（2）在 12306 网站注册一个本人实名账号，熟悉车次查询、订票、退票、改签程序。

实训 1.4.4　实训报告

完成一篇实训报告，将实训中遇到的问题、解决方案和收获整理并记录下来。

第2章 视觉高于一切
——浏览和处理图片

随着数字设备的日益普及，越来越多的人使用数码照相机、智能手机、平板电脑等设备随时随地拍摄、获取各种图片，各种操作简单、使用方便、效果出色的图片处理软件因此应运而生。

这些软件大多都开发推出了计算机版本和移动版本，既可以安装在计算机上，也可以安装在手机、平板电脑上，让人们在拍摄、浏览图片的同时就可以对图片进行编辑加工，达到满意的效果。

案例 2.1　常用图片处理软件

知识建构

- 了解常用的图片处理软件
- 浏览、复制、删除和裁剪图片

技能目标

- 学会下载、安装“光影魔术手”
- 会用“光影看看”浏览、复制、删除图片和以“幻灯片播放”形式观看图片
- 掌握用“光影魔术手”裁剪图片以及保存图片的方法

除 Photoshop 等专业级图像处理软件和 ACDSee 等收费看图软件外，目前，国内常用的免费大众图片处理软件主要有光影魔术手、美图秀秀、Picasa 等。

使用这些软件不仅可以便捷地浏览、查看图片，而且还可以对图片进行简单的编辑处理，有些软件还具有人像美化、特效添加等功能。

以“光影魔术手”为例，先进行下载安装：

（1）打开浏览器，进入“百度”主页；

（2）输入关键词“光影魔术手”，选择进入“光影魔术手”官网，如图 2-1 所示；

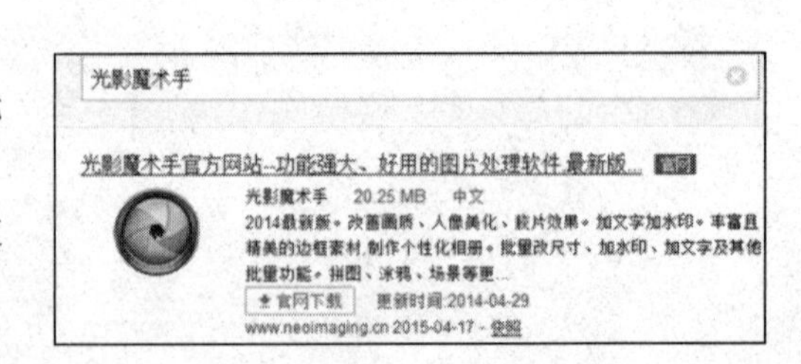

图 2-1　光影魔术手下载

（3）进入官网首页后，选择一个版本下载，这里选择经典版 3.1.2，单击“下载”按钮；

（4）下载完成后，双击程序图标打开安装界面，并根据提示一步一步安装，安装完成后，桌面上会

生成一个“光影魔术手”的快捷方式。

2.1.1　浏览、删除、复制图片

安装图像处理软件时，一般都会同步安装对应的图片查看器，方便浏览图片。“光影魔术手”对应的图片查看器是“光影看看”（新版光影魔术手软件中，“光影看看”已经升级更名为“光影看图”）；“美图秀秀”对应的图片查看器是“美图看看”。

用“光影看看”浏览图片，操作步骤如下：

（1）右击要打开的图片，在弹出的快捷菜单中选择“打开方式”|“选择默认程序…”命令，打开如图 2-2 所示的对话框；

（2）选择“光影看看”，选中“始终使用选择的程序打开这种文件”，设置完成，单击“确定”按钮；

（3）进入“光影看看”的图片浏览界面；

（4）在浏览图片界面的下方有一排按钮，分别是：“使用主题相框”“放大”“缩小”“最佳大小”“实际大小”“上一张”“光影编辑和美化”“下一张”“顺时针旋转 90 度”“逆时针旋转 90 度”“复制到…”“删除”“光影幻灯片”等 13 个功能按钮，如图 2-3 所示，根据需要使用相应的按钮，继续浏览其他图片；

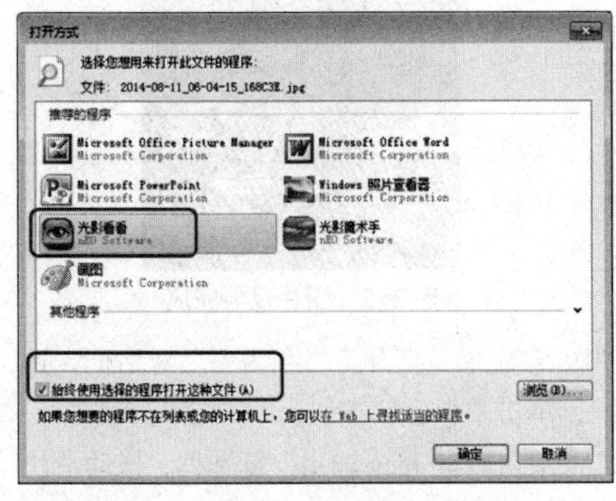

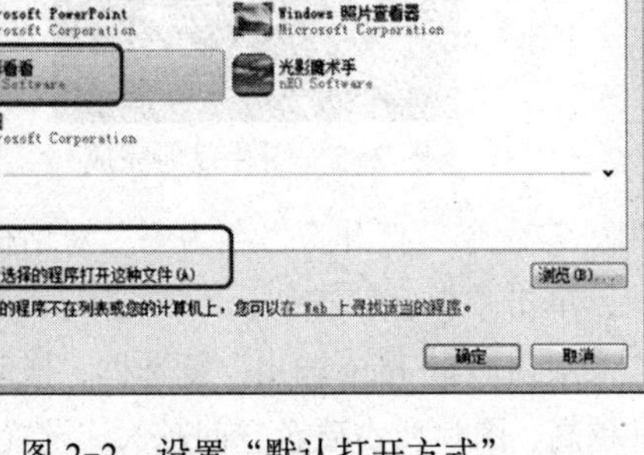

图 2-2　设置“默认打开方式”

图 2-3　“光影看看”图片浏览界面

（5）单击最后一个“光影幻灯片”按钮，可以使用“幻灯片播放”模式浏览图片，软件还会自动配上背景音乐，在此状态下，可以惬意地欣赏美照，不用再一张张切换了；

（6）浏览过程中或者浏览结束后，单击“退出”按钮，即可返回“光影看看”的浏览界面。

试一试：

（1）在“光影看看”中将图片复制到其他文件夹中；

（2）在“光影看看”中将拍得不好或者重复的图片删除；

（3）Windows 系统自带了一个“Windows 照片查看器”，对比两个软件，归纳“光影看看”与“Windows 照片查看器”在图像浏览操作上的区别。

2.1.2 裁剪图像

“光影魔术手”中提供了裁剪图片的功能，可以把图片裁剪成需要的大小，也可以根据各种证件照的要求进行裁剪。

1．普通裁剪

操作步骤如下：

（1）在“光影魔术手”中打开一张图片“可爱的小男孩.jpg”，单击“裁剪”按钮，打开“裁剪”窗口；

（2）在“裁剪”窗口中选择右侧“自由裁剪”选区中第一个矩形框选工具，在图片上按住鼠标左键，拖出一个矩形区域，如图 2-4 所示；

（3）框选完毕，松开鼠标左键，如果对所选区域不太满意，也可用鼠标移动选区进行细微调整，调整完成后，单击“确定”按钮返回“光影魔术手”编辑界面，可以看到图片已按照选择的区域裁剪完成了，效果如图 2-5 所示；

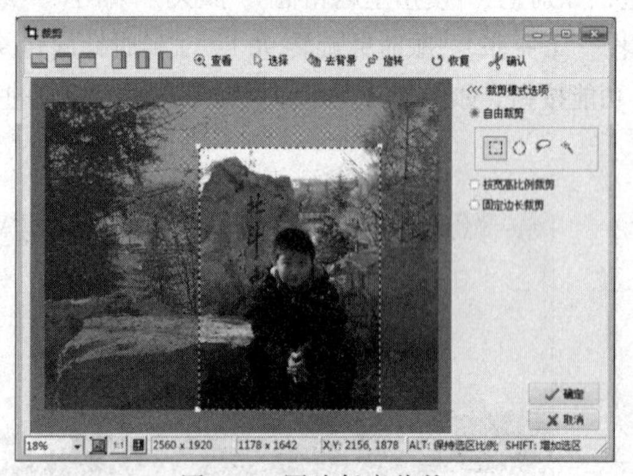

图 2-4 图片任意裁剪

图 2-5 图片裁剪完成

（4）裁剪完成后，选择“文件”菜单中的“另存为…”命令，打开“另存为…”对话框，选择保存位置，重新命名新文件为“可爱的小男孩 1.jpg”，单击“保存”按钮；

（5）在打开的“保存图像文件”对话框中，选中“采用高质量 Jpeg 输出”复选框，拖动滑块确定保存的质量和文件大小，如图 2-6 所示，图片质量越高，图片所占磁盘空间越大，设置完成，单击“确定”按钮完成保存。

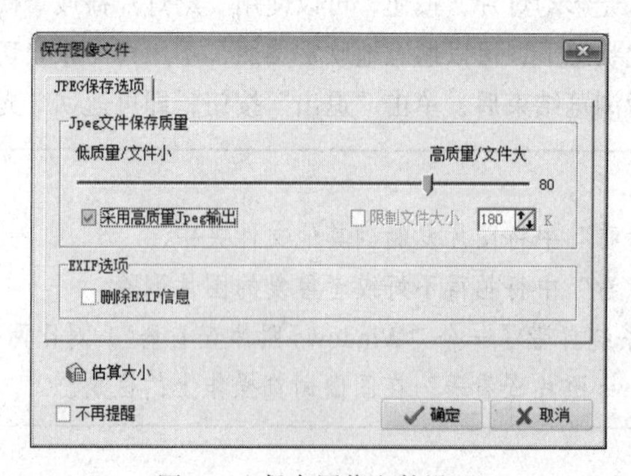

图 2-6 保存图像文件设置

温馨提示：“裁剪”窗口中，最上面一行的工具，还有“自由裁剪”选区中的其他工具，也很有特色，自己动手试试。

2．特殊证件照裁剪

日常生活工作中，经常需要在网上提交电子照片，这些照片有时候没有特别的背景要求，甚至可以是生活照，但是，又规定了一定的尺寸，这时，可以利用现成的照片裁剪制作一张合乎要求的照片。

操作步骤如下：

（1）单击“裁剪”按钮右侧的下三角按钮，打开“裁剪”下拉菜单，如图 2-7 所示；

（2）在“裁剪”下拉菜单中，可以看到一些特殊的照片裁剪格式供选择，比如：按身份证照片比例裁剪、按护照照片比例裁剪、按港澳通行证比例裁剪、按驾驶证比例裁剪、按 QQ/MSN 头像比例裁剪等，十分方便实用。

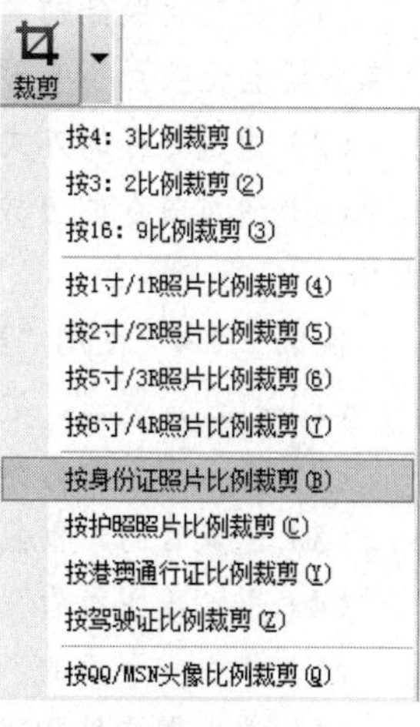

图 2-7 “裁剪”下拉菜单

案 例 小 结

图片处理是日常工作和生活中不可或缺的基础技能之一，熟练掌握它，可以给日常工作和生活带来很大便利。

实训 2.1　完成软件下载安装及图片编辑

实训 2.1.1　下载、安装“光影魔术手”

（1）打开浏览器，进入“百度”主页；

（2）输入“光影魔术手”搜索；

（3）进入官网，下载安装包并安装；

（4）将“光影看看”设置为默认图片查看器；

（5）用“光影幻灯片”方式查看图片；

（6）删除效果不好、重复的图片；

（7）将需要的图片复制到所需位置。

实训 2.1.2　用“光影魔术手”裁剪图片

（1）打开“光影魔术手”软件，进入编辑界面；

（2）打开一幅图片，将主体人物裁剪出来；

（3）以“高质量 Jpeg 格式”另存；

（4）按“身份证照片比例”对另存的人物图片进行裁剪，以“高质量 Jpeg 格式”另存。

实训 2.1.3　用“光影魔术手”调整图片尺寸、大小，转换图片格式

网上提交的电子照片，通常规定了一定的像素尺寸，比如：在“国家计算机辅助普通话水平测试网站”报名参加普通话水平测试时，系统要求的电子登记照尺寸为 390*567 像素；在“中国

教师资格网”上申报教师资格时，电子登记照尺寸要求为114*156像素。此外，有些系统还会规定文件大小、照片格式。

准备一张个人标准登记照的电子照片，用光影魔术手操作：

（1）将登记照分别调整为390*567像素和114*156等不同规格，分别另存为新的文件，注意尽量保证登记照片不变形；

（2）通过另存的方式，将登记照大小分别调整到200 K以下和20 K以下；

（3）通过另存的方式，将登记照分别保存为JPG、PNG、BMP格式，比较3种格式文件的大小。

实训 2.1.4　使用“美图秀秀”

（1）打开浏览器，进入“百度”主页；

（2）输入“美图秀秀”搜索；

（3）进入官网，下载安装包并安装；

（4）用“美图看看”浏览图片，删除效果不好的、重复的图片；

（5）单击右下角的“批处理”按钮，打开“美图秀秀批处理”窗口；

（6）选中需要批处理的图片；

（7）给图片设置统一的“宽度”和“高度”，统一调整尺寸；

（8）打开“美图秀秀”图片编辑器；

（9）裁剪图片，另存。

实训 2.1.5　实训报告

完成一篇实训报告，将实训中遇到的问题、解决方案和收获整理并记录下来；对比“光影魔术手”和“美图秀秀”，在实训报告中列举它们各自的独特功能。

案例 2.2　美 化 图 片

知识建构

- 图片明暗调整
- 人物照片处理
- 特殊效果处理

技能目标

- 掌握“图片明暗调整”的方法
- 掌握添加特效、彩棒、抠图、添加边框、制作拼图和添加水印等操作

2.2.1　调整图像明暗

如果图片整体偏暗，“光影魔术手”可以对需要调整的图片进行曝光、补光等，一键式操作，十分方便。

操作步骤如下：

（1）打开“光影魔术手”软件；

（2）插入一张需要调整明暗的图片“可爱的小男孩 1.jpg”；

（3）单击几次工具栏中的“补光”按钮，可以看到照片自动“补光”，如果对自动补光不满意，可以选择基本调整中的“数码补光”命令，手动调整，直到认为合适为止，如图 2-8 所示；

（4）如果对补光之后的效果感到满意，单击“另存为”按钮进行保存。

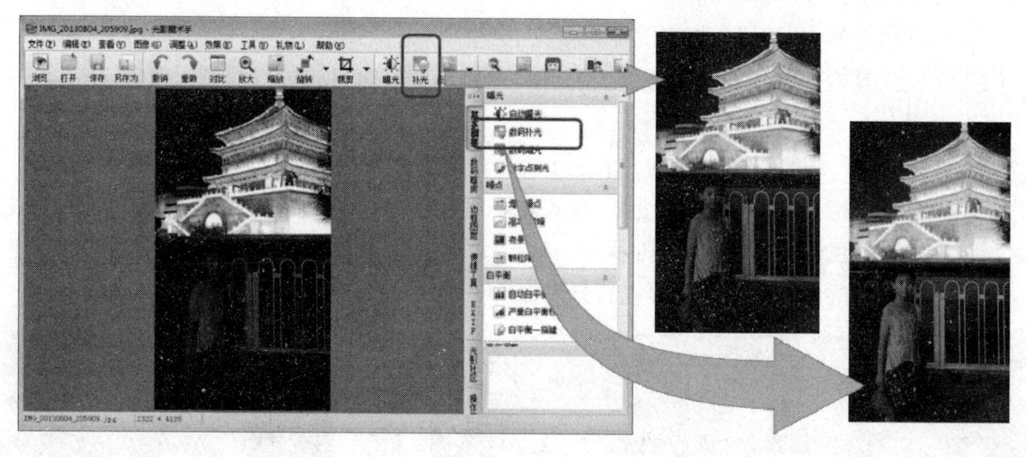

图 2-8　图片补光

2.2.2　添加特效

“光影魔术手”数码暗房功能可以根据需要对照片添加一些特殊效果。

图 2-9 所示的 4 张照片，第 1 张为原始照片，后 3 张分别添加了铅笔素描、晚霞渲染、LOMO 风格的特效。也可以为照片加上马赛克特效，将一些隐私信息隐藏起来，如图 2-10 所示。

图 2-9　特效处理

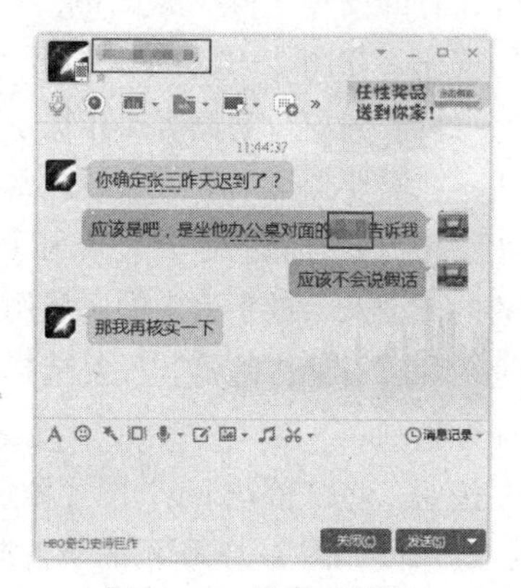

图 2-10　马赛克效果

2.2.3 使用彩棒工具

“彩棒”工具是一种十分特别的工具，可以让图片中某一部分呈现色彩，而其他部分都是黑白效果。

操作步骤如下：

（1）打开“光影魔术手”，打开图片“樱花.jpg”；

（2）单击工具栏上的“彩棒”按钮，打开“彩棒”编辑窗口，可以看到“樱花.jpg”图片变成了灰白效果；

（3）在“彩棒”编辑窗口右侧的“着色半径”滑块上左右拖动，以调整着色半径大小，半径越小，调整范围越精细，按住鼠标左键，在需要显示色彩的图片区域滑动鼠标，即可让鼠标滑过的区域恢复原来的色彩，如图 2-11 所示；

（4）将编辑好的图片另存为“樱花背景黑白.jpg”。

图 2-11 彩棒

温馨提示：对范围比较大的区域进行色彩还原，可以将“着色半径”适当调大，以提高操作效率；对边角区域进行色彩还原时，可以将半径适当调小，以提高操作精度。

2.2.4 抠图

抠图就是将某张图片中的某一人物或物体整体从图片中选中。利用抠图功能，可以将选中的部分复制到别的图片，也可以将没有选中的部分替换成别的背景。

操作步骤如下：

（1）打开“光影魔术手”软件，打开图片“古典美女.jpg”；

（2）单击工具栏上的“抠图”按钮，如图 2-12 所示，打开“抠图”编辑窗口；

（3）在“抠图”编辑窗口中，可以看到窗口右侧有操作提示，按提示进行操作；

（4）单击“智能选中笔”按钮，在需要保留的区域大致画几下；

（5）单击“智能排除笔”按钮，在需要排除的地方大致画几下；

（6）会看到软件将准备排除的区域变灰，准备选中的区域用流动的虚线框选，如果需要调整细节，可以继续使用“智能选中笔”和“智能排除笔”反复选择，直到满意为止；

（7）接下来是背景操作，有 4 个选项：

替换背景：单击“加载背景”按钮，将“樱花.jpg”图片添加进来，再适当调整“古典美女”图片的大小，以及边缘模糊程度，会形成如图 2-13 所示的“古典美女在樱花园”的效果。

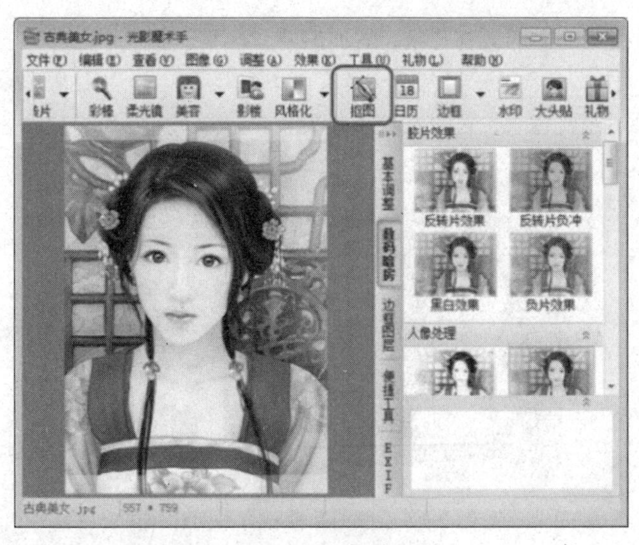

图 2-12　“抠图”按钮

图 2-13　古典美女在樱花园

填充背景：如果需要有特殊背景颜色的登记照，则单击“填充背景”中的“选择颜色”按钮，打开调色板，从中选择合适的颜色，如红色、蓝色、白色，即可得到相应底色的图片，如图 2-14 所示。

图 2-14　填充背景

模糊背景：如果需要前面的人物清晰，后面的背景模糊，就可以选择这一项，效果如图 2-15 所示。

删除背景：如果不需要背景，可以在这里设置。

图 2-15　原图和模糊背景对比

（8）对“预览”的效果满意后，单击“抠图”编辑窗口右下角的“确定”按钮，返回“光影魔术手”主窗口，将编辑好的图片保存。

温馨提示：在设置过程中，可以反复单击“预览”按钮查看效果，方便进行调整。在“抠图”编辑窗口的上排有 4 个按钮，分别是“撤销”“重做”“重置”“反选”，在操作中可根据实际情况合理使用。

2.2.5　为图像添加边框效果

在“光影魔术手”中，可以为图片添加式样美观、特别的边框，让图片显得更加精致。

操作步骤如下：

（1）打开“光影魔术手”软件；

（2）打开一幅图片，本案例打开图片“绿野.jpg”；

（3）单击窗口右侧的“边框图层”选项卡，可以看到“光影魔术手”提供了非常丰富的边框效果；

（4）单击“花样边框”按钮，打开如图 2-16 所示的对话框；

图 2-16　花样边框

（5）在图 2-16 所示的对话框中单击“在线素材”选项组的第 1 页第 9 个边框样式，观察图片的变化；

（6）此边框样式刚好与图片“绿野.jpg”搭配，单击“确定”按钮，返回主编辑窗口；

（7）单击“另存为…”按钮，将图片保存为“绿野边框.jpg”。

温馨提示：在“边框图层”选项卡，还有很多其他边框选项，比如：撕边边框、多图边框、场景等，都可以方便地制作出十分精美的边框效果。

2.2.6 制作拼图

将多张图片拼成一幅，可以多方位地展示图片主体，制作出影集或海报的效果。

操作步骤如下：

（1）用“光影魔术手”打开图片“卖萌的小男孩.jpg”；

（2）单击“边框图层”中的“多图边框”按钮，打开“多图边框”编辑窗口；

（3）单击右侧的第 9 个边框选项，可以看到同一张照片放入了 4 个小框中；

（4）选择“多图边框”窗口左下角的“+”按钮，再添加 3 张照片进来，分别是“爱美食的小男孩”“黄河边的小男孩”和“耍酷的小男孩”；

（5）单击“预览”按钮，如果对效果不满意，如“耍酷的小男孩.jpg”中主体人物没有出现在框内，可以在图片选区中选中该图片，拖动编辑区中的虚线框，调整好显示范围后，再次预览，效果如图 2-17 所示；

（6）单击“确定”按钮，返回主编辑界面，单击“另存为…”按钮保存图片为“可爱的小男孩拼图.jpg”。

图 2-17　用“多图边框”拼图

温馨提示：如果要对图片出现在框中的顺序做出调整，可以选中该图片后，单击图片编辑区中的“←”或“→”按钮来进行调整。

2.2.7 添加水印

为了保护自己的合法权益，在网络上发布自己的图片作品，特别是肖像作品时，可以给图片添加文字内容或者水印标签，以申明出处或者著作权，也可以起到广告推广的作用。

操作步骤如下：

（1）打开“光影魔术手”软件，打开要添加水印的图片“可爱小男孩拼图.jpg”；

（2）单击工具栏上的“水印”按钮，或者选择“工具”菜单中的“水印”命令，打开如图 2-18 所示的对话框；

（3）在 “水印”对话框中选择“水印 1”选项卡，选中“插入水印标签 1”复选项，单击“水印图片”地址右侧的文件夹地址按钮，找到“水印图片 1.jpg”；

（4）根据需要调整水印：不透明度、缩放比例、位置和边距，本案例的具体参数如图 2-18 所示，设置后单击右下角的“确定”按钮，一个水印就加好了；

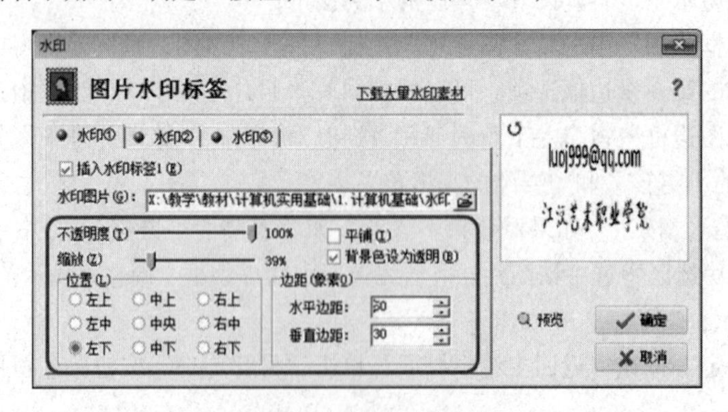

图 2-18 “水印”编辑框

（5）如果需要在一张图片上添加多个水印，可以在“水印”对话框中选择“水印 2”选项卡，按“水印 1”的方法进行设置；

（6）设置完成，单击“确定”按钮返回主编辑窗口，另存为“可爱的小男孩多图边框+水印.jpg”。

温馨提示：在设置过程中，可以反复单击“预览”按钮查看效果，根据预览效果来调整参数，直至达到所需要求。

案 例 小 结

对图片的美化要起到锦上添花的效果，而不要给人以画蛇添足的感觉。

实训 2.2 完成图片美化

实训 2.2.1 用“光影魔术手”美化图片

操作步骤如下：

（1）启动“光影魔术手”软件，打开 1 张个人生活照图片，进行如下操作，每完成 1 个效果，就用新文件名另存 1 次；

（2）为图片补光，调整图片明暗；

（3）在“数码暗房”中为图片设置不同的特效；

（4）用“彩棒”工具，将图片中的主体人物做成彩色；

（5）用“抠图”工具，将图片中的主体人物抠出来，添加其他背景；

（6）用“抠图”工具，为图片中的主体人物制作各种底色的登记照；

（7）用多张生活照制作多图拼图；

（8）为编辑过的图片添加具有个人特色的“水印”；

（9）用个人生活照制作“日历”；

（10）用一张自己家庭的全家福照片，做成一张年历，打印出来。

实训 2.2.2　制作不同底色的登记照

打开 1 张个人标准登记照，将登记照背景替换为红底、蓝底、白底，分别保存。

实训 2.2.3　用“美图秀秀”美化图片

（1）打开“美图秀秀”；

（2）打开一张个人生活照，为图片添加场景，另存；

（3）为图片添加一行文字说明，另存；

（4）对图片中的人物进行人像美化：皮肤美白、磨皮、眼睛放大、祛红眼、祛斑等，另存；

（5）将保存过的图片，设计成一张海报，另存；

（6）将处理好的图片发布到 QQ 空间，或者微信朋友圈、微博。

实训 2.2.4　实训报告

完成一篇实训报告，将自己实训中遇到的问题、解决方案和收获整理并记录下来；有针对性地对比“光影魔术手”和“美图秀秀”，结合自己的使用感受，简要列举这两款软件各自的特色。

案例 2.3　用手机处理和美化图片

知识建构

- 手机中的图像处理应用
- 美化照片
- 个性化设计图片
- 制作拼图

技能目标

- 掌握使用手机图像处理应用美化照片的方法
- 掌握使用手机制作个性化图片的方法
- 掌握使用手机制作个性拼图的方法

工信部的统计数据显示，截至 2014 年 5 月底，中国的手机用户数量已达到 12.56 亿人，相当于 90.8%的中国人都在使用手机。

随着廉价智能手机的普及，手机不再是只用来接打电话或收发短信，手机的各种附加功能越来越多，人们对于手机的要求也越来越高，对于手机摄像头的要求便是其中非常重要的一项，也是人们在选择手机时重要的参考要素之一。

由于手机的便携性、信息分享的便捷性、手机摄影摄像功能的不断强化，越来越多的人开始习惯用手机相机记录自己生活中的点点滴滴，并直接用手机中的应用对照片进行美化，甚至直接使用带有美化功能的拍照应用来拍摄照片，然后直接用手机发布到因特网上与亲朋好友分享。

2.3.1 手机中的图像处理应用

手机按功能可以分为智能手机和功能机，智能手机能让用户根据需要安装不同的“应用”（手机所使用的软件），而功能机只能使用事先已经整合进手机的简单功能。智能手机与计算机一样，有不同的操作系统，目前最常见的有 Android、IOS、Windows Phone 等。不同的手机操作系统，只能安装对应版本的手机应用。

通常，大众化的手机应用都会同步开发适用于不同智能手机操作系统的应用版本。比如“美图秀秀”就有 IPhone 版、Android 版和 Windows Phone 版。

目前，常见的手机拍照、图像处理应用有：美图秀秀、美颜相机、天天 P 图、海报工厂、足记等，如图 2-19 所示。

美图秀秀

美颜相机

海报工厂

足记

图 2-19　手机拍照、图像处理应用

这些手机应用，大多数都具有调整图片明暗、设置特效和人像美容等功能。

2.3.2 美化照片

1. 美化风景照片

以“美图秀秀”为例，操作步骤如下：

（1）启动手机中的“美图秀秀”软件；

（2）单击“美化图片”图标，选择一幅需要调整的风景图片；

（3）选择“增强”选项，调整“对比度”，进行“智能补光”，直到满意为止，点击右下角的“✓”图标即可保存图片，如图 2-20 所示；

（4）继续为图片添加“特效”“边框”“魔幻笔”“马赛克”等效果。

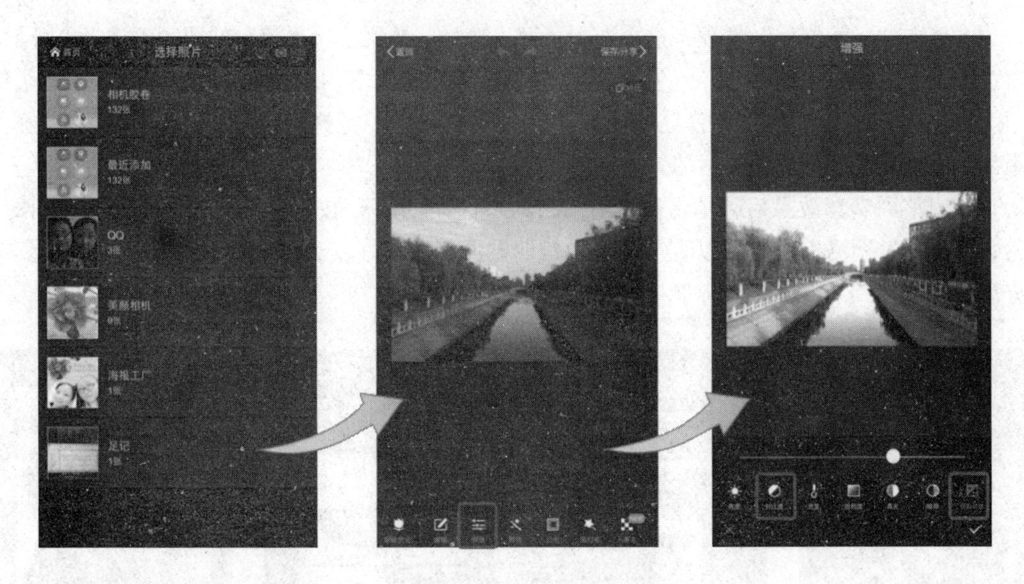

图 2-20　美化风景照片

2．美化人物照片

（1）启动手机中的“美图秀秀”软件；

（2）单击“人像美容”图标，选择一幅需要调整的人物图片；

（3）进行“磨皮美白”“祛斑祛痘”等操作调整，直到满意为止，如图 2-21 所示；

（4）达到满意效果后，单击右下角的“✓”图标即可保存图片。

图 2-21　磨皮美白

2.3.3　制作个性拼图

以“海报工厂”为例，制作个性拼图的操作步骤如下：

（1）打开手机中的“海报工厂”软件，进入主页面；

（2）单击“开始制作”选项，进入选图页面，选择几幅用于制作海报的图片，选择“开始制作”选项，进入制作页面；

（3）在下面的“清新”“时尚”“简约”选项中进行切换，选择心仪的海报模板，每选一次，应用都会自动显示套用模板之后的效果，如图 2-22 所示；

（4）调整到满意效果后，单击窗口右上角的“保存/分享”按钮即可完成海报效果拼图的保存，如果要通过网络分享，可以直接选择微信朋友圈、微信好友、QQ 空间、新浪微博等选项完成分享。

图 2-22　用“海报工厂”制作拼图海报

温馨提示：套用模板时，图片的位置可以任意用手指拖动交换，单张图片要显示的位置也可以用手指拖动调整。

案 例 小 结

手机为摄影摄像、图片处理、图片分享传播带来了便利，但也让不少人吃尽苦头：不该拍摄的照片、视频，被拍摄、保存，然后又因为好友反目、手机遗失、恶意炒作而被传播到网络，给当事人带来不可修复的伤害。因此，每个人都要养成良好、健康的手机使用习惯，学会保护个人隐私，不该拍摄的内容不要拍摄，不要分享传播不健康的图片和视频，要定期清理自己的相册，智能手机最好设置使用密码，手机废弃不用前一定要取出手机中的存储卡并将手机还原到出厂状态。

实训 2.3　我是美图达人

实训 2.3.1　用“美颜相机”拍照并美化

操作步骤如下：

（1）启动手机上的“美颜相机”软件，拍几张风景照和人物照；

（2）用“美颜相机”软件美化图片。

实训 2.3.2　用“美图秀秀”美化图片

（1）启动手机上的“美图秀秀”软件，进入编辑界面；

（2）为手机拍摄的照片添加边框、魔幻笔、马赛克、文字、背景虚化等特效。

实训 2.3.3　用“海报工厂”制作个性拼图海报

（1）启动手机上的“海报工厂”软件，进入编辑界面；

（2）选择几张自己拍的风景和人物照片，选择合适的海报模板，套用并调整细节；

（3）生成海报并保存。

实训 2.3.4　其他拍照和图像处理应用

分别用美图 GIF、美拍、足记、天天 P 图等不同的应用拍摄或处理照片，比较各个应用之间的区别，归纳每个应用的特色和不足。

实训 2.3.5　将美化后的照片保存到计算机中

（1）打开 QQ 手机客户端，在联系人中找到“我的设备”，选择“我的电脑”；

（2）打开“我的电脑”窗口，单击“输入框”右侧的“+”号；

（3）选择“照片”选项；

（4）在相册中选择需要传到计算机中保存的照片，一次最多可以选择 50 张照片，单击“确定”按钮；

（5）完成后，在计算机上登录 QQ，单击好友列表最上方“我的设备”按钮，打开“我的手机”，即可看到手机传过来的照片。

温馨提示：除了图片，其他文件在手机和计算机之间也可以通过这种方式互传。

实训 2.3.6　实训报告

完成一篇实训报告，将自己实训中感觉特别实用和特别有特色的应用和功能，整理并记录下来。

第3章 文案专家——Word 2010

Microsoft Office 是美国微软（Microsoft）公司开发的办公软件套装，是一个庞大的办公软件和工具软件的集合体，常用组件有 Word、Excel、PowerPoint、Access、Outlook、OneNote 等，是目前全球使用最广泛、最普遍的办公软件。经过微软公司持续不断地开发，Microsoft Office 版本不断更新，目前有 Office 2003、Office 2007、Office 2010、Office 2013、Office 365 等多个版本为不同的用户所使用，此外还有基于 Mac OS X 系统的 Office 版本。本书将主要讲解基于 Windows 平台的 Office 2010 中最常用的 3 个软件 Word、Excel、PowerPoint。

用计算机处理文档，是最基本最常见的日常工作，Word 2010 就是 Office 2010 办公软件套装中的文档处理软件。

案例 3.1 我 的 简 历

知识建构

- Word 2010 程序的启动
- 工作界面组成
- 文档的新建
- 文档的基本编辑
- 文档的保存

技能目标

- 能自定义工作环境
- 能使用模板创建文档
- 会选定文本内容，并对文本内容进行查找替换

完成如图 3-1 所示的“我的简历”。

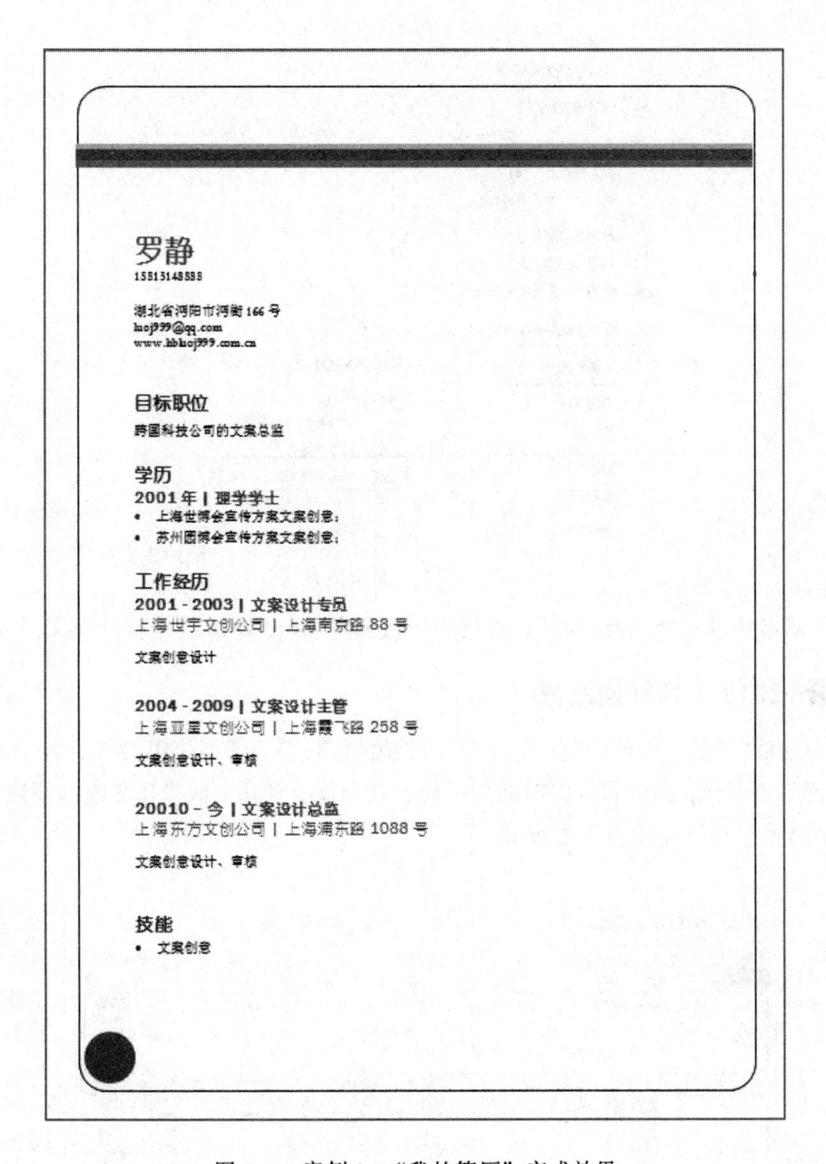

罗静

15813148888

湖北省河阳市河街 166 号
luoj999@qq.com
www.hbluoj999.com.cn

目标职位

跨国科技公司的文案总监

学历

2001 年 | 理学学士

- 上海世博会宣传方案文案创意；
- 苏州园博会宣传方案文案创意；

工作经历

2001 - 2003 | 文案设计专员
上海世宇文创公司 | 上海南京路 88 号

文案创意设计

2004 - 2009 | 文案设计主管
上海亚星文创公司 | 上海霞飞路 258 号

文案创意设计、审核

20010 – 今 | 文案设计总监
上海东方文创公司 | 上海浦东路 1088 号

文案创意设计、审核

技能

- 文案创意

图 3-1 案例 3.1“我的简历”完成效果

3.1.1 Word 2010 的启动

方法 1：双击桌面上的 Word 2010 快捷方式图标；

方法 2：单击“开始”菜单按钮，依次选择“所有程序”|“Microsoft Office 2010”|“Microsoft Word 2010”命令。

方法 3：单击 Windows 7 系统的“开始”菜单按钮，在搜索框中输入“Word”，然后在显示的列表中选择“Microsoft Word 2010”；

方法 4：在方法 2 操作到最后一步时，不要单击，而是右击，在弹出的快捷菜单里选择“发送到”|“桌面快捷方式”命令，如图 3-2 所示，可以在桌面上创建一个 Word 2010 的快捷方式图标，以后就可以直接执行方法 1；

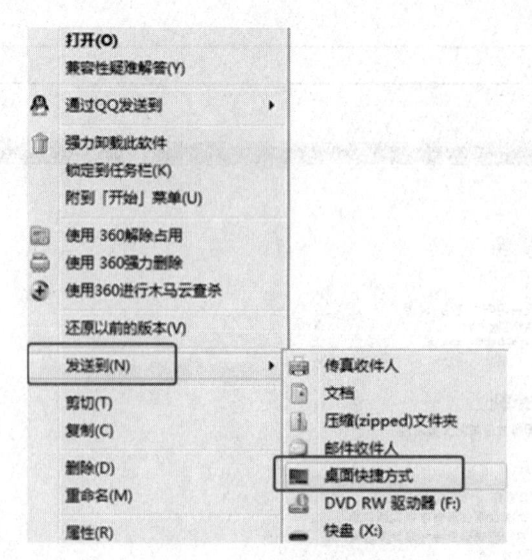

图 3-2 创建桌面快捷方式

方法 5：双击任意一个 Word 文档，系统将直接调用 Word 2010 程序打开该文档。

3.1.2 Word 2010 工作界面组成

从 Office 2007 开始，传统的菜单和工具栏被功能区代替。习惯使用 Office 2003 的用户可能会对这种界面不太习惯，但经过一段时间的适应，就会体验到功能区操作界面的便捷和人性化。

Word 2010 的工作界面如图 3-3 所示。

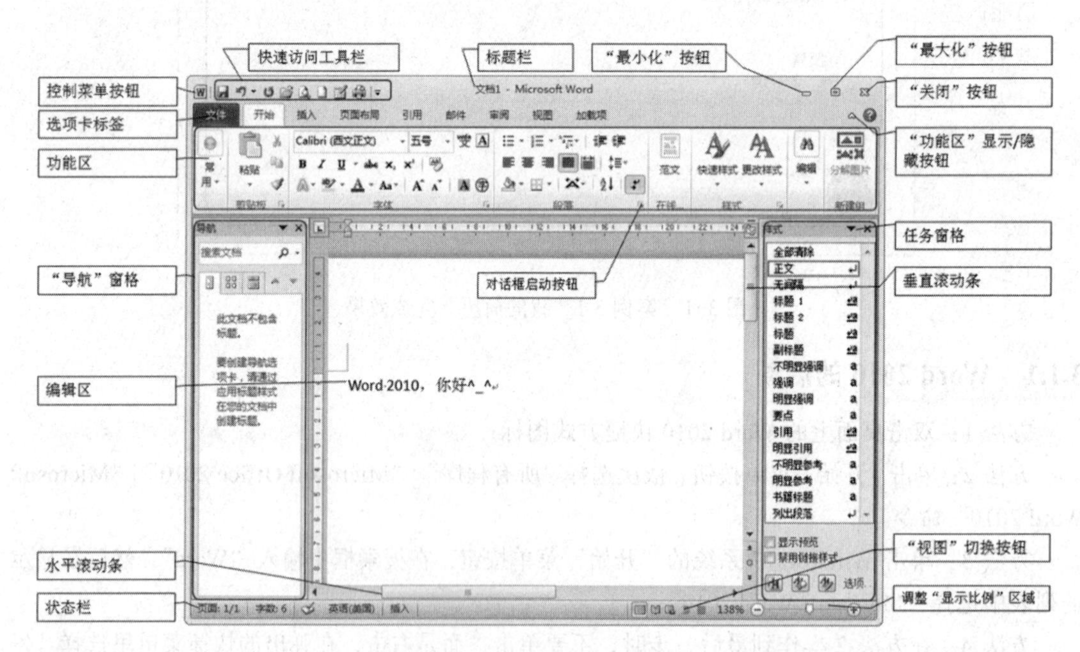

图 3-3 Word 2010 的工作界面

（1）标题栏：标题栏由“控制菜单”按钮、“快速访问”工具栏、文档名称、窗口控制按钮等组成。除了“快速访问”工具栏中放置了一些常用的命令是新界面的创新外，其他的命令和用法与 2003 版没有区别。

（2）选项卡标签：相关功能区的名字标签。

（3）功能区：每一个功能区选项卡对应着一个功能区，用于放置常用的功能按钮。

温馨提示：功能区是可以隐藏的。

- 按【Ctrl+F1】组合键，可以执行隐藏/显示；
- 单击“选项卡”最右侧的“功能区显示/隐藏”，可以执行显示/隐藏；
- 双击当前“选项卡标签”，可以隐藏功能区；之后单击任意“选项卡标签”可以使其临时显示出来，结束使用后仍会自动隐藏；再次双击任意选项卡标签，功能区会重新呈现显示状态。

（4）“对话框”启动按钮：常用功能在功能区都可以找到，但是仍有一些功能需要用到对话框，比如段落格式的设置，单击“段落”选项组的对话框启动按钮，就可以进入“段落格式设置”对话框进行相关设置。

（5）导航窗格：主要用来显示文档结构图和搜索结果等。

（6）编辑区：显示待编辑文档。

（7）任务窗格：提供常用命令的窗口，它可以被拖动到任何位置，甚至是 Office 窗口之外。

（8）状态栏：位于主窗口的底部，显示着多项当前状态信息。在状态栏上右击，在弹出的快捷里可以重新设置状态栏的配置选项。

1．功能区

功能区主要由选项卡标签、组和命令按钮组成，单击选项卡标签可以切换至相应的功能区，单击组中的按钮可以完成相应的操作。

（1）“文件”标签：单击“文件”标签，可以在弹出的下拉菜单中选择相应的菜单命令进行新建文档、保存文档、打印文档以及设置选项等相关操作。

（2）“开始”功能区：在“开始”功能区中包括“常用”“剪贴板”“字体”“段落”“样式”和“编辑”等 5 个组，对应着 Word 2003 的“编辑”和“格式”菜单的部分命令。这个功能区主要用于对 Word 文档进行文字格式编辑和段落设置编辑，是最常用的功能区。

（3）“插入”功能区：这个功能区包括“页”“表格”“插图”“链接”“页眉和页脚”“文本”和“符号”等 7 个组，对应着 Word 2003 中的“插入”菜单中的部分命令，主要用于在 Word 文档中插入各种元素。

（4）“页面布局”功能区：包括“主题”“页面设置”“稿纸”“页面背景”“段落”和“排列”等 6 个组，对应着 Word 2003 中的“页面设置”菜单命令和“段落”菜单中部分命令，用于设置 Word 文档的页面样式。

（5）“引用”功能区：包括“目录”“脚注”“引文和书目”“题注”“索引”和“引文目录”等 6 个组，对应着 Word 2003 中“插入”菜单中“引用”子菜单中的命令，用于在 Word 文档中插入目录等比较高级的操作。

（6）“审阅”功能区：包括“校对”“语言”“中文简繁转换”“批注”“修订”“更改”“比较”和“保护”等 8 个组，主要用于对 Word 文档进行校对和修订等操作，适用于多人协作处理 Word

长文档。

（7）“视图”功能区：包括“文档视图”“显示”“显示比例”“窗口”和“宏”等5个组，主要用于帮助用户设置Word操作窗口的视图类型。

2．快速访问工具栏

Word 2010文档窗口中的“快速访问工具栏”用于放置一些常用的命令按钮，便于快速启动经常使用的命令。默认情况下，“快速访问工具栏”中只有少数几个命令，可以根据实际需要进行添加。

操作步骤如下：

（1）选择“文件”菜单中的“选项”命令；

（2）在打开的“Word选项”对话框中选择左侧的“快速访问工具栏”命令，然后在“从下列位置选择命令”列表中选择要添加的选项，比如“打印预览和打印”选项，先选中它，再单击“添加”按钮，如图3-4所示；

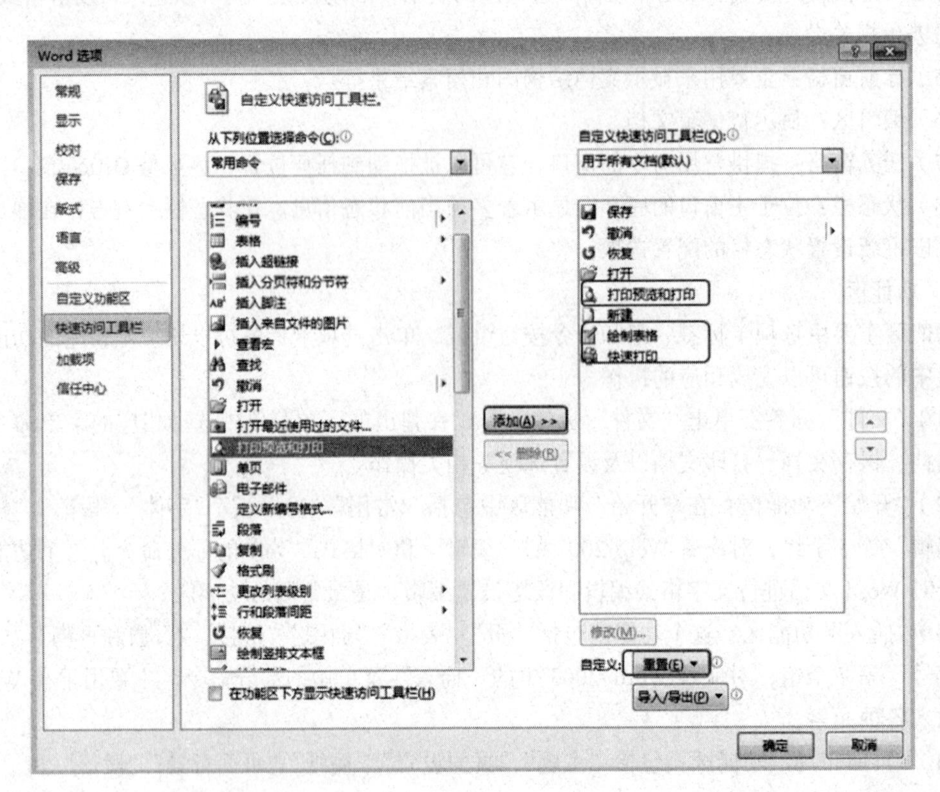

图3-4　添加自定义工具按钮

（3）重复上一步骤，可以向“快速访问工具栏”中添加多个命令，设置完成，单击“确定”按钮。

温馨提示：单击“重置”按钮，在下拉菜单中选择“仅重置快速访问工具栏”命令，即可将“快速访问工具栏”恢复到初始状态。

3.1.3　根据“样本模板”创建“简历”

除了通用型的空白文档模板之外，Word 2010 中还内置了多种文档模板，比如：博客文章模板、书法字帖模板等。另外，Office.com 网站还提供了证书、奖状、名片、简历等特定模板，用户可以在这些模板的基础上创建比较专业的文档。

操作步骤如下：

（1）选择“文件”|“新建”|“样本模板”命令，打开如图 3-5 所示的可用模板列表，其中就有一个简历模板：黑领结简历，选中这个模板，在右侧的预览框中可以看到文档的大概效果，单击“创建”按钮生成空白简历文档，根据实际需要录入相关信息即可完成一份自己的简历；

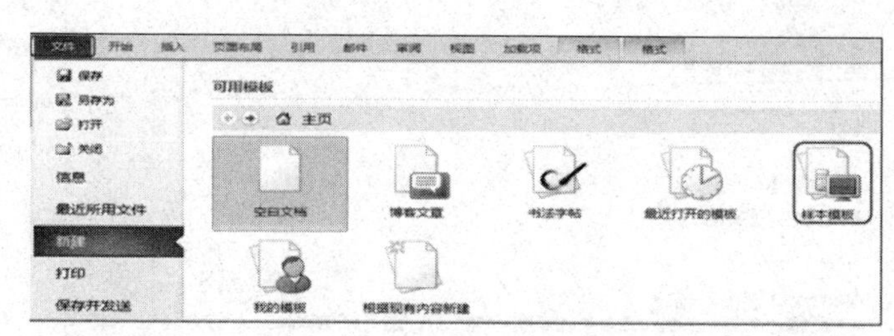

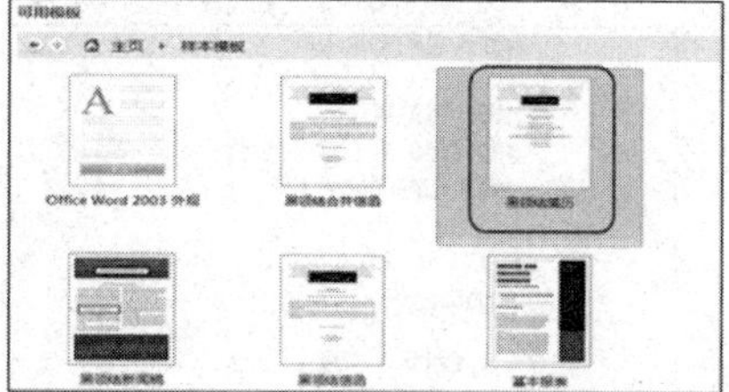

图 3-5　根据“样本模板”创建简历

（2）选择“主页”命令返回，在如图 3-6 所示的“Office.com 模板”中输入“简历”，按【Enter】键开始搜索，可以看到若干简历模板，从中选择合适的简历模板，本案例选择“简历（平衡设计）”，然后单击右侧预览窗格中的“下载”按钮进行下载，如图 3-6 所示；

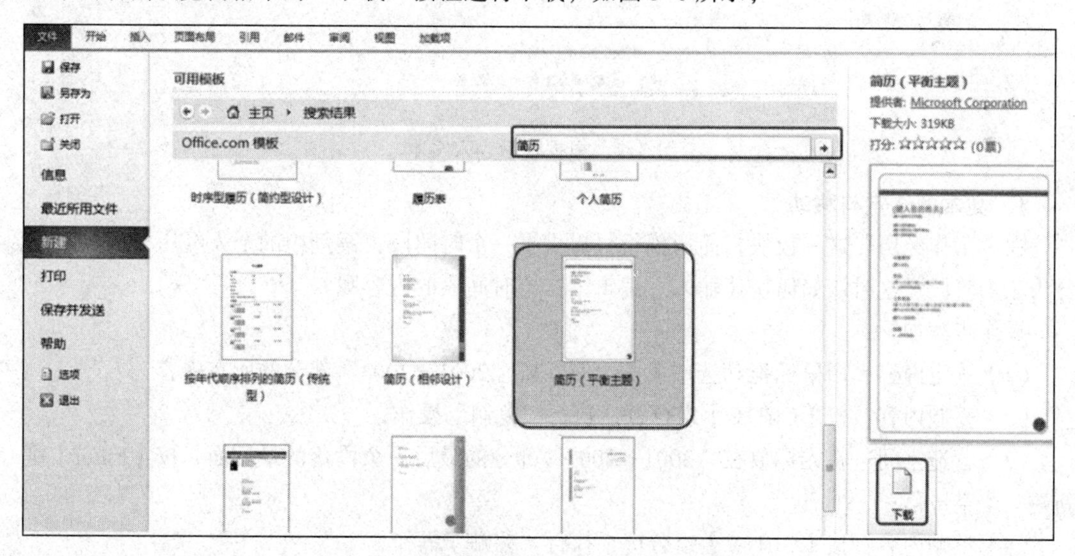

图 3-6　根据“Office.com”模板创建简历

（3）模板下载完毕后，系统会基于该模板自动创建一个新文档，新文档已经将简历中包括的各项内容的位置安排好了，整体效果看上去非常专业；

（4）接下来，在文档中的相应位置输入自己的信息即可。

3.1.4 文档的基本编辑

在“简历”模板的相应区域单击，用鼠标拖动选中相应文本，根据提示直接输入自己的个人信息，完成好“个人信息”“目标职位”和“学历”信息的简历如图 3-7 所示。

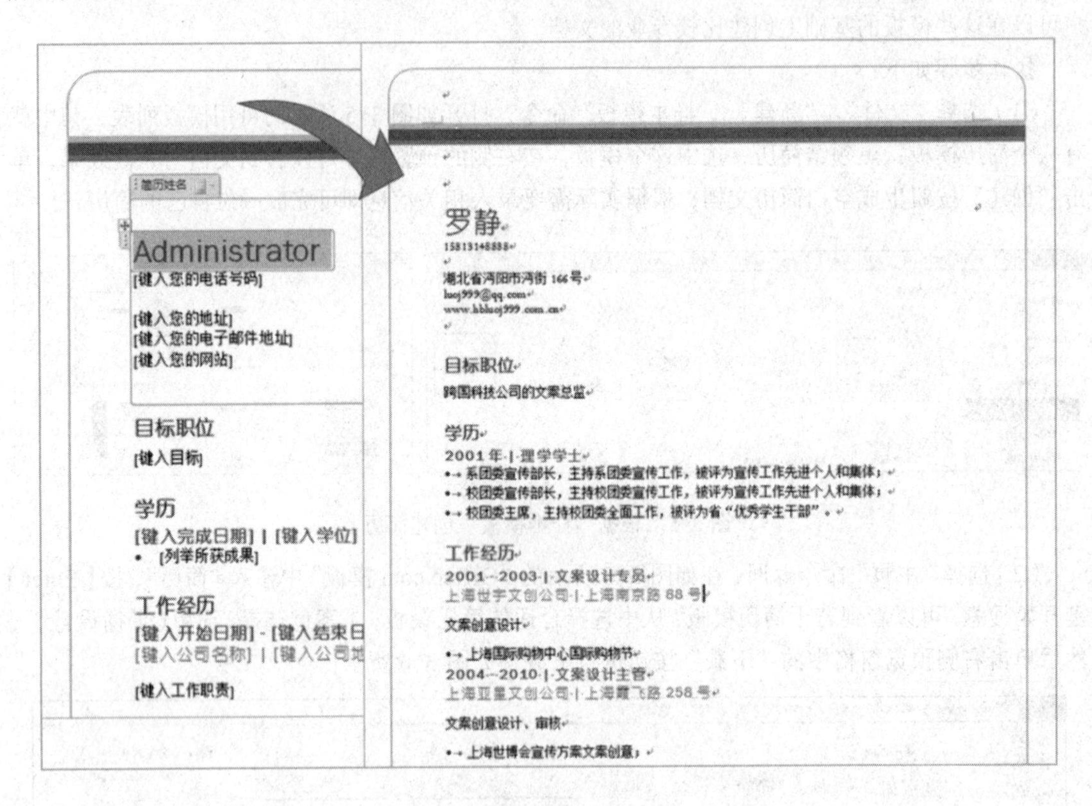

图 3-7　根据提示输入文本

1. 文本的选定与移动

在“工作经历”这一板块，简历模板只提供了一个时间段，案例中的个人经历根据时间可以分为三个阶段，这时该如何快速输入、编辑第二个时间段的内容呢？

操作步骤如下：

（1）选定内容：用鼠标拖动选中第 1 个时间段“2001—2003”部分的所有内容；

（2）复制内容：按【Ctrl+C】组合键，执行“复制”操作；

（3）营造空间：将光标放在“2001—2003”部分的最后一个段落的最后面，按【Enter】键，新建一个空段落；

（4）粘贴内容：按【Ctrl+V】组合键，执行“粘贴”操作；

（5）修改文本：在相应位置，将文字修改成所需要的新内容；

第 3 个时间段的添加、修改操作同上。

温馨提示： 每一个工作时间段，如果加上相应参与的典型工作案例，会更有说服力。这里可以直接将“学历”中的“列举所获成果”复制过来，进行相关文字修改。

1）文本的选定

文本的选定方法有很多种，常用的几种方法如下：

（1）选定一句：按住【Ctrl】键，用鼠标单击该句的任意位置；

（2）选定一段：在该段任意位置三击鼠标左键或在“选择条”（左页边距上，鼠标指针形态会变成向右倾斜的空白箭头的位置）上双击；

（3）选定一行：在该行“选择条”上单击；

（4）选定多行：将鼠标指针放在“选择条”上，按住鼠标左键向上或向下拖动，即可选定多行文本；

（5）选定任意长度文本：在待选定的起始位置，按住鼠标左键，拖动鼠标至待选定内容的结束位置，也可以按住左键从结束位置拖动到起始位置；

（6）大区域（连续区域）选定：将光标置于要选定的文本起始处，按住【Shift】键，再单击要选定的文本区域的结尾处；

（7）非连续区域选定：选中一个需要选中的区域，按住【Ctrl】键，再依次选中其他需要选中的区域。

除了上述 7 种使用鼠标的选定方法外，也可以使用键盘进行选定。把鼠标的 I 形指针置于要选定的文本之前，按住【Shift】键，然后按【→】【←】【↑】【↓】方向键或【Page Up】【Page Down】键，则在移动插入符的同时选中文本。

例如，按【Shift+→】组合键，则向右移动一个汉字（字母），同时将其选中。

但对于整个段落来说，这样一个字一个字地选择，并不是最快捷方便的方法。

温馨提示：连续区域选定、非连续区域选定方法，同样适用于 Excel 中数据区域的选定和 PowerPoint 中动画条目的选定。

本案例所需选择的是一个段落，所以使用第 2、4、5、6 种方法都可以。

2）文本的移动

文本的移动有两种途径，一种是鼠标拖放式，另外一种是使用键盘快捷键“剪切-粘贴”。

鼠标拖放移动，适用于就近移动，选定需要移动的文本，松开鼠标，移动鼠标指针到选定文本上方，再按住鼠标左键不放，直接拖动到目标位置，松开鼠标即可完成移动。

用键盘快捷键操作，适用于距离较远的移动：选定文本，按【Ctrl+X】组合键剪切，将光标置于目标位置，按【Ctrl+V】组合键粘贴。

3）撤销、恢复和重复

在选择的过程中很容易误操作，多选、少选或者误选，这时可以使用“撤销”命令还原到之前状态。

撤销：【Ctrl+Z】组合键，要注意并不是所有的操作都能撤销，比如删除文件操作；

恢复：【Ctrl+Y】组合键，若做了不适当的撤销操作，这个命令可以将其恢复；

重复：除撤销操作外，每一项操作，在“编辑”菜单中都会出现一个重复命令（快捷方式：【F4】键）。

2．查找与替换

在编辑的过程中，有时候会需要进行文字的查找与替换，或进行格式的查找与替换，特别是格式的查找与替换可以有效节省很多的工作时间。

本案例进行的是文本的查找与替换，将“团委”替换成“学生会”，操作步骤如下：

（1）单击“开始”|“编辑”|“替换”按钮，出现如图3-8所示的对话框；

（2）在对话框的“查找内容”编辑框中输入“团委”，在“替换为”编辑框中输入“学生会”，如图3-8所示；

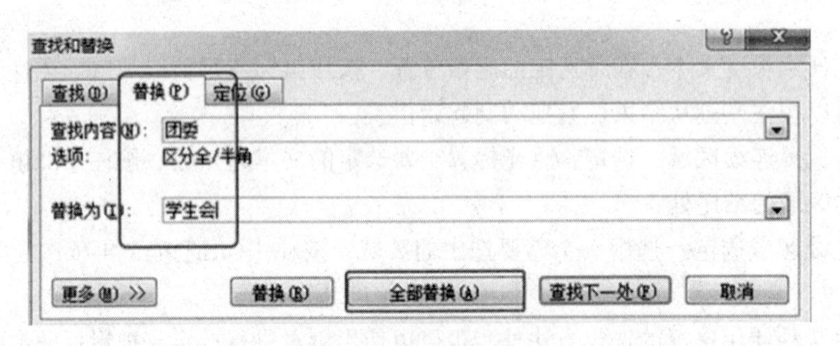

图3-8 替换

（3）单击“全部替换”按钮，即可将文中所有“团委”文字变成“学生会”。

温馨提示：如果不是全部的文字都要替换，可以单击“查找下一处”按钮，找到了需要替换的文本，再单击“替换”按钮。

3.1.5 保存文档

到这里，整个“简历文档”就制作完成了，单击“快速访问工具栏”中的“保存”按钮，将文档以“我的简历.docx”为文件名保存。

案 例 小 结

“我的简历”的制作介绍了Word 2010工作界面的组成，重点在于在这个全新的工作界面中制作一个新文档的过程，虽然本案例的制作比较简单，但是关于文本操作编辑的小知识、小技巧很多，掌握这些小知识小技巧，对于以后的文本编辑非常有用。

实训 3.1 完成“我的简历”的制作

实训 3.1.1 新建“我的简历”

操作步骤如下：

（1）选择“文件”|“新建”|“样本模板”命令；

（2）在“Office.com模板”中输入“简历”，按【Enter】键开始搜索；

（3）找到“简历（中性主题）”，下载并完善相关文本内容；

（4）在编辑过程中，灵活使用“选择”“复制”“剪切”“粘贴”“查找和替换”功能。

实训 3.1.2　拓展：批处理网络标识及格式替换

在因特网上下载的文本，往往打上了因特网的“烙印”，不利于在 Word 中进行格式编辑，需要对其进行格式处理。这也是一项十分实用且常用的功能性操作。

1. 显示编辑标记

（1）在网上查找到如下文字，复制粘贴到 Word，效果如图 3-9 所示；

（2）单击“开始”|“段落”工具组中的 ↵ 按钮，将所有编辑标记显示出来；

弗里德里克·肖邦简介

····弗里德里克·弗朗索瓦·肖邦，19 世纪波兰作曲家、钢琴家。↓
····1810 年，肖邦出生于波兰；1817 年开始创作；1818 年登台演出；1822 年至 1829 年在华沙国家音乐高等学校学习作曲和音乐理论。1829 年起以作曲家和钢琴家的身份在欧洲巡演。后因华沙起义失败而定居巴黎，从事教学和创作。1849 年，肖邦因肺结核逝世于巴黎。↓
····肖邦是历史上最具影响力和最受欢迎的钢琴作曲家之一，是波兰音乐史上最重要的人物之一，欧洲 19 世纪浪漫主义音乐的代表人物。他的作品以波兰民间歌舞为基础，同时又深受巴赫影响，多以钢琴曲为主，被誉为“浪漫主义钢琴诗人”。·↓
····肖邦多以钢琴曲为主，体裁多样、内容丰富、感情朴实、手法简练、题材紧扣波兰人民的生活、历史和爱国诗歌，曲调热情奔放、和声丰富多彩、结构灵活自如。↓
····作为著名钢琴演奏家，肖邦的演奏技巧精湛、手法细腻、音响华丽、富裕激情、出神入化，他的钢琴踏板用法独特。↓
····肖邦一生创作了大约二百部作品，主要作品有：钢琴协奏曲 2 首、钢琴三重奏、钢琴奏鸣曲 3 首、叙事曲 4 首、谐谑曲 4 首、练习曲 27 首、波罗乃兹舞曲 16 首、圆舞曲 17 首、夜曲 21 首、即兴曲 4 首、埃科塞兹舞曲 3 首、歌曲 17 首；此外还有波莱罗舞曲、船歌、摇篮曲、幻想曲、回旋曲、变奏曲等，共 21 卷。↓
····因大部分作品是钢琴曲，肖邦被誉为“钢琴诗人”。↓

图 3-9　弗里德里克·肖邦简介

2. 查找与替换“格式”

本案例要求：将“肖邦”替换格式为“幼圆、加粗倾斜、小四号、红色、阴影”。具体操作步骤如下：

（1）单击“开始”|“编辑”|“替换”按钮，打开“查找与替换”对话框；

（2）在“查找内容”编辑框中录入：“肖邦”；

（3）在“替换为”编辑框中单击，让光标置于编辑框中；

（4）单击左下角“更多”按钮，展开折叠部分，设置更细致的搜索结果；

（5）单击“格式”按钮，选择“字体”命令，打开“字体”对话框；

（6）把字体格式设置为：“幼圆、加粗倾斜、小四号、红色”，单击“确定”按钮，返回“查找和替换”对话框；

（7）注意观察“替换为”编辑框的下方出现了刚才的格式设置，单击“全部替换”按钮。

3. 查找与替换“网络标识”

本案例要求：将文中所有的“网络标识”替换为正常的Word编辑标识，便于后期格式编辑，具体操作步骤如下：

（1）将“查找内容”编辑框中的内容删掉，让光标置于其中，单击对话框下方“特殊格式”按钮，选择“手动换行符”命令；

（2）将光标置于“替换为”编辑框中，单击对话框下方“不限定格式”按钮，删除刚才设置的格式；

（3）光标继续停留在“替换为”编辑框中，单击“特殊格式”按钮，选择“段落标记”命令；

（4）单击“全部替换”按钮；

（5）用鼠标选中第一段前面的那些编辑标记（空格标记），复制到“查找内容”编辑框中；

（6）将“替换为”编辑框中的内容全部删除，包括格式；

（7）单击“全部替换”按钮。

实训 3.1.3 实训报告

完成一篇实训报告，将自己实训中的感受和收获整理并记录下来。

案例 3.2 《摸鱼儿·雁丘词》

知识建构

- “字体”编辑区：设置字体、字号、上标、字符边框
- “字体”对话框：着重号、隐藏文字、字符缩放、字符间距、字符位置
- 中文简繁转换
- 中文版式
- 插入符号
- 格式复制
- 脚注和尾注
- 日期和时间

技能目标

- 能为文字进行常规的格式设置，以及文字的一些特殊显示效果设置
- 能为文档添加脚注和尾注
- 会使用格式刷复制格式

完成《摸鱼儿·雁丘词》的创意文字排版，局部效果如图3-10所示，图中没有展示出“脚注”和“尾注”的内容。

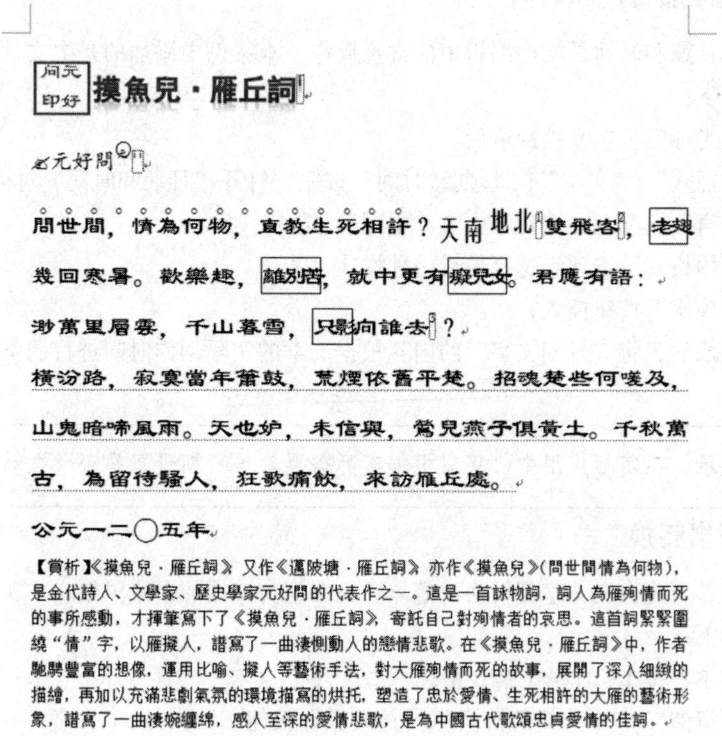

问元 印好 **摸魚兒·雁丘詞**

元好問

問世間，情為何物，直教生死相許？天南地北雙飛客，老翅幾回寒暑。歡樂趣，離別苦，就中更有癡兒女。君應有語：渺萬里層雲，千山暮雪，只影向誰去？

橫汾路，寂寞當年簫鼓，荒煙依舊平楚。招魂楚些何嗟及，山鬼暗啼風雨。天也妒，未信與，鶯兒燕子俱黃土。千秋萬古，為留待騷人，狂歌痛飲，來訪雁丘處。

公元一二〇五年

【賞析】《摸魚兒·雁丘詞》又作《邁陂塘·雁丘詞》亦作《摸魚兒》(問世間情為何物)，是金代詩人、文學家、歷史學家元好問的代表作之一。這是一首詠物詞，詞人為雁殉情而死的事所感動，才揮筆寫下了《摸魚兒·雁丘詞》，寄託自己對殉情者的哀思。這首詞緊緊圍繞"情"字，以雁擬人，譜寫了一曲淒惻動人的戀情悲歌。在《摸魚兒·雁丘詞》中，作者馳騁豐富的想像，運用比喻、擬人等藝術手法，對大雁殉情而死的故事，展開了深入細緻的描繪，再加以充滿悲劇氣氛的環境描寫的烘托，塑造了忠於愛情、生死相許的大雁的藝術形象，譜寫了一曲淒婉纏綿，感人至深的愛情悲歌，是為中國古代歌頌忠貞愛情的佳詞。

图 3-10　案例 3.2 排版效果（局部）

3.2.1　标点符号的录入

英文输入法状态下：所有的标点与键盘上标识的符号是一一对应的关系，即与键盘上标识的标点完全相同。

中文输入法状态下：中文标点与键盘上标识的对应关系如表 3-1 所示。

表 3-1　中文标点与键盘键位的对应关系

中 文 标 点	键 盘 符 号	中 文 标 点	键 盘 符 号
、顿号	\	“” 双引号	“（中文双引号自动配对）
，逗号	,	‘’ 单引号	‘（中文单引号自动配对）
；分号	;	——破折号	-（Shift+-）
。句号	.	·中圆点	@（Shift+2）
：冒号	:	……省略号	^（Shift+6）
？问号	?	-连接号	&（Shift+7）
！感叹号	!	¥人民币符号	$（Shift+4）
（）左右括号	( )		

录入本案例中的文字内容，不清楚的标点符号，参照表 3-1 中的标点符号对应关系。

3.2.2 为文档添加日期和时间

为文档添加日期和时间是文档编辑中的常规操作，本案例中添加的是中文日期。

操作步骤如下：

（1）将插入光标定位在文档的最后；

（2）单击“插入”|“文本”|“日期和时间”按钮，打开“日期和时间”对话框；

（3）在“语言”选项组中选择“中文（中国）”选项；

（4）在“可用格式”选项组选择最后一种样式；

（5）单击“确定”按钮插入；

（6）插入完成后，将“日期文字”的内容根据文章的实际创作时间进行调整，调整为：公元一二〇五年。

温馨提示：在实际应用中，可以根据实际需要，给日期设置是否“自动更新”。

3.2.3 中文简繁转换

在本案例中，要将全文文字都转换成繁体，以匹配古诗词的古典风格。

操作步骤如下：

（1）全选文本：按【Ctrl+A】组合键；

（2）单击“审阅”|“中文简繁转换”|“简转繁”按钮。

3.2.4 插入符号

在作者“元好问”前面加上一个“✍”符号。

操作步骤如下：

（1）将光标定位在“元好问”的前面；

（2）选择“插入”|“符号”|“其他符号”命令，打开“符号”对话框；

（3）选择 Wingdings 符号集；

（4）双击“✍”插入；

（5）关闭对话框。

3.2.5 添加脚注和尾注

1．脚注

“脚注”是对文档的补充说明，一般用于文档中对难以理解的部分加以详细说明，属于文档的组成部分，通常放在与被说明文字相同页面的底部。

脚注包括两个部分：注释标记和注释文本。其中注释标记是在需要注释的文字的右上角注释文本是注释内容，位于文档当前页的底部。

为词组“天南地北”创建脚注，操作步骤如下：

（1）将光标置于需要添加脚注的文本的位置，或选定要添加脚注的文本，本案例选择：天南地北；

（2）单击“引用”|“脚注”|“插入脚注”按钮，会看到“天南地北”文本的后面多了一个数

字“1”的脚注编号，在当前页面底部出现一条黑色的脚注分隔线，在分隔线的下方也出现了数字“1”的脚注编号和插入光标；

（3）在光标处录入脚注内容，本案例录入：“天南地北：南飞北归遥远的路程。”；

（4）同样的方法，添加如下脚注：

双飞客：比翼双飞。

只影向谁去：失去一生的至爱，形单影只，即使苟且活下去又有什么意义呢？

温馨提示：脚注添加完成后，将鼠标指针停留在脚注标号上，标号上方会自动以“便笺”的形态显示脚注的注释内容。

2．尾注

“尾注”也是对文档的补充说明，属于文档的组成部分。与脚注不同的是它一般用于说明引用文献的出处等，通常在整篇文档的结尾处。

创建方法与脚注一样。

本案例分别为“摸鱼儿•雁丘词”和“元好问”添加尾注说明：

《摸鱼儿•雁丘词》：又作《迈陂塘•雁丘词》，亦作《摸鱼儿•恨人间情为何物》，是由金代诗人、文学家、历史学家元好问作于金章宗泰和五年（1205）赴并州府途中的著名词作。

元好问：（1190—1257），字裕之，号遗山，世称遗山先生。汉族，山西秀容（今山西忻州）人。生于金章宗明昌元年（1190）七月初八，于元宪宗蒙哥七年（1257）九月初四日，卒于获鹿（在今河北省）寓舍，归葬故乡系舟山下山村（今忻县韩岩村）。元好问墓位于忻州市城南五公里韩岩村西北，1962 年被评为山西省第一批省级重点文物保护区。

3.2.6　文字格式化

文字格式化就是指对文字内容进行相关文字格式编辑。

有如下几种文字格式：

（1）字体：默认的字体是宋体，英文字体是 Times New Roman。Word 提供了几十种中英文字体，若要使用其他的字体，需要先安装字体。

（2）字号：默认的字号为五号。字号有两种表示方法，一种是以磅为单位，Word 字号列表中用阿拉伯数字显示，磅值越大，字越大；另一种以号为单位，字号列表中用汉字表示，共列出了八号到初号共 16 种字号，号数越大，字越小。五号字约等于 10.5 磅。可以在字号列表框中直接输入数字以实现字号的设置。

温馨提示：

快速增大字号的快捷方式：【Ctrl+]】组合键；

快速缩小字号的快捷方式：【Ctrl+[】组合键。

（3）字形：Word 中字形有 4 种变化形式，常规、倾斜、加粗、加粗并倾斜。

（4）字符缩放和间距调整：

缩放：对选中文字横向缩小或放大；

间距：对选中文字的相邻两字之间设置一定的空白间隔；

位置：对选中文字纵向设置一定的高低差。

1．“摸鱼儿•雁丘词”的格式设置

操作步骤如下：

（1）用鼠标拖动的方式选择标题文字：摸鱼儿•雁丘词。

（2）单击“开始”|“字体”按钮，设置为“黑体”，“小二”号。

（3）用同样的方法，设置其他文本的字体格式：

将第二行作者“元好问”设置为：楷体，四号；

正文“问世间……来访雁丘处……一二〇五年”设置为：隶书，三号字；

“【赏析】……佳词”设置为：宋体，五号字。

2．“问世间，情为何物，直教生死相许”的格式设置

操作步骤如下：

（1）用鼠标拖动的方式选择文字：问世间，情为何物，直教生死相许；

（2）单击“开始”|“字体”对话框启动器按钮，打开“字体”对话框；

（3）在“字体”对话框中选择“字体”选项卡，选择“着重号”选项组中的“着重号”选项，单击“确定”按钮确认操作（繁体的着重号会显示在文字的上方）。

3．“天南”和“地北”的格式设置

操作步骤如下：

（1）用鼠标拖动的方式选择文字：天南，设置为“方正姚体”；

（2）单击“开始”|“字体”对话框启动器按钮，打开“字体”对话框；

（3）在“字体”对话框中选择“高级”选项卡，选择“位置”选项组中的“降低”选项，设置“磅值”为默认的“3 磅”，单击“确定”按钮确认并返回；

（4）同样的方法，设置“地北”的格式，在“位置”选项组中选择“提升”“3 磅”。

温馨提示：此处，“天南”“地北”设置成“上北下南”是为了应文中“天南地北”的意境。

4．“横汾路……来访雁丘处。”的格式设置

操作步骤如下：

（1）用鼠标在该段落左侧的选择条上双击，选中整个段落；

（2）单击“开始”|“字体”对话框启动器按钮，打开“字体”对话框；

（3）在“字体”对话框中选择“字体”选项卡，选中“效果”选项组中的“隐藏”复选框，单击“确定”按钮确认并返回。

温馨提示：设置为“隐藏文字”后，“横汾路……来访雁丘处。”将会被隐藏起来，打印预览也看不到，可以实现文字内容的保密。若要将其显示出来，可单击“开始”|“段落”选项组中的“显示/隐藏编辑标记”按钮↵，但显示出来的文字下方有一条灰色虚线，这是隐藏文字的标记。如果要彻底取消隐藏，则选中下方有灰色虚线的文字，在“字体”对话框中进行取消“隐藏”设置。

5. 中文版式

1）“元”

设置方法如下：

（1）在作者“元好问”后面输入汉字“元”（元好问是元朝人），新输入的“元”字与“元好问”的文字格式会保持一样。

（2）单击“开始”|“字体”|“带圈字符”按钮，打开“带圈字符”对话框。

（3）在“样式”选项组中选择一种样式：

缩小文字：圈的大小不变，文字缩至圈中；

增大圈号：文字的大小不变，扩大外圈来容纳文字；

本案例选择“增大圈号”，圆形。

（4）单击“确定”按钮。

温馨提示： 设置带圈字符，一次只能设置一个字符。

（5）单击“开始”|“字体”|“上标”按钮，将文本设置成该行上方小字符的效果。

2）元好问印章

设置方法如下：

（1）在文档标题的前面录入文字“元好问印”，将文字顺序调整为“问元印好”；

（2）设置文字字号为“一号”、字体为“隶书”、文字颜色为“红色”，完成后的效果如图 3-11 所示；

（3）选中“问”，单击“格式”|“字体”|“带圈字符”按钮，在打开的“带圈字符”对话框中选择“增大圈号”和“方块”符号，得到如图 3-12 所示效果；

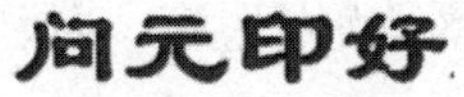

问元印好

图 3-11　印章文字的字体格式设置

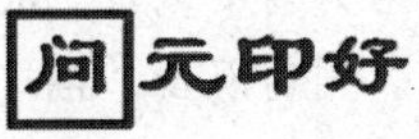

问元印好

图 3-12　完成一个字的带圈字符效果

（4）再选中“问”字，在“问”字上右击，在弹出的快捷菜单中选择“切换域代码”命令，然后将“元印好”三个字用鼠标选中，移动到“问”字之后，如图 3-13 所示；

{· eq· \o\ac(□, 问元印好)}

图 3-13　完成 4 个汉字的带圈效果

（5）选中“问元印好”4 个字，将这 4 个汉字做“合并字符”的操作：选择“开始”|“段落”|“中文版式”|“合并字符”命令，合并完成，单击“确定”按钮，最后得到的域代码如图 3-14 所示；

（6）在域代码上右击，在弹出的快捷菜单中选择“切换域代码”命令，将域代码还原，即可得到如图 3-15 所示的印章效果。

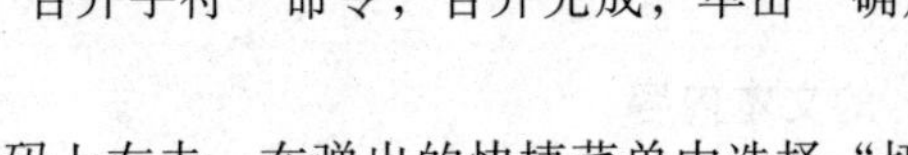

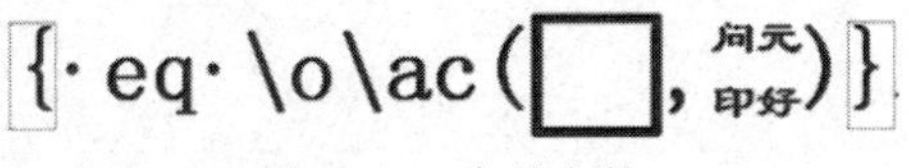

图 3-14　合并字符

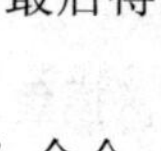

问元
印好

图 3-15　印章

温馨提示：如果在制作的过程中，发现“框”和“合并后的文字”不在同一水平线上，可以适当调整“框”或者“合并后的文字”的垂直位置，与“天南地北”的调整方法一样。

6.“老翅”，“离别苦”，“痴儿女”，“只影”

“老翅”“离别苦”“痴儿女”“只影”这几个词的格式完全一样，用什么操作方法可以快速完成，且不用做重复劳动呢？这就需要用到“格式刷”工具进行格式复制。顾名思义，“格式刷”只复制格式，不管是“字体”格式，还是即将学到的段落格式。

具体操作方法如下：

1）基本格式设置

（1）选中文字“老翅”

（2）设置格式：单击“格式”|“字体”|“字符边框”按钮，单击“格式”|“字体”|“字体”对话框|“高级”选项卡|“紧缩 2 磅”；

（3）单击“确定”按钮。

2）格式复制

（1）“老翅”已设置好格式，并处于选中状态；

（2）单击“格式”|“剪贴板”|“格式刷”按钮，此时鼠标指针形状变成刷子形状和“I”字型；

（3）用鼠标拖动光标选择目标文字“离别苦”，则可发现“离别苦”也变成了和“老翅”一样的格式；

温馨提示：若只需要进行一次格式复制，则单击“格式刷”工具图标即可；若需要多次连续使用，则需双击“格式刷”工具图标，当格式复制完后，再次单击“格式刷”工具图标即可退出“格式刷”状态。

（4）用双击“格式刷”的方式，完成剩下几个词的格式复制。

案 例 小 结

通过制作完成本案例，可以发现字体的格式设置并不复杂，通过使用格式刷更是能极大地提高工作效率。另外，创意使用中文版式还能带来不一样的视觉效果。

实训 3.2　完成《摸鱼儿•雁丘词》的格式编排

实训 3.2.1　录入《摸鱼儿•雁丘词》的文本内容

（1）准确录入标点符号；

（2）为文档添加中文日期和时间；

（3）将文本转换为繁体；

（4）插入符号；

（5）插入脚注和尾注。

实训 3.2.2　进行文本格式设置

（1）“摸鱼儿•雁丘词”：“黑体”“小二”；

（2）“元好问”：楷体，四号；

（3）正文“问世间……来访雁丘处……一二〇五年”：隶书，三号字；

（4）“【赏析】……佳词”：宋体，五号字；

（5）“问世间，情为何物，直教生死相许”：着重号；

（6）“天南”位置，降低，3 磅；“地北”位置，提升，3 磅；

（7）“横汾路……来访雁丘处。”：隐藏文字；

（8）“元好问”后面输入“元”，并设置“元”的格式：带圈字符（增大圈号，圆形），上标；

（9）“元好问印”：用“带圈字符”和“合并字符”功能做一个红色印章；

（10）“老翅”“离别苦”“痴儿女”“只影”：字符边框，字符间距紧缩 2 磅，利用“格式刷”工具操作。

实训 3.2.3　实训报告

完成一篇实训报告，将自己实训中的感受和收获，整理并记录下来。

案例 3.3　文　　件

知识建构

- 格式化段落
- 页码
- 打印预览和输出

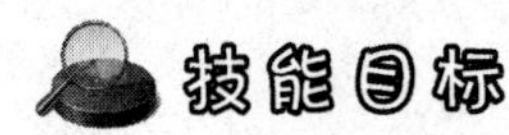

技能目标

- 学会红头文件的做法
- 能为段落进行常规的格式设置：间距、缩进、对齐
- 能为文档添加页码
- 能正确进行打印预览和输出

编排处理公文是行政事业单位的一项常规工作。国家标准《党政机关公文格式》（GB/T 9704—2012）详细规定了公文的具体格式，要做出符合要求的公文文件，有必要认真学习这一国家标准。本案例所示，只是公文中的一种典型格式，内容只为示范，并不具有实际意义，如图 3-16。

在进行本案例的格式设置之前，要先了解段落格式的一些概念。

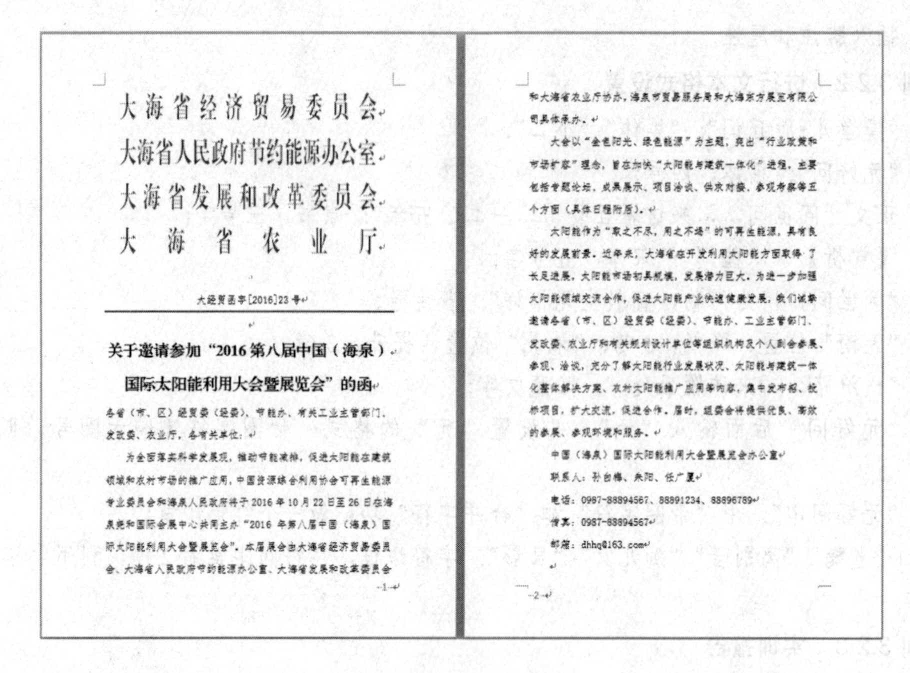

大海省经济贸易委员会
大海省人民政府节约能源办公室
大海省发展和改革委员会
大 海 省 农 业 厅

大经贸函字[2016]23号

关于邀请参加"2016第八届中国（海泉）国际太阳能利用大会暨展览会"的函

各省（市、区）经贸委（经委）、节能办、有关工业主管部门、发改委、农业厅，各有关单位：

为全面落实科学发展观，推动节能减排，促进太阳能在建筑领域和农村市场的推广应用，中国资源综合利用协会可再生能源专业委员会和海泉人民政府将于2016年10月22日至26日在海泉琵和国际会展中心共同主办"2016年第八届中国（海泉）国际太阳能利用大会暨展览会"。本届展会由大海省经济贸易委员会、大海省人民政府节约能源办公室、大海省发展和改革委员会和大海省农业厅协办，海泉市贸易服务局和大海东方展览有限公司具体承办。

大会以"金色阳光、绿色能源"为主题，突出"行业政策和市场扩容"理念，旨在加快"太阳能与建筑一体化"进程，主要包括专题论坛、成果展示、项目洽谈、供求对接、参观考察等五个方面（具体日程附后）。

太阳能作为"取之不尽，用之不竭"的可再生能源，具有良好的发展前景。近年来，大海省在开发利用太阳能方面取得了长足进展，太阳能市场初具规模，发展潜力巨大。为进一步加强太阳能领域交流合作，促进太阳能产业快速健康发展，我们诚挚邀请各省（市、区）经贸委（经委）、节能办、工业主管部门、发改委、农业厅和有关规划设计单位等组织机构及个人到会参展、参观、洽谈，充分了解太阳能行业发展状况、太阳能与建筑一体化整体解决方案、农村太阳能推广应用等内容，集中发布招、投标项目，扩大交流，促进合作。届时，组委会将提供优良、高效的参展、参观环境和服务。

中国（海泉）国际太阳能利用大会暨展览会办公室
联系人：孙白梅、朱阳、任广厦
电话：0987-88894567、88891234、88896789
传真：0987-88894567
邮箱：dhhq@163.com

-2-

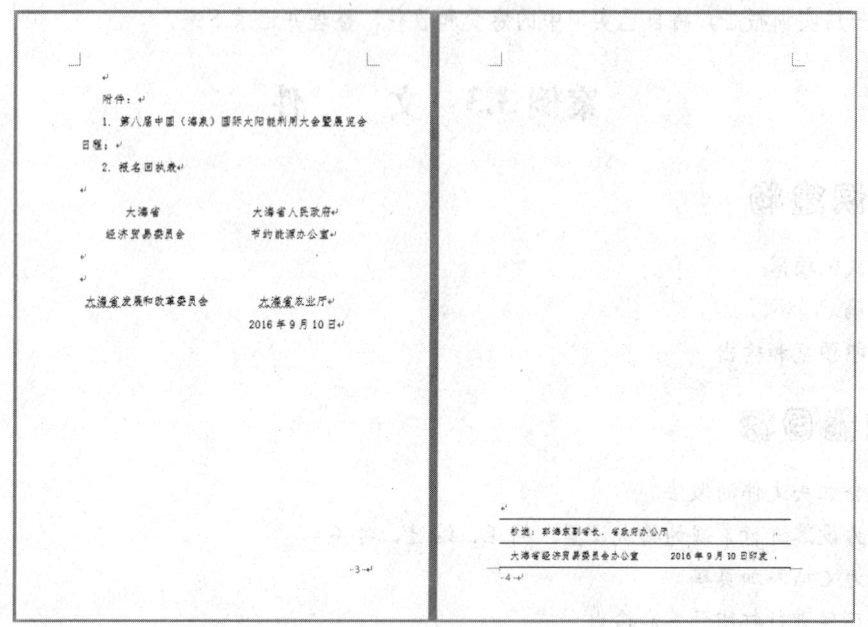

附件：
1. 第八届中国（海泉）国际太阳能利用大会暨展览会日程；
2. 报名回执表

大海省 经济贸易委员会	大海省人民政府 节约能源办公室
大海省发展和改革委员会	大海省农业厅 2016年9月10日

-3-

抄送：郑海东副省长，省政府办公厅
大海省经济贸易委员会办公室　　2016年9月10日印发

-4-

图 3-16　案例 3.3 红头文件完成效果（部分）

3.3.1　段落格式的基本概念

在 Word 中，段落指的是两个【Enter】键之间的文本，每个段落后面跟一个段落标记。在录入文本时如果不是分段落和创建空行，就不要按【Enter】键。一个空的【Enter】键在 Word 中会被认为是一个段落，也会占页面空间，很多人习惯性地按【Enter】键，将会在排版的过程中引起一些不必要的麻烦。

段落格式化，可以使文档更加整齐美观，结构更清晰。

1．段落对齐

段落对齐是指段落文本在页面水平方向上的对齐方式。有如下 5 种对齐方式：

左对齐：段中所有的行靠左边对齐，右边允许不对齐，主要用于英文文档；

右对齐：段中所有的行靠右边对齐，左边允许不对齐，主要用于文档结尾处的签名和日期等；

居中对齐：文本居中对齐，一般用于文档标题；

两端对齐：每行首尾对齐，但未输满的行保持左对齐；

分散对齐：每行首尾对齐，未输满的行自动调整字符间距，保持首尾对齐。

图 3-17 所示的是段落对齐方式的各种不同设置效果。

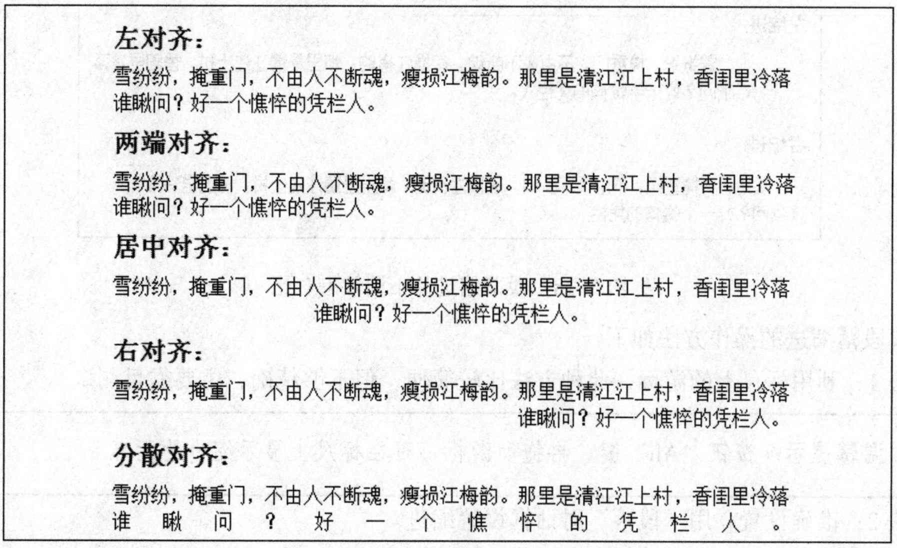

左对齐：

雪纷纷，掩重门，不由人不断魂，瘦损江梅韵。那里是清江江上村，香闺里冷落
谁瞅问？好一个憔悴的凭栏人。

两端对齐：

雪纷纷，掩重门，不由人不断魂，瘦损江梅韵。那里是清江江上村，香闺里冷落
谁瞅问？好一个憔悴的凭栏人。

居中对齐：

雪纷纷，掩重门，不由人不断魂，瘦损江梅韵。那里是清江江上村，香闺里冷落
谁瞅问？好一个憔悴的凭栏人。

右对齐：

雪纷纷，掩重门，不由人不断魂，瘦损江梅韵。那里是清江江上村，香闺里冷落
谁瞅问？好一个憔悴的凭栏人。

分散对齐：

雪纷纷，掩重门，不由人不断魂，瘦损江梅韵。那里是清江江上村，香闺里冷落
谁　瞅　问　？　好　一　个　憔　悴　的　凭　栏　人　。

图 3-17　段落对齐方式的不同效果对比

设置段落对齐的操作方法如下：

方法 1：利用按钮设置，单击“开始”功能区“段落”组中的按钮，可以实现对应的段落对齐。

方法 2：利用菜单命令：

（1）选择需要进行段落对齐设置的段落文字；

（2）单击“开始”|“段落”工具组中的启动器按钮，打开“段落”对话框；

（3）选择“缩进和间距”选项卡；

（4）在“对齐方式”选项组中选择所需对齐方式；

（5）单击“确定”按钮。

2．段落缩进

Word 中的缩进是指调整文本与页面边界之间的距离。有多种方法设置段落的缩进方式，但设置前一定要选中段落或将插入点放到要进行缩进的段落内。

首行缩进：段落首行的左边界向右缩进一段距离，其余行的左边界不变；

悬挂缩进：段落首行的左边界不变，其余行的左边界向右缩进一定距离；

左缩进：整个段落的左边界向右缩进一段距离；

右缩进：整个段落的右边界向左缩进一段距离。

图 3-18 是段落缩进方式的各种不同设置效果。

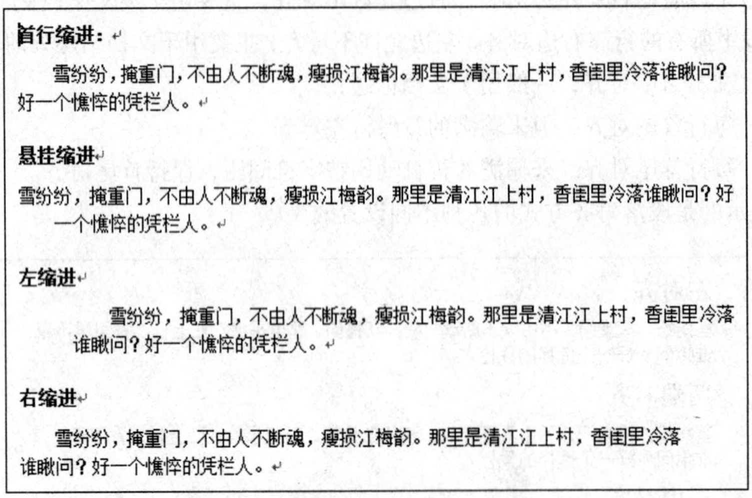

首行缩进：

雪纷纷，掩重门，不由人不断魂，瘦损江梅韵。那里是清江江上村，香闺里冷落谁瞅问？好一个憔悴的凭栏人。

悬挂缩进

雪纷纷，掩重门，不由人不断魂，瘦损江梅韵。那里是清江江上村，香闺里冷落谁瞅问？好一个憔悴的凭栏人。

左缩进

雪纷纷，掩重门，不由人不断魂，瘦损江梅韵。那里是清江江上村，香闺里冷落谁瞅问？好一个憔悴的凭栏人。

右缩进

雪纷纷，掩重门，不由人不断魂，瘦损江梅韵。那里是清江江上村，香闺里冷落谁瞅问？好一个憔悴的凭栏人。

图 3-18 段落缩进的不同效果对比

设置段落缩进的操作方法如下：

方法 1：利用标尺上的游标，此种方法比较简便，但不够精确，主要靠目测。

温馨提示：按钮“Alt”键，再拖动游标，可在标尺上显示缩进的距离。

方法 2：准确设置，用“段落”对话框设置缩进。

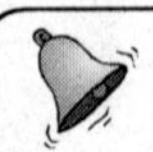

温馨提示：“悬挂缩进”不能与“首行缩进”同时存在于同一段落中；

3．段落的垂直距离

行间距：同一段落内两行之间的距离；

段落间距：上一段落的最后一行与下一段落的最前一行之间除去行间距之后的距离。

温馨提示：要设置行间距与段间距，首先选定要设置间距的段落，否则，只能对光标所在段落进行设置。

调整间距，操作步骤如下：

（1）选择需要进行段落对齐设置的段落文字；

（2）单击“开始”|“段落”对话框启动器按钮，打开“段落”对话框；

（3）选择“缩进和间距”选项卡；

（4）在“间距”选项组中分别调整“段前”、“段后”和“行距”；

（5）单击“确定”按钮。

3.3.2 发文机关标志格式

这是一份多单位联合行文的文件，所以在发文机关标志的设置上有些特别。

操作步骤如下：

（1）打开本案例的原始文档；

（2）选中发文机关文本，设置字体为“方正小标宋简体”，40 号字，红色；

温馨提示：“方正小标宋简体”需要自行安装。

（3）设置段落格式：分散对齐，横向缩放 66%，左、右各缩进“2 字符”；

3.3.3 发文字号格式

1．文字格式

发文字号一般和文件正文一样的格式，但是段落对齐格式需要设置为“居中”对齐。

本案例中的格式设置为：仿宋_GB2312，三号，居中对齐。

温馨提示：有的文件里会出现“签发人：***”，需要注明签发人的是“上行文”类的公文，比如“请示”“报告”等。有签发人的文件头格式如图 3-19 所示。

海泉市城乡建设委员会文件

海建[2015]8 号　　　　签发人：保城军

图 3-19　带“签发人”的文件头

2．版头中的分隔线

添加方法如下：

（1）选中发文字号“大经贸函字[2016]23 号”文字；

（2）单击“页面布局”|“页面背景”|“页面边框”按钮，打开“边框和底纹”对话框；

（3）选择“边框”选项卡，“样式”选择“直线”，“颜色”选择“红色”，宽度选择“3.0 磅”，在“预览”框中示意图的下方单击一下，将框线应用于段落底部，“应用于”选择“段落”，单击“确定”按钮，如图 3-20 所示。

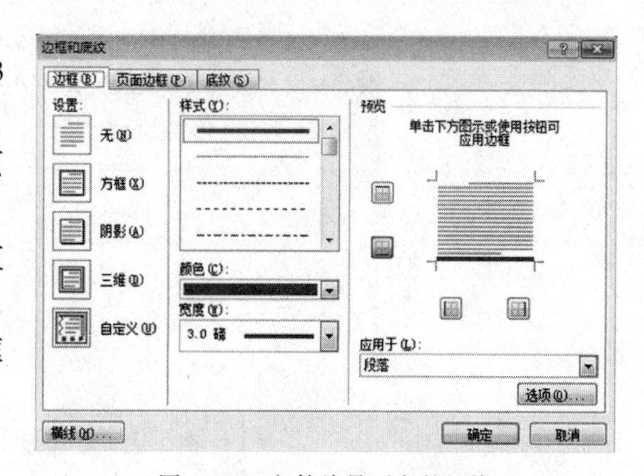

图 3-20　文件编号下方的红线

温馨提示：版头中的红色分隔线要求在发文字号之下 4 mm 处，本案例介绍的是一种简易设置方法。机关事业单位一般都事先印好文件纸，文件纸上已经有印好的发文机关标志“**文件”和红色分隔线，印制公文时，只需要将发文字号和文件内容套印到文件纸上。

3.3.4 文件标题格式

文件标题“关于邀请……的函”格式设置为：方正小标宋简体，二号，居中对齐。

温馨提示：在本文件中，文件标题较长，一行显示不完，需要转行，转行时，要注意尽量保持词语意思的完整性。

3.3.5 主送机关格式

文件中的主送机关格式设置与正文格式不同，本案例中具体设置参数为：仿宋_GB2312，三号，两端对齐。

温馨提示：如同写信时的称谓一样，主送机关不能首行缩进。

3.3.6 正文格式

文件中正文格式也是有规定的，本案例中具体设置参数为：仿宋_GB2312，三号，两端对齐。

3.3.7 发文机关署名格式

1．只有一个发文机关的署名

首先设置好成文日期的格式：字体、字号与正文相同，右缩进 4 个字符对齐。

发文机关只有一个的，机关名称与正文之间空 3～4 行，并以成文日期为准居中对齐，保证印章下压发文机关和成文日期，同时，印章顶端与正文的距离不超过一行的距离，如图 3-21 所示。

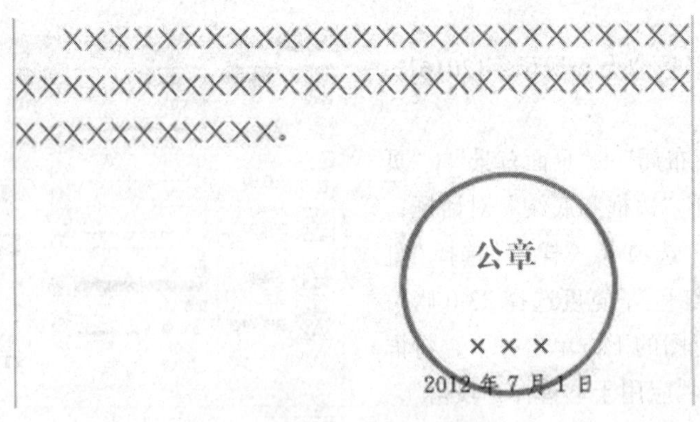

图 3-21　一个发文机关的署名

2．有多个发文机关的署名

发文机关有多个的，要根据发文机关多少整齐有序排列，各个印章之间互不相交或相切，印章两端不得超过版心，首排印章上距正文一行之内，如图 3-22、图 3-23 本案例有 4 个发文机关，可以按图 3-24 所示编排。

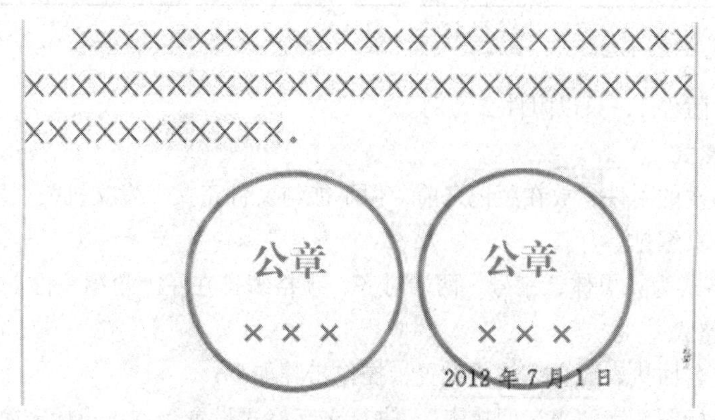

图 3-22　两个发文机关的署名

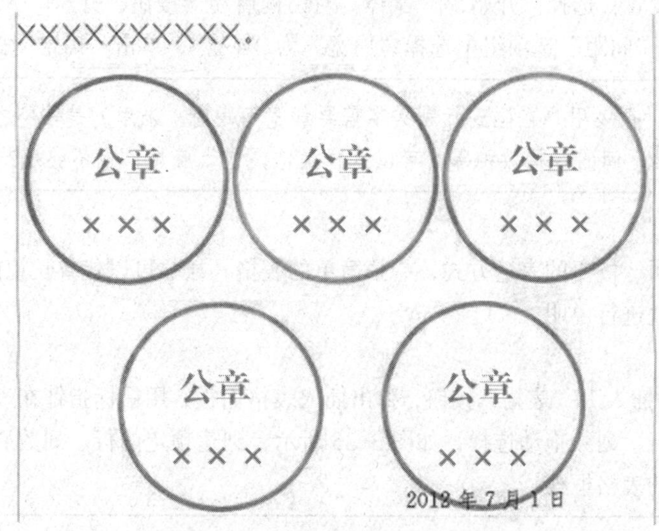

图 3-23　多个发文机关的署名

××省 经济贸易委员会	××省人民政府 节约能源办公室
××省发展和改革委员会	××省农业厅
	2016 年 9 月 10 日

图 3-24　本案例发文机关的署名

温馨提示：
一个发文单位名称分成两行时，要注意保证词语意思的完整性，比如：××省经济贸易委员会，就不能分成“××省经”和“济贸易委员会”。

3.3.8 附件格式

本案例省略了附件 1，只以附件 2 为例。

1. 附件编号格式

与文件一起印发的附件，放在版记之前，但不能与文件正文、发文机关、发文日期等放在同一页，必须另起一页编排。

“附件 2”的格式为：黑体，三号，两端对齐，顶格编排在左上角第一行。

2. 表格标题格式

表格标题“报名回执表”文字格式设置，操作步骤如下：

（1）选中表格标题文字“报名回执表”，进行文字格式设置：方正小标宋简体，小二号，

（2）文字间距设置：选择“开始”|“字体”对话框启动器按钮，打开“字体”对话框，选择“高级”选项卡，在“间距”选项组中选择“加宽”为“4 磅”，单击“确定”按钮。

温馨提示：很多用户在碰到标题文字需要加宽间距时，采用的是按空格键的方式，如果保证字与字之间的空格数相等，可以这样操作，但太麻烦，也不够规范。

3. 表格

表格是一种简明、概要的表达方式，一张简单的表格，往往可以代替长篇的文字叙述，能更加直观、条理清晰地进行说明。

1）创建表格

方法 1：单击“插入”|“表格”按钮，弹出插入表格面板，用鼠标指针在表格示意图上拖动，根据所需要的表格行、列数拖动选择，如图 3-25 所示，到达预定的行、列数后，单击鼠标左键，即可创建一个简单的表格框架。

温馨提示：在示意图中，可以看到表格由水平的行和垂直的列组成，行和列交叉形成的矩形框称为“单元格”，每一个方格都称为一个“单元格”。

方法 2：使用“表格”对话框创建表格。

用方法 1 创建的表格最多只能有 10 列 8 行（10*8），有时候不能满足工作需要，这时需要使用插入表格对话框进行创建。

操作步骤如下：

（1）将光标置于要插入表格的位置；

温馨提示：再次插入的表格应与其上面的表格至少隔一行，否则两个表格将连在一起，影响格式编辑。

（2）选择“插入”|“表格”|“表格”|“插入表格”命令，打开“插入表格”对话框，如图 3-26 所示，输入行、列数，本案例输入：6 列，11 行，单击“确定”按钮。

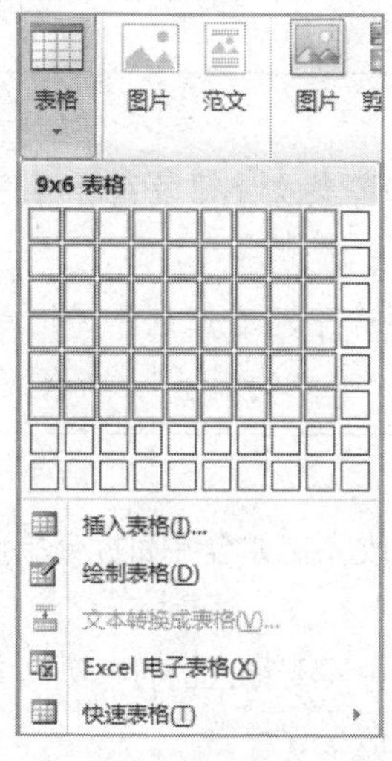

图 3-25　插入表格面板

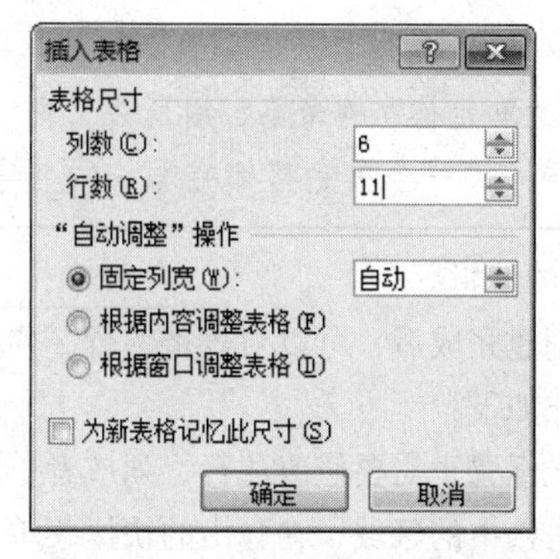

图 3-26　“插入表格”对话框

方法 3：如果要创建不规则表格，或者要创建一个格式更加自由的表格，则需要执行如下操作：

（1）将光标置于要插入表格的位置；

（2）选择“插入”|“表格”|“表格”|“绘制表格”命令，鼠标指针会变成一枝笔的形态，用“这枝笔”绘制出需要的表格框架。

2）表格的结构

表格的结构很简单，如图 3-27 所示。

（1）表格全选按钮：位于表格左上角，单击此按钮可以选中整个表格；

（2）“行”鼠标指针：鼠标指针移动到表格“行”左侧时，指针就会变成向右倾斜的空白箭头，单击可以选中当前行，在选中当前行的状态下，按住鼠标左键上下拖动，可以选中相邻多行；

（3）“列”鼠标指针：鼠标指针移动到表格“列”上方时，指针就会变成向下的黑色箭头，单击可以选中当前列，在选中当前列的状态下，按住鼠标左键左右拖动，可以选中相邻多列；

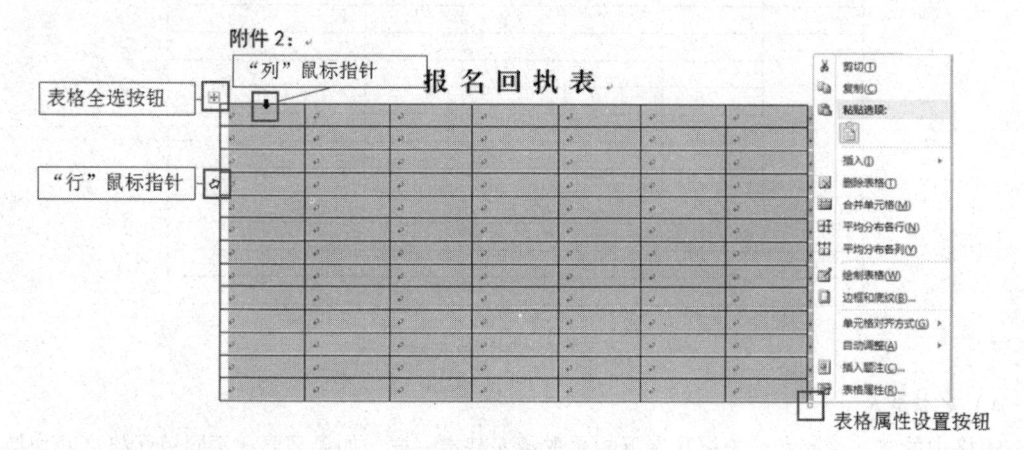

图 3-27　表格的结构

（4）表格属性设置按钮：在表格属性按钮上单击，可以选中整个表格；在表格属性按钮上右击，会弹出如图 3-27 中的快捷菜单，在该菜单上选择相应命令，可以完成所需操作；

（5）单元格：行、列交叉形成的一个个矩形区域称为单元格。

温馨提示：表格结构的命名方式：

（1）“列”的命名：列以 A，B，C…AA，AB…等英文字母及组合为序进行命名；

（2）“行”的命名：行以 1，2，3...阿拉伯数字命名；

（3）“单元格”的命名：用所在“列”和“行”的命名组合起来作为该单元格的名字，这样，每一个单元格都有唯一的名字，称之为“唯一的地址”，方便使用。

3）表格的编辑

在表格创建完成后，可以对表格的行、列格式进行修改，比如合并和拆分单元格。

操作步骤如下：

（1）将光标置于需要修改的行、列或者单元格，或选中需要修改的行、列、单元格区域；

（2）右击选中的区域，在弹出的快捷菜单中选择相应命令；

（3）或者选择“布局”选项卡，执行所需操作；

（4）或者单击“设计”选项卡，执行所需操作。

在本案例中执行的操作如下：

（1）选中“B1:G1”单元格区域（“:”的意思是指从 B1 到 G1 之间所有的单元格，包括 B1 和 G1 在内），单击“布局”功能区中“合并单元格”按钮，将选中单元格区域合并；

（2）按此方法，依次合并“B2:E2”“A4:A9”“A10:C10”“D10:G10”“B11:G11”“A12:G12”“A13:G13”。

合并完成后，表格效果如图 3-28 所示。

附件 2：

报 名 回 执 表

<table>
<tr><td></td><td colspan="6"></td></tr>
<tr><td></td><td colspan="4"></td><td></td><td></td></tr>
<tr><td></td><td></td><td></td><td></td><td></td><td></td><td></td></tr>
<tr><td rowspan="6"></td><td></td><td></td><td></td><td></td><td></td><td></td></tr>
<tr><td></td><td></td><td></td><td></td><td></td><td></td></tr>
<tr><td></td><td></td><td></td><td></td><td></td><td></td></tr>
<tr><td></td><td></td><td></td><td></td><td></td><td></td></tr>
<tr><td></td><td></td><td></td><td></td><td></td><td></td></tr>
<tr><td></td><td></td><td></td><td></td><td></td><td></td></tr>
<tr><td colspan="3"></td><td colspan="4"></td></tr>
<tr><td></td><td colspan="6"></td></tr>
<tr><td colspan="7"></td></tr>
<tr><td colspan="7"></td></tr>
</table>

图 3-28　合并单元格

4）文本录入

表格中的文本录入和非表格状态下的文本录入基本一样，如果需要在不同单元格之间切换，可以用鼠标在相应的单元格中单击，也可以用【Tab】键切换。

本案例录入完成后的效果，如图 3-29 所示。

附件 2：

报 名 回 执 表

单位名称						
单位地址					传真	
带队	姓名		职务		手机	
共___人	姓名		职务		手机	
	姓名		职务		手机	
	姓名		职务		手机	
	姓名		职务		手机	
	姓名		职务		手机	
	姓名		职务		手机	
是否预定房间：□是 □否			数量：____个标准间 先生____位 女士____位			
参与意愿	参观□ 参会（收费）□ 参展（收费）□					
填妥表格后传真至：0987-88894567 联系人：孙白梅						
备注：为了明细单位、项目、目的，回执及名单可另附						

图 3-29　表格中的文本录入

文本录入完成后，全选表格，将整张表格的字体、字号全部设置为：仿宋 GB_2312，四号字。

5）文本方向

Word 2010 表格中的“文本方向”设置分为三类，在“表格工具”|“布局”功能区“对齐方式”工具组可以看到，如图 3-30 所示。

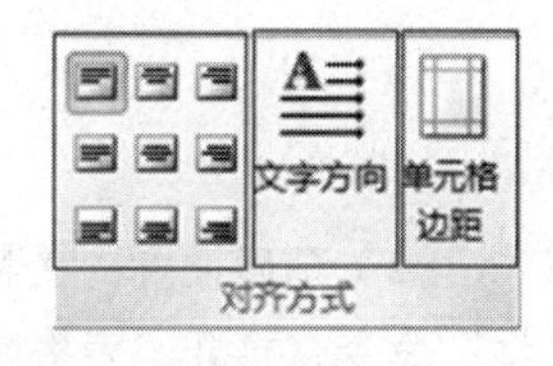

图 3-30

第一类：单元格内部的文字对齐方式，分为靠上两端对齐、靠上居中对齐、靠上右对齐、中部两端对齐、中部居中对齐、中部右对齐、靠下两端对齐、靠下居中对齐、靠下右对齐；

第二类：单元格内部文字排列方向分为横向和纵向；

第三类：单元格边距即单元格内部文字距离单元格边框线的距离。

本案例中，第 1～11 行均设置为“中部居中对齐”，第 12、13 行设置为“靠上两端对齐”。

操作步骤如下：

（1）将鼠标置于表格第 1 行左侧边框外，当鼠标变为空心箭头时，按住鼠标左键向下拖动选中第 1～11 行；

（2）单击“表格工具”|“布局”|“对齐方式”|“中部居中”按钮；

（3）选中第 12、13 行，单击“表格工具”|“布局”|“对齐方式”|“靠上两端对齐”按钮。

完成效果如图 3-31 所示。

温馨提示：注意“先选择再操作”。表格中文本的录入是以单元格为单位的，实际上一个单元格就是一个小文档。

6）行高与列宽的设置

为让单元格的高、宽更符合实际需要、更美观，需要对表格的行高和列宽进行调整。

操作步骤如下：

（1）鼠标拖动：将鼠标指针移动到需要调整行高、列宽的两行或两列中间的框线上，当鼠标指针变为反方向两个箭头的样式时，拖动鼠标即可；

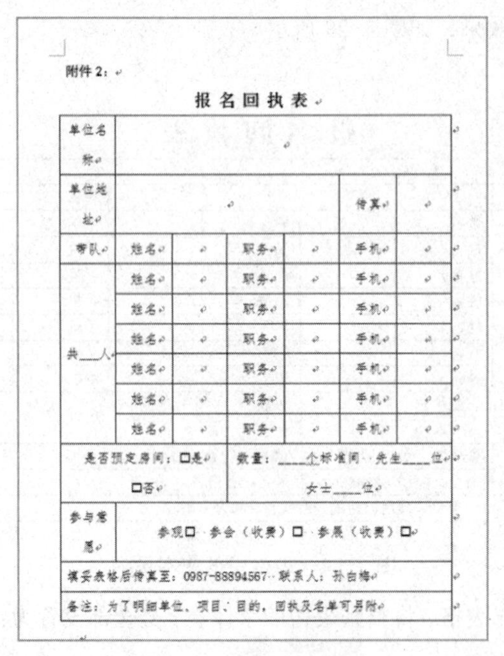

附件 2：

报名回执表

单位名称						
单位地址					传真	
带队	姓名		职务		手机	
共___人	姓名		职务		手机	
	姓名		职务		手机	
	姓名		职务		手机	
	姓名		职务		手机	
	姓名		职务		手机	
	姓名		职务		手机	
是否预定房间：□是 □否		数量：____个标准间 先生____位 女士____位				
参与意愿	参观□ 参会（收费）□ 参展（收费）□					
填妥表格后传真至：0987-88894567 联系人：孙白梅						
备注：为了明细单位、项目、目的，回执及名单可另附						

图 3-31　文本对齐方式

（2）精确设置：在需要调整行高、列宽的单元格中右击，在弹出的快捷菜单中选择“表格属性”命令，打开“表格属性”对话框，根据需要进行设置。

通过单击“表格工具”|“布局”|“表”|“属性”按钮，也可以打开“表格属性”对话框。

本案例调整好行高和列宽之后的效果如图 3-32 所示。

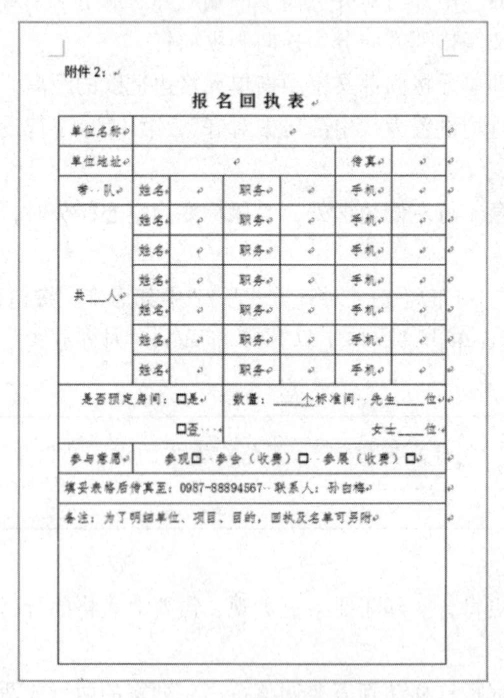

附件 2：

报名回执表

单位名称						
单位地址					传真	
带　队	姓名		职务		手机	
共___人	姓名		职务		手机	
	姓名		职务		手机	
	姓名		职务		手机	
	姓名		职务		手机	
	姓名		职务		手机	
	姓名		职务		手机	
是否预定房间：□是 □否		数量：____个标准间 先生____位 女士____位				
参与意愿	参观□ 参会（收费）□ 参展（收费）□					
填妥表格后传真至：0987-88894567 联系人：孙白梅						
备注：为了明细单位、项目、目的，回执及名单可另附						

图 3-32　调整行高/列宽

7）表格属性

除行高、列宽之外，在“表格属性”对话框中，还可以进行很多属性设置：

（1）可以设置整个表格在页面上的水平对齐方式；

（2）当表格周围有文本时，可以设置表格与周围文本的环绕方式，如图 3-33 所示。

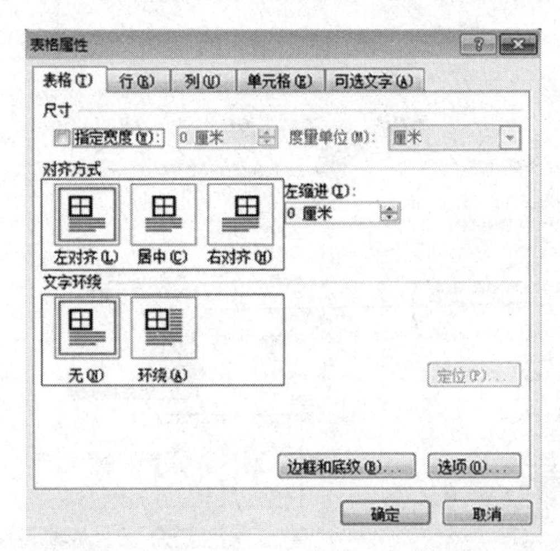

图 3-33　表格“水平对齐”方式和“文字环绕”方式设置

3.3.9　版记格式

1．版记的位置

“版记”通常放在最后一个偶数页的底端。如果版记内容刚好是在偶数页就无需做特别的操作，直接排在页面底部即可；如果版记文本内容在奇数页，则需要执行分节的操作，将版记文本放置在下一个偶数页。

本案例中的版记，就是刚好在奇数页，很多人会直接连续按【Enter】键换行，一直将版记“按”到偶数页的下方。这样很不规范，在文件内容发生变化后，也会导致版记位置变动、出错。正确的操作应该是对文档分“节”。

2．节

在进行 Word 文档排版时，经常需要对同一个文档中的不同部分采用不同的版面设置，例如：设置不同的页面方向、页边距、页眉和页脚，重新分栏排版等。这时，如果通过“文件”菜单中的“页面设置”来改变相关设置，就会引起整个文档所有页面的改变。如果只是要改变文档中部分内容的相关格式设置，就需要对 Word 文档进行分节。

Word 使用 4 种类型的分节符，使用什么样的分节符取决于为什么要分节。

下一页：使新的一节从下一页开始。

连续：使当前节与下一节共存于同一页面中。并不是所有种类的格式都能共存于同一页面中，所以，即使选择了“连续”，Word 有时也会自动将不同格式的内容编排到新的一页开始。可以在同一页面中不同节共存的节格式包括：列数、左、右页边距和行号。

偶数页：使新的一节从下一个偶数页开始。如果下一页是奇数页，那么此页将保持空白（除非有页眉/页脚内容和水印）。

奇数页：使新的一节从下一个奇数页开始。如果下一页将是偶数页，那么此页将保持空白（例外情况与“偶数页”相同）。

3．设置版记位置

（1）将光标置于“版记”文字内容的前面；

（2）选择“页面布局”|“页面设置”|“分隔符”|“分节符”|“偶数页”命令，如图 3-34 所示；

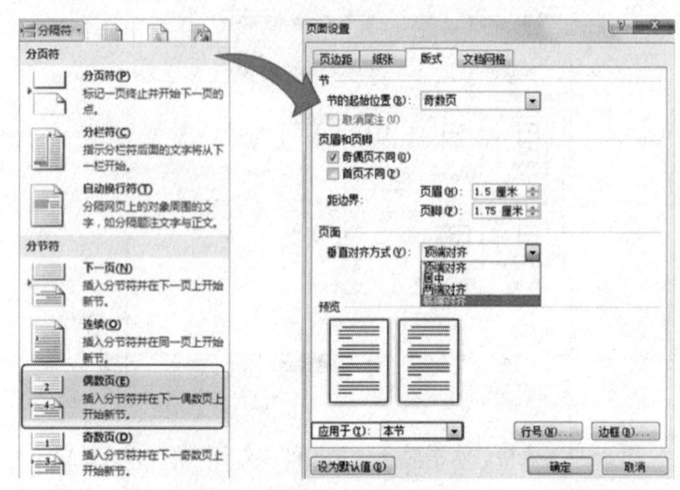

图 3-34　分节符设置

（3）可以看到“版记”的内容到了下一个偶数页面上；

（4）选择“页面布局”|“页面设置”按钮，打开“页面设置”对话框，选择“版式”选项卡，页面“垂直对齐方式”为“底端对齐”，应用于“本节”，单击“确定”按钮，如图 3-34 所示。

4．版记的文字格式

抄送机关、印发机关、印发日期：仿宋 GB_2312，四号。

印发机关前面要空一个字，印发日期后面要空一个字，印发日期用阿拉伯数字标示完整。抄送机关前要空一个字，如果抄送机关比较多，需要分行时，右边也要空一字换行。

5．版记中的分隔线

版记都有包括 2～3 条分隔线：没有抄送机关，只有印发机关和印发日期时，上下两条分隔线；如果有抄送机关，则除了上下两条分隔线外，抄送机关和印发机关、印发日期之间也要加分隔线。

操作步骤如下：

（1）选择“抄送……”段落文字；

（2）单击“页面布局”|“页面背景”|“页面边框”按钮，打开“边框和底纹”对话框；

（3）选择“边框”选项卡，“样式”选择“直线”，“颜色”选择“黑色”，宽度选择“1.0 磅”，在“预览”区域中示意图的上方和下方各单击一下，将框线应用于选中段落的上部和底部，“应用于”选择“段落”，单击“确定”按钮；

（4）选择版记的最后一段发文单位和发文时间“大海省……9 月 10 日印发”，设置下边框线，方法同第（3）步，区别是只在“预览”区域中示意图上的下方单击一下，只将框线应用于段落的下方。

完成的“版记”效果如图 3-35 所示。

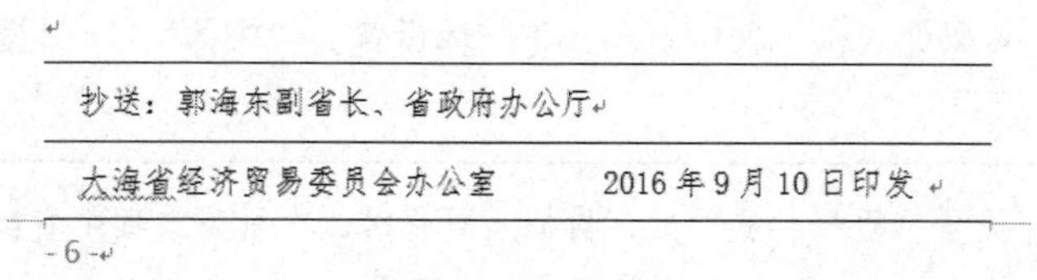

抄送：郭海东副省长、省政府办公厅
大海省经济贸易委员会办公室　　2016 年 9 月 10 日印发
- 6 -

图 3-35　版记

温馨提示：公文格式规定，版记中的上下分隔线推荐高度为 0.35 mm，中间分隔线推荐高底为 0.25 mm，要精确设置，可以采用插入横直线的方法。

3.3.10　页码格式

一般的格式页码，只需根据需要设置即可，比如：选择“插入”|“页眉和页脚”|“页码”|“页面底端”|“普通数字 1”命令。

文件的页码，设置为奇偶页不同，单页码居右，双页码居左。

操作步骤如下：

（1）单击“页面布局”|“页面设置”按钮，打开“页面设置”对话框；

（2）选择“版式”选项卡；

（3）在“页眉和页脚”选项组中选中“奇偶页不同”复选框，如图 3-36 所示；

（4）单击“确定”按钮；

（5）选择“插入”|“页眉和页脚”|“页码”|“设置页码格式”命令，打开“页码格式”对话框，从“编号格式”下拉列表中选择相应页码格式，列表中第 2 种符合公文格式要求，设置完成单击“确定”按钮，如图 3-37 所示；

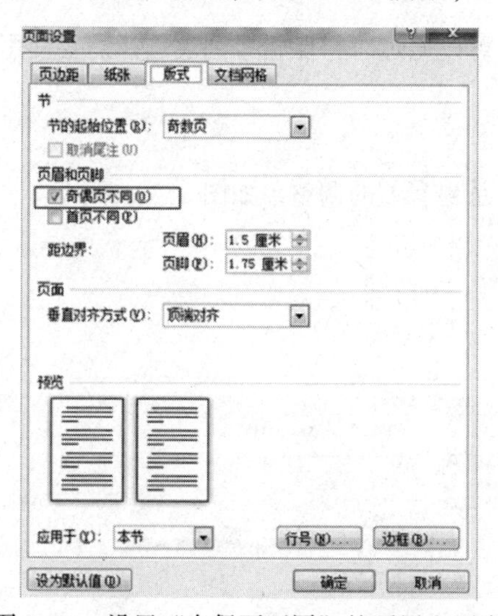

图 3-36　设置“奇偶页不同”的页眉和页脚

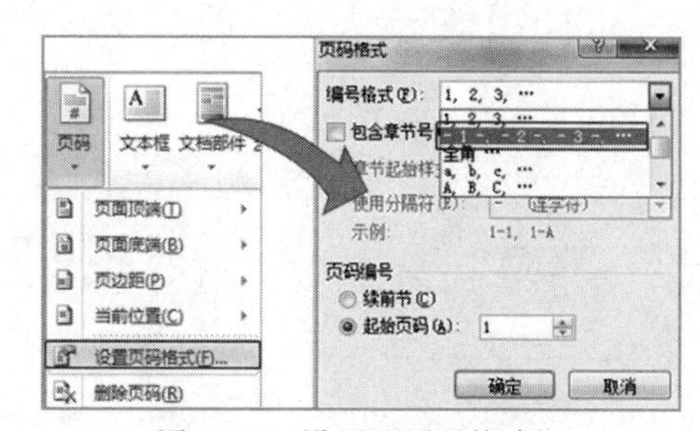

图 3-37　设置“页码格式”

（6）将光标定位在奇数页页面上，选择“插入”|“页眉和页脚”|“页码”|“页面底端”|“普通数字 3”命令；

（7）将光标定位在偶数页页面上，选择“插入”|“页眉和页脚”|“页码”|“页面底端”|“普通数字 1”命令；

（8）在设置好的页码处双击，选中页码，将字体设置为“宋体”，字号设置为“四号”，奇偶页要分别设置。

温馨提示：设置“页码格式”后，再插入页码时，在页码选项中看到的就是设置好的页码格式。这个操作也可以先设置好页码，再设置“页码格式”。

3.3.11 打印预览和输出

1．打印预览

为了提高打印质量，避免打印错误浪费纸张，在打印前需要对文档进行预览。

单击“快速访问工具栏”右侧的下三角按钮，选择“打印预览和打印”命令，在“快速访问工具栏”中出现“打印预览和打印”按钮，点击即可进入打印预览状态。

点击“文件”菜单中的“打印”命令，也可以进入打印预览状态。

Word 2010 中的打印预览窗口，分为左右两个区域，左侧为“打印设置”区域，右侧区域为“预览区域”。右侧“预览区域”主体部分是页面效果的预览，右下角有一组工具，功能如图 3-38 所示，分别是“当前显示比例”“显示比例调整滑块”和“缩放到页面”。

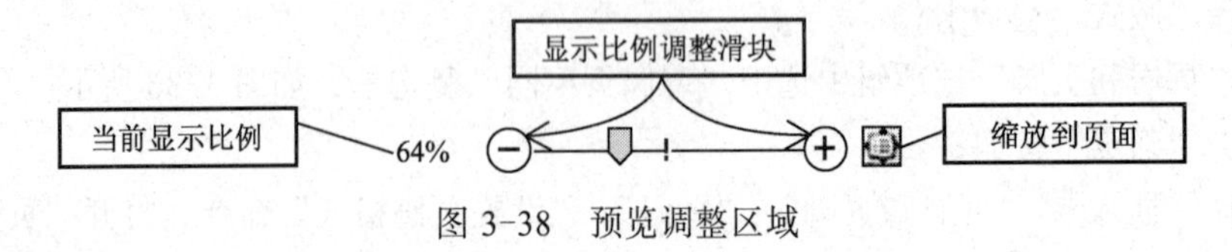

图 3-38 预览调整区域

2．打印设置

“打印预览”窗口的左侧是“打印设置”区域：

（1）选择打印机：如果计算机安装有多台打印机，可以通过“打印机”列表选择需要使用的打印机，如果不选择，将直接使用默认打印机打印；

（2）设置打印范围、打印内容、打印份数等；

（3）在打印设置前，还可以进行“页面设置”等一系列参数的调整，如图 3-39 所示。

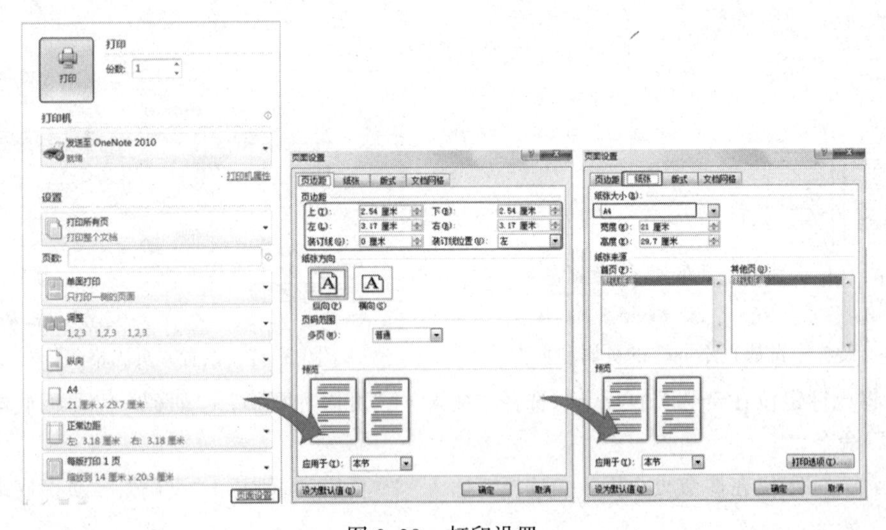

图 3-39 打印设置

打印设置完成后，预览无误，点击“打印”图标，文件将输出到打印机。

温馨提示：在“快速访问工具栏”中可以添加“快速打印”按钮，如果已经把所有的细节都做好了，可以单击“快速打印”按钮直接打印。

案例小结

本案例主要介绍了段落的常用格式设置，如间距、缩进、对齐、页码设置、分节设置，还介绍了表格的制作、打印预览和打印设置，完成了一份正式公文的编排处理。

这个案例也充分说明了计算机的工具属性，熟练使用计算机是编排规范公文的必要条件，但如果使用者本身不熟悉公文格式规定，再熟练的计算机操作也无法完成规范公文的编排。

计算机是工具，同样的计算机在不同人手中，起到的作用是不一样的。要让计算机发挥更多、更强大的作用，归根结底，还需要用户不断提高自身的思维能力、认识水平、学识素养、综合素质。

实训 3.3　多单位联合行文的文件编排

实训 3.3.1　完成一份红头文件的格式编排

（1）发文机关格式编辑；
（2）发文字号格式编辑；
（3）文件标题格式编辑；
（4）主送机关格式编辑；
（5）正文格式编辑；
（6）发文机关署名格式编辑；
（7）表格编辑；
（8）版记格式编辑；
（9）页码编辑；
（10）打印预览、设置打印、完成打印。

实训 3.3.2　实训报告

对照国家标准《党政机关公文格式》（GB/T 9704—2012），反思并逐条列出本案例中不符合规定的地方，思考如何通过 Word 尽可能规范地编排文件。将以上内容及个人感受、收获记入实训报告。

案例 3.4　论　　文

知识建构

- 样式与格式
- 大纲
- 导航窗格
- 目录和索引

- 题注和交叉引用
- 页面和页脚
- 批注和修订

技能目标

- 学会长文档的管理和编辑
- 掌握为长文档编制目录的方法

在长文档写作及编排的过程中，如果不能快速定位，不能对相同性质、相同级别的内容进行整体设置和修改，那么编排整理工作量将是无法估量的。Word中提供了一整套长文档管理的方法，能帮用户快速厘清文档结构，方便地管理、编辑长文档。本案例将通过一份论文的编排，学习长文档的管理、编辑。案例如图3-40。

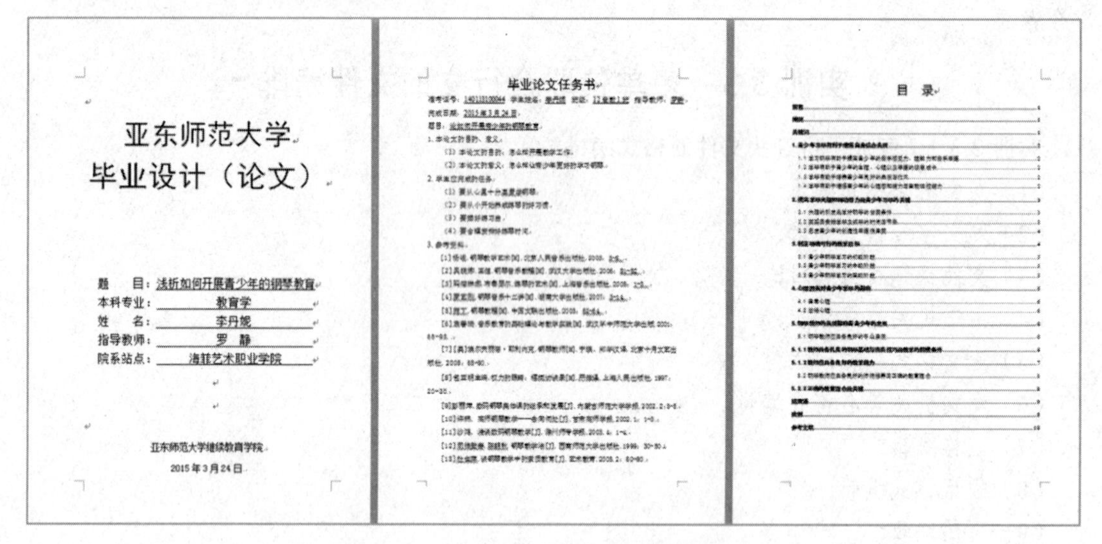
亚东师范大学
毕业设计（论文）

题　　目：浅析如何开展青少年的钢琴教育
本科专业：教育学
姓　　名：李丹妮
指导教师：罗　静
院系站点：海桂艺术职业学院

亚东师范大学继续教育学院
2015年3月24日

毕业论文任务书

目　录

图3-40　案例3.4论文排版效果（部分）

3.4.1　封面及“毕业论文任务书”格式

打开“案例3.4论文无格式文本”，先将第1页“封面”和第2页“毕业论文任务书”的格式设置好。

第1页：

（1）标题文字“亚东…（论文）”：黑体，48号字，水平居中，段落前空一行；

（2）个人信息“题目…院系站点…”：宋体，20号，左缩进“2字符”；“题目”中间按4个空格，“浅析如何开展青少年的钢琴教育”加“下画线”，其他同上；

温馨提示：“教育学”“李丹妮”等需要加下画线的内容分别在前面和后面加空格，使各行的下画线长度相等。

（3）“亚东师范大学…3月24日”：宋体，16号字，水平居中；

> **温馨提示**：在（2）“题目…”文字前面和（3）“亚东师范大学…3 月 24 日”前面多按几次【Enter】键分段，让各个区域的内容拉开距离。

（4）在最后的段落文字后面插入“分节符”（“页面布局” | “页面设置” | “分隔符” | “分节符” | “下一页”），使后面的内容另起一页，如图 3-41 所示。

第 2 页：

（1）标题“毕业论文任务书”：黑体，二号字，居中对齐；

（2）文字“准考证号…[13]杜也萍.谈钢琴教学中的素质教育[J].艺术教育.2005.2：60-80”：宋体，小四，两端对齐，行间距 22 磅；

（3）标题下方正文第 1～3 排冒号后面的文字：加下画线；

（4）所有“[1]，[2]，[3]，…”等段落的文字：宋体，小四，行间距 22 磅，首行缩进 2 字符；

（5）在最后的段落文字后面插入“奇数页分节符”，使后面的内容出现在下一个奇数页上，如图 3-42 所示。

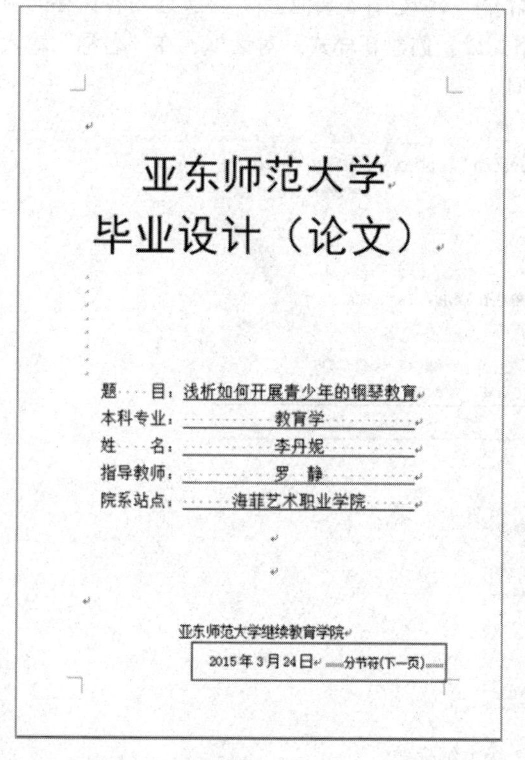

图 3-41　分页符

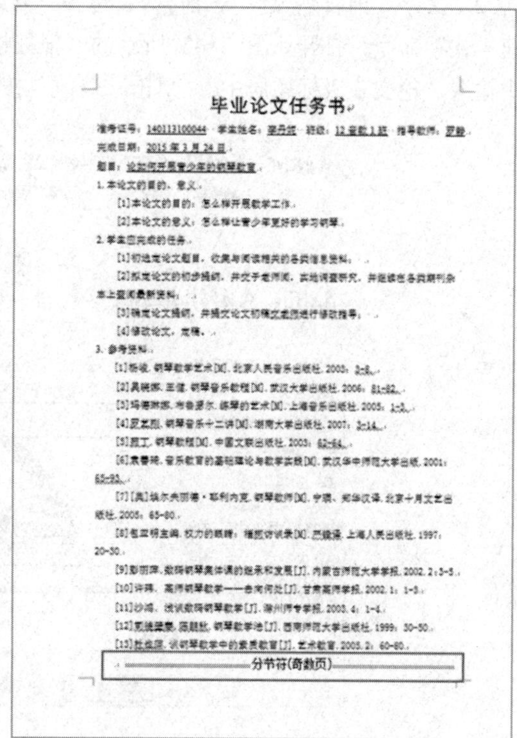

图 3-42　奇数页分节符

3.4.2　留出“目录”页面

Word 可以自动生成“目录”，“目录”应放在正文的前面。

本案例中，要预留出制作“目录”的空白页面。具体操作方法如下：

（1）将光标置于第 3 页标题文字“教育学——浅析如何开展青少年的钢琴教育”的前面；

（2）选择“页面布局”|“页面设置”|“分隔符”|“奇数页”分节符命令；

（3）在空出来的页面上输入标题文字：目录（黑体，二号字，居中）。

温馨提示：

这里和第 2 页都是插入“奇数页分节符”，是因为目录和正文都是从奇数页开始的，也就是从纸张的正面开始的。

3.4.3 论文正文

论文正文格式的编排需要使用长文档编辑、管理功能。

1．新建快速样式

为方便进行长文档管理和目录制作，在编排论文格式的时候，可以根据需要新建和使用自定义“快速样式”，将相同级别或性质的内容设置成相同的样式。

操作步骤如下：

（1）标题文字“教育学——浅析如何开展青少年的钢琴教育”：黑体，二号字，居中对齐；

（2）文字“前言”：选中“前言”，选择“开始”|“样式”|“其他”|“将所选内容保存为新快速样式”命令，打开如图 3-43 所示的“根据格式设置创建新样式”对话框，在“名称”输入框中输入“论文 1 级标题居中”，单击“修改”按钮；

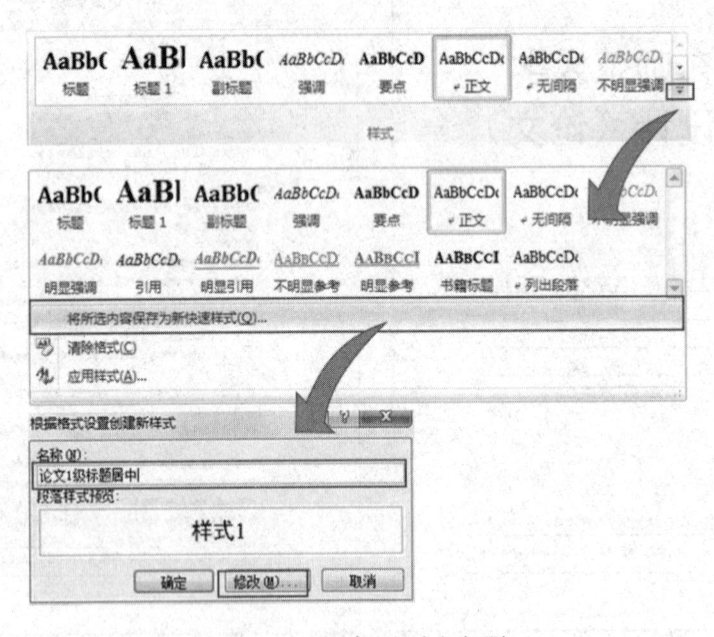

图 3-43 新建 1 级大纲标题

（3）打开新的“修改样式”对话框，设置字体格式为“黑体，小三”，选中“自动更新”复选框，单击“开始”|“段落”对话框启动器按钮，打开“段落”对话框，设置“对齐方式”为“居中”，“大纲级别 1 级”，“段前”空“0.5 行”，“行距”为“固定值 22 磅”，如图 3-44 所示；

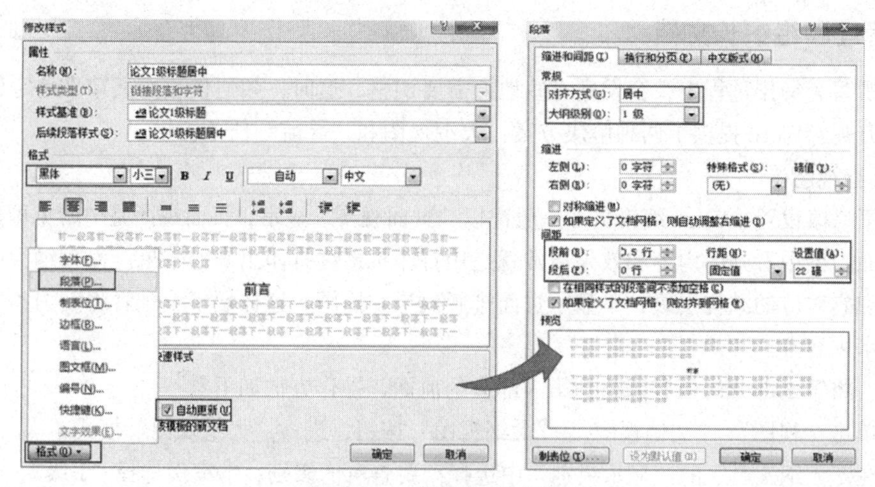

图 3-44　1 级标题格式设置

（4）设置完成，单击“确定”按钮；

（5）同样的操作方法，定义“论文正文”（宋体，小四号，大纲级别正文，首行缩进 2 字符，行距 22 磅），“论文 1 级标题”（黑体，四号，大纲级别 2 级，两端对齐，首行缩进 2 字符，段前空 0.5 行，段后空 0.5 行，行距 22 磅），“论文 2 级标题”（黑体，小四号，大纲级别 2 级，两端对齐，首行缩进 2 字符，段前空 0.5 行，段后空 0.5 行，行距 22 磅），“论文 3 级标题”（黑体，小四号，大纲级别 3 级，两端对齐，首行缩进 2 字符，段前空 0.5 行，行距 22 磅），“论文 4 级标题”（黑体，小四号，大纲级别 4 级，两端对齐，首行缩进 2 字符，行距 22 磅）等几个快速样式。

设置完成后，单击“开始”|“样式”|“样式”对话框启动器按钮，打开“样式”任务窗格，就可以看到刚才设置完成的 6 个快速样式，如图 3-45 所示。

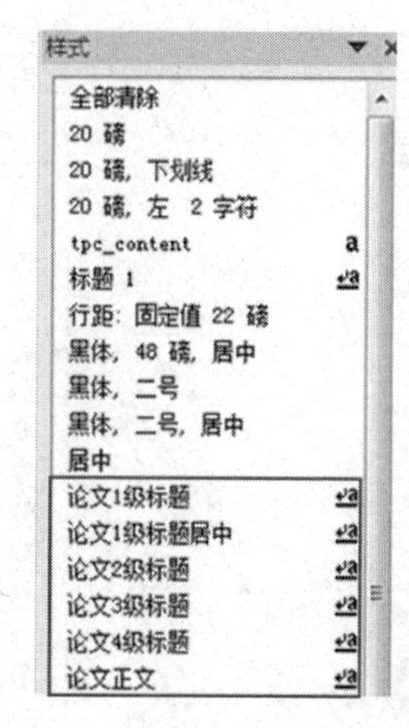

图 3-45　自定义“快速样式”

2．使用快速样式

设置好了快速样式，在后面的文档编排时就可以自动套用这些样式，不需要再对每段、每行单独设置字体和段落格式了。

要应用快速样式，只要将光标放在某段文字任意位置，或者选中多段需要设置同样格式的段落，在“样式”窗格中单击一下所需样式，即可应用该样式的所有格式。

通过这种方法，依次将论文各级标题和正文部分套用对应级别的“快速样式”。

设置好全文格式后，还需要对论文不同部分进行“分页”。本文可以分为 3 个部分：前言、正文、参考文献。分页的快捷方式为【Ctrl+Enter】组合键，分别在小标题“1.青少年习琴有利于增强自身综合素质”前面和“参考文献”前面按【Ctrl+Enter】组合键，即可将文章分为 3 个部分，每个部分均出现在新的页面上。

温馨提示：“快速样式”不仅可以方便、快速地统一全文格式，由于其中还设置了文段的大纲级别，所以还是后面提取、制作目录的必要条件。

3.4.4 管理和组织长文档

文档撰写、编排过程中，会发现有些地方需要调整，这时，如何快速而又精准地定位到需要修改的地方呢？Word 提供了两种解决方案：大纲视图和“导航”任务窗格。

1．大纲视图

如果不修改设置，Word 编辑页面一般都以“页面视图”显示，页面视图是“所见即所得”模式，在页面视图中看到的内容和效果通常就是用打印机最终打印出来的效果。而大纲视图只呈现文字内容和它对应的结构层级，不显示页面排版效果和插图，这样便于编排者将精力集中在文档结构和文字内容上。

比如：将第 5 部分的内容调整到第 3 部分的前面，操作方法如下：

（1）单击“视图”|“文档视图”|“大纲视图”按钮，进入“大纲视图”模式；

（2）在“大纲工具”的“显示级别”中选择需要查看的级别，本案例选择“1 级”，就会看到如图 3-46 所示，在编辑页面上只显示了所有的“1 级级别”的文本内容；

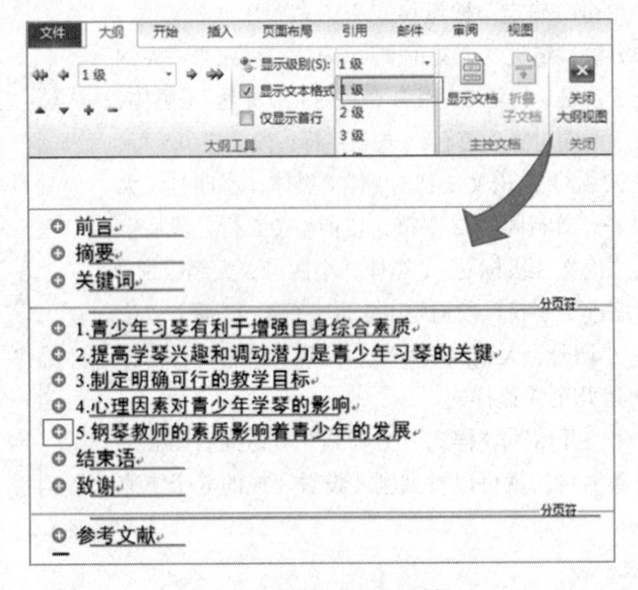

图 3-46　选择“显示级别”

（3）将鼠标指针移动到“5.钢琴教师的素质影响着青少年的发展”前面的“+”上，鼠标指针的形态变成十字形，此时按住鼠标左键，向上拖动至目标位置“3.制定明确可行的教学目标”的上面，松开鼠标左键，就可以将“5.钢琴教师的素质影响着青少年的发展”的全部内容移动到新位置。

大纲视图中还有很多其他十分有用的功能，可以根据实际需要，灵活使用。

温馨提示： 虽然大纲视图调整结构十分方便，但本案例中不需要调整，做完移动后请执行一次撤消还原。

2．“导航”任务窗格

对于长达几十页甚至数百页的超长文档，定义了文档结构的不同级别后，除了“大纲视图”，“导航窗格”也为用户提供了精确的导航功能，它相当于在编排文档时把文档的整体结构目录呈现在了页面视图的左侧（也可以根据需要将导航窗格移动到其他区域，甚至 Word 窗口的外面）。

选中“视图”|“显示”|“导航窗格”复选框，就可以看到在编辑区域的左侧，多出了一个列出了文档各级标题的窗格，如图 3-47 所示。

在“导航”窗格顶端的“搜索文档”输入框中输入要搜索的文本内容，单击右侧的“放大镜”图标或者按【Enter】键，即可在文档中搜索指定内容。搜索完成后，包含指定搜索内容的小标题就会以黄色背景显示在导航窗格中，左侧编辑区会跳转到搜索到的文字处，指定的文字会以黄色背景显示，如图 3-48 所示。

在“导航”任务窗格中，单击某标题文字前面的三角形符号，可以使其包含的低级别标题在导航窗格中全部隐藏或显示；单击任意级别的小标题，编辑区都会快速跳转到标题所在的正文位置。

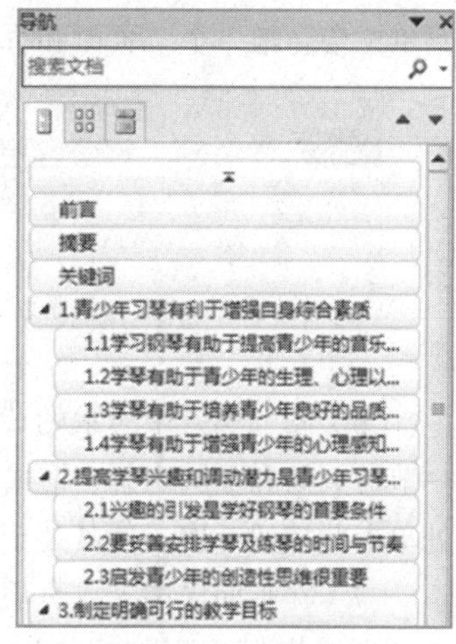

图 3-47　导航窗格

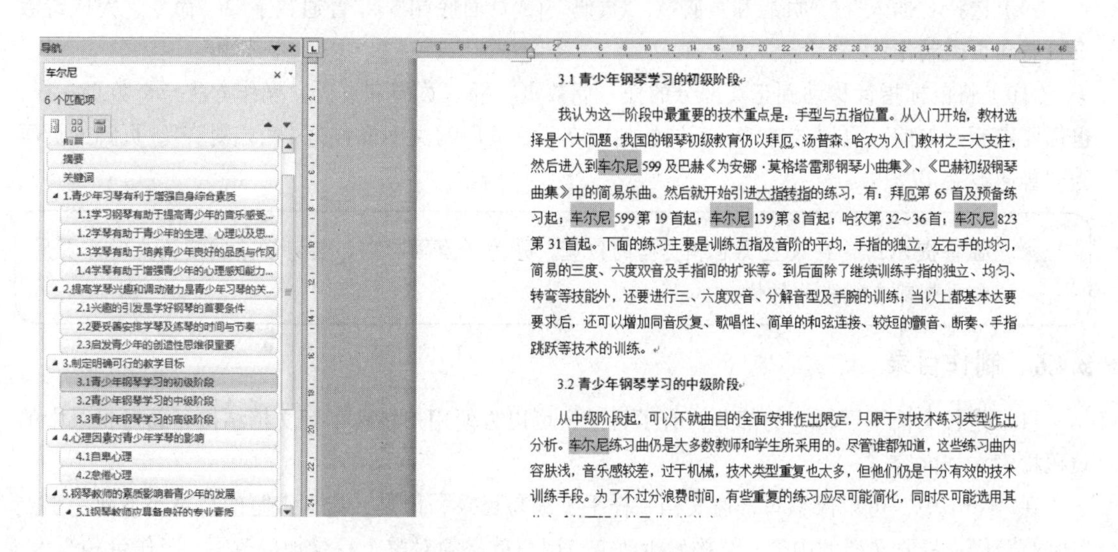

图 3-48　在导航窗格中搜索

3.4.5　设置页眉和页脚

文档的页眉和页脚，一般用来标示一些附加信息，比如标题、作者、页码等。

本案例中，封面及封面反面没有页码，也没有其他页眉和页脚内容，“目录”页也没有页码，论文的正文部分，才有页码和页眉页脚内容。

如何让页码和页眉页脚按照需求进行显示呢？本案例中的操作步骤如下：

（1）将光标定位在正文的第 1 页；

（2）单击“页面布局”|“页面设置”|“页面设置”按钮，打开“页面设置”对话框；

（3）选择“版式”选项卡；

（4）在“页眉和页脚”选项组中选中“奇偶页不同”复选框，单击“确定”按钮；

（5）选择“插入”|“页眉和页脚”|“页眉”|“编辑页眉”命令，进入页眉编辑状态，这时，

菜单栏会新增一个“页面和页脚工具”功能区，如图 3-49 所示；

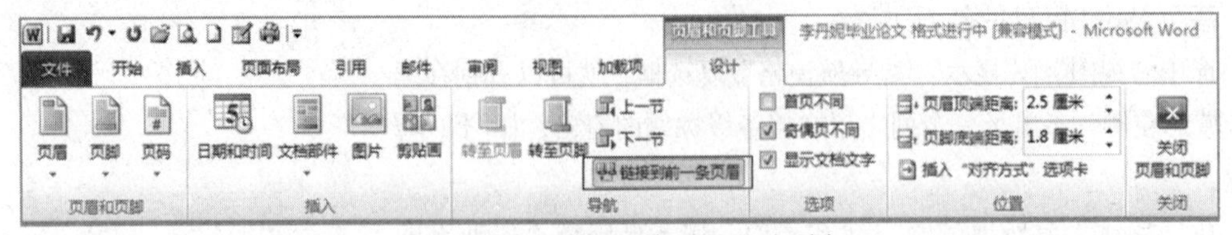

图 3-49 “页眉和页脚工具”选项卡

（6）图 3-49 中所示的“链接到前一条页眉”按钮默认处于选中状态，这意味着当前节与上一节的页眉和页脚内容、格式相同，由于上一节是“目录”，不需要设置页码和页眉页脚，所以此处单击此按钮一次，使其处于未被选中的状态；

（7）在页面区中录入页眉文字：亚东师范大学毕业设计（论文），右对齐；

（8）单击“页眉和页脚工具”中“转至页脚”按钮，切换到第 1 页（奇数页）的页脚，同样将“链接到前一条页眉”的选中状态取消；

（9）选择“插入”|“页眉和页脚”|“页码”|“页面底端”|“普通数字 3”命令，完成奇数页页眉和页码制作；

（10）将鼠标指针移动到正文部分的任一偶数页，插入页眉和页码，操作方法与奇数页一样，也都要先断开与前一页眉的链接，不同的地方在于，页眉的文字设置为“两端对齐”，页脚的页码为“普通数字 1”。

温馨提示： 这样设置页眉和页码的位置，是为了双面打印、装订后，阅读论文时，页眉和页脚都有纸张的外侧。

3.4.6 制作目录

目录是长文档不可缺少的部分，有了目录，可以方便用户快速了解文档结构，通过目录中的页码检索文档内容。

在 Word 中，可以像编写普通文档一样手工编写目录，但是，这样编写的目录经不起一丁点“风吹草动”，只要文档的内容、结构发生改变，用户就必须对整个目录加以改写，工作量相当大，稍一疏忽，就会忘记更改目录，导致目录与正文不对应。

利用 Word 提供的自动生成目录功能，可以简单、快速、可靠地完成目录编制，在文档被修改后，Word 也能自动更新目录，让目录与文档保持一致。

前面在编排文档时，通过套用快速样式，为文档所有内容都设定了“大纲级别”，这为自动提取、创建目录打下了基础。

1. 创建目录

（1）单击要插入目录的位置，本案例将光标定位于准备放置“目录”的空白页面的第 1 行；

（2）按 1 次【Enter】键，让目录内容与标题“目录”之间空一行；

（3）选择“引用”|“目录”|“插入目录”，打开“目录”对话框；

（4）细节参数设置：选中“显示页码”复选框，选中“页码右对齐”复选框，“制表符前导符”不需要修改，格式选择“正式”，“显示级别”选择“3”，如图 3-50 所示；

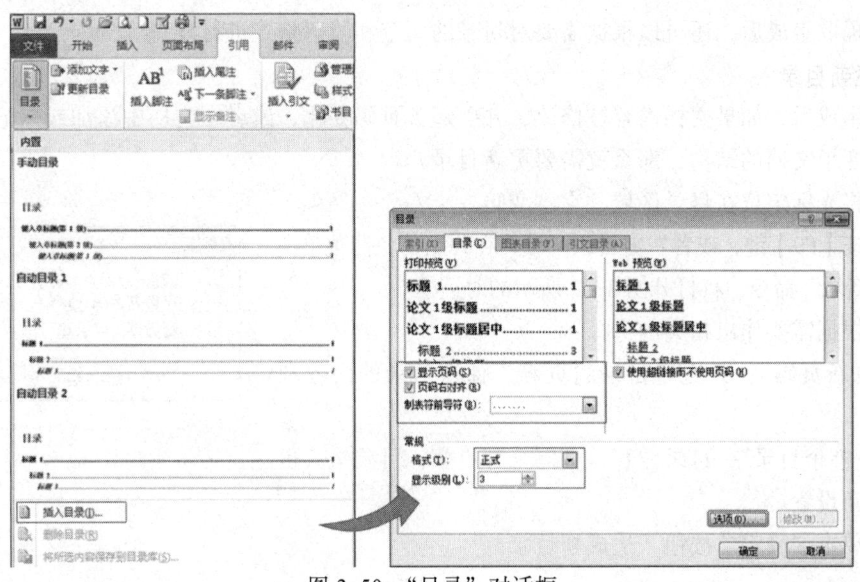

图 3-50　“目录”对话框

温馨提示：“显示级别”等参数可以根据实际需要进行调整。

（5）设置好之后，单击“确定”按钮，就可以看到如图 3-51 所示自动生成的目录了。

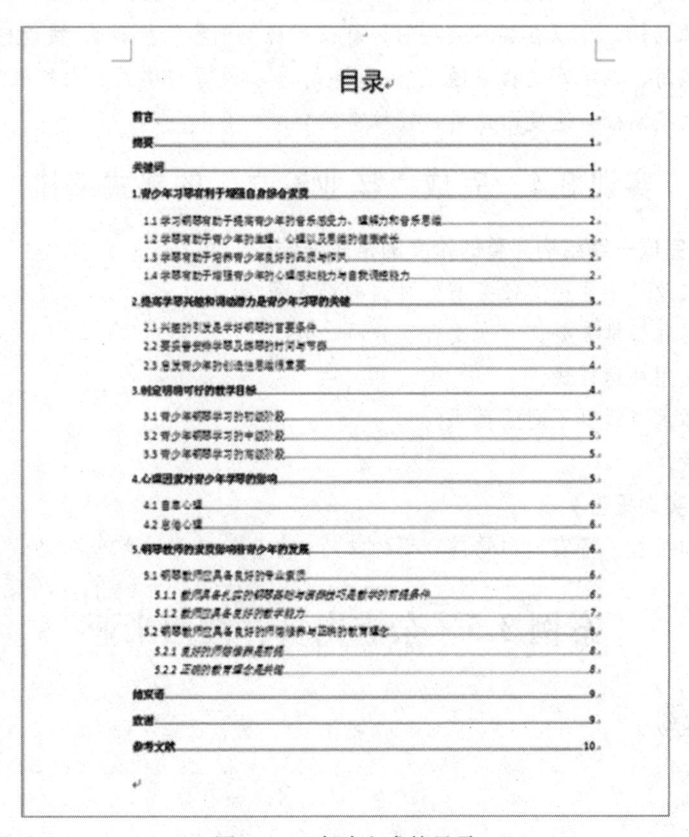

图 3-51　自动生成的目录

目录提取生成后，还可以根据需要对目录的文字和段落格式进行设置。

2．更新目录

目录生成后，如果文档内容被修改，并引起了页码变化，或者在文档中添加或标记了新的目录项，改变了文档的结构，那么就需要更新目录。

（1）将光标定位在目录区域，它将变暗。

（2）按【F9】键，或者右击目录区域，在弹出的快捷菜单中选择“更新域”命令，将打开图 3-52 所示的对话框。

（3）根据需要作出相应的选择：

“只更新页码”：只更新目录的页码，保留目录的内容和格式；

“更新整个目录”：目录内容、页码全部更新，目录格式也需要再重新设置。

（4）单击“确定”按钮，生成新目录。

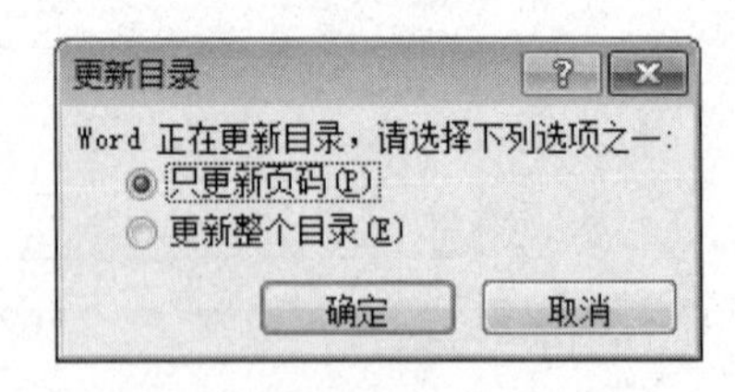

图 3-52 “更新目录”对话框

案例小结

通过这篇论文的编排，可以了解组织、管理长文档的一般方法，知道如何从宏观上控制和调整整个文档的结构，如何为文档创建自动更新的目录。

本案例介绍的是如何对一篇已经写好内容的论文，后期进行格式和目录编排。如果是自己写一篇比较长的文章的话，可以在编写大纲时，就设置好大纲各级标题的“快速样式”和“级别”，然后再进行内容的编写，在编写过程中通过“快速样式”直接设置好格式和大纲级别；这个过程中，导航窗格可以大大提高检索速度，让用户轻松掌控全文内容和结构。

实训 3.4 完成“毕业论文”的格式编排

实训 3.4.1 完成一篇结构完整的论文的格式编排

（1）封面格式及“毕业论文任务书”页面的格式编排；

（2）根据内容和编排需要，对全文合理分页、分节；

（3）新建、使用快速样式；

（4）为正文添加奇偶页不同的页码；

（5）创建目录。

实训 3.4.2 实训报告

完成一篇实训报告，将实训中觉得有用的技巧、收获、感受，整理并记录下来。

案例 3.5 杂志内页：波西米亚

知识建构

- 页面布局
- 艺术字

- 形状
- 图片
- 文本框
- 符号转换
- 嵌入字体

 技能目标

- 掌握 Word 中图形图片的处理方法
- 掌握图文混排的技能技巧

完成如图 3-53 所示的杂志内页的图文混排版面。

图 3-53　案例 3.5 杂志内页排版效果

3.5.1 文字和段落格式

正文文字格式：楷体_GB2312，五号字；

段落格式：正文设置为“首行缩进 2 字符”“段前空 0.5 行”，第 1 段前空 15 行。

温馨提示：设置完成好后，会发现文本到了第 2 页纸上，属于正常现象。

3.5.2 页面布局

在 Word 2010 中，页面布局包括的项目有：主题、页面设置、稿纸、页面背景、段落、排列等。本案例涉及的“页面布局”知识点有：页面设置（页边距，分栏）、页面背景（页面边框，水印）、段落格式（段前间距）。

1．页面设置

所有与纸张格式和页面整体版式相关的设置都要到“页面设置”工具组中进行设置。

1）页边距

（1）单击“页面布局”|“页面设置”对话框启动器按钮，打开“页面设置”对话框；

（2）选择“页边距”选项卡，上、下页边仍为“2.54 厘米”，设置左页边为“8.5 厘米”，右页边为“2 厘米”，单击“确定”按钮完成设置。

2）分栏

（1）选中要分栏的文字，本案例选择“第 2、3 段”；

（2）选择“页面布局”|“页面设置”|“分栏”|“更多分栏”命令，打开“分栏”对话框；

（3）根据需要选择相应选项，本案件选择“两栏偏左”，栏距设置为“2 字符”，选中“分隔线”复选框，如图 3-54 所示，单击“确定”按钮完成分栏设置。

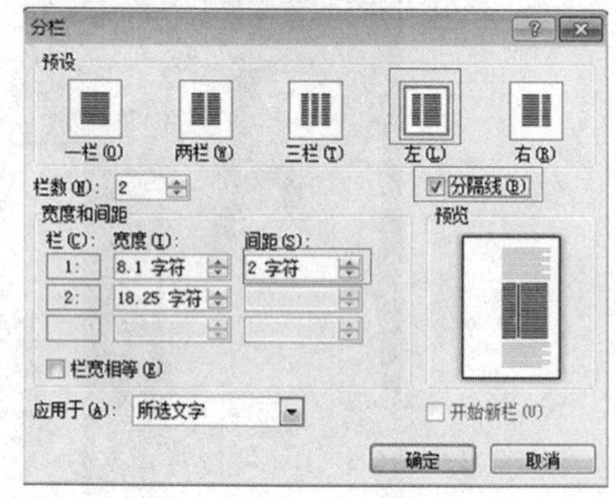

图 3-54 分栏

2．页面背景

在 Word 中，有一些内容和主文档编辑区域的文字不在同一个层次，可以理解为在不同的“图层”上，通常，文本内容是在上面的图层，而页面背景，包括页面颜色、页面边框、水印等是在下面的图层。

温馨提示：“图层”，就好像在多张透明纸上写上、画上不同的内容，然后，把这些透明的纸全部重叠在一起，一张纸就相当于一个“图层”，用户看到的是所有图层最后完全重叠之后的效果，这些内容因为放在不同的透明的纸上，所以互不干扰，如果要修改、编辑，只会影响那一个图层，不会影响其他层次的内容。在图像图形处理软件中，经常用到“图层”，比如 Photoshop 软件。

1）页面边框

在 Word 中，可以根据需要给文字、段落或者整个页面添加边框。

本案例在页面右侧添加了边框，让整个页面显得更加精致、美观。操作方法如下：

（1）单击“页面布局”|“页面背景”|“页面边框”按钮，打开“边框和底纹”对话框；

（2）选择“页面边框”选项卡，在“艺术型”下拉列表中选择一种“绿色”系列的边框，宽度设置为“10 磅”，单击预览框中“右边框”按钮，或者在预览图中右边框的位置单击，就可以添加页面的右边框了（已经显示有边框的，单击可以取消那一条边的边框）；

（3）单击“选项”按钮，打开“边框和底纹选项”对话框，测量基准选择“页边”，右边距设置为“10 磅”，如图 3-55 所示，设置完成后单击“确定”按钮返回上一级对话框，再次单击“确定”按钮完成页面右边框的设置。

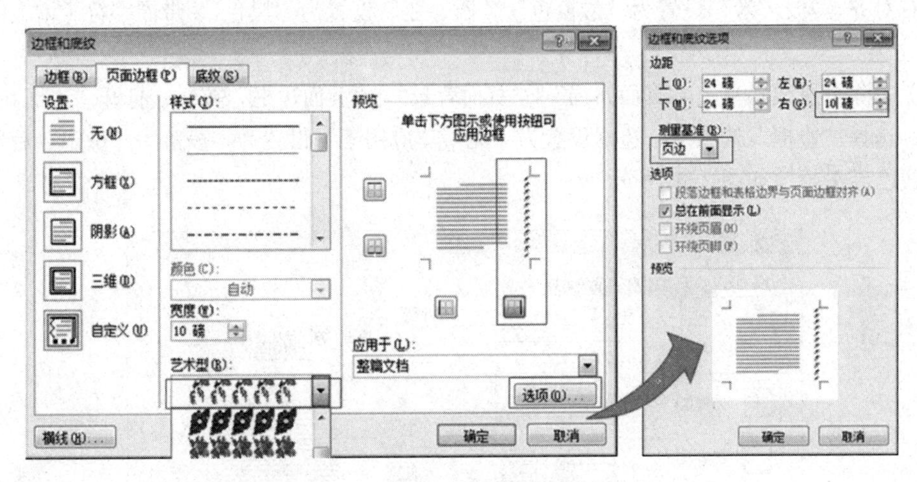

图 3-55　设置页面边框

温馨提示：在“边框和底纹”对话框中还有两个选项卡：边框、底纹，文档编排中可以根据实际需要进行选择设置。

2）水印

水印，是作为文档背景的图案或者文字，若隐若现，仿佛水迹，所以，称为“水印”。水印通常用来添加标志、注明来源、声明版权、设置保密级别、装饰等。水印显示在打印文字和图片的后面，它是可视的，但不影响文字和图片的显示效果。

本案例设置的是自定义的文字水印，操作步骤如下：

（1）选择“页面布局”|“页面背景”|“水印”|“自定义水印”命令，打开“水印”对话框；

（2）选中“文字水印”单选按钮，“语言（国家/地区）”选择“中文”，“文字”输入框中输入“波西米亚”，“字体”下拉列表框中选择“方正水柱简体”选项，其他选项保持默认，如图 3-56 所示；

（3）设置完成后，单击“确定”按钮。

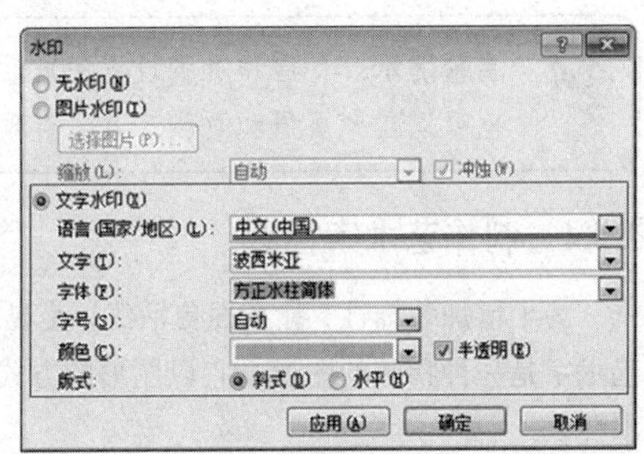

图 3-56　水印设置

在 Word 中，“页面背景”中设置的内容（水印、页面颜色、页面边框），一篇文档只需要设置一次，设置完成之后，所有的页面上都会显示同样的效果。

3.5.3 页眉和页脚

1．页眉

本案例中，页眉中的信息是文档标题：

（1）选择“插入”|“页眉和页脚”|“页眉”|“编辑页眉”，进入“页眉”编辑状态，菜单栏出现了“页面和页脚工具”功能区，页眉区同时自动生成了一根黑色的页眉线；

（2）在页面编辑状态下录入标题文字“波西米亚”，设置格式为方正水柱简体、小五号字、阳文、右对齐、“波、米”设置为“酸橙色”、“西、亚”设置为“黑色”、带圈字符（增大圈号、菱形）；

（3）去除页眉线：单击“页面布局”|“页面背景”|“页面边框”按钮，打开“边框和底纹”对话框，选择“边框”选项卡，边框设置为“无”，“应用于”设置为“段落”，“确定”后可以看到页眉线已经去掉，如图 3-57 所示。

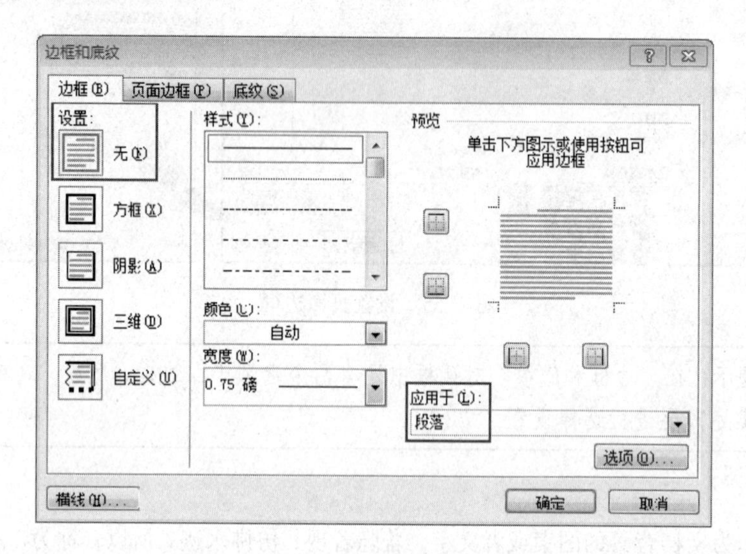

图 3-57 去除页眉线设置

2．页脚

本案例中页脚内容是页码，直接在页脚区插入“页码”即可（页面底端，普通数字 3）。

温馨提示：页眉和页脚设置完成后，双击任意正文区域，可以退出页眉页脚编辑状态；也可以在“页眉和页脚工具”选项卡中单击右侧的“关闭页眉和页脚”按钮退出。

3.5.4 制作艺术字标题

为了增加装饰性，让页面更活泼、美观，娱乐消遣类杂志内页的标题文字通常会采用艺术字。艺术字是一种特殊的图形，它以图形的方式来显示文字，让图形具有了可读性，让文字具有了艺术性。

Word 2010 中提供的艺术字样式十分丰富，但是，原来在 Word 2003 中的有些艺术字功能

却被放弃了，比如：给艺术字填充图片。但当 Word 2010 打开“doc”文件时，它仍然可以像 Word 2003 一样使用完整的艺术字功能。如图 3-58 所示，用 Word 2010 在一个“doc”文件中单击“插入”|“艺术字”和在一个“docx”文件中单击“插入”|“艺术字”，弹出的菜单是不一样的。

温馨提示：“doc”文件为 Word 2003 及以前版本保存的文件，“docx”文件为 Word 2007 及以后版本保存的文件。

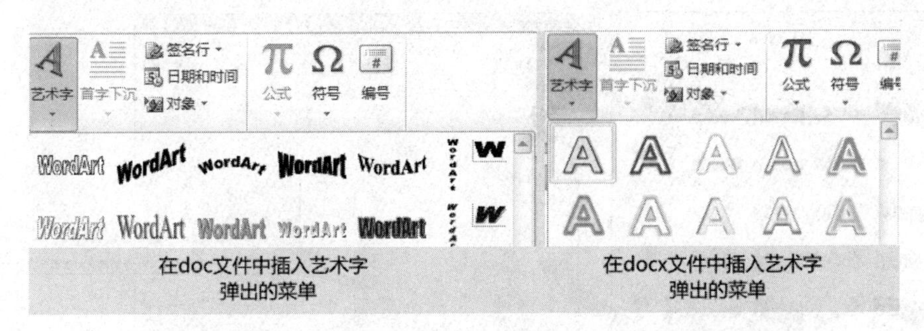

图 3-58　在 doc 文件和 docx 文件中插入艺术字弹出菜单对比

使用 Word 2003 中的艺术字功能有两种方法，一种是将 Word 2010 文档另存为“Word97-2003”格式，如图 3-59 所示，保存后的文档后缀是“doc”，而不是“docx”；另一种方法是随便打开或新建一个“doc”文档，在其中插入艺术字，然后将其复制到实际需要艺术字的“docx”文档中（在“doc”文档中插入艺术字时，也可以不作任何修改，复制到“docx”文档后再按需要进行修改、设置，两种方法的效果是一样的）。

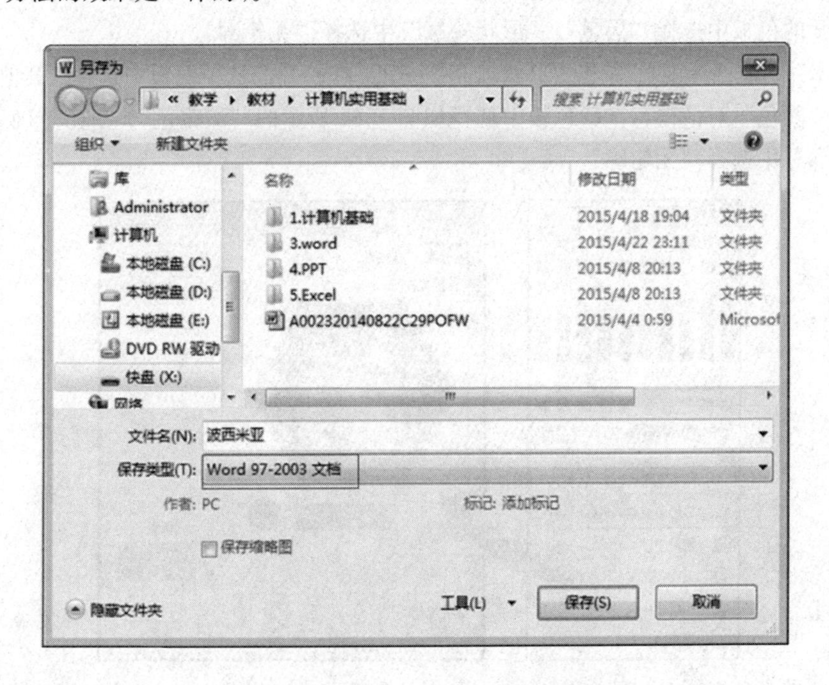

图 3-59　另存为 Word　97-2003 格式

在“doc”文档中创建艺术字的方法如下：

1．创建艺术字

（1）打开一个“doc”文档，或者新建文档，另存为 Word 97-2003 版本，如图 3-58 所示；

（2）选择“插入”|“文本”|“艺术字”按钮，打开“艺术字”样式选项面板，选择第 1 排第 1 个，如图 3-60 所示。

（3）在打开的“编辑艺术字文字”对话框中输入“我”，选择“方正水柱简体”，字号默认 36 号，单击“确定”按钮，生成如图 3-60 所示的艺术字。

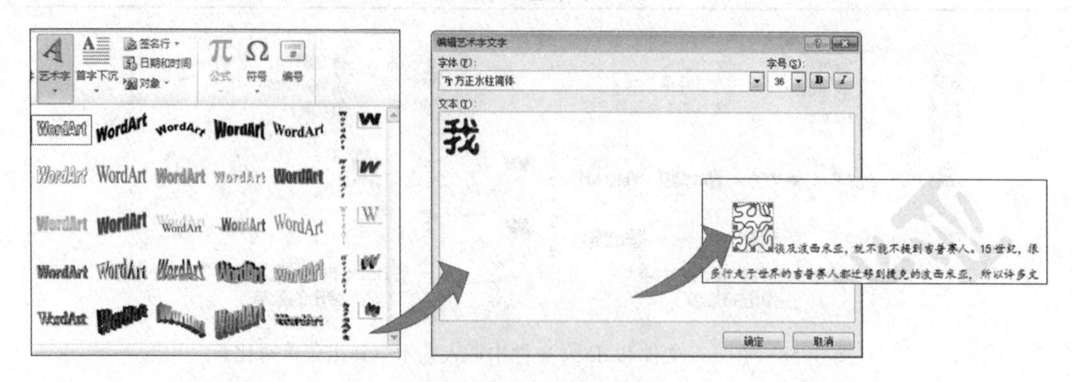

图 3-60　创建“艺术字”

用同样的方法，创建“很”和“波西米亚”两组艺术字。

2．为艺术字填充颜色

单击需要修改设置的艺术字，菜单栏会出现如图 3-62 所示的“艺术字工具”功能区。

选中艺术字“很”，在“艺术字工具”功能区的“艺术字样式”工具组中，选择“形状填充”按钮，在打开的色板中选择“黑色”；“形状轮廓”中选择“无轮廓”。

选择艺术字“波西米亚”，单击“形状填充”按钮，在打开的选项面板中选择“其他填充颜色”命令，打开“颜色”对话框，在颜色板中选择如图 3-61 所示的“酸橙色”，单击“确定”按钮；在“形状轮廓”中选择“无轮廓”。

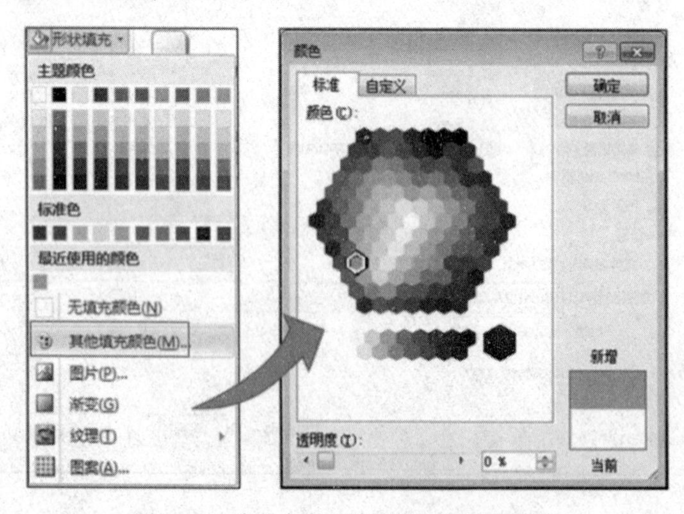

图 3-61　为艺术字“波西米亚”填充颜色

3. 调整艺术字的位置

在“doc”文档中创建完艺术字后，将其复制粘贴到实际需要这几组艺术字的“docx”文档中，再根据需要进行设置。

温馨提示：如果直接在“docx”中新建艺术字，不仅弹出的菜单不一样，新建完成后，点击艺术字，出现的功能区也不一样。如果一个“docx”文档中有两处艺术字，一处来自于其他“doc”，单击它，出现的功能区是“艺术字工具”；另一处是直接在“docx”中创建的艺术字，单击它，出现的功能区是“绘图工具”。

更改艺术字的环绕方式：文字相对于艺术字的默认环绕方式是“嵌入型”，单击“艺术字工具”功能区的“自动换行”按钮可以对“文字环绕”方式进行调整，本案例选择 “浮于文字上方”，如图 3-62 所示，设置完成后，艺术字就可以用鼠标左键随意拖动改变位置了。

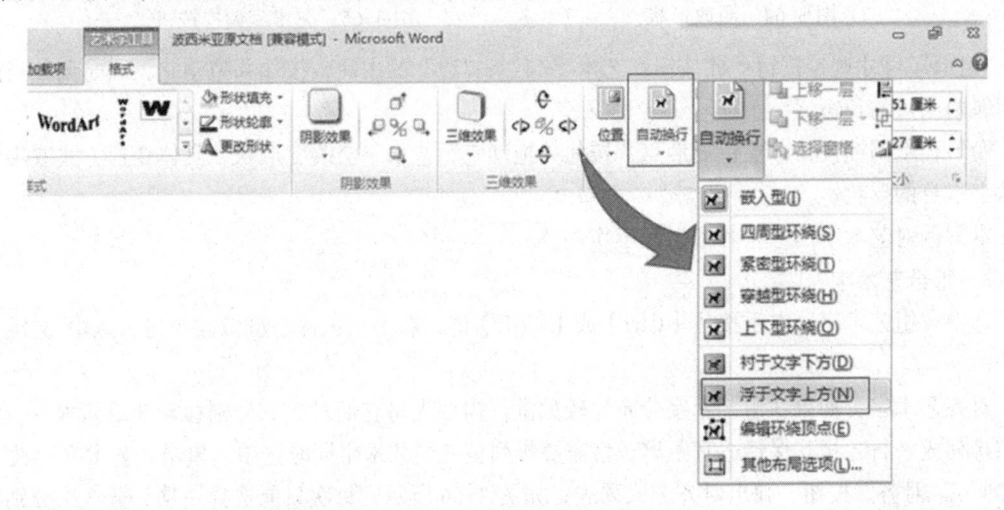

图 3-62 “艺术字工具”功能区

调整艺术字在文中的位置：将文字环绕方式修改为除默认的“嵌入型”之外的任意一种后，将鼠标指针移动到“艺术字”上方时，鼠标指针会变成一个由 4 个箭头组成的十字架样式，在这种指针形态下，按住鼠标左键并拖动，就可以移动艺术字的位置，如图 3-63 所示。

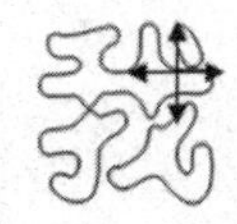

图 3-63　拖动移动艺术字

4. 调整艺术字的形态

单击“艺术字”|“艺术字样式”|“更改形状”按钮，打开如图 3-64 所示的面板，可以选择艺术字的形状样式。

当艺术字的文字环绕方式调整为除默认的“嵌入型”之外的任意一种后，单击艺术字时，周围会出现 10 个小按钮，如图 3-65 所示。通过鼠标拖动这 10 个按钮，可以调整艺术字的外形。

旋转调控按钮：绿色圆点，按住并拖动它，可以在垂直平面上任意旋转艺术字。

“角部”尺寸调控按钮：此按钮在艺术字 4 个“角”上，按住并拖动它，可以同时调整当前角相邻两条边的长短。

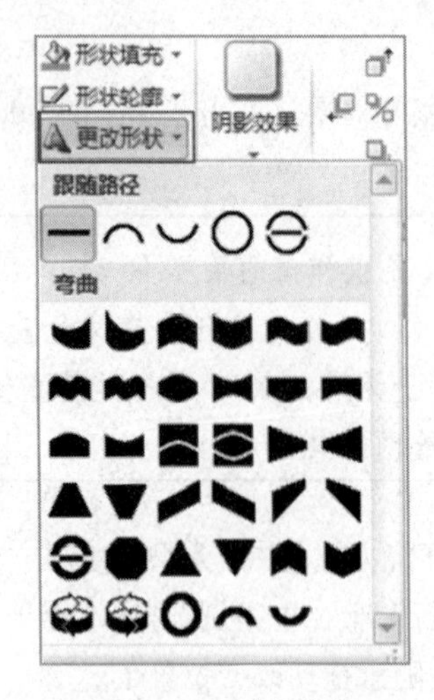

图 3-64　更改形状

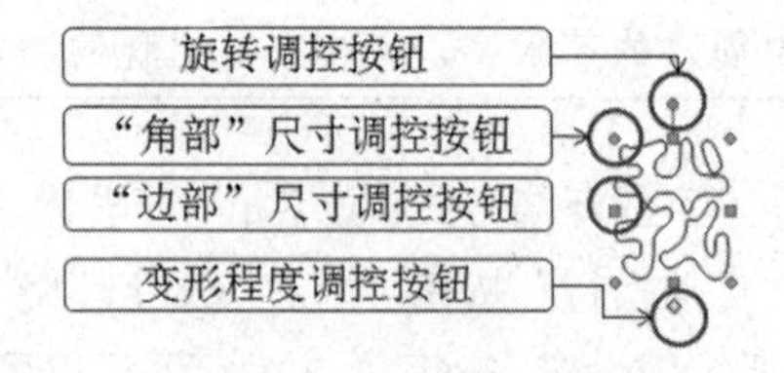

图 3-65　艺术字调控按钮

“边部”尺寸调控按钮：此按钮在艺术字 4 条“边”的中间，按住并拖动它，同时调整当前边相邻两条边的长短。

变形程度调控按钮：黄色菱形点，按住并拖动它，艺术字会改变形状，具体变形方式取决于艺术字本身的形状。

本案例对艺术字的形状和形态都不作调整。

5．组合艺术字

选中多组艺术字：左手按住【Ctrl】或【Shift】键，右手用鼠标左键依次单击，选中 3 组艺术字。

对齐艺术字：如果 3 组艺术字分布比较散乱，需要先将它们对齐。分别移动 3 组艺术字，将它们排列成一行，相互保持适宜距离；将需要排列整齐的艺术字同时选中，单击“艺术字工具”|“排列”|“对齐”按钮，弹出对齐方式列表，如图 3-66 所示，每次只能选择一项，分 3 次分别选择“对齐所选对象”“上下居中”“横向分布”。

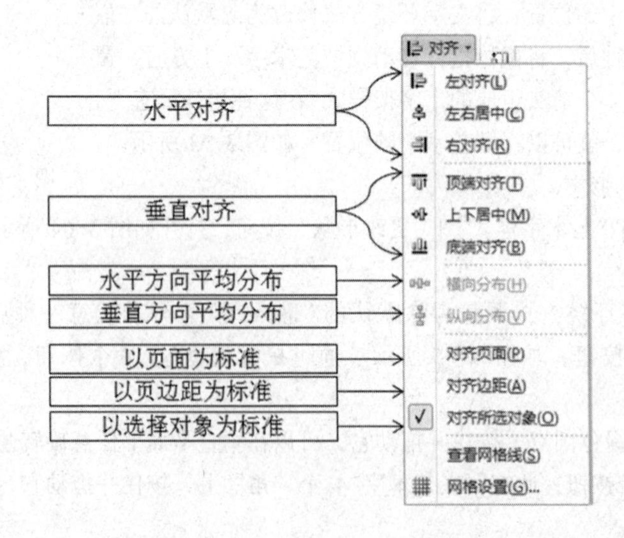

图 3-66　艺术字对齐方式列表

温馨提示：在 Word 2010 中，艺术字、文本框、图片、图形都被视为“图片”进行编排处理，它们的格式设置方法和效果基本相同。在“图片工具”、“绘图工具”、“文本框工具”（兼容模式）、“艺术字工具”（兼容模式）等功能区中，都会出现“排列”工具组，它在编排艺术字、文本框、图片、图形时，功能设置和效果基本一样。

组合艺术字：同时选中 3 组艺术字，在选中的艺术字区域上右击，在出现的快捷菜单中选择“组合” | “组合”命令，将 3 组艺术字组合成一个整体，如图 3-67 所示。

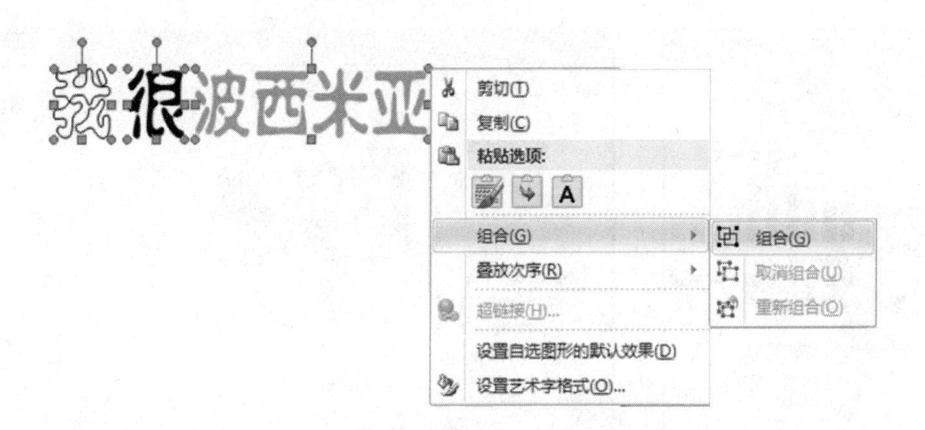

图 3-67 组合艺术字

温馨提示：在选中区域上右击，很不容易操作成功，这时可以在任意一个调控按钮上右击，这样也能打开如图 3-66 所示的快捷菜单。也可以直接使用“艺术字工具” | “排列” | “组合” | “组合”按钮来完成艺术字的组合。

组合的作用是将 3 组艺术字合成一个整体，方便整体移动和放大/缩小，但组合体不能更改形状 。组合体也可以通过“取消组合”命令让它们恢复“单身”状态。

6．图片填充艺术字

本案例中的标题艺术字，有一组十分特别的艺术字，如图 3-68 所示。

图 3-68 标题艺术字

说它特别，是基于两点：

第一，外形是字，但是“骨子里”却是图片，因为它是用图片填充的艺术字；

第二，在 Word 2010 中直接插入生成的艺术字做不出这种效果，只有在 Word97-2003 版里插入生成的艺术字才能做出这种效果。

用图片填充艺术字的操作步骤如下：

（1）创建艺术字：在任意“doc”文档中创建艺术字“而且 我很快乐”，样式、字体、字号与前面创建的艺术字“我”相同；

（2）将创建的艺术字复制粘贴到实际需要这组艺术字的“docx”文档中；

（3）填充图片：选择“艺术字工具”|“艺术字样式”|“形状填充”|“图片”命令，打开“选择图片”对话框，找到要填充的图片，选中后，单击“插入”按钮，如图 3-69 所示，即可将图片填充进艺术字中；

（4）设置阴影效果：选择“艺术字工具”|“阴影效果”|“阴影样式 18”命令（将鼠标移动到阴影样式图例上，停留 1～2 秒，就会显示阴影样式序号）；

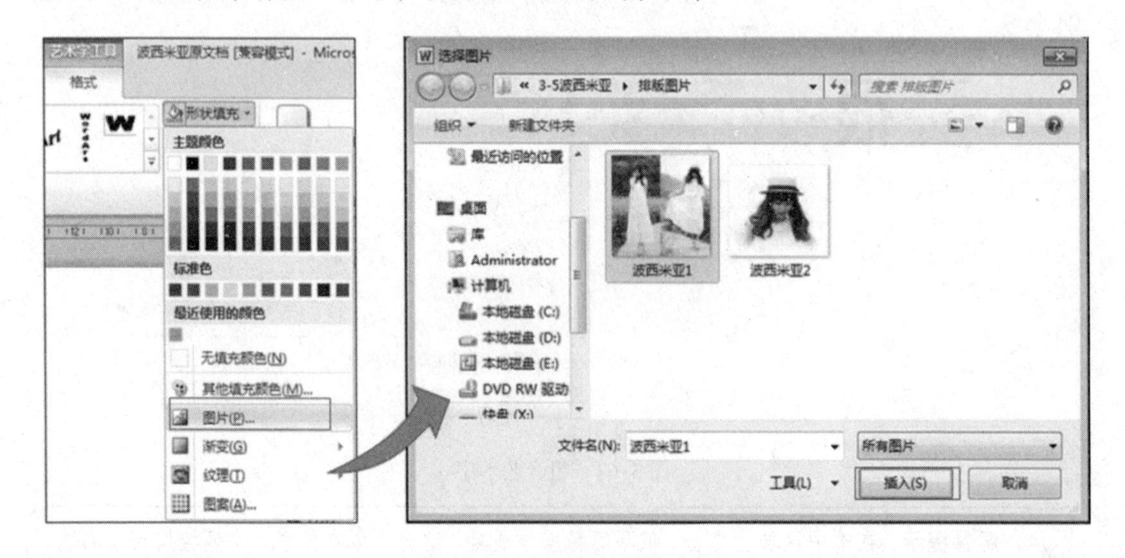

图 3-69　为艺术字填充图片

（5）设置轮廓颜色：在“形状轮廓”对话框中选择轮廓颜色为酸橙色，如图 3-60 所示，轮廓粗细设置为“0.75 磅”。

将所有本案例创建的所有艺术字按图 3-53 所示的样式排列整齐，全部选中，左手按住【Ctrl+Shift+Alt】组合键，鼠标移动到任意一组艺术字的“角部”尺寸调控按钮上，按住鼠标左键拖动，将艺术字调整至适宜大小，放置在正文上方。

温馨提示：【Ctrl+Shift+Alt】组合键的功能是：以艺术字本身的中心点为中心【Ctrl】+等比例【Shift】+精确控制大小【Alt】地进行缩放调整。

3.5.5　文本框

要将一个页面中的不同文段更加自由多样地进行排列、布局，就不能采用常规的段落排版方式，而是要用文本框来完成。在图文混排的文档中，文本框更是必不可少的版面编排利器。

1．文本框的创建

本案例中，要将第 4、5、6 三段的文字放置在文本框中，操作步骤如下：

（1）选择“插入”|“文本”|“文本框”|“绘制文本框”命令，进入文本框绘制状态；

（2）在页面任意位置按住鼠标左键并拖动，绘制出一个“矩形”区域，大小不限，绘制完成后松开鼠标；

（3）将第 4、5、6 三段选中后“剪切”（快捷方式为【Ctrl+X】）；

（4）将光标定位到绘制的文本框中，执行“粘贴”（快捷方式为【Ctrl+V】），将文本粘贴到文本框中；

（5）拖动文本框周围的尺寸调控按钮（除了没有变形调控按钮外，其他按钮与艺术字中的按钮功能相同），调整文本框的大小，使其刚好能完整显示第 4 段，移动文本框到文档中的对应位置，如图 3-70 所示；

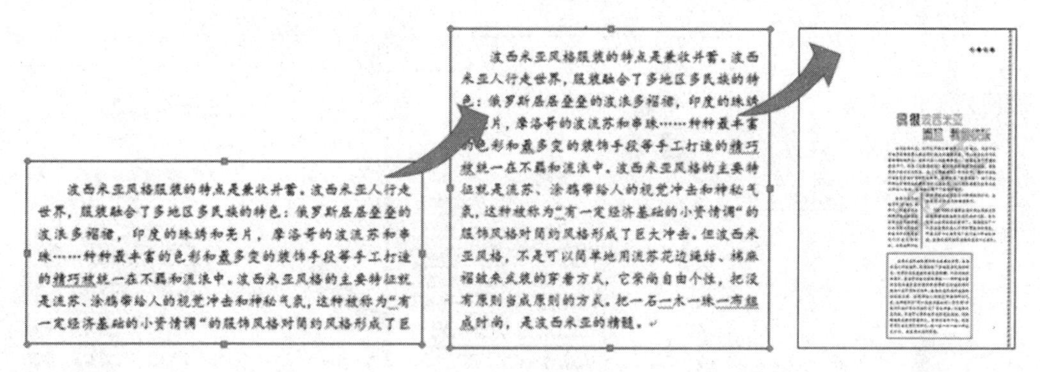

图 3-70　创建文本框

温馨提示：在 Word 2003 中，先选中一段文字，然后创建文本框，选中的文字会直接被放置到文本框中。Word 2010 取消了这个功能，但无论如何，Office 的高版本确实是越来越强大，越来越人性化、智能化，操作也越来越便捷。

2．链接多个文本框

在编辑复杂文本时，经常需要用到多个文本框，在文本框之间创建链接，可以将多个文本框的内容联系起来，一个文本框无法完全显示的内容，会自动显示在建立链接的下一个文本框中。

本案例中，已经绘制完成了一个文本框，但这个文本框中只显示出了第 4、5、6 段中第 4 段的内容，剩下的两段在哪里显示？怎么显示？这就要用到文本框链接功能。

链接多个文本框的操作步骤如下：

（1）因为被链接的文本框必须是空白文本框，所以先要在页面上将要显示其他两个自然段的位置，绘制出两个空白文本框；

（2）将当前编辑位置（光标闪烁处）置于第 1 个文本框中任意位置，单击“绘图工具”|“文本”|“创建链接”，如图 3-71 所示，鼠标指针变成了一个“装满了字符的小杯子”形状；

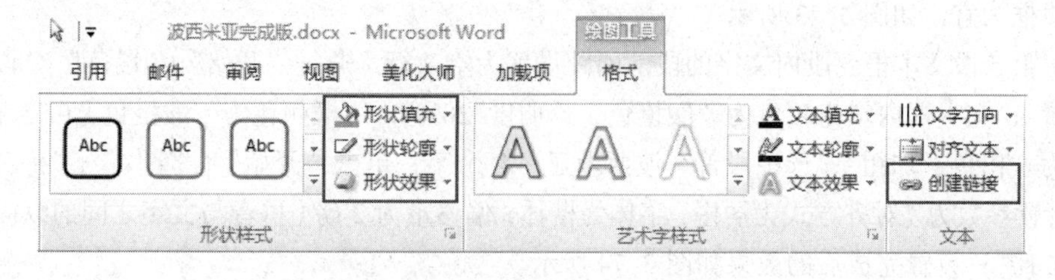

图 3-71　“绘图工具”功能区

（3）将鼠标指针移动到左上角的文本框上，鼠标指针又变成了一个“倾斜的小杯子”，杯子中的字符仿佛正往下倾倒，在这种状态下，单击，两个文本框之间的链接就建立了，刚才文本框中未能显示的文字就出现在了建立了链接的这个文本框中，调整这个文本框的大小，让它只显示第 5 段的文字；

（4）同样的方法，在左上角文本框和右上角文本框之间建立链接，将第 6 段的文字显示到右上角的文本框中，并将该文本框的大小调整好。

设置完链接的 3 个文本框效果如图 3-72 所示。

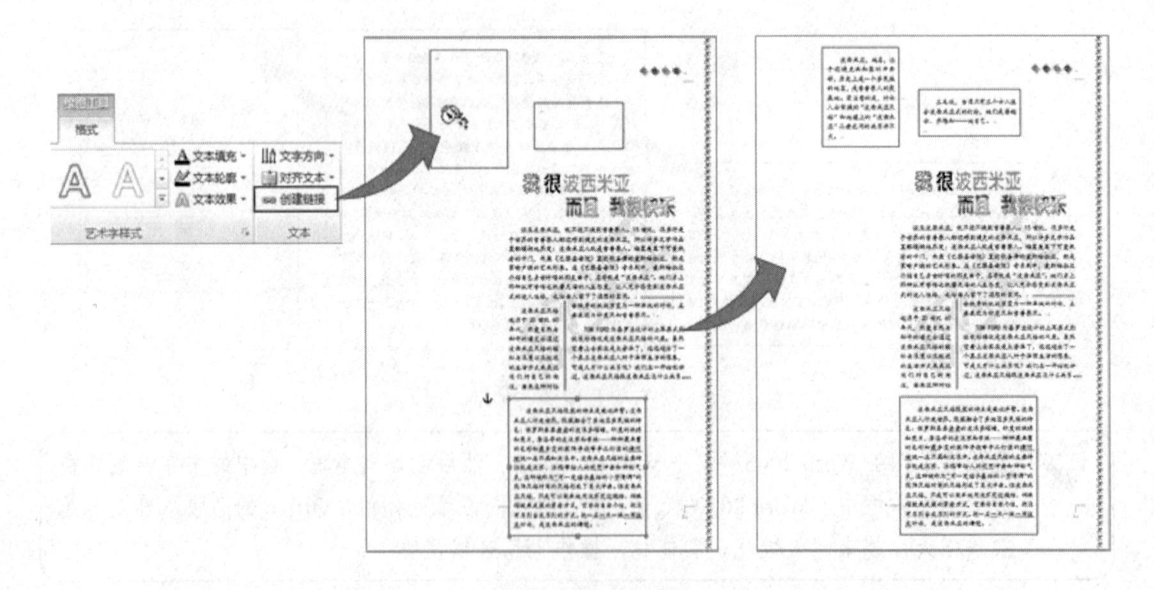

图 3-72　文本框的链接

3．修饰文本框

文本框创建完成后，可以通过调整文本框的形状样式来进一步对文本框进行修饰，使其更符合所在页面或文档的整体风格。文本框的形状样式设置，主要通过“绘图工具”|“形状样式”工具组的“形状填充”“形状轮廓”“形状效果”来进行，如图 3-71 所示。

（1）第 4 段文本框：通过“形状填充”菜单，将文本框内的填充颜色设置为“酸橙色，透明度 30%”，通过“形状轮廓”将边框颜色设置为“白色，2.25 磅”；在文本框左侧绘制一条直线，设置为“酸橙色，3 磅”；在文本框下方绘制一条直线，设置为“酸橙色，6 磅”；将两条直线一起选中，选择“绘图工具”|“排列”|“组合”命令，将其组合；选择“绘图工具”|“排列”|“下移一层”|“置于底层”命令，将两条线置于文本框的最底层；调整好线条位置，以能衬出文本框的白色边框为宜，如图 3-73 所示。

（2）第 5 段文本框：段内文字的段前间距设置为空 2 行（通过“开始”|“段落”|“段落”对话框设置）；文本框内填充颜色为“酸橙色，透明度 20%”，边框颜色为“酸橙色，0.75 磅”；文字颜色为“白色，加粗”；选中段首“波西米亚”4 个字，单击“开始”|“字体”|“拼音指南”按钮，设置参数为“对齐方式为居中，字体为楷体，偏移量为 2 磅（拼音与文字之间的纵向距离），字号为 5 磅”；设置完成后的效果如图 3-74 所示。

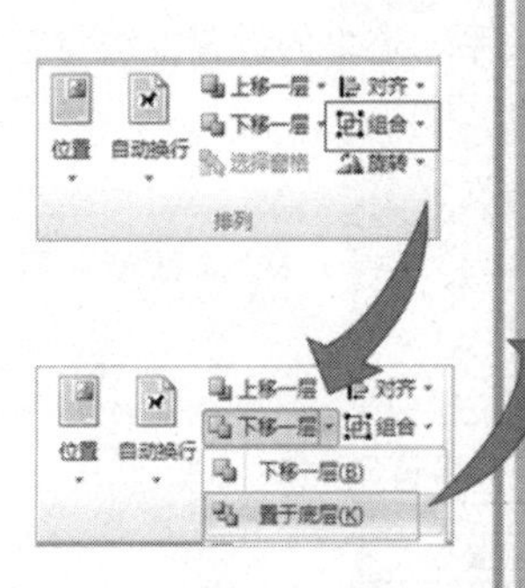

图 3-73　第 4 段文本框美化

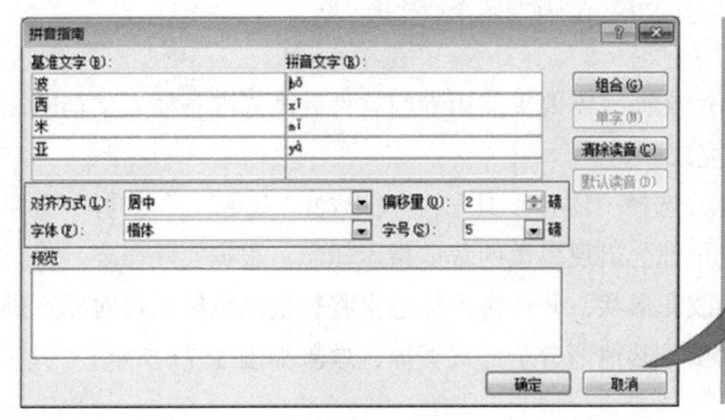

图 3-74　第 5 段文本框美化

（3）第 6 段文本框：无填充色，无轮廓。

3.5.6　图片

在文档中插入合适的图片，可以让整个文档页面显得美观、生动、直观，引人注意。

1．插入图片

插入图片之前，要先搜集准备合适的图片，图片可以自己拍摄、制作，也可以在不侵犯他人版权的前提下到网上下载使用。

本案例中需要的图片已经准备好，具体步骤如下：

（1）将光标置于文档中文本框外的任意位置，本案例放在第 1 段最前面；

（2）单击“插入”|“插图”|“图片”按钮，打开“插入图片”对话框，找到图片“波西米亚 1”，选中并插入，菜单栏出现“图片工具”功能区，插入后效果如图 3-75 所示。

图 3-75　插入图片

温馨提示：插入图片后，很多的页面内容被挤到了下一页，属于正常现象，不影响后续编辑。

2．图片的环绕方式

图片的文字环绕方式是指图片和周围文本的相对关系，这里的设置方法与艺术字设置文本环绕方式相同，如图 3-76 所示。

本案例中，图片的文字环绕方式为“浮于文字上方”。

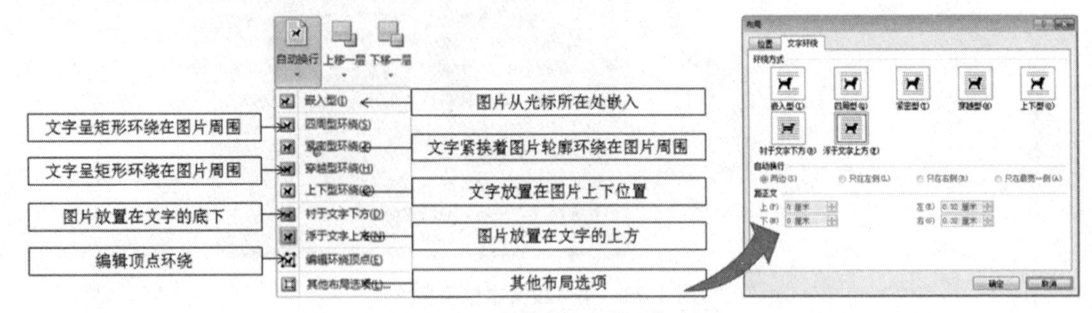

图 3-76 图片与文本的环绕方式

3．裁剪图片

对图片质量和效果要求较高的文档，需要提前用专门软件处理好准备插入文档的图片，一般的图片处理，都可以在 Word 内完成。

裁剪图片的方法：选中图片，选择“图片工具”|“大小”|“裁剪”|“裁剪”命令，图片进入裁剪状态，这时图片的 4 边 4 角都会出现黑色的裁剪指示标志，根据实际需要，将鼠标指针移到裁剪指示标志处，鼠标指针会改变形状，并与指示标志重叠，拖动鼠标即可对图片进行裁剪。本案例只需要保留图片左侧的女孩，其他部分全部裁剪掉，效果如图 3-77 所示。

4．图片边框、大小和层次

设置图片边框：选中图片，单击“图片工具”|“图片样式”|“图片边框”按钮，设置图片边框颜色为第 1 列“白色”最下面的灰色色块（白色，背景 1，深色 50%）；边框“粗细”设置为“4.5 磅”，如图 3-78 所示。

图 3-77 图片的裁剪

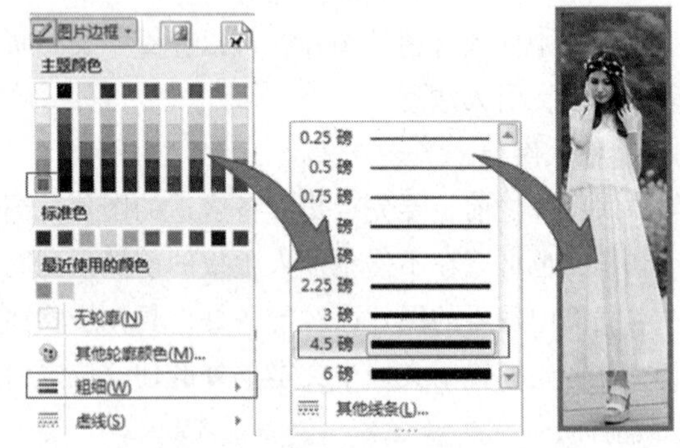

图 3-78 图片边框

设置图片的大小和层次：将图片拖放到页面的左下角，左手按住【Shift】键，右手按住鼠标左键，拖动图片右上角“尺寸调控按钮”，到合适的大小和位置后松开鼠标；右击图片，在弹出的快捷菜单中选择“置于底层”命令，如图 3-79 所示。

5．图片效果

在刚才插入图片“波西米亚 1.jpg”的时候，图片做了裁剪，只用到了其中的部分画面，现在再次插入该图片，使用该图片的另外一部分。

（1）插入图片：“波西米亚 1.jpg”；

（2）裁剪图片：裁剪保留图片右边女孩的上半身；

（3）环绕方式：环绕方式设置为“浮于文字上方”；

（4）图片效果：选择“图片工具”|“图片样式”|“图片效果”|“柔化边缘”|“25 磅”命令；

图 3-79　图片大小和层次

（5）将设置好的图片放置到版面上合适的位置，效果如图 3-80 所示。

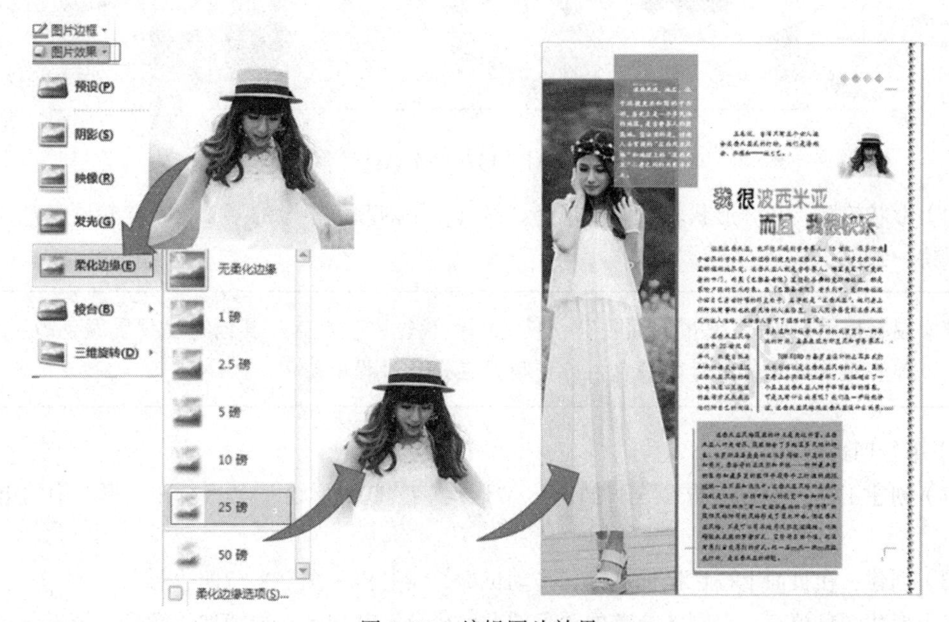

图 3-80　编辑图片效果

3.5.7　形状

Microsoft Office 中提供了丰富的自选形状，合理选用，可以让整个版面具有十分鲜明的个性特色。

1. 系统自带形状

系统自带形状非常丰富，对比 Word 2003 版，新增了“云形”，另外“心形”的形状也做了改变。

本案例中用到了两个系统自带的形状，分别是“矩形”和“平行四边形”。具体操作方法如下：

1）矩形

（1）选择工具：选择“插入”|“插图”|“形状”|“矩形”中的第 1 个命令；

（2）创建：在左上方图片和文本框的上层，按住鼠标左键，拖动鼠标，绘制一个矩形；

温馨提示：“后”创建的图形图片在“先”创建的图形图片的上层。

（3）形状颜色填充：点击图形，通过“绘图工具”|“形状填充”|“其他填充颜色”选择“酸橙色”为填充基础色，然后，切换到“自定义”选项卡，将颜色滑槽的滑块向下滑动，就生成了一个以“酸橙色”为基础色的颜色，单击“确定”按钮，效果如图 3-81 所示；

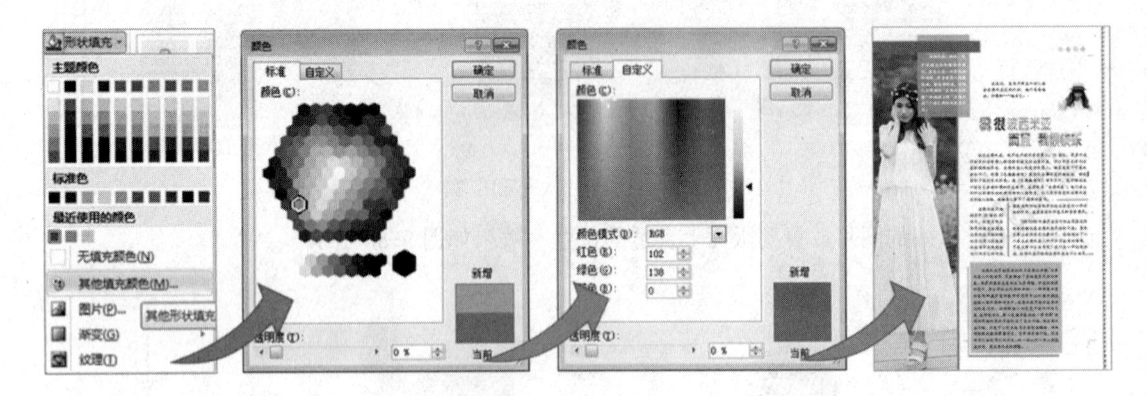

图 3-81　形状填充颜色

（4）形状轮廓：在“形状轮廓”中选择“最近使用的颜色中”的第 1 个，让轮廓颜色与填充颜色保持一致。

温馨提示：“最近使用的颜色”不仅是“形状轮廓”中有，其他需要设置颜色的菜单中都会记录最近使用过的颜色，方便用户在操作过程中使用。

2）平行四边形

（1）创建工具：单击“插入”|“插图”|“形状”|“基本形状”|“平行四边形”中的第 6 个命令；

（2）创建：在页面上按住鼠标左键，拖动鼠标，绘制出一个“平行四边形”；

（3）形状颜色填充：在刚才调整的深色的“酸橙色”基础上，继续加深颜色，填充图形；

（4）形状轮廓：使用继续加深后的“酸橙色”作为图形轮廓；

（5）形状位置与对齐：移动平行四边形，使其上边与矩形的底边对齐；按住【Ctrl】键，再依次选中“矩形”和“平行四边形”，然后选择“绘图工具”|“排列”|“对齐”|“右对齐”命令；

（6）层次关系：右击平行四边形，在弹出的快捷菜单中选择“置于底层”命令。

3）直线和圆形

在本案例中，还有两个形状需要绘制：

（1）在标题艺术字的上方，文本框的下方，绘制一条直线，颜色为“酸橙色”，粗细为“6 磅”；

（2）绘制一个圆形，填充色和轮廓色均为“酸橙色”，置于标题艺术字“我”的下方，将“我”的轮廓色改为“无轮廓色”。

2．鼠标手绘

版面上有两个由线条和色块组成的“美女”图形，不是系统自带的“形状”，需要进行手动绘制。

以右下角的“美女”绘制为例，“她”由 3 个部分组成，分别是“头发和胳膊部分”、“身体部分”（裙子）、“身体与腿部”，操作步骤如下：

（1）选择“插入”|“插图”|“形状”|“线条”|“自由曲线”中的最后一个命令；

（2）按住【Alt】键，用鼠标左键自由绘制出想要的封闭轮廓，比如“身体部分”；

（3）如果对绘制出的形状效果不满意，可以对其进行细腻的调整：右击绘制出“身体部分”，在弹出的快捷菜单中选择“编辑顶点”命令，如图 3-82 所示，在绘图过程中线条方向发生改变的地方都会有一个黑色的编辑顶点，拖动顶点可以改变图形细节；

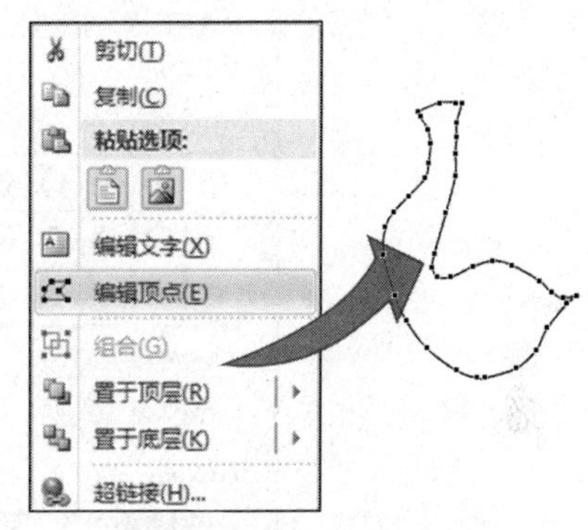

图 3-82　编辑顶点

温馨提示：增加编辑点：用鼠标在线条上拖动可增加编辑点；删除编辑点：按住【Ctrl】键，将鼠标指针放在编辑点上，指针形态会变成“×”，单击一下，就可以删除该编辑点。

（4）美化：裙子轮廓色为“酸橙色”，填充色先设置为“酸橙色”，再通过“形状填充”|“渐变”|“变体”，选择第 1 种“渐变色”；

（5）绘制出其他部分，移动、组合成一个整体；

（6）同样的方法，绘制出另一个美女图形，效果如图 3-83 所示。

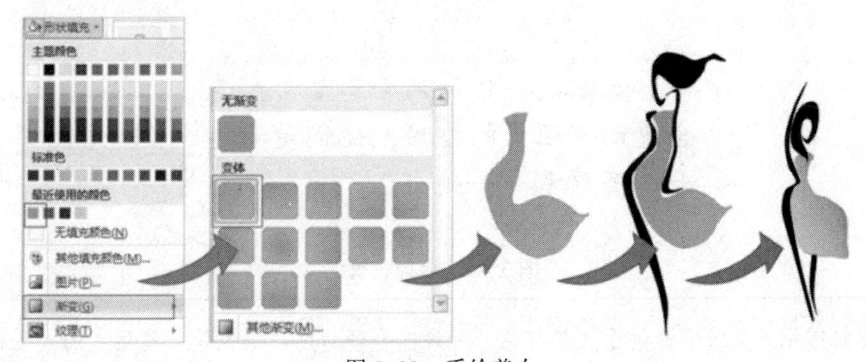

图 3-83　手绘美女

将两个美女图形移动到页面合适位置，调整大小。

3.5.8 符号装饰

在第 6 段文本框的左上角和右下角，各有一个小装饰符号，添加操作如下：

（1）插入一个文本框，文本框设置为“无填充色”“无轮廓色”；

（2）在文本框中插入符号：选择“插入”|“符号”|“其他符号”命令，打开“符号”对话框；

（3）在“符号”选项卡字体列表中选择 Wingdings 符号集（列表倒数第 3 个），拖动右侧滑块，选择一种装饰图案，双击插入该符号到文本框中，或者单击该符号，然后单击“插入”按钮也可以插入，如图 3-84 所示；

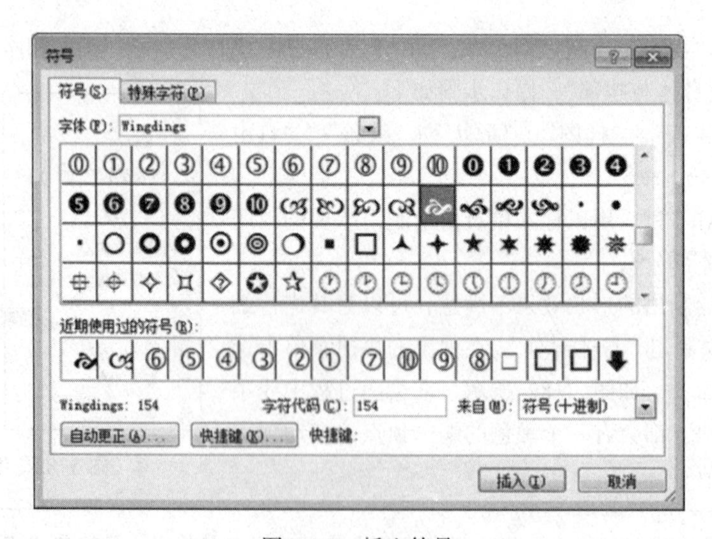

图 3-84 插入符号

（4）用设置文字颜色的方法将符号设置为酸橙色（在 Word 中，符号等同于文字）；

（5）将文本框复制一个出来，选择“绘图工具”|“排列”|“旋转”|“向右旋转 90°”命令；

（6）将两个文本框进行排列，排列后，组合成一个整体；

（7）将组合过的符号，再复制一个出来，连续做两次“向右旋转 90°”或者“向左旋转 90°”；

（8）将两组装饰符号，分别放置在第 6 段的左上角和右下角，效果如图 3-85 所示。

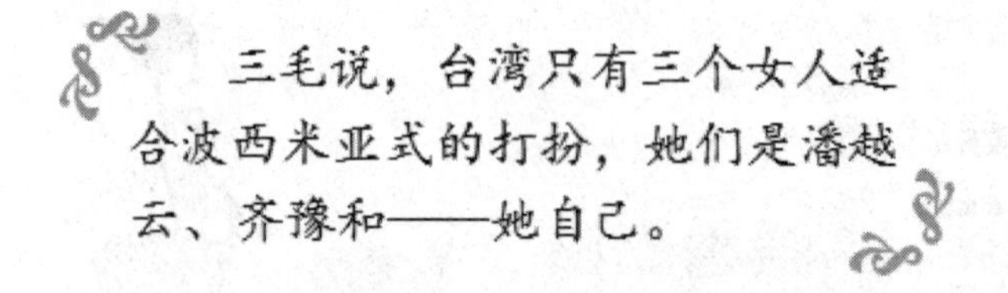

图 3-85 装饰花纹

温馨提示：系统中提供了大量符号，如果能合理运用，那也是一座巨大的“金矿”。

3.5.9　嵌入字体

本案例中，用到了非系统自带的字体，安装了相同字体的计算机可以正确显示本案例文档，但未安装相同字体的计算机，将无法正确显示。Office 系统提供了一种方法，可以保证所有 Office 文档中的字体在任何 Windows 系统中都能正确显示。

具体操作方法如下：

（1）选择“文件”|“另存为”命令，打开“另存为”对话框；

（2）单击“工具”按钮，选择“保存选项”命令，打开“Word 选项”对话框，选中“将字体嵌入文件”和“仅嵌入文档中使用的字符（适于减小文件大小）”复选框，如图 3-86 所示；

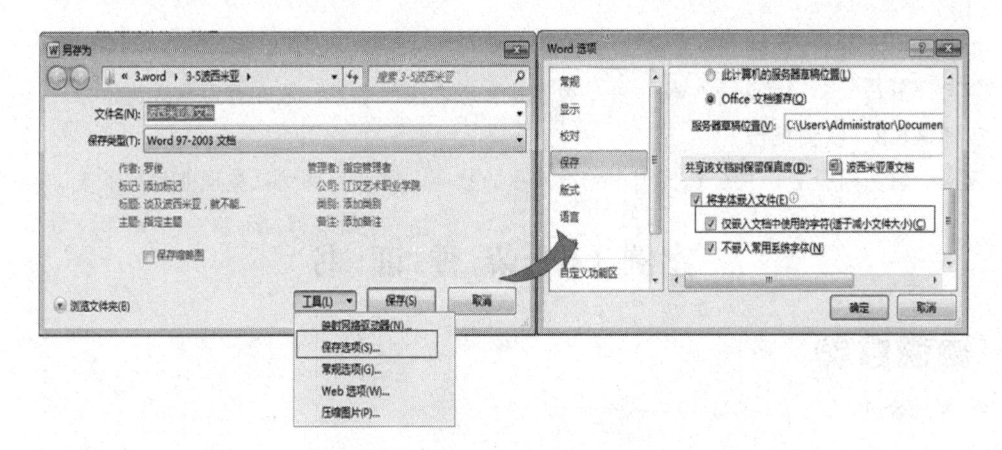

图 3-86　嵌入字体

（3）设置完成，单击“确定”按钮，返回“另存为”对话框，点击保存。

案 例 小 结

本案例介绍了页面布局的设置、艺术字的制作、文本框的使用、图片图形的编辑、符号的妙用、字体的嵌入，这些看起来复杂的编辑操作，经过分解之后，都不是很复杂。

陆游说：“汝果欲学诗，功夫在诗外。”——如果你真地想学作诗，那么你需要在作诗技巧之外花费更多时间、心思和精力。作诗技巧之外是些什么？思想认识、知识素养、生活阅历、思维想象、语言积累等等，历史上那些伟大的诗人，他们正是在这些方面表现出了他们的与众不同 。编排设计也一样，要在 Word 中设计制作一个好的作品，不仅仅需要技术，还需要一定的审美能力，要有意识地学习一些平面构成、色彩构成、版式设计、字体设计知识，将自己的图文混排能力提高到一个新的层次——做设计师，而不是打字员。

实训 3.5　完成杂志内页“波西米亚”的编排

实训 3.5.1　完成杂志内页“波西米亚”的编排

（1）文本格式和段落格式设置；

（2）页面布局：页面设置（页边距、分栏），页面背景（页面边框、水印）；

（3）页眉和页脚：页眉，页脚；

（4）制作艺术字标题：创建、编辑、特殊艺术字；

温馨提示：特殊艺术字，先在“doc”文档中插入，再复制到正在编辑的“docx”文档中设置、制作。

（5）文本框：创建、链接、美化；

（6）图片：插入、环绕方式、边框、大小、位置、层次关系、图片效果；

（7）形状：系统自带形状、鼠标手绘；

（8）符号装饰；

（9）嵌入字体；

（10）保存。

实训 3.5.2　制作名章

使用“形状”和“艺术字”制作一个内容是自己名字的名章，放在页面合适的地方。

实训 3.5.3　实训报告

完成一篇实训报告，将自己实训中觉得有用的技巧、收获、感受，整理并记录下来。

案例 3.6　荣 誉 证 书

知识建构

- 邮件合并

技能目标

- 掌握邮件合并的方法

完成如图 3-87 所示的荣誉证书。

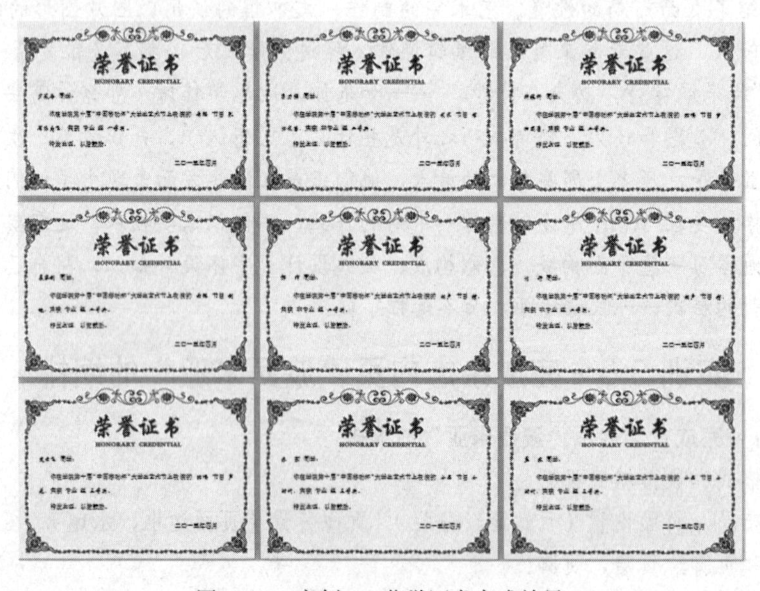

图 3-87　案例 3.6 荣誉证书完成效果

在实际工作中，经常遇到一些需要批量处理的材料，这些材料主体内容基本相同，只是具体数据有一些变化，比如邀请函、学生成绩单、录取通知书、奖状、荣誉证书等。这样的材料动辄数十份，甚至成百上千份，如果一份份去做，非常麻烦，效率低下，费时费力，并且容易出错。Office 的邮件合并功能，能通过简单地操作，一次性批量生成上述这样的材料。

3.6.1　什么是邮件合并

在 Office 中建立两个文档，一个 Word 格式的主文档，它包括最终材料的全部共有内容，以及需要最终呈现的格式，比如成绩通知单中的标题、科目名称、班主任信息、排版样式等信息；一个 Excel 格式的数据源文档，它包括最终材料中不同的个性数据，比如成绩单中的学生姓名、学号、各科具体分数等数据；邮件合并功能可以将 Excel 中的数据自动插入到 Word 主文档中相应位置，Excel 中的每条记录都套用一次主文档，为每个记录都生成一份包含共同信息和个性信息的 Word 页面，如图 3-88 所示。

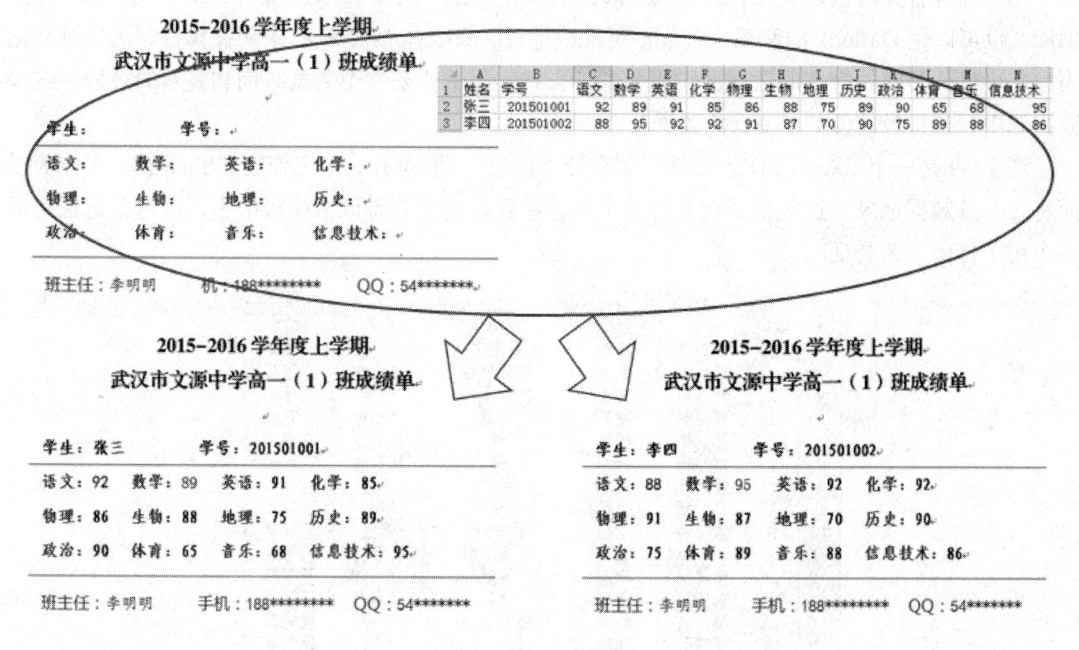

图 3-88　邮件合并

邮件合并经常应用于以下领域：

（1）批量打印信封：按统一的格式，将电子表格中的邮编、收件人地址和收件人打印出来；

（2）批量打印信件：从电子表格或 Outlook 中调用收件人姓名和称谓，信件基本内容固定不变；

（3）批量打印请柬：同（2）；

（4）批量打印工资条：从电子表格调用个人信息和工资数据；

（5）批量打印个人简历：从电子表格中调用人员基本信息，为每个人单独生成一份格式完全相同的个人简历；

（6）批量打印学生成绩单：从电子表格成绩单中调用学生信息、科目分数、评语等，为每个人生成一份格式完全相同的成绩单；

（7）批量打印各类获奖证书：在电子表格中汇总获奖人员姓名、奖项名称和等次资料，在Word 中设置打印模板，自动批量套用、打印；

（8）批量打印证件、准考证、明信片等材料。

总之，只要数据源（电子表格、联系人列表、数据库等）是一个标准的二维数据表，就可以很方便地将全部数据记录合并到 Word 中去。

本案例就是从实际工作出发，选取了“荣誉证书”这一常见的实例，通过“邮件合并”这一功能，将一个包含获奖明细信息的 Excel 表格中的全部数据合并到一个包含共同内容和格式的 Word 主文档中。

3.6.2 数据文档和主文档的制作

1. Excel 数据文档

用于邮件合并的数据文档，可以是 Excel 工作表，也可以是 Access 文件、MS SQL Server 数据库，也可以是 Outlook 的联系人列表。更准确地说，只要能够被 SQL 语句操作控制的二维数据表，都可以作为邮件合并的数据源，因为邮件合并实际上就是一个数据查询和显示的过程。这些数据源中，操作最简便的是 Excel 数据源。

图 3-89 是一个 Excel 工作表文件“荣誉证书信息”，里面有一个工作表“Sheet1”，工作表里面有 20 条数据记录，这些记录信息将被全部合并到指定的荣誉证书模板中去，为每条记录生成一个用于打印的荣誉证书。

	A	B	C	D	E	F
1	编号	姓名	节目类别	节目名称	组别	奖次
2	1	罗筱柔	舞蹈	孔雀东南飞	专业	一等奖
3	2	李力维	武术	情归武当	非专业	二等奖
4	3	轩辕柳	独唱	梦回盛唐	专业	二等奖
5	4	慕容剑	舞蹈	剑魂	专业	二等奖
6	5	郭　绅	相声	惯	非专业	二等奖
7	6	付　行	相声	惯	非专业	二等奖
8	7	楚云飞	独唱	芦花	专业	三等奖
9	8	苏　菜	小品	小时代	专业	三等奖
10	9	孟　浪	小品	小时代	专业	三等奖
11	10	秦　棉	独唱	新不了情	非专业	三等奖
12	11	黄灵妃	舞蹈	大话重楼	非专业	三等奖
13	12	李紫萱	舞蹈	醉	非专业	三等奖
14	13	林　森	舞蹈	追梦之旅	专业	优秀奖
15	14	蓝啸天	独唱	风·云	专业	优秀奖
16	15	朱丽叶	独唱	祭情	专业	优秀奖
17	16	方小雪	舞蹈	伤	专业	优秀奖
18	17	宣晓龙	舞蹈	龙	非专业	优秀奖
19	18	丁　霜	舞蹈	霜叶红于二月花	非专业	优秀奖
20	19	莫　愁	独唱	爱的羽翼	非专业	优秀奖
21	20	拓　安	独唱	雄鹰	非专业	优秀奖

图 3-89　Excel 数据源

用于邮件合并的 Excel 数据表不要设置表格标题，录入数据时，直接在第 1 行的单元格输入统计项目的名称（字段名称），特别是 Word 主控文档需要调用的项目名称一定要标识清晰、简洁。本案例中需要的项目信息共有“姓名”“节目类别”“节目名称”“组别”和“奖次”。

2. Word 主控文档

如果用彩色打印机直接在白纸上打印证书，可以自己在 Word 中设计制作一个完整的荣誉证书模板，但通常还是将荣誉证书内容打印在从市面上购买的荣誉证书内芯上。在购买的证书内芯上打印荣誉证书内容，需要先用尺量好内芯的页面尺寸，包括纸张大小、四边边距等，然后再根据衡量结果，在 Word 页面设置中对应调整纸张尺寸和四边边距，设置好页面后，才能开始编排内容。

温馨提示：凡是需要打印输出的内容，最好在录入、排版前就设置好页面设置，否则可能会出现编排完成后，调整页面设置造成编排内容错位的现象。

本案例直接用空白的横向 A4 纸张打印输出荣誉证书。

新建一个 Word 文档，系统通常默认为 A4 页面，选择“页面布局”|“页面设置”|“纸张方向”|“横向”命令，将页面设置为“横向”。

采用插入水印的方法，将一张空白荣誉证书图片插入文档，操作步骤如下：

（1）选择“页面布局”|“页面背景”|“水印”|“自定义水印”命令，打开“水印”对话框；

（2）选中“图片水印”单选按钮，取消“冲蚀”效果，单击“选择图片”按钮，打开“插入图片”对话框，选择要插入的荣誉证书图片，单击“插入”按钮返回，单击“确定”按钮，如图 3-90 所示；

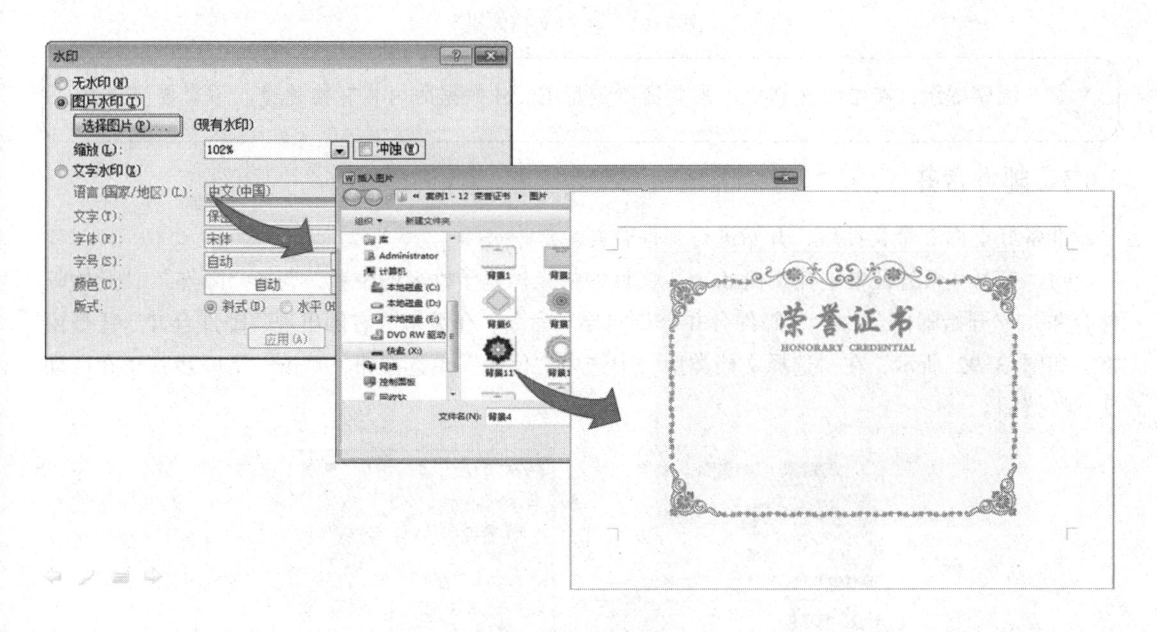

图 3-90 图片水印

（3）水印图片插入后，页面上自动出现了一条页眉线，将页眉线删除；

（4）双击页眉区，在页眉页脚编辑状态下，选中水印图片，将图片放大，铺满整个页面，编辑完成，单击“关闭页面和页脚”按钮，退出页眉页脚编辑状态。

温馨提示：由于水印和页眉页脚在同一个“图层”上，所以，在页眉页脚编辑状态下可以编辑水印。

插入图片水印后，录入荣誉证书的文字内容，进行合理的格式编辑，效果如图 3-91 所示。

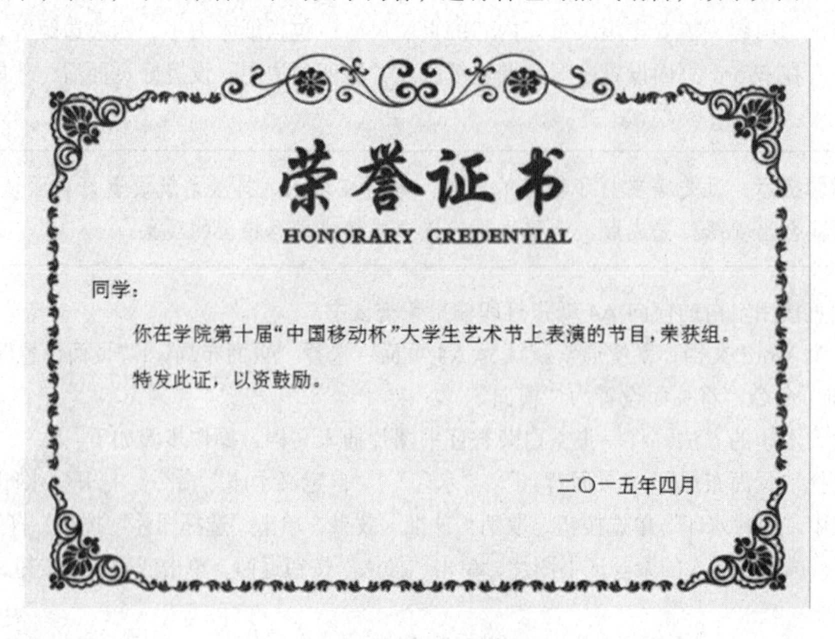

图 3-91　主控文档效果

温馨提示：在主控文档中，那些需要调用 Excel 数据的内容直接跳过，不需要空出来。

3.6.3　邮件合并

准备好上面 2 个文件后，开始进行邮件合并。

（1）打开“荣誉证书主控文档.docx”文件，将光标置于姓名的位置，选择“邮件”|“开始邮件合并”|“开始邮件合并”|“邮件合并分步向导”命令，在编辑区右侧出现“邮件合并”任务窗格，如图 3-92 所示，在“选择文档类型”中选中“信函”单选按钮，单击“下一步：正在启动文档”按钮。

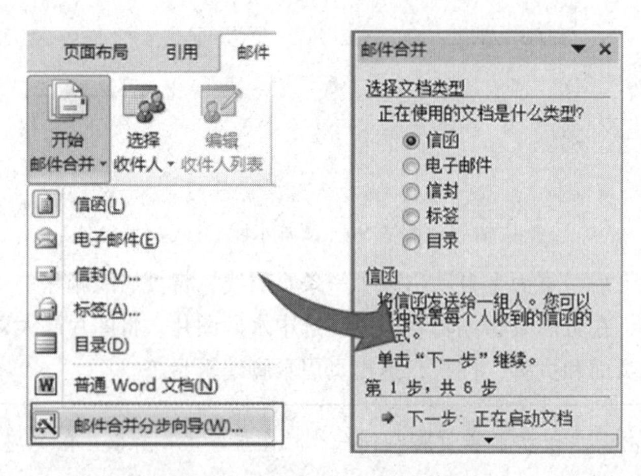

图 3-92　“邮件合并”任务窗格

（2）在“选择开始文档”中选中“使用当前文档”单选按钮，单击“下一步：选取收件人”按钮。

（3）单击“浏览”按钮，打开“选择数据源”对话框，找到包含所需数据的 Excel 文件并打开，在“选择表格”对话框中选择“Sheet1$”，单击“确定”按钮。

（4）在打开的“合并收件人”对话框中单击“确定”按钮。

（5）返回任务窗格，单击“下一步：撰写信函”按钮，任务窗格中出现“撰写信函”选项，将光标定位在主控文档中需要输入姓名的位置，单击任务窗格中“其他项目”按钮，打开“插入合并域”对话框，选择“姓名”选项，单击“插入”按钮，关闭对话框，如图 3-93 所示。

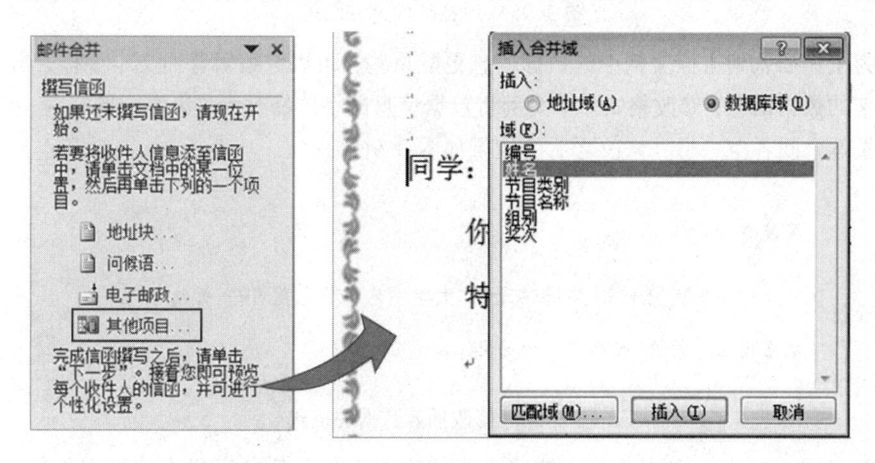

图 3-93　将“姓名”域数据插入文档

（6）重复第（5）步，将另外 4 个项目的数据域都插入到主控文档中的对应位置，这时主控文档中会显示全部 5 个数据域的名称（项目名称、字段名称），效果如图 3-94 所示，每组书名号及其中间的文字，就代表一个数据域。

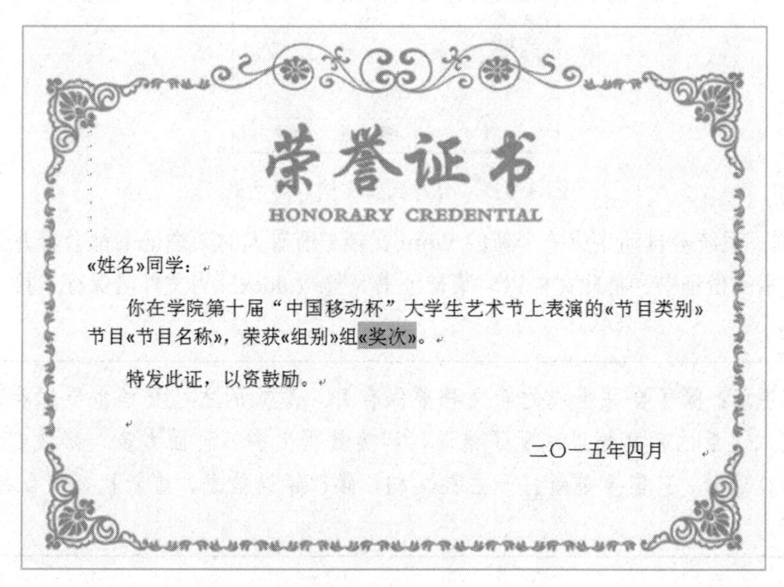

图 3-94　邮件合并后的 Word 主控文档

（7）单击“下一步：预览信函”按钮，Excel 数据源表中第一条记录对应的信息就合并显示在了 Word 主文档中，如图 3-95 所示，还可以通过任务窗格中的 《 收件人: 1 》 向左或者向右按钮，预览其他人的信息。

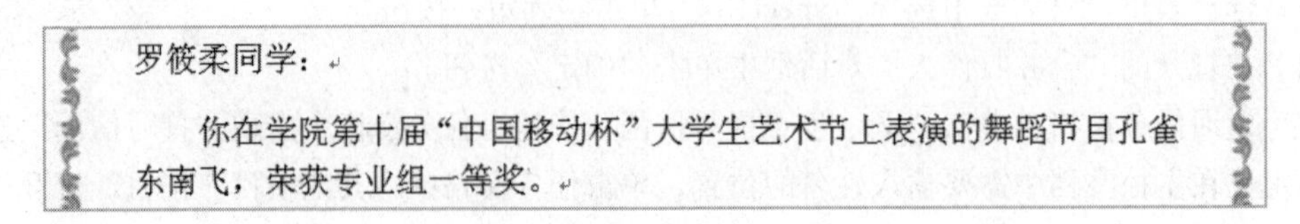

罗筱柔同学：
你在学院第十届“中国移动杯”大学生艺术节上表演的舞蹈节目孔雀东南飞，荣获专业组一等奖。

图 3-95　预览邮件合并结果

（8）为了让插入到主控文档中的数据信息更醒目些，可以像编辑普通文本一样，分别选中这些插入进来的数据信息，修改格式。本案例将数据信息的字体修改为“华文行楷”，各个数据信息与其前后文本之间各空一格，修改之后的效果如图 3-96 所示。

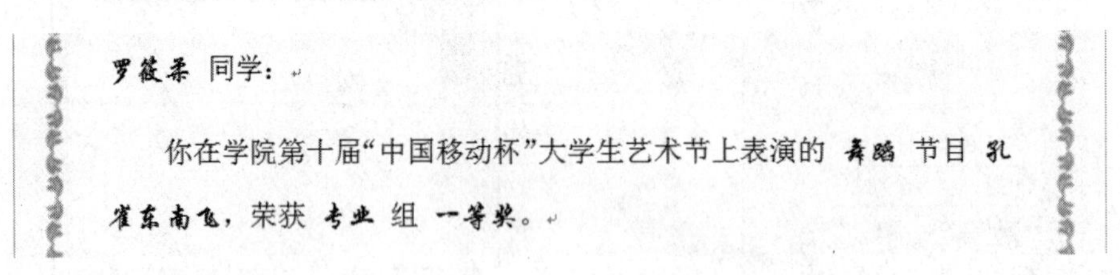

罗筱柔 同学：
你在学院第十届“中国移动杯”大学生艺术节上表演的 舞蹈 节目 孔雀东南飞，荣获 专业 组 一等奖。

图 3-96　修改插入数据的格式

（9）单击“下一步：完成合并”按钮，在“完成合并”任务窗格中选择“编辑个人信函”命令，在打开的“合并到新文档”对话框中选中“全部”单选按钮，单击“确定”，如图 3-97 所示。

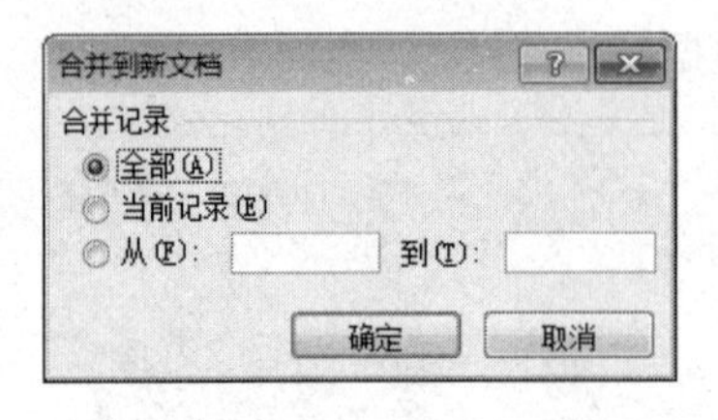

图 3-97　“合并到新文档”对话框

（10）此时，系统会自动生成一个新的 Word 文档，所有人的荣誉证书都会合并到这个新的文档中，每页显示一份证书，将此文档以“荣誉证书完整版.docx”为文件名保存，接下来就可以打印证书了。

温馨提示：除了合并生成的新文档要保存外，原来的主控文档也要保存，如果在合并完成之后的新文档里发现了错误，因为数据太多，页面太多，修改起来是非常麻烦的。这时，只需要重新打开主控文档，修改错误信息，重新执行“合并到新文档”即可。

案 例 小 结

本案例详细介绍了邮件合并的用法，工作中需要批量处理的一些重复性文档，可以使用邮件合并功能快速完成。

实训 3.6 完成荣誉证书的邮件合并

实训 3.6.1 使用邮件合并向导完成荣誉证书的邮件合并

（1）编辑 Excel 数据文档；

（2）编辑 Word 主控文档；

（3）完成邮件合并；

（4）保存合并后的新文档；

（5）保存主控文档。

实训 3.6.2 不使用邮件合并向导完成荣誉证书的邮件合并

邮件合并向导能帮助第一次使用邮件合并功能的用户熟悉邮件合并流程，但合并向导的步骤过于繁琐，当熟悉邮件合并流程后，就不需要使用合并向导了。

不使用邮件合并向导，请直接通过“邮件”功能区的相关命令完成本案例荣誉证书的合并。

实训 3.6.3 实训报告

完成一篇实训报告，将实训中觉得有用的技巧、收获、感受，整理并记录下来。

案例 3.7 年报宣传册

知识建构

- 图文混排
- 图片处理

技能目标

- 掌握图文混排的一些特殊技巧
- 掌握双页同排的一些方法和技巧
- 掌握人物图片同排的技巧
- 进一步熟悉图片处理的方法和技巧

完成如图 3-98 所示的宣传年报。

图 3-98　案例 3.7 年报宣传册完成效果

3.7.1　页面布局

本宣传年报与传统的图文混排方式不同，很多内容都是通过文本框完成的，而且，页面上有很多地方留白。

新建一个 Word 文档，选择“页面布局”|“页面设置”|“分隔符”|“分页符”命令，新增一页，新增一页（插入分页符）的键盘快捷方式为【Ctrl+Enter】。本案例共有 12 页。

3.7.2　第 1、2 页

第 1、2 页，是整个年报宣传册的封面和封底。

这里的封面和封底采用的是双页连排的形式，它将两张本来是同一张图片的半圆形插图，错位放置在对页的中心处，利用错位破除古板的感觉，同时，两个半圆形还会形成一种向心力。

1．插入图片

（1）绘制一个正圆形：选择“插入”|“插图”|“形状”|“基本形状”|“椭圆”命令，按住【Ctrl+Shift+Alt】组合键，在页面上用鼠标左键绘制一个正圆形；

（2）在圆形中填充提前准备好的图片“江汉风 1.jpg”；

（3）双击填充后的图片（图形），选择“绘图工具”|“形状样式”|“形状轮廓”|“无轮廓”命令；

（4）右击插入了图片的圆形，在弹出的快捷菜单中依次选择“设置形状格式”|“填充”命令，选中“将图片平铺为纹理”复选框，再进行细节设置，具体数据根据圆形大小和实际效果设置，如图 3-99 所示。

温馨提示：偏移量 X：指的是水平位置的左右移动，正数是向右，负数是向左；
偏移量 Y：指的是垂直位置的上下移动，正数是向下，负数是向上；
缩放比例 X：指的是水平（横向）的比例缩放；
缩放比例 Y：指的是垂直（纵向）的比例缩放。

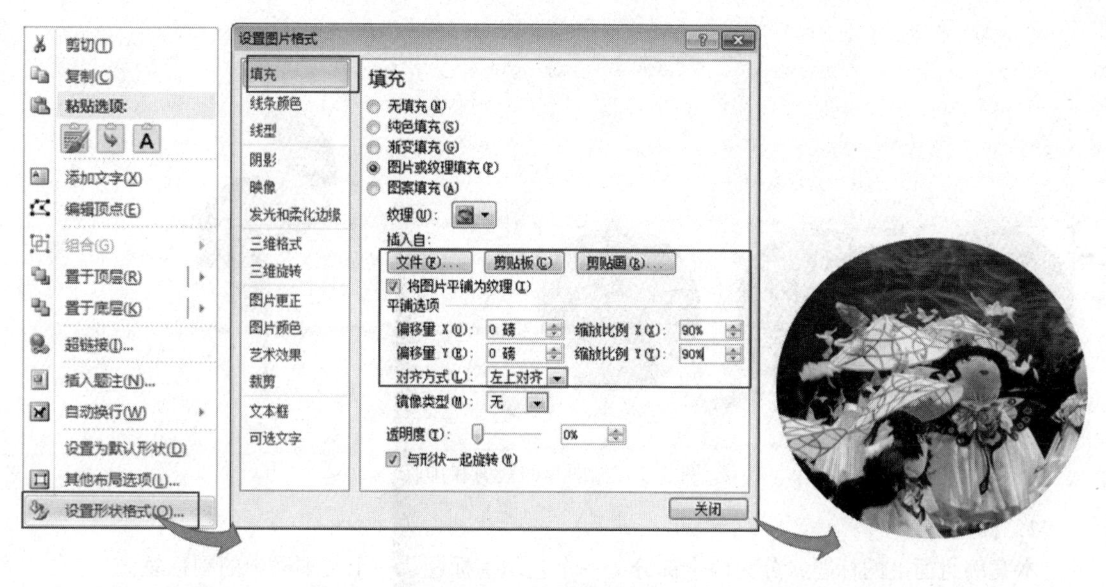

图 3-99　为图形填充图片

（5）将填充了图片的圆形转换成图片格式：选中圆形图片，执行“剪切”操作（快捷方式为【Ctrl+X】组合键），再选择“开始”|“剪贴板”|“粘贴”|“选择性粘贴”命令，打开“选择性粘贴”对话框，在“形式”列表框中选择“图片（PNG）”选项，单击“确定”按钮，如图 3-100 所示；

（6）设置图片的环绕方式：选中 PNG 图片，“自动换行”设置为“浮于文字上方”，如图 3-100 所示，设置完成后，图片就可以在页面上随意移动位置了；

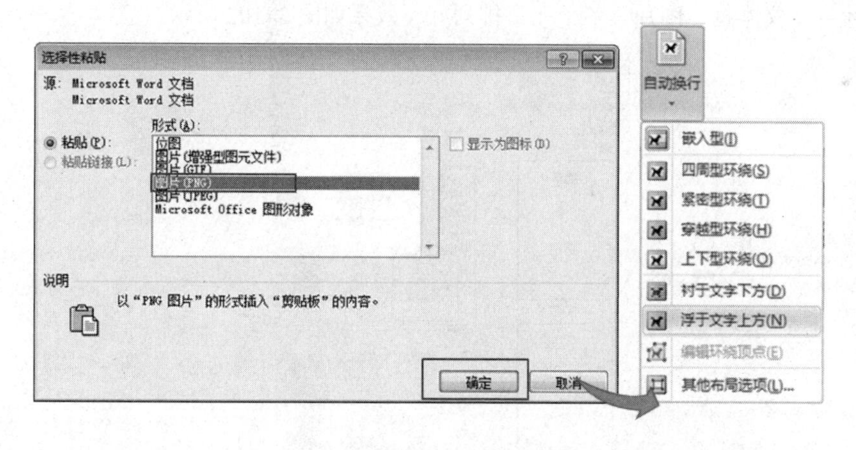

图 3-100　将形状粘贴为 PNG 图片并设置文字环绕方式

（7）复制图片：选中图片，按快捷键【Ctrl+D】，将图片复制出一份；

（8）裁剪图片：双击一张图片，单击“图片工具”|“大小”|“裁剪”按钮，进入裁剪状态，将图片裁剪到只剩下左边半边，然后将另一张裁剪得只剩下右边半边；

（9）排好图片在版面上的位置：将两个半圆的图片分别摆放在第 1 页的右页边位置，第 2 页的左页边位置，如图 3-101 所示。

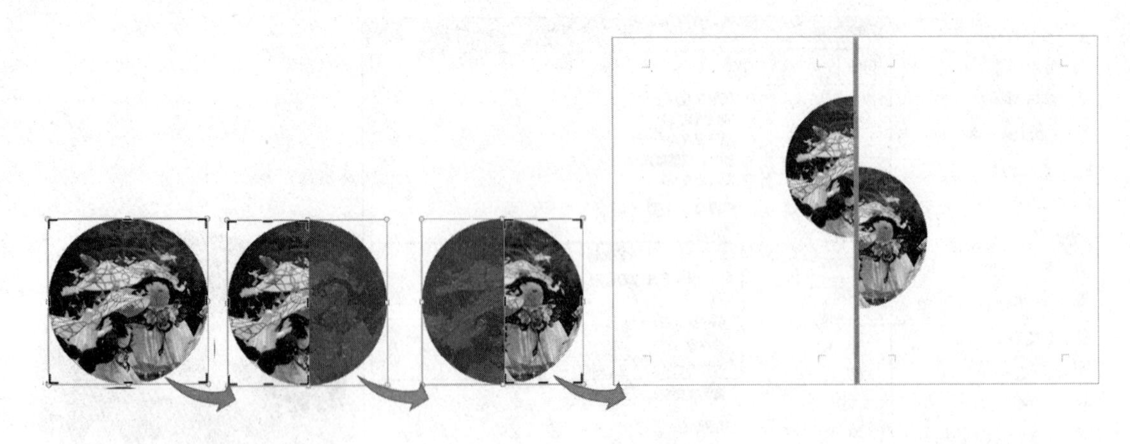

图 3-101　图片的裁剪和排版

2．标题

本案例封面上的标题，分为两个部分，一个艺术字标题，一个文本框中的副标题。

选择“插入”|“文本”|“艺术字”|“橙色渐变”（在“docx”文档中直接插入，第 4 行第 2 列）命令；输入文字“挑战机遇”，设置格式为：微软雅黑，加粗，48 号字；将艺术字复制出一组，将文字修改成“实践梦想”。

插入副标题：绘制一个文本框，输入文字“江汉艺术职业学院 2014 年年报”，设置格式为：迷你简启体，小二号字。

插入图片“校徽.jpg”，设置“校徽.jpg”为“浮于文字上方”；选择“图片工具”|“调整”|“颜色”|“颜色饱和度”|“饱和度 0”命令。

将艺术字、文本框、图片等各个元素排列好，效果如图 3-102 所示。

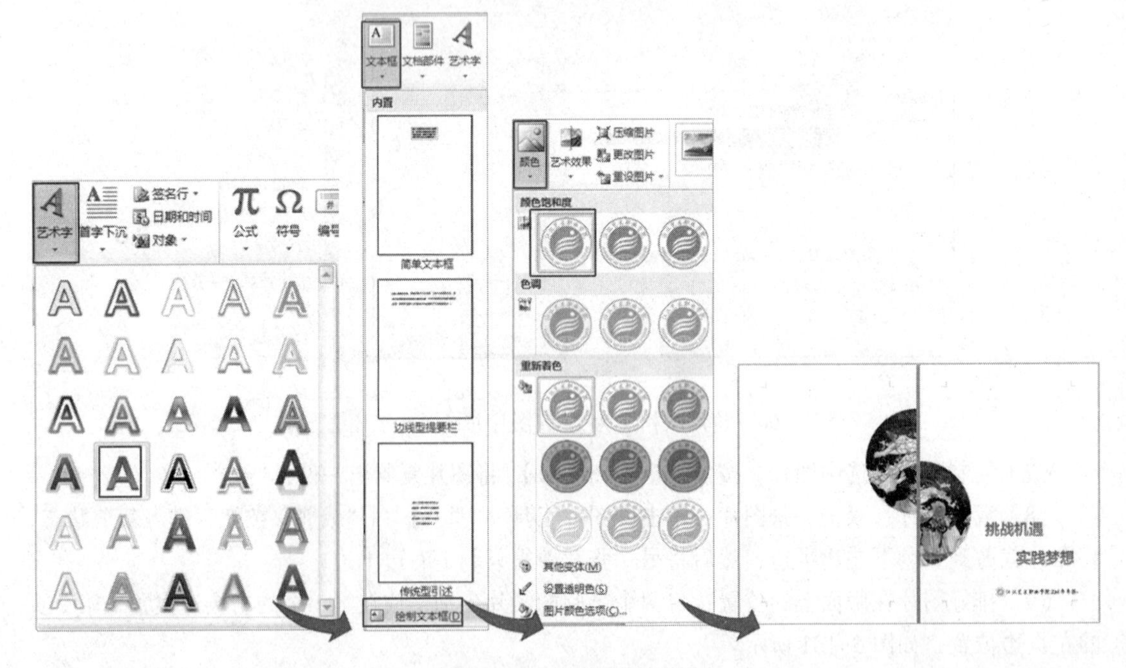

图 3-102　标题和副标题

3．装饰与作者信息

（1）插入准备好的装饰图片“装饰纹.png”；

（2）设置“装饰纹.png”为“浮于文字上方”；

（3）去除“装饰纹.png”的背景：选中图片“装饰纹.png”，选择“图片工具”|“调整”|“颜色”|“设置透明色”命令，将变形后的鼠标指针移动到图片空白处单击，图片的白色背景就去掉了；

（4）调整“装饰纹.png”的大小和位置：拖动角部尺寸调控按钮，将“装饰纹.png”图片适当地缩小，移动到第 2 页右上角的边角位置；

（5）另一个装饰纹：将“装饰纹.png”复制出一份（“Ctrl+D”），选择“图片工具”|“排列”|“旋转”|“垂直旋转”|“水平旋转”命令，调整大小，移动到第 1 页的左下角位置；

（6）作者信息：绘制一个文本框，输入文字“设计制作：**”（此处可以输入自己的名字），设置“形状轮廓”为无；

（7）将文本框复制一份：将文字改成“内部资料　注意保存”；

（8）将各个图片、文本框等各元素排列好，完成效果如图 3-103 所示。

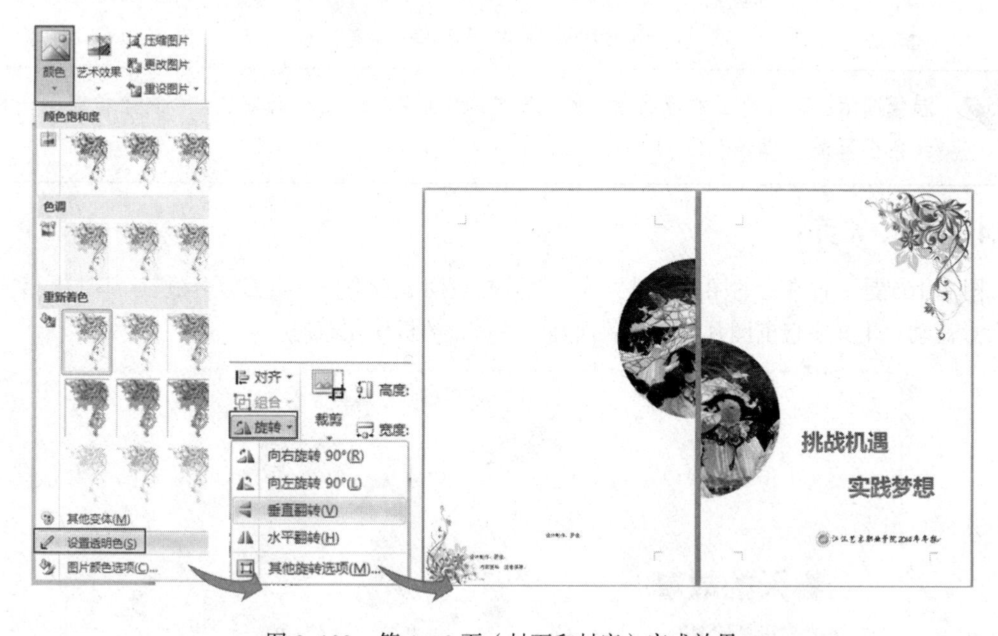

图 3-103　第 1、2 页（封面和封底）完成效果

3.7.3　第 3、4 页

从这里开始，不再讲解图片、文本框的具体制作方法，只对排版设计进行解析。

第 3、4 页采用的也是对页连排的方式，由于是画册的内页，对页连排更容易形成广阔的透视空间——在视线指向上重复变大或者变小，延伸到焦点所指处。

图片的大小、方圆组合则可以避免页面呆板，在视觉上形成中一种灵动的美感。

完成效果如图 3-104 所示。

图 3-104　第 3、4 页完成效果

温馨提示： 穿过两页的虚线由“形状”中的“曲线”工具绘制完成，一页上一绘制一根，线条设置成“虚线”。

3.7.4　第 5、6 页

图 3-105 是一种常见的图文混排方式，图片在页面的右上角，页面被分成三个区域，文字呈“L”形流动，用文字包围图片，整个版面是一种呆板的板块化布局。

图 3-105　一种常见的图文混排方式

本案例中的 5、6 页如图 3-106 所示。继续采用对页连排方式，版面布局上，改“文字”的“L”形流动为“图形”的反“L”形流动，加上第 2 张图片的两个部分分别在第 5 页和第 6 页，让版面显得更新颖别致，更具有视觉吸引力。

刘海燕副教授获聘国家级普通话水平测试员

由国家语言文字工作委员会普通话培训测试中心举办的第五十四期国家级普通话水平测试员资格考核培训班 2014 年 6 月 14 至 25 日在青海西宁举行。

我校刘海燕副教授同来自全国 28 个省市自治区的 105 名学员一道，系统地学习了普通话水平测试理论、评分标准，通过了汉语拼音测验、普通话水平测试和普通话测试能力考核等三项严格的考核，刘海燕老师以优秀的成绩取得了国家级普通话水平测试员资格。

刘海燕老师 2002 年被聘为湖北省普通话水平测试员，一直坚持承担我校普通话培训与测试工作任务，还参与了潜江市迎接省“二类城市语言文字工作”评估验收、潜江市中小学教师普通话培训测试等社会语言文字工作。如今，刘海燕老师成为我校继李永华、杨兰英、李兰等老师之后的新一代国家级普通话水平测试员。

图 3-106　第 5、6 页

3.7.5　第 7、8、9、10 页

第 7、8、9 页，都是多图版面，但没有采用对页连排方式，而是单页排版。

第 7 页，利用色调一致的类似图片或重复图片的从上到下、从小到大排列，形成一种“由远及近”的视觉效果，将视觉焦点集中到需要重点关注的大图上；文字则利用文本框的链接功能分布于多个文本框中，这些文本框排放在图片周围的空白区域，并通过不同文本框的长短差异，形成整体的弧形效果，和圆形图片的边缘保持形状上的关联，简洁并与图片相关的文字，更容易引起读者的阅读兴趣。

第 8、9 页，利用多图组合排版，引导阅读者的视线从外向内或者从内向外移动，最终停留在文字区域。如图 3-107 所示。

第 10 页，图片或者重要文字内容放在页面的正中心，可以毫不费力地聚焦，多用于单页排版，但如果直接把焦点内容直勾勾地放在版面的正中心，会给人沉重、呆板的感觉，因此需要在焦点元素的周围寻求突破变化，打破死板，减少沉重感。

图 3-107　第 8、9 页

3.7.6　第 11 页

第 11 页也是典型的单页排版的多图版面。多图版面，排得不好，会显得十分凌乱，而且容易丢失掉页面的视觉焦点。

第 11 页共有 10 张，上、下两排图片。上排图片是 5 张人物特写，在排版的时候，将图片中特写人物的眼睛尽量放在同一水平线上，因为人们在面对另一个人时，通常都会先看他的眼睛，所以当每个人物的眼睛都处于同一条水平线时，阅读者的视线移动会很顺畅，看起来更舒服。下排图片是多人物图片，只需注意保持人物身形整体大致对齐就可以了。版面上有大片留白，也可以起到将阅读者注意焦点向文字和图片上转移的效果。

3.7.7　第 12 页

第 12 页也是多图单页排版。编排时，在矩形的页面上，将图形变成圆形，可以增加版面的灵动性；将图片按具有透视性质的大小序列排列，可以让版面产生空间感；少量圆形中不填充图片，形成缺憾美，同时也引人思考。

根据版面的空间流向，第 12 页中的标题文本和正文都采用“垂直文本框”的形式排版，让整个页面具有统一的视觉效果。

第 11 页和第 12 页的完成效果如图 3-108 所示。

图 3-108　第 11、12 页

案 例 小 结

本案例介绍了双页连排的方法和技巧，多张人物图片同排的技巧，多图版面的排版方法和技巧，这些图文混排的特殊方法技巧可以让排版设计变得与众不同，引人注目。

实训 3.7　完成年报宣传册的制作

实训 3.7.1　完成年报宣传册的制作

（1）页面布局：分 12 页；

（2）封面和封底：第 1、2 页；

（3）双页连排页面：第 3、4 页，第 5、6 页；

（4）多图单页版面：第 7、8、9、10、11、12 页。

实训 3.7.2　实训拓展

自己设计一些双页连排版式和多图单页版面，制作一本宣传画册，素材可以登录“江汉艺术职业学院”官网查找。

实训 3.7.3　实训报告

完成一篇实训报告，将实训中觉得有用的技巧、收获、感受，整理并记录下来。

综合实训 1 《背影》

知识建构

- 页面布局
- 页面边框
- 水印
- 页眉和页脚
- 中文版式
- 脚注
- 首字下沉
- 分栏
- 艺术字
- 文本框
- 形状
- 图片

技能目标

- 能综合应用各种排版功能

完成如图 3-109 所示的创意文档排版。

图 3-109 综合实训 1 完成效果图

综合实训 1.1　页面格式编辑

（1）“上页边”设置为“2 厘米”，“下页边”设置为“1 厘米”，“左、右”页边距均设置为“1.5 厘米”，“页眉、页脚”距边界均设置为“0.5 厘米”；

（2）设置图片水印：将准备好的素材图片设置为水印，并铺满整页纸；

（3）将页眉线删掉，在页眉中录入文字“朱自清”，将“朱自清”设置为楷体、二号字、阳文、右对齐、橙色、带圈字符（缩小字号、圆形）

（4）在页脚处插入“页码”，居中对齐；

（5）设置页面边框：只留下左、右两侧的边框，边框与页边的距离设置为“10 磅”。

综合实训 1.2　文本格式编辑

（1）将全文设置为“楷体_GB2312”“五号字”；

（2）将全文设置为“首行缩进 2 字符”“段前空 0.5 行”。

综合实训 1.3　特殊格式编辑

（1）将第 1 段的“我”字设置为“首字下沉”（华文行楷、下沉 3 行，距正文 0.5 厘米）；

（2）将第 3、4 段设置“分栏”：两栏偏左、栏间距为“3 字符”、加“分隔线”；

（3）为第 5 段“茶房”添加脚注：“茶房：专管会馆里、店里的茶事。这里指掌管茶事的人。”。

综合实训 1.4　高级版式编辑

（1）插入艺术字“背影”：选择“艺术字库”第 1 行第 6 列的效果，设置为“黑体”、“阴影样式 17”、竖排、四周型环绕，艺术字字符间距为“稀疏”，为艺术字填充图片效果，移动艺术字标题到效果图所示的位置；

（2）在分栏处插入背影插图，设置为“紧密型环绕”，如图 3-108 所示；

（3）选中最后一段文字的第一句“我身体平安，惟膀子疼痛厉害，举箸提笔，诸多不便，大约大去之期不远矣。”，设置为“四号字”“橙色”，添加拼音（对齐方式“居中”、字体“宋体”、偏移量“2 磅”、字号“7 磅”）；

（4）在文章最后插入日期：二〇一五年四月十九日（系统当前日期），设置为“右对齐”；

（5）将第 6、7 自然段和日期文字放置到“竖排文本框中”：文本框的文字环绕方式设置为“浮于文字上方”，无轮廓，无填充色，并使用“文本框链接”功能进行排版，如图 3-108 所示；

（6）使用“绘图”工具，绘制版面右下方的“背影”效果图，并以自己的名字为内容制作一枚“印章”。

温馨提示：“背影”主要由“梯形、矩形、椭圆形、任意多边形、直线、空心弧”等工具绘制完成。

综合实训 1.5　实训报告

完成一篇实训报告，将实训中遇到的问题、解决方案和收获整理并记录下来。

综合实训 2　考场座位标签

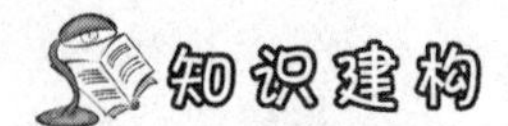

- 邮件合并

技能目标

- 能合理应用邮件合并来为日常工作提速

完成如图 3-110 所示的考场座位标签的制作。

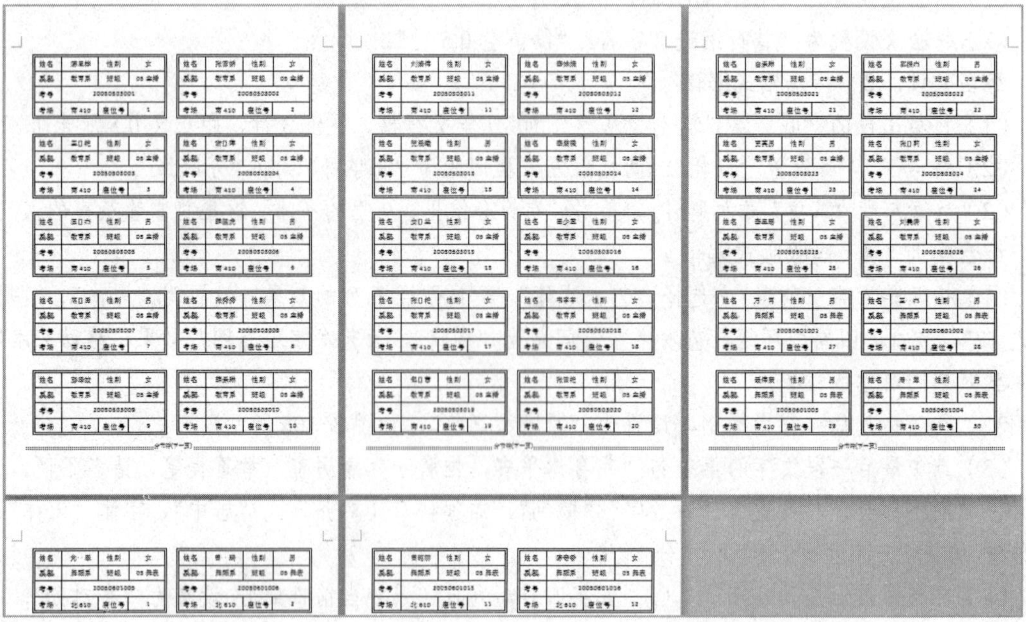

图 3-110　综合实训 2 完成效果图（部分）

综合实训 2.1　制作主控文档和数据文档

考场座位标签是一张小小的表格，一个页面上可以排列多个考生的座位签。后面将在合并向导的引导下，在合并过程中直接制作 Word 主控文档。

图 3-111 是 Excel 数据源文件“考生信息”内的“Sheet1”工作表，工作表内有多条数据记录，本案例的任务就是为考生信息里的所有考生制作考场座位标签。

	A	B	C	D	E	F	G
1	姓名	性别	系部	班级	考号	考场	座位号
2	陈思桦	女	教育系	05主播	20050503001	南410	1
3	张雪娇	女	教育系	05主播	20050503002	南410	2
4	王　艳	女	教育系	05主播	20050503003	南410	3
5	谢　萍	女	教育系	05主播	20050503004	南410	4
6	匡　杰	男	教育系	05主播	20050503005	南410	5
7	韩猛虎	男	教育系	05主播	20050503006	南410	6

图 3-111　Excel 数据源（局部）

综合实训 2.2　邮件合并

（1）选择“邮件”|“开始邮件合并”|“开始邮件合并”|“邮件合并分步向导”命令，在编辑区右侧出现“邮件合并”任务窗格，如图 3-92 所示，在“选择文档类型”中选中“标签”单选按钮，单击“下一步：正在启动文档”按钮；

（2）选择“标签选项”命令，打开“标签选项”对话框；

（3）在打开的对话框中选择标签供应商为默认的“Avery A4/A5”，在“产品编号”列表框中选择“J88911”，选择不同的产品编号都会在列表框的右侧显示相应尺寸，如图 3-112 所示，根据实际需要可进行调整，选好标签后，单击“确定”按钮；

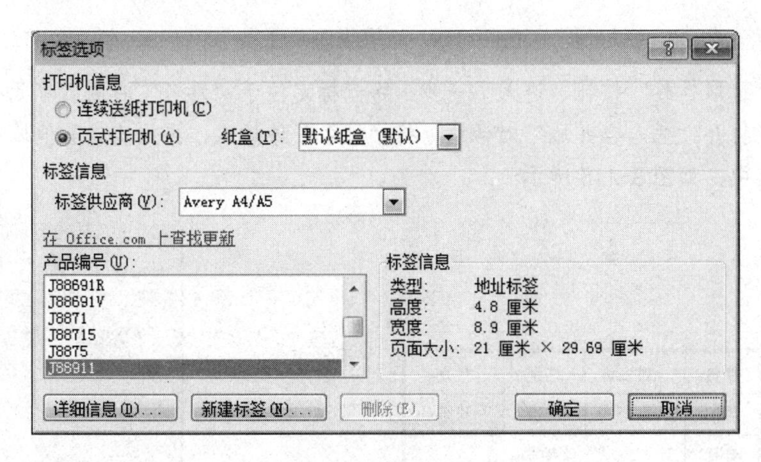

图 3-112　“标签选项”对话框

（4）这时，在文档页面中会出现一个没有框线的 2 列 5 行表格；

（5）在表格的第 1 个空格中再插入一个如图 3-113 所示的小表格；

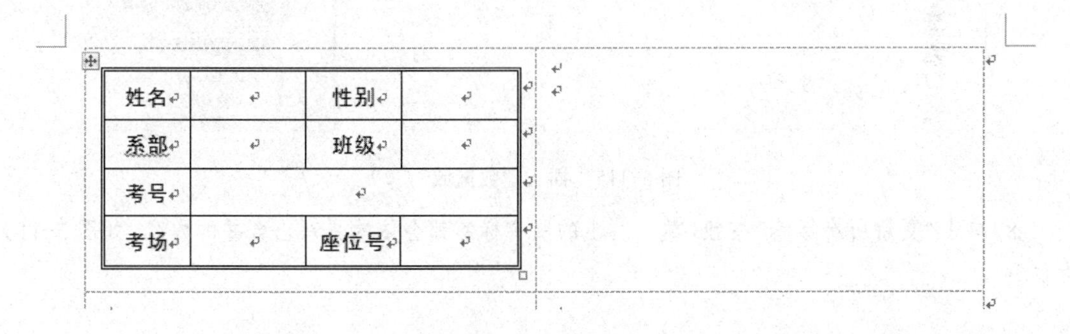

姓名		性别	
系部		班级	
考号			
考场		座位号	

图 3-113　主控文档编辑

（6）将光标置于“姓名”右侧的单元格，单击“下一步，选取收件人”按钮，选择“浏览”命令，打开“选择数据源”对话框，找到数据源“考生信息.xlsx”，选择“打开”，在“选择表格”对话框中选择“Sheet1$”，单击“确定”按钮，在打开的“合并收件人”对话框中，继续单击“确定”按钮，这时，文档中显示的内容发生了变化，除了第 1 个标签有创建的表格外，其他标签格中出现了“《下一记录》”的提示，如图 3-114 所示；

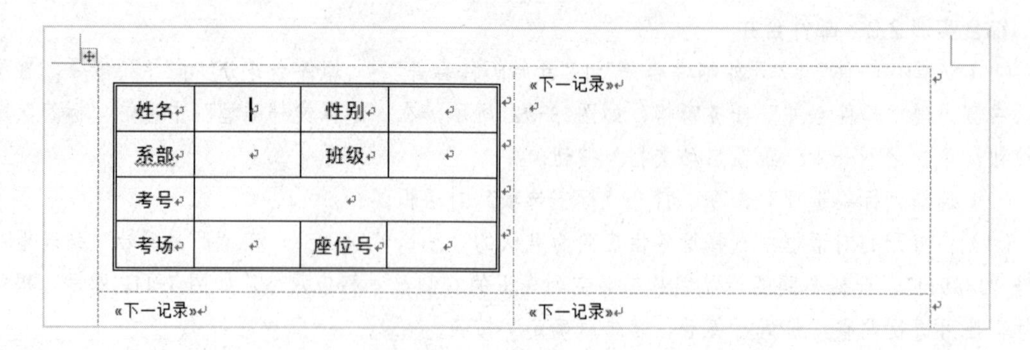

图 3-114　选取收件人后

（7）单击“选取标签”按钮，进入下一步：将光标定位于“姓名”右侧的单元格，选择“其他项目”命令，打开“插入合并域”对话框，将“姓名”域插入，再依次将其他域也插入到相对应的表格单元格中，如图 3-115 所示；

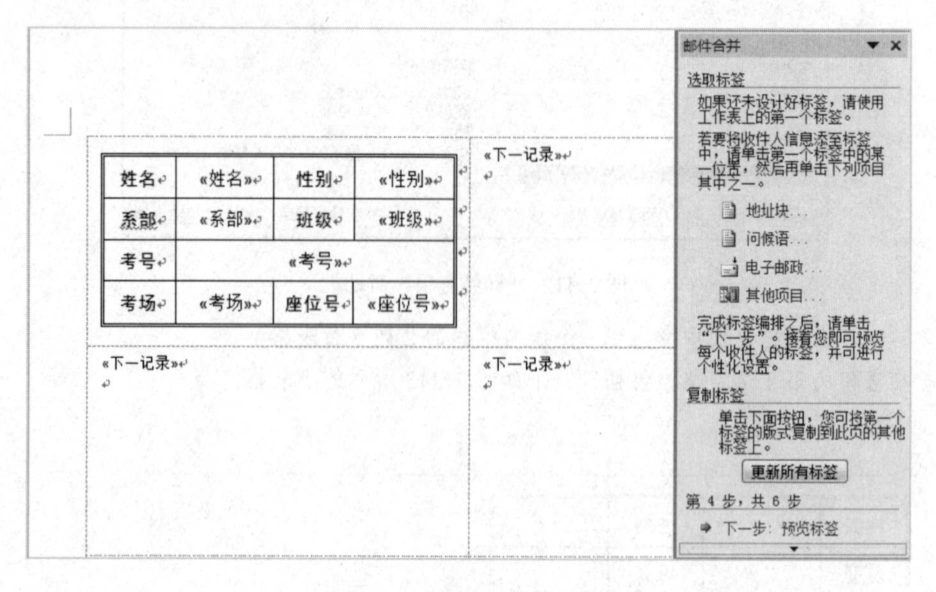

图 3-115　插入“数据域”

（8）单击“更新所有标签”按钮，这一页上的所有标签都会依次更新出合并的内容，如图 3-116 所示；

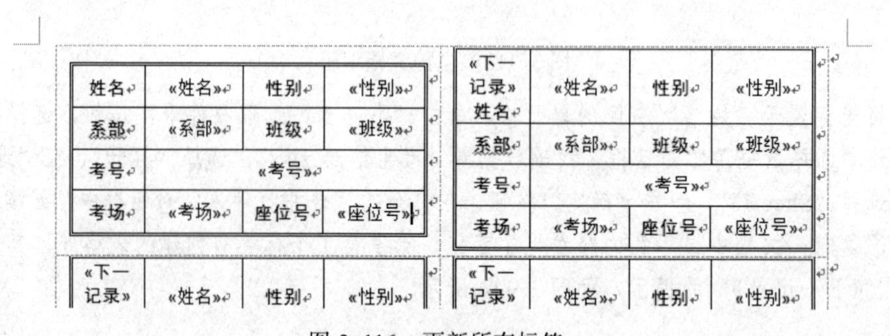

图 3-116　更新所有标签

温馨提示：这是与“信息”（信函）式邮件合并不同的地方，“信息”式邮件合并，一页上只合并一条数据记录；而“标签”式邮件合并是一页上要合并多条数据记录，如果漏掉了这一步，就会变成每一页纸上，只有左上角的一个标签，其实地方全是空白，那就失去了“标签”式邮件合并的意义了。

（9）单击“下一步：预览标签”按钮，可以看到整页的数据记录都可以预览了；

（10）执行“下一步：完成合并”|“编辑单个标签”|“合并到新文档”命令，保存新文档，然后将主控文档也保存，以备出错时调整修改、重新合并。

综合实训 2.3　实训报告

完成一篇实训报告，将实训中遇到的问题、解决方案和收获整理记录下来。

第4章　演示大师
——PowerPoint 2010

演示文稿的主要功能就是将文字、图形图像、音频视频、图表、动画等不同类型的素材通过设计、制作，整合成一个完整文件，然后便捷地利用投影仪、显示屏等设备有序展示其中的内容。随着信息技术条件的普及，演示文稿正越来越多地被应用于日常的工作、学习和生活中，教育培训、展示汇报、宣传推广、咨询答辩、会议庆典、活动演出等都可以使用，甚至是必须使用演示文稿。应用最广泛的演示文稿程序就是 Microsoft PowerPoint。

Microsoft PowerPoint 是 Microsoft Office 办公软件系统中的一个组件，由于其早期版本（2007 版以前）创建的文件名后缀是“ppt”，所以很多人直接称其为“PPT”，以“ppt”和“pptx”（2007 以及后续版本）为后缀名的计算机文件称为“PPT 文件”。

在 PowerPoint 和投影仪被广泛应用之前，人们通常使用传统胶片幻灯机来逐张展示静态幻灯片，或者通过录相机、电影放映机等设备播放动态视频；而 PowerPoint 既能将静态的文字图片进行动态展示，也能便捷地直接播放音频、视频等流媒体素材，通过网络连线，还能进行远程演示。

PowerPoint 设计、制作、播放时，同 Word 一样以“页”为单位，每一页就相当于一张传统胶片幻灯片，所以 PowerPoint 中的“页”也叫“幻灯片”，一页就是一张幻灯片。

案例 4.1　培训用 PowerPoint 模板

知识建构

- 用系统自带的模板创建 PowerPoint 文件
- 幻灯片母版和模板
- 模板制作
- 图片图形
- 幻灯片切换
- 嵌入字体
- 打包成 CD

技能目标

- 能正确编辑幻灯片母版
- 掌握母版视图中的版式与普通视图中版式的对应关系
- 会设计制作模板

- 掌握图形图片的编辑方法
- 能正确打包演示文稿

创建如图 4-1 所示的模板。

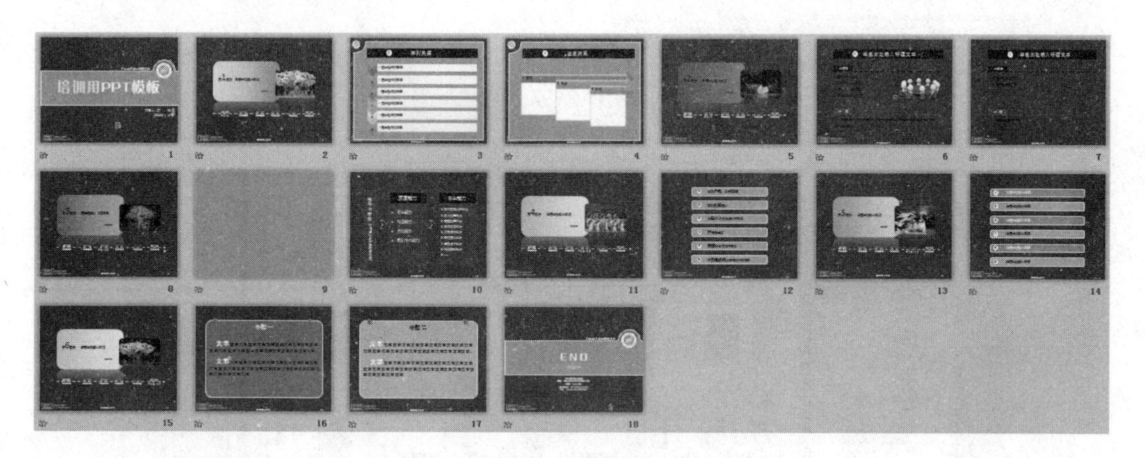

图 4-1　案例 4.1 培训模板完成效果

4.1.1　母版和模板

1．母版

幻灯片母版相当于 PowerPoint 文件的底层框架，它存储着当前演示文稿的基本样式信息，包括各类文字和符号的字体设置、段落设置、各种占位符大小和位置、背景设计、配色方案等，它还可以存储同一个 PowerPoint 文件中所有幻灯片都需要显示的共同信息，如时间、页码、作者、单位、徽标、固定词组等。

温馨提示： 占位符是一种特殊的文本框，可以理解成事先在版面上把位置大小占好了的空白文本框。

幻灯片母版通常隐藏于 PowerPoint 文件中，不使用"母版视图"是无法看到它的。母版在后台规定了幻灯片的基本样式设置，部分设置，如背景图片，不进入母版视图，在幻灯片编辑模式下，使用者是无法修改的；但在母版视图下对母版的任何修改，都会体现在同一个 PowerPoint 文件中基于它的其他所有幻灯片页面上。所以，使用母版来设计制作每张幻灯片上的相同内容和格式设置，可以极大地提高效率。

2．模板

幻灯片模板是一个完整的演示文稿，或者半成品，使用者只需要根据提示或者需要在相应的地方做一些修改或填充就可以直接使用。

模板是在母版的基础上生成制作的，要设计制作模板，首先要选择或设计制作一个母版。再在母版的基础上，将其当作一个普通 PowerPoint 文件来设计制作其他内容，制作完成后的模板，基本相当于一个完整的演示文稿。使用模板创建一个新的 PowerPoint 文件后，使用者只需要将模板中图片、文字等内容要素替换为自己的内容，就可以制作完成一个供自己使用的 PowerPoint 文件。

图 4-2 显示的是系统自带的《都市相册》模板。左侧是它的母版视图（局部），在母版视图中可以看到这个文件中有 1 个母版 28 张幻灯片；但利用母版制作出来的《都市相册》模板却只有 14 张幻灯片，很多母版中的幻灯片样式并没有使用。

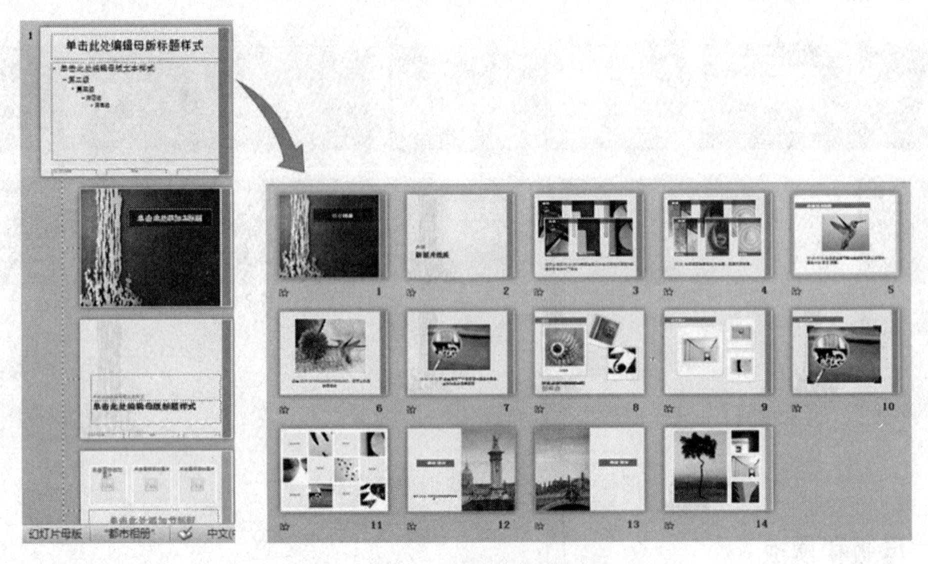

图 4-2 《都市相册》的母版与模板

这个《都市相册》模板，实际上就是一个完整的 PowerPoint，有标题，有文字，有图片，有动画；使用这个模板，只需要将 PowerPoint 中的示例图片替换成自己的图片，将说明性文字替换为自己的图片说明文字。如图 4-3 所示。

图 4-3 用《都市相册》模板制作幻灯片

由于模板能快速创建 PowerPoint 文件，所以平时可以多搜集一些适用的 PowerPoint 模板，利用空闲时间根据自己的实际情况修改好，当需要使用 PowerPoint 时，直接将相关的内容填入模板，再作适当的调整修改，就能播放使用了。

使用模板还能为演示文稿定制一致的外观标准，统一演示文稿的整体风格，体现单位和个人的形象气质。为了保持一致的形象特征和文化风格，很多企业还将演示文稿模板纳入了 VI 系统（Visual Identity，通常译为“视觉识别系统”）进行管理。

4.1.2　使用系统自带模板

利用系统自带的模板快速创建新演示文稿的方法，和在 Word 中利用自带模板创建新文档的方法一样，简单易用。具体操作步骤如下：

（1）选择“文件”|“新建”命令，会看到有两类模板可供选择：“可用的模板和主题”（本地模板）和“Office.com 模板”（在线模板，需联网下载）；

（2）本案例选择“可用的模板和主题”|“样本模板”|“都市相册”选项，单击右侧的“创建”按钮，或者双击选中的模板，就会利用此模板新建一个 PowerPoint 文件，如图 4-4 所示；

（3）创建后，将模板中图片、文字等内容替换成自己需要的内容，并根据实际情况适当调整，就可以制作出一个时尚美观的完整演示文稿。

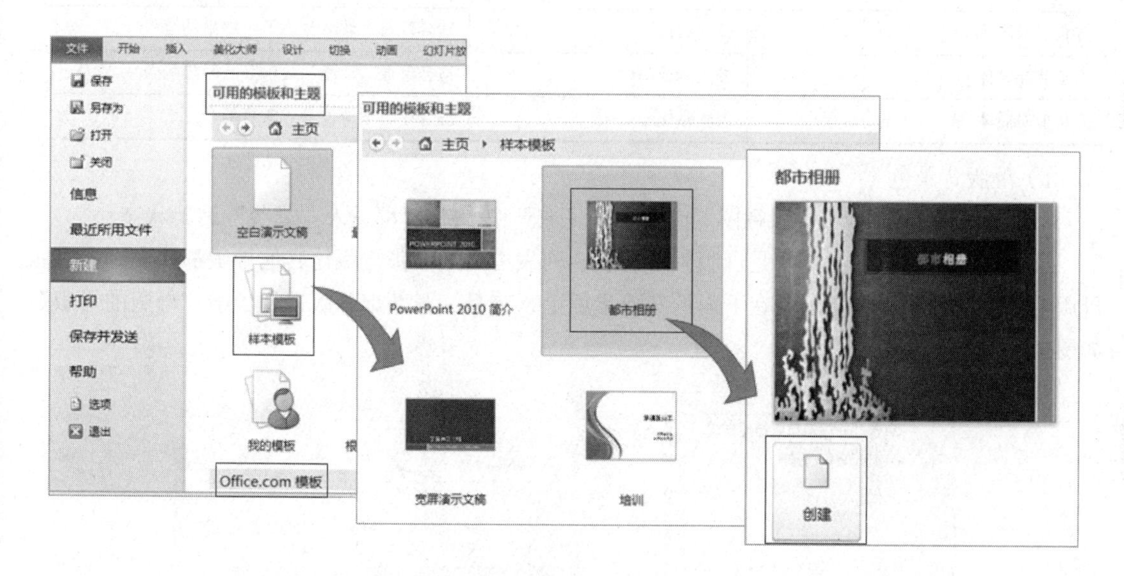

图 4-4　根据系统自带模板创建

温馨提示：“都市相册”这个模板，除了已经设置好图片的版式效果和动画效果之外，它的整个内容还相当于一个简要的教程，介绍了一些图片效果、布局和美化方面的知识技巧，对 PowerPoint 初学者十分有助益。

4.1.3　自创模板

因特网为资源共享提供了无限可能，网上可以搜索到无数 PowerPoint 模板，为了制作一个 PowerPoint，很多人花费了大量时间来寻找合适的模板，但辛苦查找下载的模板却总是不尽如人意，还极有可能同别人“撞衫”。其实，PowerPoint 模板的设计制作并不复杂。本案例将详细介绍如何设计制作一个简洁实用的模板。

1. 自创母版

母版是幻灯片的框架基础，设计模板前要先设计制作好母版。PowerPoint 中的母版有“幻灯片母版”“讲义母版”“备注母版”等 3 种，一般使用的是幻灯片母版。

在设计制作母版之前，要了解设计制作的母版（通过母版制作的 PowerPoint）准备使用于什么场合，根据场合确定演示文稿中使用的字体和背景颜色。

以使用广泛的方正字体和系统自带的字体为例，下列 6 种中文字体组合搭配是日常应用较普遍的，如表 4-1 所示。本案例使用第 3 种字体组合。

表 4-1　6 种常用中文字体搭配

标 题 字 体	正 文 字 体	使 用 场 合
微软雅黑	微软雅黑	安全搭配，不出彩也不会出错　任意场合
方正综艺简体	微软雅黑	课题汇报、咨询报告、学术研讨等　正式场合
方正粗倩简体	微软雅黑	企业宣传、产品展示等　艺术、豪华场合
方正粗宋简体	微软雅黑	适合政府、政治会议等　严肃场合
方正胖娃简体	方正卡通简体	适合卡通、动漫、娱乐等　轻松场合
方正卡通简体	微软雅黑	适合中小学课件等　教育场合

1）母版背景色

（1）单击“视图”|“母版视图”|“幻灯片母版”按钮，即可进入“母版”编辑状态；

（2）在母版视图中，左侧是母版版式列表，列表中的第 1 张母版比其他母版都要大，在这张母版上添加的内容，也会出现在下面的其他母版上，它是一张基础母版，相当于“母版的母版”，如图 4-5 左侧显示；

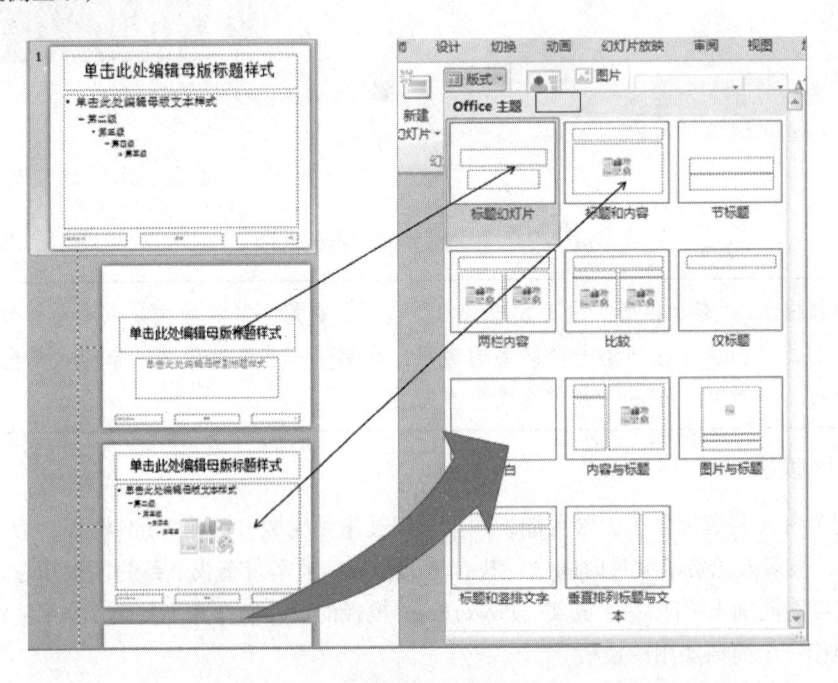

图 4-5　母版与各版式的关系

温馨提示：除第 1 张母版外，母版列表中的其他母版版式，分别与“普通视图”下的“开始”|“幻灯片”|“版式”或者“新建幻灯片”中显示的版式一一对应，如图 4-5 所示，在幻灯片设计制作过程中可以根据实际需要，选用相应版式。

（3）这个 PowerPoint 中所有页面的背景颜色都一样，所以，在第 1 张基础母版上进行中设置：右击第 1 张母版版面的空白处（不要在框形占位符的区域内），在弹出的快捷菜单中选择“设置背景格式”命令，打开“设置背景格式”对话框，选中“填充”选项卡中的“纯色填充”单选按钮，在“填充颜色”选项组单击“颜色”按钮，选择“其他颜色”命令，打开“颜色”对话框，选择“自定义”选项卡，设置“RGB 值”分别为“0，65，87”，单击“确定”按钮返回，此时，所有母版版式的底色都被修改成了刚才设置的颜色，单击“关闭”按钮完成背景色设置，如图 4-6 所示。

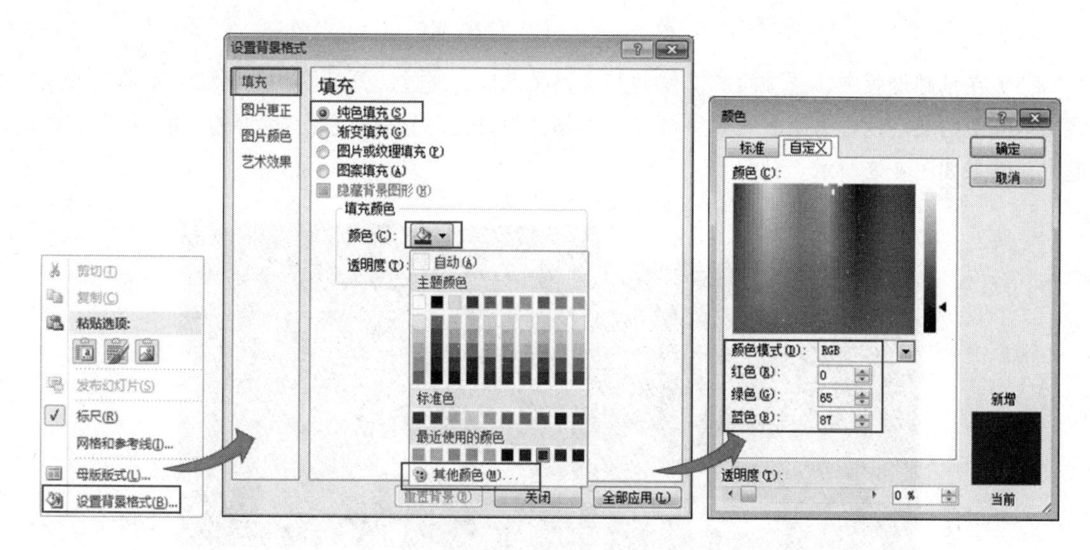

图 4-6　设置背景色

温馨提示：RGB 是一种颜色标准，这个颜色标准中的所有颜色都是通过红（R）、绿（G）、蓝（B）三种颜色调配组成，这个颜色标准为红、绿、蓝这三原色各规定了一个强度值，分为 256 级，最小是 0，最大是 255，任何一种颜色都用红、绿、蓝的 3 个强度值来标示，这个值就是颜色值，也称为 RGB 值。红色的 RGB 值是“255，0，0”，绿色是“0，255，0”，蓝色是“0，0，255”。

2）母版页眉和页脚

页眉和页脚中一般放置日期、作者信息和页码信息，特别是页码信息，幻灯片中一定要有，便于观众观看时把握进度，这也体现了一种对观众的尊重。

操作步骤如下：

（1）单击“插入”|“文本”|“页眉和页脚”按钮，打开“页眉和页脚”对话框；

（2）在“幻灯片”选项卡中选中“幻灯片编号”“页脚”“标题幻灯片中不显示”复选框，在

“页脚”输入框中输入作者信息“**（输入自己的姓名）设计制作”，单击“全部应用”按钮，如图 4-7 所示；

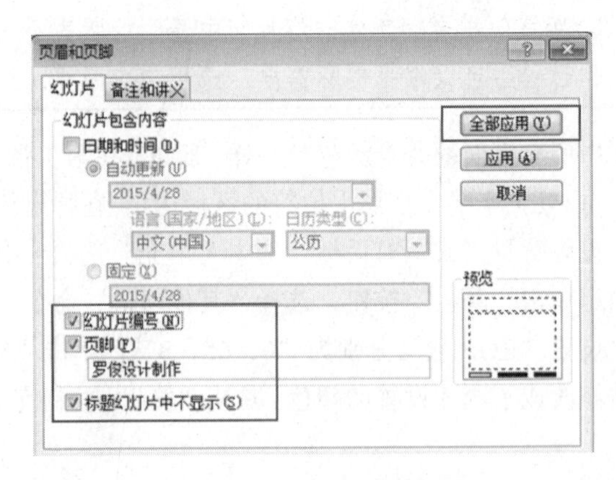

图 4-7 页眉和页脚设置

（3）在基础母版中，选中页脚文本框和页码文本框，通过“开始”功能区的“字体”选项组将文本框中的文字设置为微软雅黑字体，字体颜色为白色，分别将它们移动到页面底部左右两侧框中，效果如图 4-8 所示。

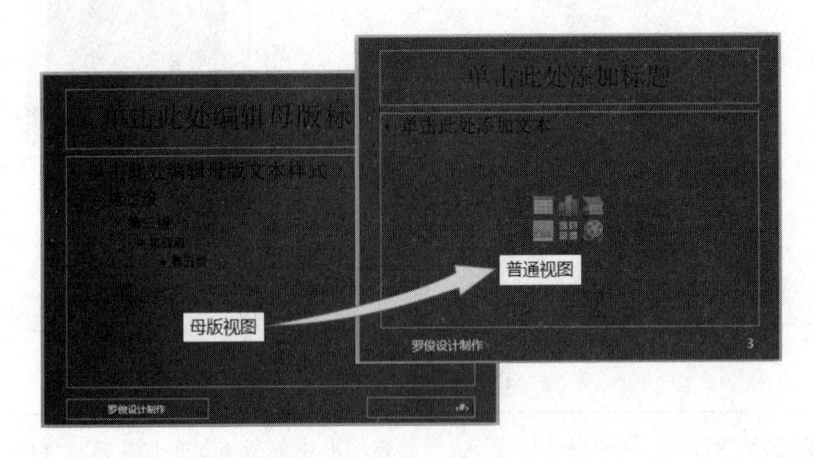

图 4-8 页眉页脚在母版视图和普通视图中

3）标题幻灯片母版

母版版式列表中的第 2 张幻灯片是标题幻灯片。标题幻灯片的设计一定要有吸引力，但本案例制作的是一个偏学术型的演示文稿模板，所以，也不能太过花哨。

操作步骤如下：

（1）选择“插入”|“插图”|“形状”|“矩形”|“矩形”（第 1 个）选项，鼠标指针变成“+”形态，就可以开始绘制了；

温馨提示： 熟悉软件后，通过“开始”|“绘图”功能区，也同样可以进入绘图状态，结果一样。

（2）在幻灯片的中央位置，绘制出一个矩形色块；

温馨提示：可以将幻灯片编辑区域视为“舞台”，周围的区域视为“后台”，这样就比较好理解幻灯片上内容的显示效果。将图形完整地放在“舞台”范围内，放映时就可以完整展示；放在“后台”，放映时就完全看不见；只有部分在“舞台”上时，放映时也就只能展示那一部分。如图 4-9 所示， A 图中，“舞台”上的色块可以在左侧的幻灯片缩略图上显示出来，意味着它会被播放；B 图中的色块在“后台”，左侧的幻灯片缩略图无法显示，它也不会被播放；C 图中的色块，有一小部分在“舞台”上，所以左侧的示意图也就只显示了一小部分色块，最后被播放的色块也只会是这一小部分。当然，也可以通过设置动画，让“后台”的内容，移动到“舞台”上展示。动画设置将在后面的案例中学习。

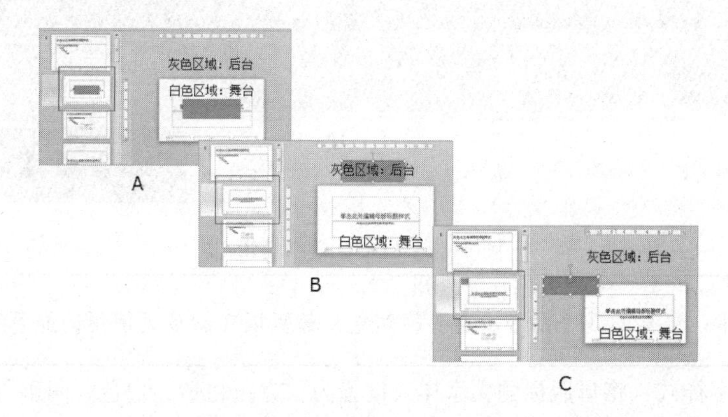

图 4-9　“舞台”与“后台”

（3）调整矩形的大小和位置，让它的宽度宽于幻灯片页面，水平位置上位于整个页面的中间：将鼠标移动到矩形边线上方，当鼠标指针变为十字形时，双击，系统会显示“绘图工具”功能区，单击“排列”工具组中的“对齐”按钮，打开如图 4-10 所示的“对齐”下拉菜单，单击“左右居中”按钮，让矩形在幻灯片页面上水平居中；

（4）设置矩形的形状样式：“形状填充”选择 RGB 值为“88，188，184”的颜色，“形状轮廓”为“白色、3 磅”，由于矩形宽于页面，所以最后放映时左右白边不会显示，只会显示矩形的上下白色边线，如图 4-11 所示；

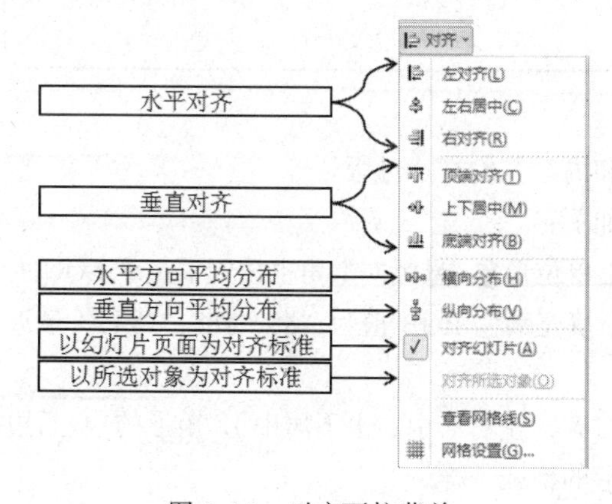

图 4-10　对齐下拉菜单

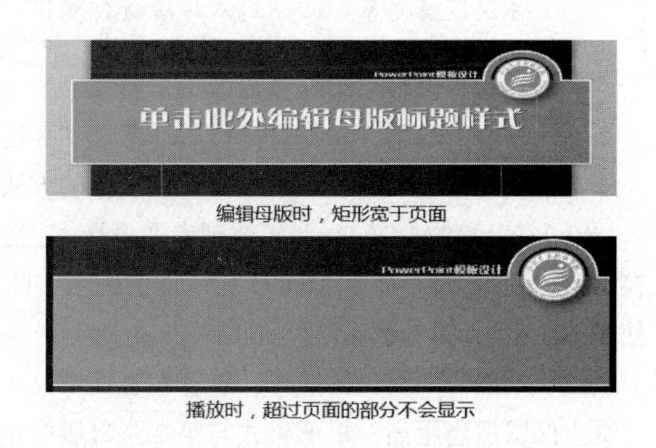

图 4-11　标题文本框的大小和位置

（5）插入 LOGO：为了让 LOGO 与页面融合为一个整体，这里在 LOGO 周围添加了一些简单的形状元素，两个圆形，一根横线，设置方法、参数和最终效果如图 4-12 所示；

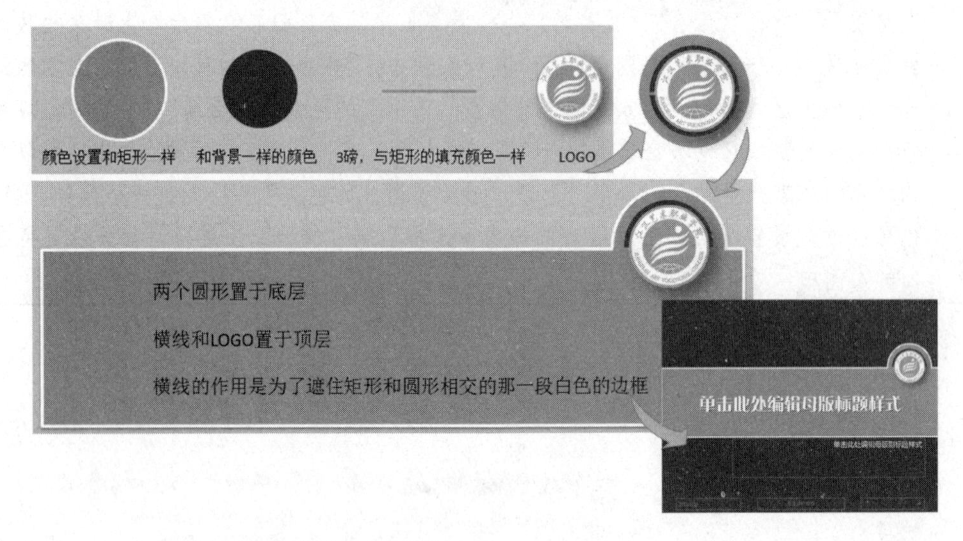

图 4-12　LOGO 效果编辑

温馨提示：这里的几个图形所需要的颜色，都可以在“最近使用的颜色”中找到。

（6）设置文字样式：将母版标题文字样式设置为“方正粗倩，白色，阴影”，副标题设置为“微软雅黑，白色，右对齐，16 号字，与 LOGO 右对齐”；

（7）在 LOGO 的左侧，紧贴着矩形的上边线，插入一个文本框，录入文本“PowerPoint 模板设计”，格式设置为：方正粗倩简体，白色，16 号字。

小技巧：

（1）如果不想让第 1 张基础母版上插入的元素出现在正在编辑的母版上，可以在“幻灯片母版”|“背景”工具组中选中“隐藏背景图形”复选框。

（2）在母版里插入的文本框、图形图像等，在普通视图状态下是无法修改的。这也是为什么在网上下载模板后，在编辑时，无法修改、替换 LOGO、图片的原因，要修改、替换这些元素，必须进入母版进行操作。

4）“标题和内容”幻灯片母版

母版列表中的第 3 张幻灯片母版通常是“标题和内容”幻灯片母版。

本案例“标题和内容”幻灯片母版制作的方法如下：

（1）左上角的 LOGO：为了体现专业设计感，突出单位形象，母版左上角也放置了一个 LOGO，在 LOGO 下方放一个比 LOGO 大一圈的圆形，圆形填充颜色 RGB 值为“88，188，184”（最近使用的颜色），无轮廓。

（2）绘制一个大大的矩形，放置在页面中央（对齐：左右居中、上下居中），矩形的 4 条边与页边保留适当距离，矩形格式与第 2 张母版中矩形的格式一样。

（3）调整矩形形状：右击矩形，在弹出的快捷菜单中选择“编辑顶点”命令，进入顶点编辑状态；按住【Ctrl】键，在左上角的两条边线上的合适位置各单击一下，添加两个编辑点；按住【Ctrl】键，在左上角的编辑点上单击（鼠标指针会变成×），将左上角的编辑点删掉；选中新增的编辑点中的一个，编辑点的两侧会各伸展出一条弧度编辑手柄（白点与黑点之间的连接线），拖动靠近 LOGO 这端编辑曲线的白点，调整线条弧度，再拖动另一个新增编辑点的靠近 LOGO 这端的白点，两条弧度编辑手柄互相配合，让编辑形成的弧度与左上角 LOGO 的弧度大致吻合；具体步骤及最后呈现效果如图 4-13 所示。

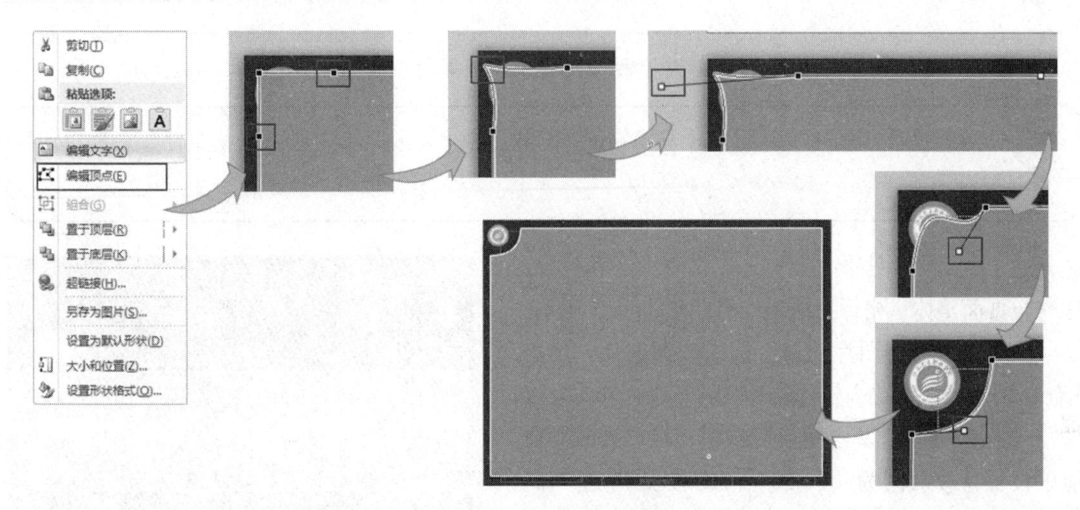

图 4-13　矩形顶点编辑

在 PowerPoint 2010 中，不通过任何模板，直接新建一个 PowerPoint 文件，里面会包含除基础母版之外的 11 个母版版式。但日常应用中通常不会使用那么多幻灯片母版，因此，只需要将经常使用的版式设计成母版，其他幻灯片可以直接使用那些套用了基础母版的系统自带母版版式。本案例只设计制作了基础母版、标题幻灯片母版和“标题和内容”幻灯片母版，剩下的母版都是系统自带母版，都只套用了基础母版，未作其他修改，如图 4-14 所示。

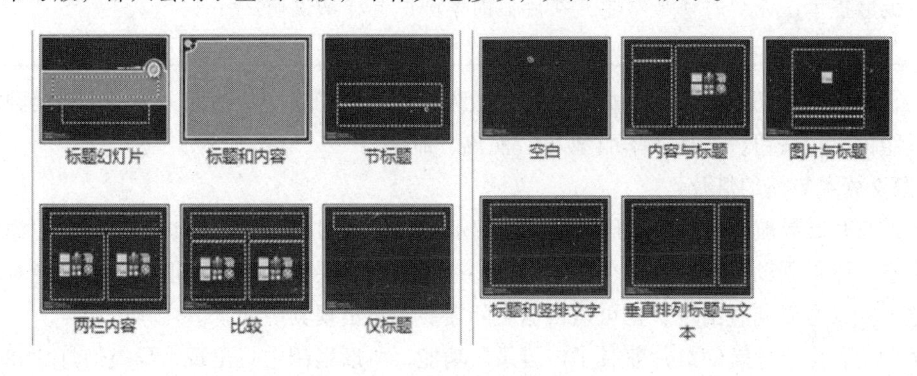

图 4-14　本案例中的全部母版

2．设计制作模板

制作好母版之后，已经大致订制好了整个 PowerPoint 的基本风格特征，接下来就可以使用母版设计、制作模板了。

1）第 1 张：标题幻灯片

第 1 张幻灯片是标题幻灯片，它就像是一本书的封面，所以，一定要醒目，吸引人。

本案例的操作步骤如下：

（1）录入标题文字：“培训用 PowerPoint 模板”，设置字号为 72 号（根据文字多少和显示效果来灵活设置字号大小），将文字“培训用”设置为“黄色”。

温馨提示：将部分文字设置为其他更醒目的颜色是突出关键词的有效方法。

（2）录入副标题和时间：“讲座人：罗俊”“2015 年 4 月”。

温馨提示：插入日期的方法与 Word 中一样，在“插入”功能区可以找到“日期和时间”按钮。

（3）插入校训图片：校训.png，调整大小和位置，让它与页面整体风格保持协调一致，如图 4-15 所示。

图 4-15　标题幻灯片的页面效果

（4）设置校训图片动画：选中校训图片，选择“动画”|“高级动画”|“添加动画”|“更多进入效果”|“温和型”|“基本缩放”选项；在“计时”功能区设置持续时间为“00.50”（50 秒）；单击“高级动画”|“动画窗格”按钮，编辑区右侧出现动画窗格，在动画窗格中单击动画条目右侧的下拉按钮，在打开的下拉列表中选择开始方式为“从上一项开始”；在下拉列表中打开“效果选项”，设置“缩放”为“从屏幕底部缩小”。

温馨提示：详细的动画功能，在后面的案例中会详细说明。

（5）设置幻灯片切换效果：幻灯片的切换效果设置在“切换”功能区，单击“切换到此幻灯片”工具组的下拉按钮，选择“华丽型”|“涡流”命令。

2）第 2 张：导航幻灯片

目录幻灯片、导航幻灯片、页码，是反映演示文稿结构的三要素，在 PowerPoint 中添加、设置这三要素，既能帮助观众理解整个演示文稿的逻辑结构、层次关系，也能体现演示者对观众的尊重。这三要素可以同时出现，也可以根据实际需要，只出现其中两个。

本案例中，由于导航幻灯片兼具了“目录”功能，所以案例中只出现了导航幻灯片和页码这两个要素。

制作导航幻灯片的操作步骤如下：

（1）应用母版样式：单击“开始”|“幻灯片”|“新建幻灯片”下拉按钮，打开选项面板，选择“空白”选项，在“标题”幻灯片后面新建一张“空白”幻灯片，如图 4-16 所示。

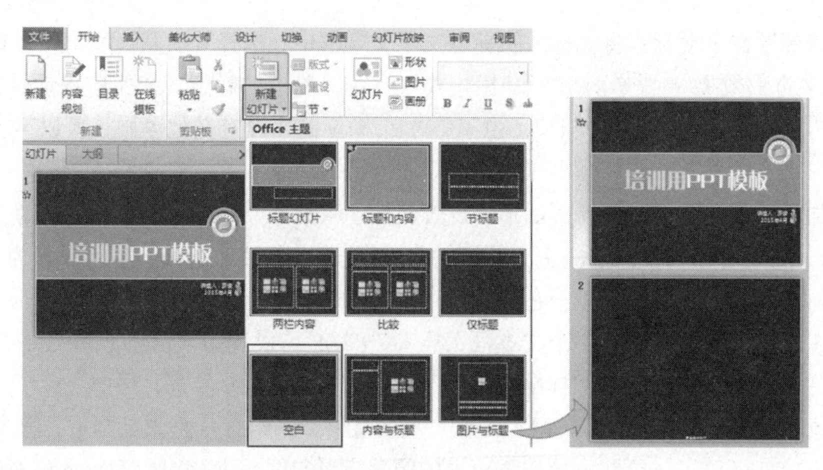

图 4-16　使用母版版式创建“新幻灯片”

（2）绘制一个圆角矩形：选择“插入”|“插图”|“形状”|“矩形”|“圆角矩形”命令，拖动鼠标绘制出圆角矩形，设置“形状轮廓”为“无轮廓”，“形状填充”颜色为“黄色”，选择“形状填充”|“渐变”|“深色渐变”|“线性向左”（第 2 排第 3 个）命令，“形状效果”设置为“映像”变体的第 1 个“紧密映像，接触”，如图 4-17 所示。

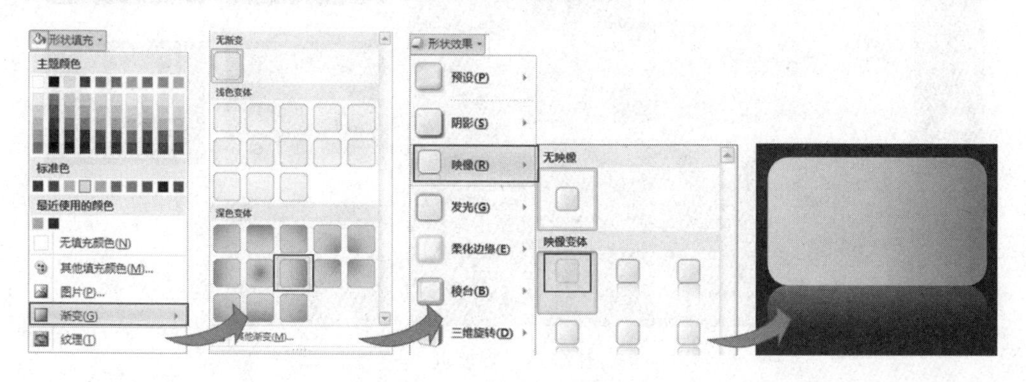

图 4-17　圆角矩形效果设置

（3）添加装饰图片和标题文字：左手按住【Ctrl+Shift+Alt】组合键，用鼠标左键将步骤 2 绘制而成的“黄色矩形”向右拖动，复制出一个相同图形；将复制出的图形缩小，并填充事先准备好的图片；在黄色矩形区域上绘制文本框，输入标题文本“第 1 部分　单击此处输入文本”，设置文字格式“微软雅黑，18 号字，黑色”，数字“1”单独设置为“40 号字”；再绘制一个文本框，输入 5 个“>”，同样是“18 号字，黑色”，完成效果如图 4-18 所示。

图 4-18　添加装饰图片和标题文字

（4）设置标题文字动画：将光标放在标题文字文本框中，选择“动画”|“高级动画”|“添加动画”|“更多进入效果”|“华丽型”|“挥鞭式”命令，单击“确定”按钮应用动画，设置动画的“开始”方式为“与上一动画同时”（由于第1个动画前面没有其他动画，所以第1个动画会自动开始）。

（5）添加导航条：绘制一个箭头图形，设置属性（粗细0.75磅，虚线类型为“短划线”）；绘制6个矩形，平均分布在虚线箭头上，分别输入文字“1，2，3，4，5，6”，设置为“黑色，12号字，居中对齐”；第1个矩形填充色和轮廓色均为黄色，与上面的圆角矩形相呼应，其他颜色自定；在第1个矩形的下方插入一个文本框，插入“P2-4”，设置为“白色，20号字，居中”；其他矩形下方的文本框，输入文字“标题文本”，设置为“白色，10号字，居中”。

（6）其他导航页，第5、8、11、13、15张：直接将第2张幻灯片整张复制后，修改相关颜色、图片、文字内容就可以了。要注意导航页面上的圆角矩形与箭头上相对应的矩形色块的颜色要一致，从颜色上也可以直到引导作用。效果如图4-19所示。

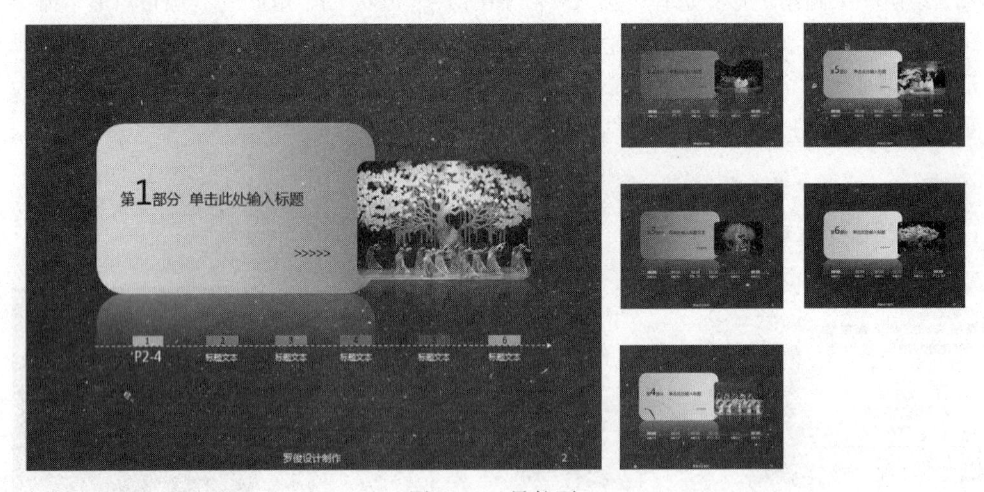

图4-19 导航页

（7）所有导航页的切换方式：单击“切换”|“切换到此幻灯片”|“动态内容”|“窗口”。

温馨提示：导航页上标题内容提示、页码区间提示、对应色块提示和页码，共同构成了整个模板的导航系统。

3）第3张：并列关系

第3张幻灯片，是表现并列结构关系的模板。操作步骤如下：

（1）应用母版样式：单击“开始”|“幻灯片”|“新建幻灯片”按钮的下半部分，打开选项面板，选择“标题和内容”选项，在第2张幻灯片后面新建一张“标题和内容”幻灯片，自动应用母版样式。

（2）标题区的制作：绘制一个圆角矩形，拖动左上角黄色菱形标记，调整圆角变形程度，让四周的角不要那么圆，稍微能看出是圆角就行，“形状轮廓”为“无轮廓”，“形状填充”为“黑色”；在圆角矩形上右击，选择“编辑文本”，输入“并列关系”，设置为“微软雅黑，24号字，白色，居中对齐”；再绘制一个圆形，设置“形状轮廓”为“无轮廓”，“形状填充”为“白色”，“形状效果”为“棱台”的“柔圆”（第 2 行第 2 个）；在圆形上右击，选择“编辑文本”，输入“1”，设置为“18 号字，黑色”，效果如图 4-20 所示。

图 4-20　并列关系：标题区

（3）“并列关系”示意图的创建：单击“插入”|“插图”|“SmartArt”按钮，打开“选择 SmartArt 图形”对话框，选择“流程”|“垂直 V 形列表”选项，单击“确定”按钮，同时针对 SmartArt 图形的编辑出现“设计”功能区和“格式”功能区，如图 4-21 所示。

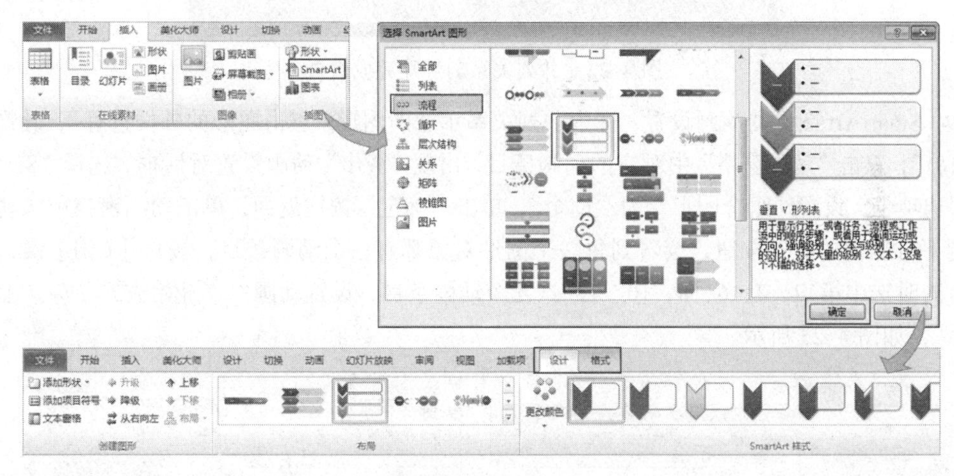

图 4-21　创建 SmartArt 图形

（4）“并列关系”示意图图形的“设计”编辑：添加项目，单击最后一个条目的“V”字符，再单击“SmartArt 工具”|“设计”|“创建图形”|“添加形状”按钮，即可在后面添加一个项目框，本案例共添加 3 个，使并列列表项目达到 6 个；更改颜色，选择“SmartArt 工具”|“设计”|“SmartArt 样式”|“更改颜色”|“彩色”第 5 个选项（“彩色范围-强调颜色文字 5-6”）；更改样式，选择“SmartArt 样式”右侧下拉按钮，选择“文档的最佳匹配对象”|“中等效果”选项。

（5）“并列关系”示意图图形的“格式”编辑：按住【Ctrl】键，依次单击选中第 1、3、5 个矩形条目，再选择“SmartArt 工具”|“格式”|“形状样式”|“形状填充”|“其他颜色填充”命令，打开“颜色”对话框，设置“透明度 50%”，单击“确定”按钮，让相邻条目之间形成格式差别。

（6）文字格式：在条目矩形框中输入提示文字，设置格式为“微软雅黑，18 号字，黑色”，完成之后的第 3 张幻灯片平面效果如图 4-22 所示。

（7）打开动画窗格：单击“动画”|“高级动画”|“动画窗格”按钮，打开“动画窗格”任务窗格。

（8）标题区域的动画设置：按住【Ctrl】键，单击标题区各要素，同时选中它们，组合它们；组合后，选择“动画”|“动画”下拉列表“进入”中的“淡出”选项，在动画窗格中会显示一个

动画条目，设置开始为“与上一动画同时”，持续时间为“00.50”（50 秒）。

图 4-22 并列关系幻灯片完成效果

（9）SmartArt 图形的动画设置：选中并列关系示意图图形（点击图形的外框选择），设置动画为“淡出”，双击“动画窗格”中对应的动画条目，出现“淡出”动画设置对话框，选择“SmartArt 动画”选项卡，设置“组合图形”为“逐个”，单击“确定”按钮返回；单击动画窗格中该动画条目左侧下方出现的展开按钮，会看到每一个图形对象都有一个动画条目，按住【Ctrl】键，依次单击，同时选中第 2、4、6、8、10、12 这几个动画条目，设置动画的“开始方式”为“上一动画之后”，如图 4-23 所示。

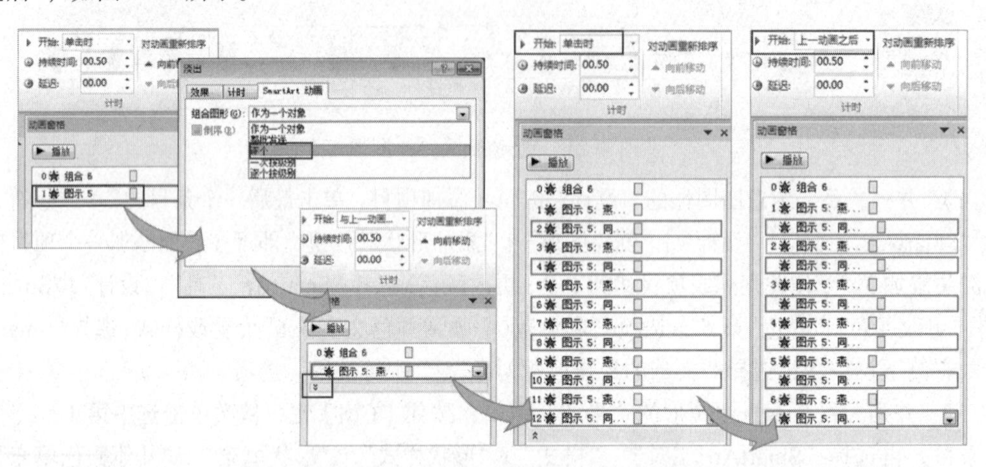

图 4-23 SmartArt 图形的动画设置

4.1.4 文件的保存与打包

后续幻灯片的制作与前 3 张的制作大同小异。

将模板幻灯片全部制作完之后（为确保文件安全，应养成边制作边保存的习惯），将其保存，在需要的时候直接打开套用。

1. 文件的保存方法

文件初次保存时，会弹出“另存为”对话框；初次保存后，再单击“保存”按钮，不再弹出对话框，系统直接保存文件；要将文件换名保存、换个地址保存、更改保存类型或其他保存选项时，选择“另存为”，系统会再次弹出“另存为”对话框。

在“另存为”对话框中，可以选择保存地址、文件名、文件类型、保存选项。

2．保存类型

PowerPoint 中可以选择的文件保存类型很多，单击“保存类型”下拉按钮，可以看到文件类型列表，如图 4-24 所示。比较常用的保存类型有“*.pptx”“*.ppt”“*.pdf”“*.ppox”“*.ppsx”“*.pps”“*.wmv”等几种，可根据实际需要选择。本案例制作的是模板文件，但可以不保存为模板文件，直接作为普通文件“*.pptx”保存，在需要使用模板时直接修改套用。

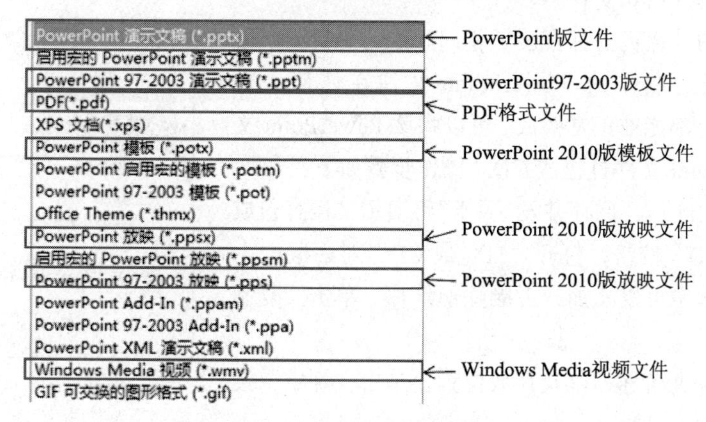

图 4-24　文件保存类型

3．嵌入字体

为了防止 PowerPoint 文件被复制到别的计算机上播放时不能正确显示字体，需要将 PowerPoint 文件中使用的特殊字体嵌入文件中。

单击“另存为”对话框中“保存”按钮左侧的“工具”按钮，选择“保存选项”命令，打开“PowerPoint 选项”对话框，选中“将字体嵌入文件”复选框，选中“仅嵌入演示文稿中使用的字符（适用于减小文件大小）”单选按钮，依次单击“确定”按钮返回“另存为”对话框，单击“保存”按钮，如图 4-25 所示。

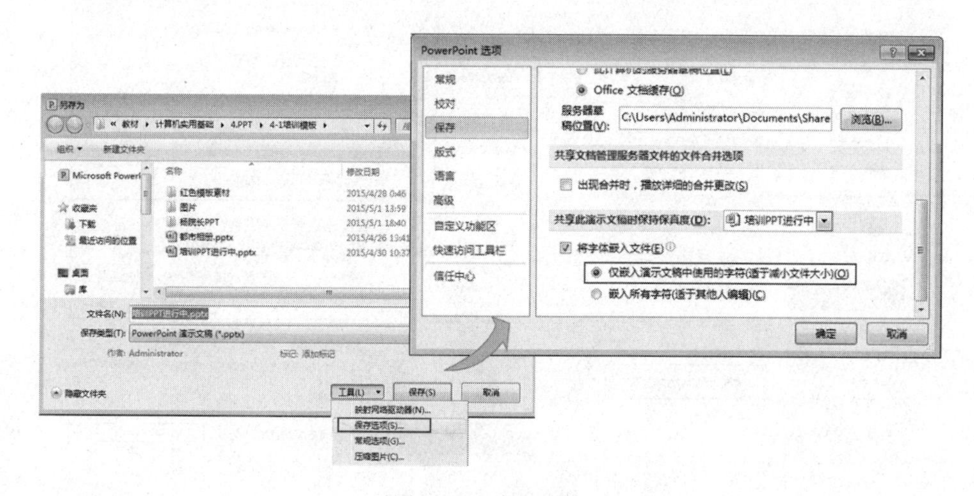

图 4-25　嵌入字体

4．设置密码

Office 文件都可以设置密码进行加密。选择“保存选项”下方的“常规选项”命令，打开“常规选项”对话框，根据需要设置“打开权限密码”和“修改权限密码”，设置完成后单击“确定”按钮，返回“另存为”对话框，单击“保存”按钮，如图 4-26 所示；

温馨提示：Office 文件密码是无法找回的，也没有密码提示，如果忘记了，除非使用破解软件，否则无法打开。因此，要牢记自己设置的 Office 文件密码。

5．打包 PowerPoint 文件

并不是所有的计算机上都安装了相同版本的 Office 办公软件，为了保证所制作的 PowerPoint 文件在任何一台 Windows 计算机上都能被正常播放，可以将该 PowerPoint 文件或多个 PowerPoint 文件打包成 CD。操作步骤如下：

（1）单击“文件”|“保存并发送”|“将演示文稿打包成 CD”|“打包成 CD”按钮，打开“打包成 CD”对话框；

（2）在对话框中可以添加或者删除幻灯片，单击“复制到文件夹”按钮；

（3）设定文件夹名称，以及存放位置，单击“确定”按钮后开始进行打包；

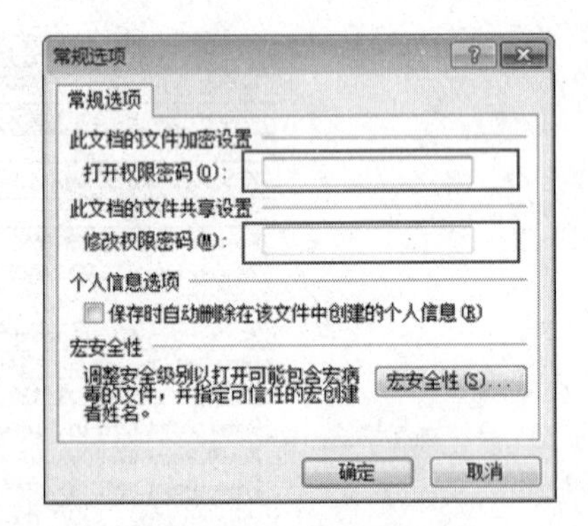

图 4-26 设置密码保护

（4）系统自动完成打包后，会使用上一步设定的名称生成一个文件夹，文件夹中除了 PowerPoint 文件外，还有 1 个文件夹和一个 AUTORUN.INF 自动运行文件，如果是打包到 CD 光盘，AUTORUN.INF 文件能引导光盘自动播放。

完成打包后，如果需要将 PowerPoint 复制到其他计算机播放，只需要将该文件夹复制到 U 盘或者 CD 上，以后不管目标计算机上是否安装有 PowerPoint 或需要的字体，幻灯片都可以正常播放。

操作步骤如图 4-27 所示：

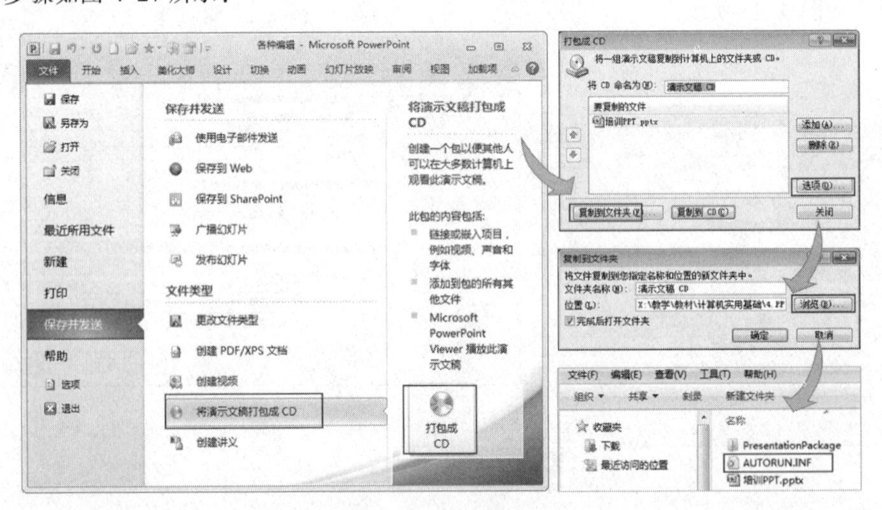

图 4-27 打包过程

案例小结

本案例从零开始，创建了一个实用性很强的 PowerPoint 模板，涉及母版和模板的区别与关系，系统自带模板，模板如何进行设计制作，导航页面的作用及设计，页面的切换动画，SmartArt 图形的创建编辑，以及动画文件的保存与打包，可以说基本涵盖了 PowerPoint 中常用的知识点，展示了一个从无到有设计制作 PowerPoint 模板的过程，让初学者对 PowerPoint 的基础知识和设计制作过程有了比较直观的认识。

实训 4.1 完成“培训用 PowerPoint 模板”的制作

实训 4.1.1 根据系统自带模板创建一份“宣传手册”

确定一个主题，准备相关图片和文字材料，使用系统自带的模板创建一个宣传展示用的 PowerPoint 文件。

实训 4.1.2 制作“培训用 PowerPoint”模板

（1）设计制作母版（基础母版，标题幻灯片，标题和内容幻灯片）;

（2）设计制作模板（标题幻灯片，导航幻灯片，其他幻灯片）;

（3）保存文件（嵌入字体，设置密码）;

（4）文件打包成 CD;

实训 4.1.3 实训拓展

根据“设计”功能区的“主题”工具组显示的模板，创建一个自己使用的模板。

实训 4.1.4 实训报告

完成一篇实训报告，将实训中的感受和收获，整理并记录下来。

案例4.2 按 钮 模 板

知识建构

- 页面设置
- 母版制作
- 图形编辑

技能目标

- 掌握母版的创意设计制作技能
- 掌握图形的创意编辑

创建如图 4-28 所示的模板。

图 4-28　案例 4.2 按钮模板完成效果

4.2.1　页面设置

“页面设置”用于规定 PowerPoint 页面的比例。这个比例由 PowerPoint 的使用场合决定：如果用于打印后作为文档传阅，那么最佳尺寸是 A4 纸张大小；如果是用于演示，那么应该与投影仪或显示器匹配，宽屏投影仪和液晶显示器应该选择“全屏显示（16∶9）”或“全屏显示（16∶10）”，如果选择 4∶3 的比例会在屏幕两侧留下两条黑边。

本案例设置幻灯片大小为“全屏显示（16∶10）”：单击“设计”|“页面设置”按钮，打开“页面设置”对话框；在“幻灯片大小”下拉列表中选择“全屏显示（16∶10）”，单击“确定”按钮返回，完成设置，如图 4-29 所示。

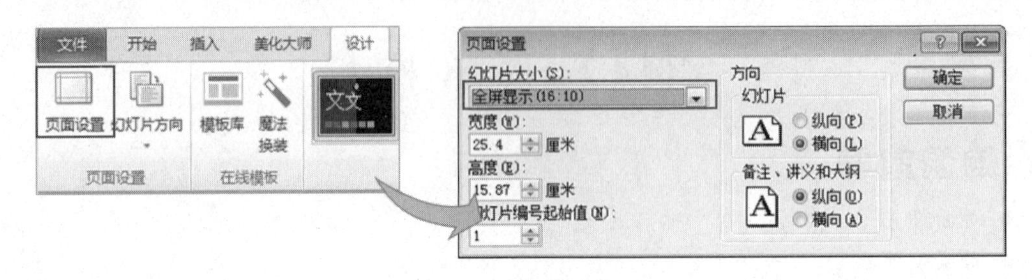

图 4-29　页面设置

4.2.2　母版的设计制作

本案例的母版也是用非常简单的图形制作而成，简单又不失个性。

1．第 1 张母版：基础母版

操作步骤如下：

（1）单击“视图”|“幻灯片母版”按钮，进入“母版”编辑状态。

（2）在“幻灯片母版”功能区设置“背景样式”为“填充”|“纯色填充”，颜色为“黑色”。

（3）在页面底端绘制一个与页面同宽的矩形，高度为“0.9 厘米”，无轮廓线，填充为“红色”，设置为“渐变”|“深色变体”中的任意一种。

（4）插入 LOGO 图片“LOGO.png”，调整大小为“高度 1.2 厘米，宽度 1.21 厘米”，颜色“重新着色”为“灰度”；绘制一个圆形，大小为“1.5 厘米，1.5 厘米”，“轮廓色”和“填充颜色”均为“黑色”；将 LOGO 置于顶层，与黑色圆形呈“同心状态”（左右居中，上下居中），并组合，组合后置于红色矩形的左侧，下半部在红色矩形内，造成的视觉效果是红色矩形上挖出了一个半圆形来放置 LOGO，效果如图 4-30 所示。

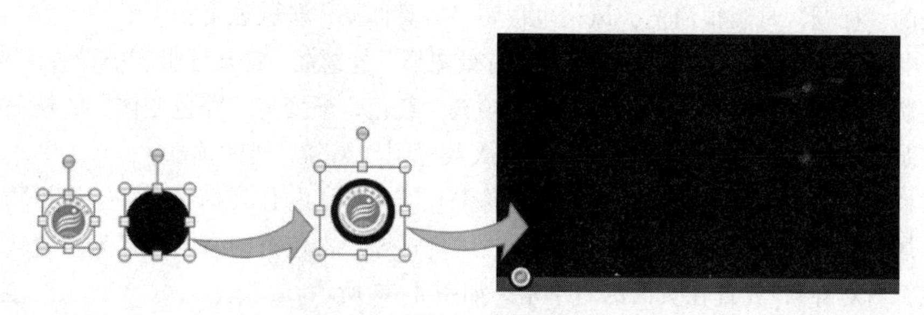

图 4-30　LOGO 效果

（5）作者标识（版权声明）的制作：插入一个文本框，录入文字内容“**（自己的名字）设计制作”，设置字体为“迷你简汉真广标”（也可以在字体库中选择其他已经安装的特色字体），颜色为“黑色”，在“字体”工具组中点击“字符间距”命令按钮，选择“很松”；按住【Ctrl+Shift+Alt】组合键，用鼠标左键将文本框拖动复制一份，将文字颜色设置成“红色”的一种“深色渐变”；将黑色文字文本框复制，选择“开始”|“选择性粘贴”选项，单击“图片（PNG）”命令，打开“选择性粘贴”对话框，在“作为”列表框中选择图片（PNG），单击“确定”按钮，将文本框文字转换成图片格式，红色文字执行同样操作；将转换后的黑色文字和红色文字图片完全重合后，放置到 LOGO 右侧，同 LOGO 一样，下半部分放在红色矩形框内；双击选中“红色文字”图片，在“图片工具”|“格式”功能区中单击“裁剪”按钮，将“红色文字”的下半部分裁掉，形成效果特别的红黑两色的双色字，如图 4-31 所示。

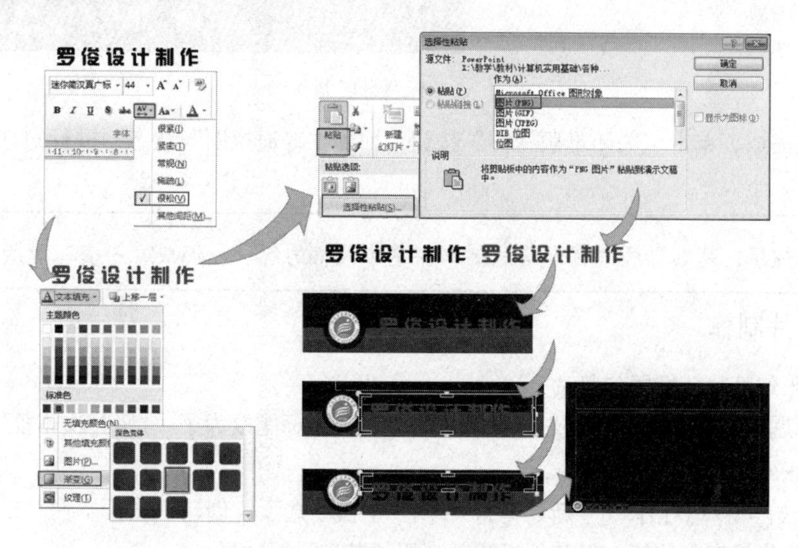

图 4-31　红黑两色双色字的制作

（6）页眉和页脚：单击“插入”|“文本”|“页眉和页脚”按钮，打开“页眉和页脚”对话框，选中“幻灯片编号”和“标题幻灯片中不显示”两个复选框，单击“确定”按钮。

温馨提示：在完成“页面和页脚”设置后，要单击“幻灯片母版”功能区选项卡回到母版编辑状态，方便后续的母版编辑。

2．第 2 张母版：“标题”母版

本案例的“标题”母版很简洁，风格也很明显。具体操作步骤如下：

（1）选中“幻灯片母版”|“背景”|“隐藏背景图形”复选框，将基础母版中设置的背景隐藏。

（2）绘制一个矩形，覆盖页面左半部分，填充为红色，渐变为“深色变体”的任一种。

（3）将基础母版上的 LOGO 复制过来，放大放置到红黑分界线的顶部。

（4）将“标题”占位符的格式设置为“迷你简汉真广标（与作者标识文字字体相同）、48 号字、白色、居中对齐”，放置在 LOGO 的下方；“副标题”占位符的格式设置为“微软雅黑，14 号字，白色，右对齐”，放置在页面的右下角，如图 4-32 所示。

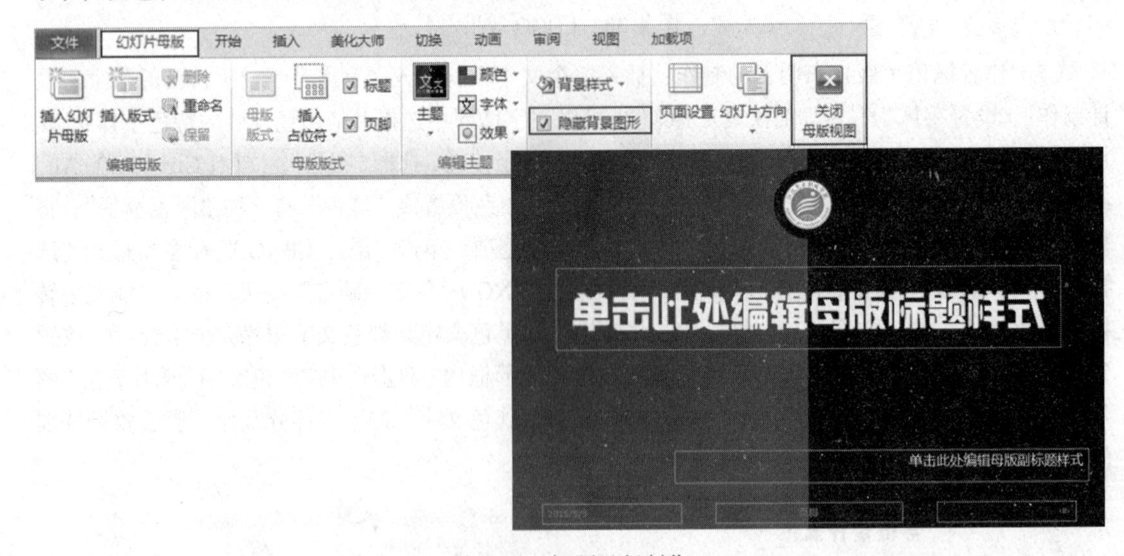

图 4-32 标题母版制作

（5）设置完成，单击“关闭母版视图”按钮，回到“普通视图”状态，进行幻灯片正式内容的编辑。

温馨提示：基础母版和标题母版要保持基本风格的统一，形成“一套”母版。

4.2.3 幻灯片制作

1．第 1 张幻灯片：标题幻灯片

第 1 张标题幻灯片套用了标题幻灯片母版，但将横向标题改为了 “竖排文本框”。

2．第 2 张幻灯片：立体图形

选择“开始”|“幻灯片”|“新建幻灯片”|“空白”选项，创建一张“空白”幻灯片。这时的“空白”，是指没有占位符，但其他版式都套用了基础母版效果。

温馨提示：“创建新幻灯片”的快捷方式为【Ctrl+M】组合键。

接下来在这张空白幻灯片上创建具有立体效果的编号按钮和文本输入框。操作方法如下：

1）立体编号按钮

这个立体编辑按钮由 4 个圆形和 1 个椭圆形组成。

（1）绘制一个正圆形，填充“白色”的“从上到下”的渐变，如图 4-33 所示。

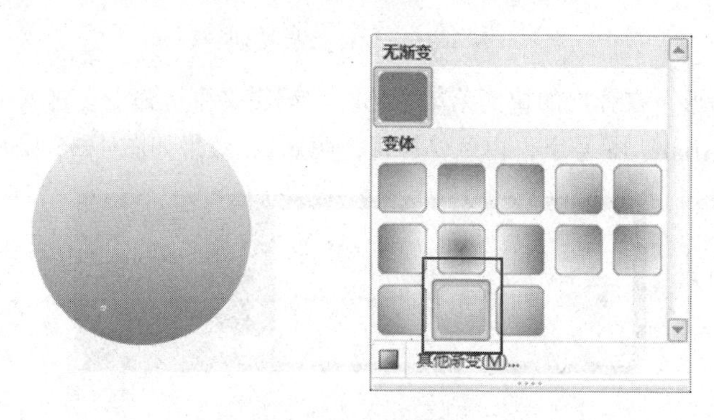

图 4-33　渐变填充

（2）复制正圆形，按住【Ctrl+Shift+Alt】组合键，用鼠标拖动角部尺寸调整按钮，将其缩小一圈，并将填充色修改成“白色”的“从下到上”的渐变。

（3）再次复制第 1 个正圆形，缩小至比第 2 个白色正圆形还小一圈，其他设置不变。

（4）复制第 3 个正圆形，再缩小一圈，修改填充色为“红色”，其他设置不变。

（5）高光效果：绘制一个椭圆形，弧度接近红色正圆形，依次单击“形状填充”|“渐变”|“其他渐变”按钮，打开“设置形状格式”对话框，设置“填充”为“渐变填充”；下方“渐变光圈”指示条左右各有一个指示游标，点击左边一个，设置颜色为“白色”，透明度为“100%”，单击右边一个游标，设置颜色为“白色”，透明度为“20%”如图 4-34 所示。

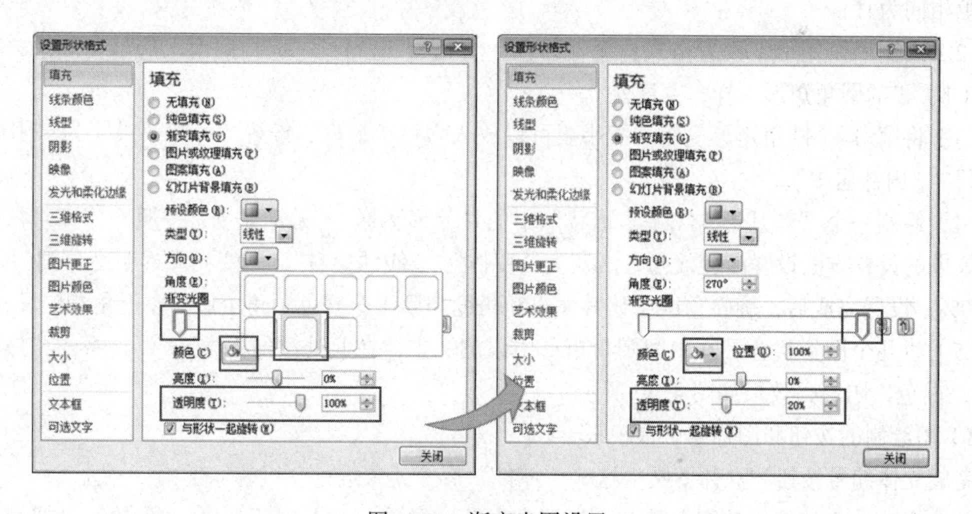

图 4-34　渐变光圈设置

（6）将 4 个圆形选中，执行“左右居中”和“上下居中”操作。

（7）将椭圆形光斑移到红色圆形的顶部，这样就制作出了一个具有高光效果的按钮，如图 4-35 所示。

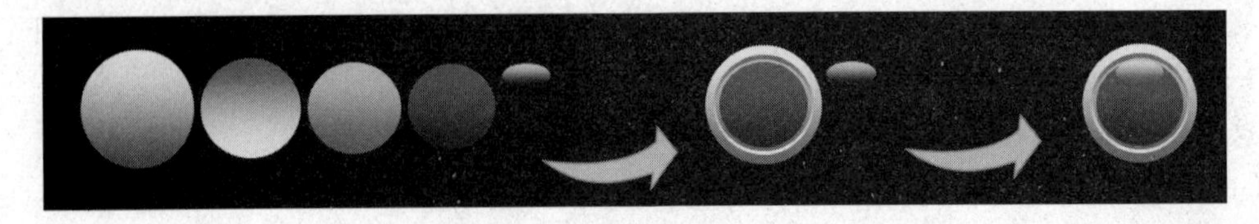

图 4-35　立体效果按钮

（8）右击红色圆形，在弹出的快捷菜单中选择“编辑文字”命令，进入文字编辑状态，输入“1”，设置格式为“Arial，18 号字，白色，加粗，阴影”，效果如图 4-36 所示。

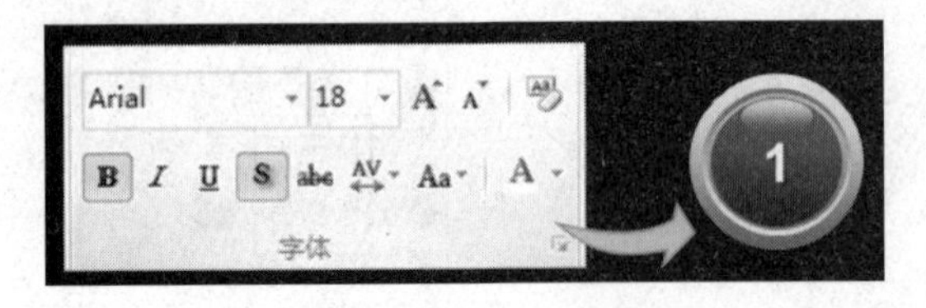

图 4-36　添加文本

温馨提示：从这里可以看出，图形中也可以插入、编辑文本，相当于把图形转换成了文本框，或者说，文本框就是一种可以输入文字的图形，也可以像编辑图形一样去编辑、设置。

（9）用鼠标拖动出一个虚拟大框，框选立体编号按钮的所有组件，将其组合成一个整体。

2）立体图文框

这个立体图文框由 2 个圆角矩形、1 个矩形和 1 个新月形组成。操作步骤如下：

（1）绘制一个“圆角矩形”，将圆角调整得不要太圆，设置格式：无轮廓色，填充设置为“红色”“线性向上”的深色渐变，颜色深浅与立体按钮相同，高度比按钮稍小，宽度以预留出页面左右边距相同为宜；

（2）绘制一个矩形，设置格式：无轮廓色，填充为“白色”“线性向上”的渐变效果，高度与第（1）步的圆角矩形一样，宽度要窄一些；

（3）将第 1 个圆角矩形复制，缩小至可以放入白色矩形框，设置“形状效果”为“阴影”|“内部”|“内部居中”；

（4）绘制一个“新月形”（“基本形状”中的月牙形图标），无轮廓色，按照立体编号按钮中高光效果的设置方法设置渐变效果，渐变为“变体”|“线性向右”，渐变光圈透明度分别为 10%和 100%，设置完成后，旋转角度，让其大小和角度与第 1 个红色圆角矩形的左上角相匹配；

（5）将几个图形组合，在中间圆角矩形中添加文本“在此处添加文本”，设置格式：黑体，18 号，白色，阴影，效果如图 4-37 所示。

3）用绘制的按钮和图标组合成模板

完成立体编号按钮和立体图文框这些“零件”后，就要进行“组装”了：

（1）框选“立体编号按钮”和“立体图文框”，执行“上下居中”命令，再执行“组合”命令，将它们组合成一个整体；

（2）按住【Ctrl+Shift+Alt】组合键，将组合后的图形向下垂直复制出 3 组，修改填充颜色以示区别。

第 2 张幻灯片的完成效果如图 4-37 所示。

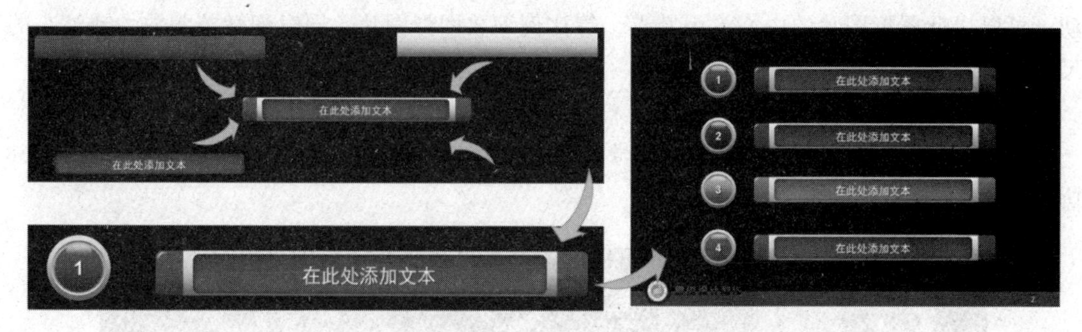

图 4-37　完成效果

3．键盘快捷操作

键盘与鼠标配合使用，在 PowerPoint 中可以极大地提高操作速度和操作精度，在前面的操作中，已经多次用到“组合键”（键盘快捷键）了，它们的功能是什么？还有哪些常用“组合键”呢？

【Ctrl】【Shift】【Alt】3 个键是大多数组合键的基础键，它们之间相互组合，或与其他键组合，可以实现不同的快捷操作，提高图形图片处理的效率和精准度。一般来说，使用组合键在移动或缩放图形图片时，【Ctrl】键主要控制是否以图形图片的中心点为基点，【Shift】键主要控制是否在水平或垂直方向，【Alt】键主要控制是否微移。

常用快捷操作有：

【Ctrl+鼠标左键点选】：按住【Ctrl】键不放，用鼠标点选图形、图像、艺术字、占位符等多个任意对象，被点选的对象将被同时选中；

【Shift+鼠标左键拖动绘制】：绘制图形时，可以绘制正圆形、正方形等“理想图形”；绘制线条时，只能绘制水平、垂直、45 度斜角的线条；

【Ctrl+Shift+Alt+鼠标左键拖动绘制】：绘制图形时，以“图形”的中心点为基点，绘制出该图形的“理想图形”，还可以同时微量控制图形大小；

【Ctrl+鼠标左键拖动】：复制选中的图形图片；

【Ctrl+D】：复制选中的图形图片（在连续批量复制时使用，可以提高操作速度）；

【Ctrl+Shift+鼠标左键拖动】：水平或垂直复制图形图片；

【Ctrl+Shift+Alt+鼠标左键拖动】：选中图形图片，水平或垂直复制图形图片的时候，还可以同时控制复制出的图形图片的微距离；

【Ctrl+键盘上的“←→↑↓”】：可对选中图形图片的位置进行微距调整；

【Shift+鼠标左键拖动】：拖动选中的图形图片在“水平”或“垂直”方向上移动；

【Alt+鼠标左键拖动】：可将选中的图形图片位置进行微移调整；

【Shift+Alt+鼠标左键拖动】：可将选中图形图片在水平或垂直方向移动，同时控制图形图片移动的微距离；

【Shift+鼠标左键调节大小】：将鼠标指针放在图形图片的角部尺寸调控钮上拖动，可以等比例缩放图形图片；

【Ctrl+Shift+鼠标左键调节大小】：将鼠标指针放在图形图片的角部尺寸调控钮上拖动，可以以此图形图片的中心点为基点，等比例缩放图形图片；

【Ctrl+Shift+Alt+鼠标左键调节大小】：将鼠标指针放在图形图片的角部尺寸调控钮上拖动，可以以此图形图片的中心点为基点，等比例缩放图形图片，同时细微控制放大或缩小的尺寸。

4．其他立体图形

其他立体图形的绘制方法，与立体编号按钮和立体图文框大同小异，具体分解、构成如图 4-38 所示：

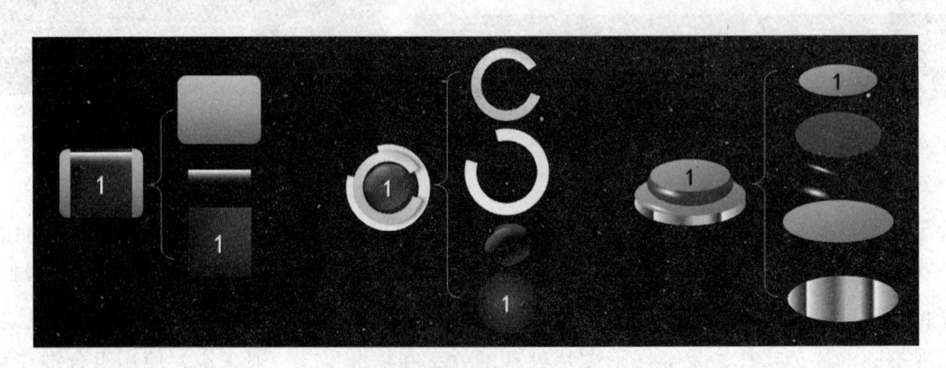

图 4-38 其他立体图形

温馨提示：在绘制立体的图形的过程中，白色渐变“光斑”的“高光”效果非常重要，给这些图形打上“高光”效果后，这些图形才会显现出立体的光感效果。

5．扁平化图标

现在，人机交互界面流行“扁平化”设计理念，所谓“扁平化”，就是在界面设计中去掉多余的装饰效果，以突出“信息”本身。有设计师归纳扁平化的五大特点是：拒绝特效、仅使用简单的元素、注重排版、突出色彩、极简主义。扁平化设计的代表就是小米手机的 MIUI 系统和 iPhone 手机的 IOS 7 系统及后续版本。

本案例中，第 6～11 张幻灯片上的图标就采用了简洁的“类扁平化”风格（有少量装饰效果）。以第 6 张幻灯片为例，制作步骤如下：

1）编号图标

（1）绘制一个矩形，设置格式为：无轮廓色，填充为“白色，渐变|浅色变体|线性对角-从左上到右下”；添加文字“1”，字体设置为“Arial，黑色，24 号字，加粗”。

（2）将矩形复制一个，删除文字，填充颜色为“红色”，其他不变。

（3）将红色渐变矩形向左稍微旋转一下，置于白色渐变矩形的下方，并将两个图形“上下”“左右”均居中对齐。

2）标题图标

（1）绘制一个长方形，设置格式：无轮廓色，填充为“白色，渐变|浅色变体|线性对角-从左上到右下”；添加文字“单击此处添加文字”，字体设置为“幼圆，黑色，24 号字，加粗”。

（2）将长方形复制一个，删除文字，填充颜色为“红色“，其他不变；选择“格式|排列|下移一层”。

（3）同时选中白色长方形和红色长方形，设置为“水平居中”和“垂直居中”，两个长方形完全重合，红色长方形在白色长方形下面。

（4）按住【Ctrl+Shift+Alt】组合键，用鼠标指针拖动白色长方形上边线（或者下边线，效果一样）中间的边部尺寸调控按钮向图形中间拖动，缩短白色长方形的高度到合适尺寸，设置完成后，将两个长方形组合。

（5）将“编号图标”和“标题文字图标”横向排列，保持适当距离，设置为“上下居中”，组合。

（6）按住【Ctrl+Shift+Alt】组合键，用鼠标指针拖动整个组合向下移动 2 次，“垂直”复制出 2 组，将“编号”图标中的数字分别改为“2”“3”。

（7）摆放好第 1 组和第 3 组图标的上下位置，第 2 组图标随意放置在两组图标之间，同时选中三组图标，选择“图片工具”|“格式”|“排列”|“对齐”|“对齐所选对象”|“纵向分布”命令，平均分布三组图标之间的纵向间距；再选择“对齐幻灯片”|“左右居中”命令。

3）目录图标

（1）将“编号图标”复制一个，水平拉长；

（2）将下层的“红色渐变”矩形的旋转角度适当缩小，以免过于突兀；

（3）修改文字内容为“目录”。

第 6 张幻灯片的制作步骤和完成效果如图 4-39。第 7～11 张幻灯片中扁平化图标的设计制作与第 6 张大同小异。由此也可以看出，扁平化设计并不神秘，制作也不难，只要有想法和创意，就可以通过 PowerPoint 自带的这些图形制作出来。

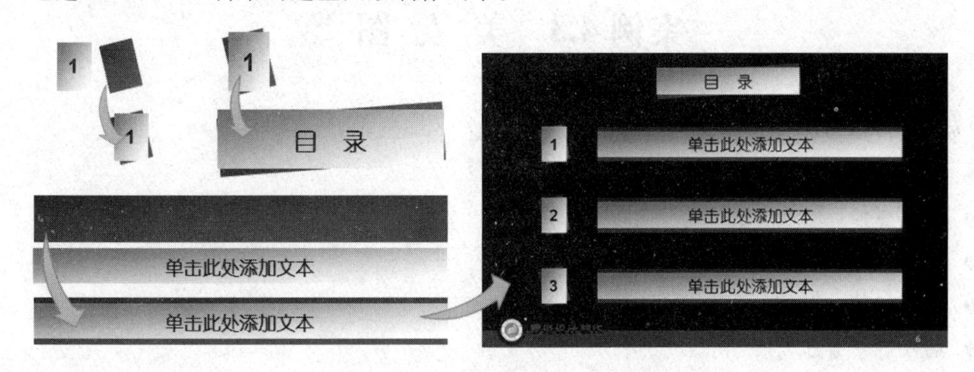

图 4-39　第 6 张幻灯片完成效果

4.2.4　幻灯片切换

设置幻灯片的切换效果：选择“切换”|“切换到此幻灯片”|“揭开”选项，“效果选项”选择“自右侧”，单击“全部应用”按钮。

4.2.5　演示文稿保存

本案例中用到了非系统自带字体，保存文件时将 PowerPoint 中使用到的字体嵌入到文件中。

案 例 小 结

本案例涉及的操作技能主要是图形的处理，要提高图形处理能力，就要开动脑筋，多分析、借鉴各种图形设计作品，经常尝试用 PowerPoint 自带图形实现各种创意设计，自己设计制作“专业化”

的 PowerPoint 作品，让 PowerPoint 彻底摆脱“纯文字”或“文字+图片”的“初学者”样式。

实训 4.2　完成“按钮模板”的制作

实训 4.1.1　制作“按钮模板”演示文稿

（1）完成页面设置：16:10；

（2）制作母版（基础母版，双色字，页眉和页脚，标题幻灯片）；

（3）制作标题幻灯片；

（4）制作立体按钮风格的幻灯片；

（5）制作扁平风格的幻灯片；

（6）制作结束幻灯片；

（7）设置幻灯片切换效果；

（8）保存演示文稿，并将字体文件嵌入文件。

实训 4.1.2　实训拓展

（1）设计制作一组立体按钮和图文框，再将其扩充、组合成一个具有立体效果的幻灯片模板。

（2）设计制作一组扁平化的按钮和图文框，再将其扩充、组合成一个扁平风格的幻灯片模板。

实训 4.1.3　实训报告

完成一篇实训报告，将实训中的感受和收获，整理并记录下来。

案例 4.3　美 女 图 鉴

知识建构

- 幻灯片设计
- 图形处理
- 图片填充
- 外部插件的使用
- 插入背景音乐
- 选择窗格
- 动画的运用
- 幻灯片放映

技能目标

- 合理设计幻灯片外观
- 进一步熟悉图形的处理
- 会使用“选择窗格”
- 能正确插入与播放背景音乐
- 掌握“图片填充”的技巧
- 会安装和使用外部插件

- 会编辑设置动画
- 能根据实际需要设置合适的幻灯片放映方式

制作如图 4-40 所示的“美女图鉴”演示文稿。

图 4-40　案例 4.3“美女图鉴”完成效果

图片展示，是制作演示文稿时丰富演示内容和演示效果的必要手段。在演示文稿中插入图片后，可以根据演示文稿的整体风格，来进行展示效果的设计。比如，本案例展示的是中国古代“四大美女”，因此整体设计为古典风格，在图片、图形、音乐、字体等素材的选取，文字和版面的编排等方面也都要适应这种风格，以达到形式与内容的统一。

4.3.1　幻灯片设计

幻灯片设计包括页面设置、主题、背景三个方面。

1．页面设置

为适应宽屏投影仪或宽屏显示器，本案例中的幻灯片页面比例设置为“16:9”，操作步骤如下：

（1）单击“设计”|“页面设置”按钮，打开“页面设置”对话框；

（2）在“幻灯片大小”下拉列表中选择“全屏显示（16:9）”选项；

（3）其他设置默认不变，单击“确定”按钮完成设置。

2．主题

主题是什么？主题是 PowerPoint 中已经设定好的幻灯片颜色、字体和效果，为幻灯片应用某一主题后，系统会自动将预设的颜色、字体、效果等套用到幻灯片中的对应内容上，让整个演示文稿呈现一致的样式特点。

不仅 PowerPoint，在 Word、Excel 和 Outlook 等 Office 套件中也有主题设定，通过设定相同的主题，可以让演示文稿、文档、工作表和电子邮件具有统一的风格。

1）主题

（1）单击“设计”|“主题”|“主题”下拉按钮，打开“主题”选项面板；

（2）选择“纸张”主题，应用主题。

2）颜色

选择好了主题后，PowerPoint 中相关内容会自动套用预设颜色，也可对颜色进行修改：

（1）单击“设计”|“主题”|“颜色”按钮，打开“主题颜色”选项面板；

（2）选择“凸显”主题颜色，应用颜色设定。

3）字体

“主题字体”也可以修改，操作如下：

（1）单击“设计”|“主题”|“字体”下拉选框，打开“主题字体”选项面板；

（2）选择“跋涉”（标题是“隶书”，正文是“华文楷体”）主题字体。

4）效果

效果主要设定图表、SmartArt 图形、形状、图片、表格、艺术字和文本等的线条、填充和特殊效果等样式。效果同颜色、字体一样，也可以在套用后单独修改。

本案例保持“纸张”主题的效果设定，不作修改。

对主题的颜色、字体、效果作出修改后，可以将它作为一个新的主题保存，供以后选用。

3．背景样式

与 Word、Excel 和 Outlook 不同，PowerPoint 还可以在主题之外，快速设定“背景样式”。每个背景样式都包含背景填充和文字颜色两种设定，通过背景和文字的颜色深浅对比，以突出文字内容。

设定背景样式时，还可以选择是否隐藏主题中设置的背景图形。

主题和背景样式都可以选择是应用于演示文稿中的所有幻灯片，还是应用于单张幻灯片：在准备选用的主题或背景样式上右击，在弹出的快捷菜单中可以选择“应用于所有幻灯片”或“应用于选定幻灯片”；如果直接左击主题或背景样式，默认是“应用于所有幻灯片”。

本案例没有设定背景样式。

4.3.2 母版的设计制作

经常制作 PowerPoint 的用户要养成一个习惯，每次设计制作一个 PowerPoint 时，首先要想到设计制作母版。

1．第 1 张母版：基础母版

在第 1 张母版上，有 3 朵“花”一样的装饰，花心中填充着美女图片。

1）花心

（1）按住【Shift】键，按住鼠标拖动，绘制一个正圆形；

（2）双击正圆形，选择“绘图工具”|“格式”|“形状样式”|“形状填充”|“图片”命令，打开“插入图片”对话框，找到需要插入的图片，单击“打开”按钮，将图片插入圆形，如图 4-41 所示。

图 4-41 在圆形中插入图片

2）花瓣

花瓣是由曲线工具绘制而成，操作步骤如下：

（1）用曲线工具绘制一个类似于“花瓣”的形状，绘制的过程中，按住【Alt】键进行精确控制。

温馨提示：绘制完成后，这个形状的轮廓色和填充色已经都做好了，分别是深橙色和橙色，搭配得很协调，这就是应用了“主题”后的方便之处。如果对绘制的形状不满意，可以对编辑点进行修改编辑，编辑方法前面已经讲过，这里不再赘述。

（2）用曲线工具绘制一小段线条，设置为“格式”功能区“形状样式”中的第 3 行第 2 列的橙色阴影效果，如图 4-42 所示，将线条放置到花瓣形状中间适宜位置，组合，即制作好了一瓣花瓣。

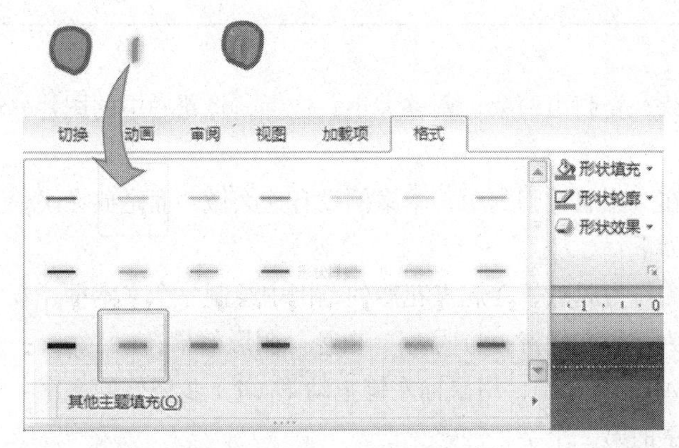

图 4-42　花瓣

（3）将做好的花瓣移动到花心上方适宜位置，选中花瓣，按住【Ctrl+Shift+ Alt】组合键，按住鼠标左键拖动花瓣，松开键盘和鼠标，复制出一片花瓣，将复制出的花瓣做一次“垂直翻转”，将花瓣拖动到“花心”下方适宜位置，让两片花瓣位于花心的上方和下方相对位置，将两片花瓣组合成一组；选中这组花瓣，按【Ctrl+D】 组合键（复制），将组合后的花瓣复制出一组，将复制出的组合花瓣“旋转 90° ”（向左，向右效果一样），移动到花心适宜位置；按住【Ctrl】键，依次选中第一组花瓣和旋转后的花瓣，执行“水平居中”和“垂直居中”，让两组花瓣以中心点对齐；用“组合”命令将两组花瓣组合成一组，用【Ctrl+D】组合键再次复制，将复制出的组合花瓣旋转“45° ”，将旋转后的这一组花瓣和前 1 组花瓣一起选中，“水平居中”和“垂直居中”，让两组花瓣以中心点对齐；将两组花瓣组合成一组，将组合后的“花瓣”与“花心”一起选中，“水平居中”和“垂直居中”，再将“花瓣”置于花心的下层，一朵花就大功告成了，如图 4-43 所示。

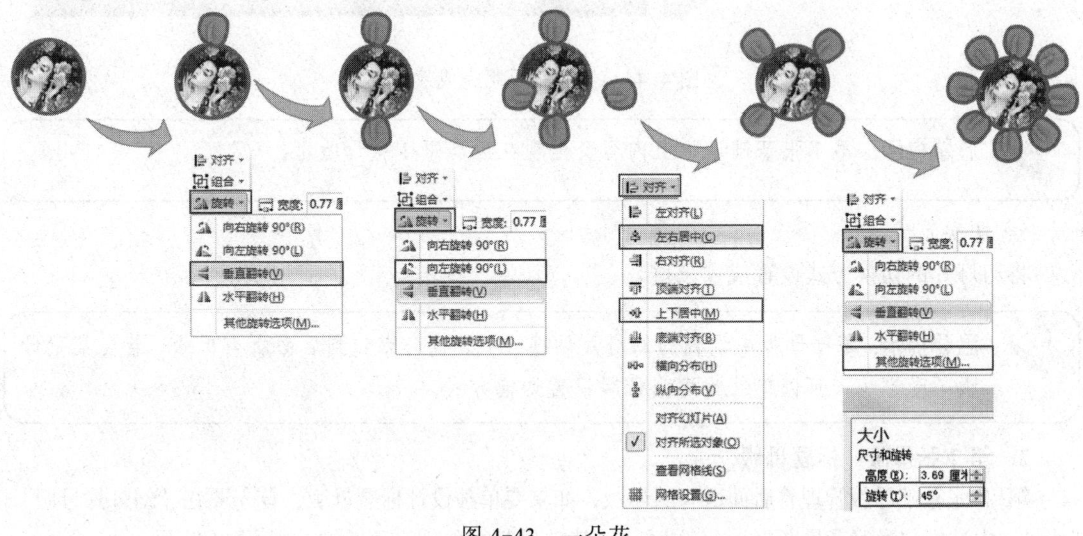

图 4-43　一朵花

温馨提示：在花瓣和花心组合之前，可以将花瓣做一点旋转，让花瓣的角度不要那么生硬地刚好在正上方、正下方等“标准”位置。

3）其他花

将刚才做好的花朵，复制出两朵，调整大小、位置，将花心中的图片修改为其他图片。

4）作者信息

作者信息通常放在“页眉页脚”中，本案例没有这么做，而是放在了最上层、最大的那朵花的花瓣上，制作方法如下：

（1）选择一个花瓣作为起点，在起点花瓣的范围中绘制一个文本框，在文本框中输入姓名的第 1 个字，设置格式为：华文行楷，11 号字，白色，阴影效果；

（2）按住【Ctrl+Alt】组合键，用鼠标左键拖动第（1）步做好的文字，复制到第 2 个花瓣的范围，修改文字为名字的第 2 个字；

（3）依次完成剩下文字的制作，最后将所有文字和花朵组合成一个整体。

将 3 朵花放置到幻灯片页面左下角适宜位置，注意不要超出页面边线。最终效果如图 4-44 所示。

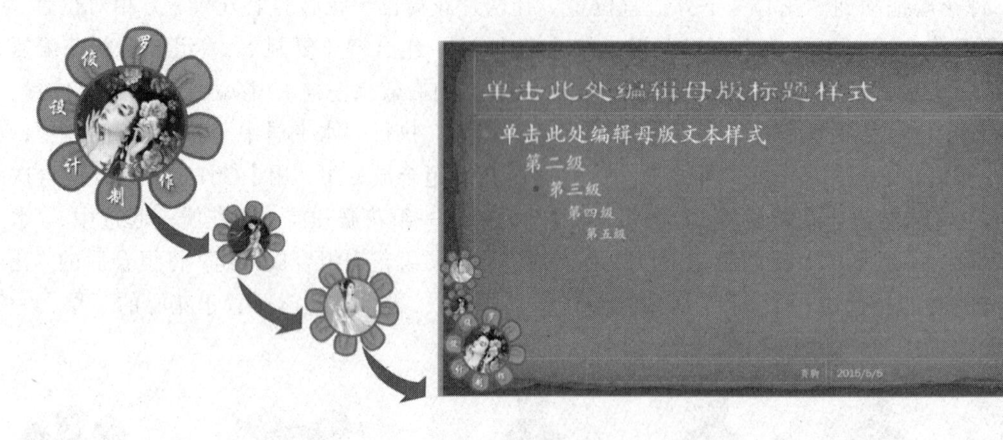

图 4-44　第 1 张母版完成效果

温馨提示：第 1 张基础母版上内容会出现在后面每 1 张母版上。

5）切换方式

将幻灯片的切换方式设置成“飞过”。

温馨提示：基础母版中设置的幻灯片切换方式，也会影响到后面所有母版，若要某张母版不受影响，可以单独为那张母版设置切换方式。

2．第 2 张母版：标题母版

第 1 张基础母版管理着后面所有的母版，如果要单独设计标题母版，首先要在“幻灯片母版”|“背景”中选中“隐藏背景图形”复选框，让基础母版中的图形不出现在标题母版上。

本案例标题母版的 4 个角上都有一组旋转的四叶草，标题占位符还设置了颜色流动的文字动画。

1）四叶草

（1）绘制心形：按住【Ctrl+Shift+Alt】组合键，选择“插入”|“插图”|“形状”|“基本形状”|“心形”命令，不需要拖动鼠标，页面上会自动出现一个心形，设置格式为：无轮廓色，填充为白色，设置“形状效果”为“阴影”“内部”“内部居中”；

（2）制作四叶草：用前面制作花瓣的方法，通过复制、旋转制作出“四叶草”，并组合成一个整体，缩小到适宜大小；

（3）制作四叶草动画：选中四叶草，在“动画”下拉列表中选择“强调”|“陀螺旋”，设置开始方式为“与上一动画同时”，持续时间为“05.00”（5 秒），打开“动画窗格”，点击动画窗格对应动画条目右侧的下拉菜单按钮，点击“效果选项”，弹出“陀螺旋”对话框，选择“计时”选项卡，设置“重复”为“直到幻灯片末尾”；

（4）复制出 3 朵四叶草，将 4 朵四叶草分别放置在幻灯片四个角的适宜位置。

温馨提示：复制四叶草的同时，通过“动画窗格”可以看到，动画效果也跟着一起复制了。

2）标题占位符

标题占位符设置动画后，在占位符中输入的文本就可以直接应用该动画。

操作步骤如下：

（1）选中标题占位符；

（2）设置动画：“强调”|“字体颜色”，开始时间为“与上一动画同时”，持续时间为“3 秒”；

（3）设置动画细节：双击动画窗格中的标题占位符对应的动画条目，单击“效果选项”按钮，弹出“字体颜色”对话框，在“效果”选项卡和“计时”选项卡分别进行如图 4-45 所示的设置，设置完成后单击“确定”按钮。

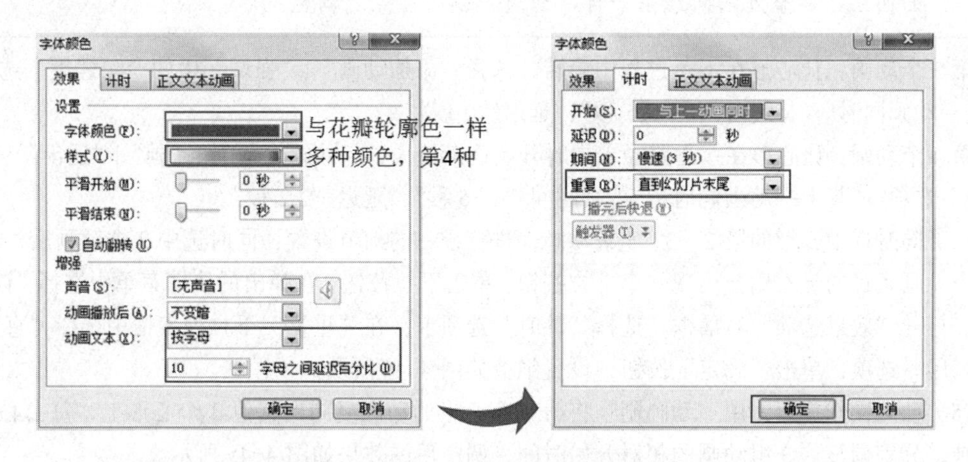

图 4-45　标题占位符动画效果选项

3．第 3 张母版：标题和内容母版

这张母版控制演示文稿的主体幻灯片版式。本案例制作、设置如下：

1）标题占位符

（1）选中标题占位符，设置格式为：隶书（在主题中已设置），36 号字，文字方向为“竖排”（选择“开始”|“段落”|“文字方向”|“竖排”命令）；

（2）将标题占位符拖放到页面左侧；

（3）设置动画效果：同第 2 页标题母版中标题占位符的动画效果。

动画操作提速：选中第 2 页标题母版中的标题占位符，单击“动画”|“高级动画”|“动画刷”，鼠标指针变成刷子状态，再用鼠标点一下第 3 张母版中的标题占位符，即可将动画效果复制过来。动画刷的操作方法与格式刷一样，只不过复制的是动画效果而已。

2）四叶草动画

这一张幻灯片上的四叶草要营造出的效果是，四叶草在旋转的过程中边旋转边剥落。

操作步骤如下：

（1）将第 2 张标题母版上的四叶草复制一组过来（动画效果也会同时复制），放置到标题占位符的上方，此时，动画窗格中应该有两个动画条目。

（2）再复制出一组四叶草，动画窗格中又会多出一条动画；取消这一组四叶草的“组合”，取消组合后，这组四叶草对应的动画条目也会消失。

（3）一片心形（四叶草叶片）的出现、旋转下落直至消失不见的效果，由 4 个动画组合而成，设置方法如下。

第 1 个动画：让心形出现，选中心形，选择“动画”|“高级动画”|“添加动画”|“进入”中的“出现”选项，开始为“与上一动画同时”，持续时间为“自动”，延迟“0 秒”；

第 2 个动画：让心形下落，选择“添加动画”|“动作路径”中的“自定义路径”选项，用鼠标绘制出一条曲线路径，路径结束在左下角花朵的位置，“与上一动画同时”，持续时间“4.25 秒”，延迟“0 秒”；

温馨提示：此处绘制出的曲线动画路径，是带角度转折的曲线，如果要调整成圆润的曲线，调整方法同线条一样，通过“编辑顶点”调整。

第 3 个动画：让心形在下落过程中旋转，选择“添加动画”|“强调”中的“陀螺旋”选项，“与上一动画同时”，持续时间“4.25 秒”，延迟“0 秒”；

第 4 个动画：让心形在接近路径末尾时开始逐渐消失，“动画”|“添加动画”|“退出” 中的“渐变”选项，“与上一动画同时”，持续时间“1.75 秒”，延迟“2.2 秒”。

（4）同时选中心形的第 2、3、4 条动画，进行统一的细节设置：同时选中 3 个动画后，在最后 1 个动画条目的最右侧会出现一个下拉按钮，单击下拉按钮，在弹出的快捷菜单中选择“计时”命令，打开“效果选项”对话框，选择“计时”选项卡，在“重复”下拉列表框中选择“直到幻灯片末尾”选项，单击“确定”按钮，设置细节如图 4-46 所示。

（5）动画操作提速：用“动画刷”将第 1 个心形的动画复制到其他 3 个心形上，每个心形 4 个动画，分别调整这 3 组动画的相对开始时间，调整后的效果如图 4-45 所示。

4．第 12 张母版：本案例的结束页母版

为了保持演示文稿整体风格一致，本案例的结束页也使用竖排文字，并且标题（主体文字）

在幻灯片页面的右边，而第 12 张“垂直排列标题与文本”母版正是这样的版式，所以本案例选择第 12 张母版作为结束页母版，设置如图 4-46 所示。

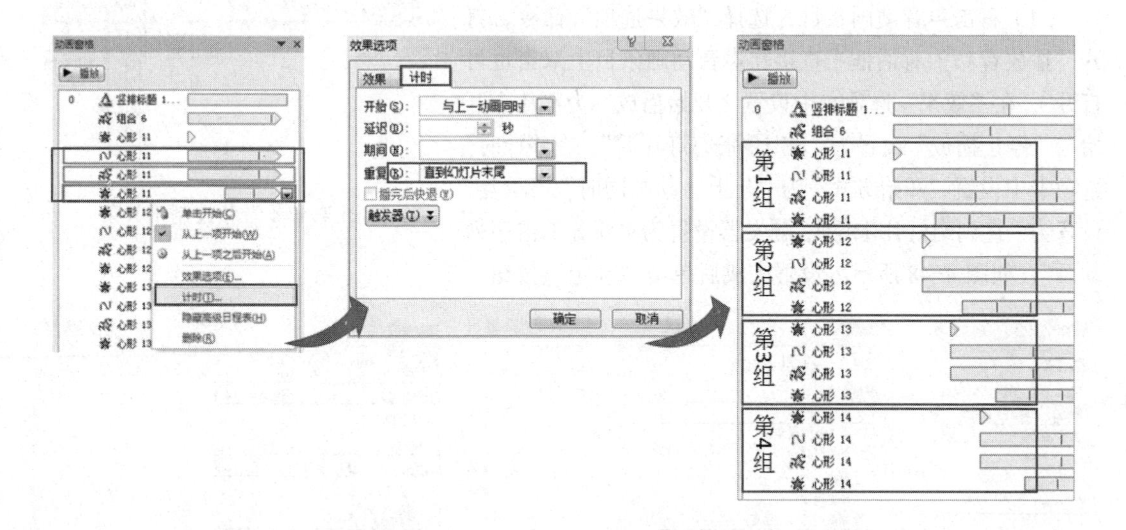

图 4-46 四叶草心形叶片旋转掉落动画设置

（1）标题占位符动画效果：用动画刷将第 3 张母版的动画效果复制过来；

（2）将第 3 张母版上的四叶草全部复制过来，放在标题占位符的上方。

至此，所有的母版编辑完成，退出幻灯片母版视图，进入普通视图状态。

4.3.3 幻灯片制作

1．第 1 张幻灯片

这一张幻灯片上需要做三件事，录入标题和副标题，插入背景音乐，设置幻灯片的切换效果。这里介绍插入背景音乐的操作。

背景音乐可以烘托环境氛围。为凸显古典风格，本案例中将插入一首古琴曲作为背景音乐。为了保证 PowerPoint 文件被复制、移动到其他计算机后也能正常播放背景音乐，可以采用下面 3 种方法：

方法 1：用案例 4.1 中打包成 CD 的方法，将背景音乐文件一起打包进去；

方法 2：在插入背景音乐之前，将音乐文件与 PowerPoint 文件存放在同一个文件夹中，制作完成后一起复制、移动；

方法 3：将音乐文件的格式转换成 WAV 格式，在音乐文件小于 50 M 的情况下，会自动嵌入 PowerPoint 文件中。

本案例采用方法 2：将“美女图鉴. pptx”与“古琴.mp3”放在同一个文件夹中。

插入背景音乐的过程如下：

（1）保存文件：在插入背景音乐之前，先保存文件，以确定文件的保存位置。

（2）将背景音乐文件“古琴.mp3”，存放到保存 PowerPoint 文件的同一个文件夹中。

（3）选择“插入”|“媒体”|“音频”|“文件中的音频”命令，找到音乐文件“古琴.mp3”，单击“插入”按钮；插入后，在动画窗格中会多出一条带“触发器”的动画条目，幻灯片页面的

正中间也会出现一个喇叭图标和一个工具条，工具条上的按钮功能如图 4-47 所示。

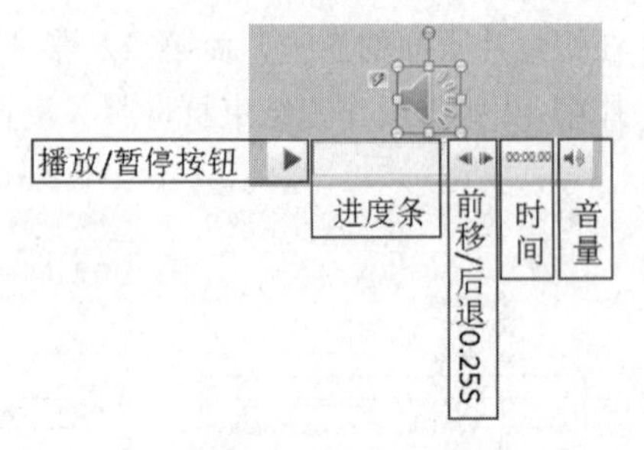

图 4-47 音频控制工具条

（4）右击声音动画条目，选择“效果选项”命令，打开“播放音频”对话框（直接在声音动画条目上双击也可打开），在“效果”选项卡中设置“开始播放”为“从头开始”，“停止播放”设置为“在 10 张幻灯片后”，在“计时”选项卡中设置“开始方式”为“与上一动画同时”，“重复”设置为“直到幻灯片末尾”，触发器设置为“部分单击序列动画”，如图 4-48 所示，设置完成后单击“确定”按钮。

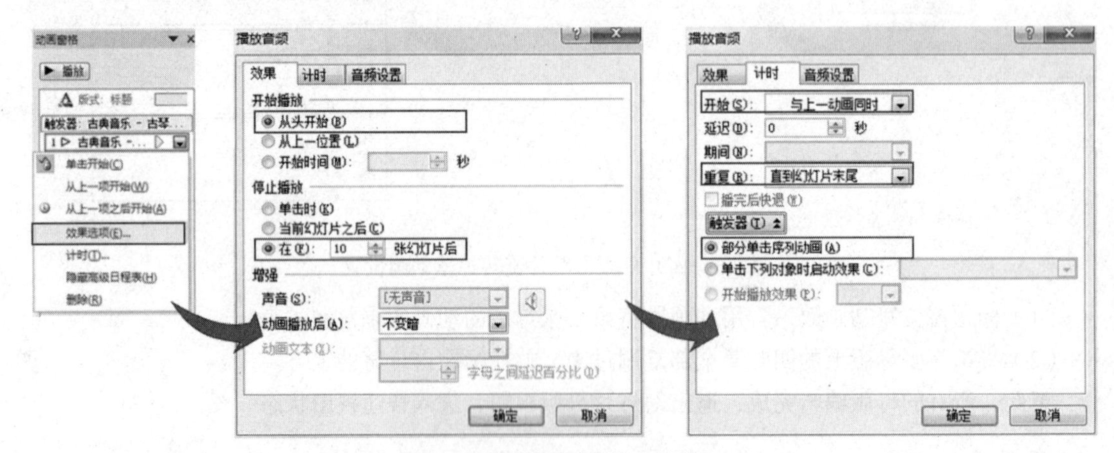

图 4-48 “播放音频”对话框

温馨提示：这里的“在 10 张幻灯片后”停止播放设置的是一个概数，但很多时候，开始并不知道一共会做出多少张幻灯片，如果背景音乐需要从头播放到尾，就可以输入一个相对大一点的数字，以免音乐在演示文稿播放过程中停止。“在…张幻灯片之后”，指的是从音乐插入的这张开始算起。一个演示文稿中若插入了多首背景音乐时，需要在这里精确设置，避免同一张页面中有多首乐曲播放。

（5）将“喇叭”图标拖动到页面外面。

温馨提示：PowerPoint 中兼容的音频文件格式如表 4-2 所示。除表中所列外，如果安装了正确的编解码器，PowerPoint 2010 还可以支持包括 AAC 文件在内的更多的音频文件格式。

表 4-2 PowerPoint 兼容的音频文件格式

文 件 格 式	扩 展 名	更 多 信 息
AIFF 音频文件	.aiff	音频交换文件格式：这种声音格式以 8 位非立体声（单声道）格式存储，这种格式不进行压缩，因此文件相对比较大。
AU 音频文件	.au	UNIX 音频：这种文件格式通常用于为 UNIX 计算机或 Web 创建声音文件。

续表

文件格式	扩展名	更多信息
MIDI 文件	.mid .midi	乐器数字接口：这是用于在乐器、合成器和计算机之间交换音乐信息的标准格式。
MP3 音频文件	.mp3	MPEG Audio Layer 3：这是一种使用 MPEG Audio Layer 3 编解码器进行压缩的声音文件。
Windows 音频文件	.wav	波形格式：这种音频文件格式将声音作为波形存储，一分钟长的声音所占用的存储空间可能仅为 644KB，也可能高达 27MB。
Windows Media Audio 文件	.wma	Windows Media 音频：这是一种使用 Microsoft Windows Media 音频编解码器进行压缩的声音文件，主要用于网络发布和传播。

2．第 2 张幻灯片

输入标题文字：神秘的图卷。

1）制作图卷奇数页效果

先做图卷的第 1 个奇数页，也就是图卷的封面。

（1）绘制一个“缺角矩形”（基本形状第 2 行倒数第 2 个），图形会自动应用主题设置的颜色，横向拖动“变形”调节按钮，将缺角适度减小。

（2）在“形状填充”|“其他填充颜色”中设置透明度为“80%”，轮廓粗细为默认的 3 磅，形状效果为“阴影”|“外部”|“右下斜偏移”；按【Ctrl+D】组合键，将缺角矩形复制出一个，按住【Ctrl+Shift+Alt】组合键，按住鼠标左键拖动角部尺寸调控按钮，将其等比例缩小；将第 2 个缺角矩形复制一个，等比例缩小，透明度设置为“0%”，设置“形状效果”为“棱台”|“柔圆”；将 3 个缺角矩形水平、垂直居中，组合，就完成了封面页面边框的制作，如图 4-49 所示。

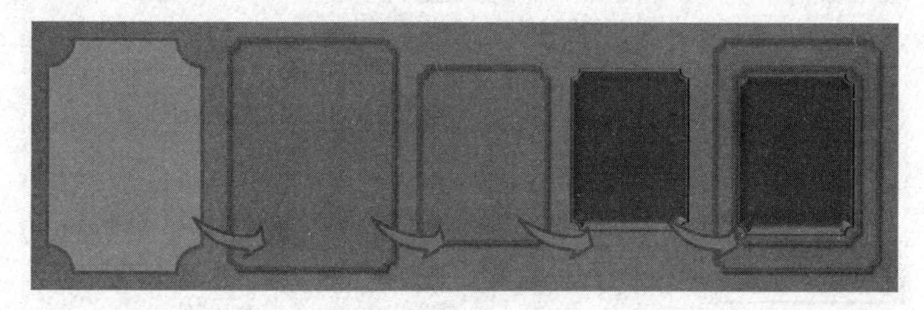

图 4-49　页面边框

（3）绘制一个文本框，选择“插入”|“符号”|“Wingdings”|“ᴕ”，双击符号插入；设置格式“加粗”，颜色“橙色，强调文字颜色，50%”（第 6 列最深的橙色）；剪切，选择“开始”|“剪贴板”|“粘贴”|“选择性粘贴”|“图片（PNG）”选项，双击粘贴；复制符号图片，执行“向右旋转 90°”“水平翻转”，将两张符号图片呈 90° 摆放好后组合，放置到图 4-50 所示的边框左上角；按【Ctrl+Shift+Alt】组合键，将组合过的符号图片水平复制出一组，水平翻转，放在边框的右上角；将左右两组符号图片组合，按住【Ctrl+Shift+Alt】组合键，将组合过的符号图片拖动复制出一组，垂直翻转，放在边框的左下角和右下角；将符号图片、边框等全部选中，组合成一个整体；过程及效果如图 4-50 所示。

图 4-50　边角上的装饰

（4）将做好的边框复制一份，放在幻灯片页面外，预备用做偶数页边框。

（5）单击选中最中间的缺角矩形（组合后的图形同样可以单个选中），执行“绘图工具”|“格式”|“形状样式”|“形状填充”|“图片”命令，打开“插入图片”对话框，找到预先准备的图片并插入。

（6）如果图片插入后不能完全满足需要，比如，绘制的框是纵向的，而准备插入的图片却是横向的，或者，只需要用到图片的右下角部分画面，而图片插入后却不是的，这时需要对插入的图片进行调整：在插入了图片的图形上右击，选择“设置图片格式”｜“填充”｜选中“将图片平铺为纹理”，平铺选项设置参数如图 4-51 所示。

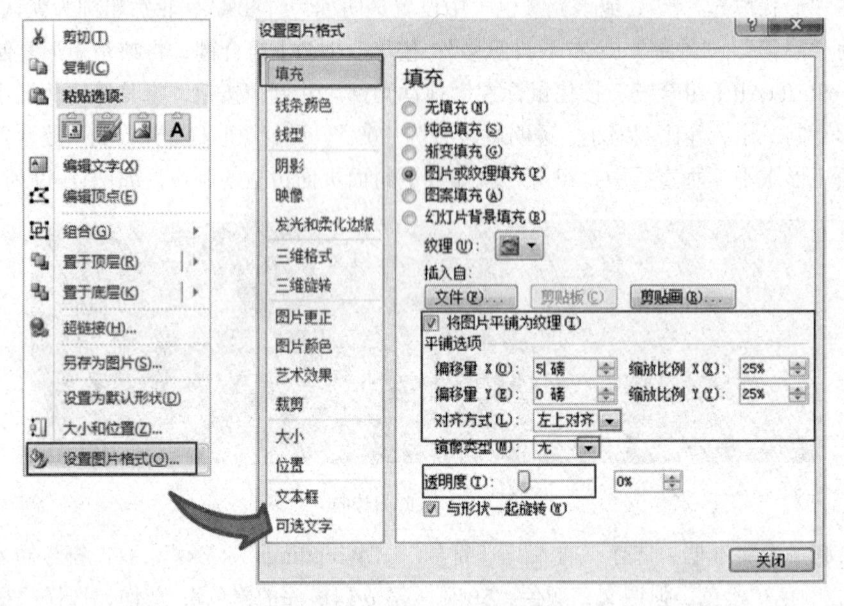

图 4-51　图片填充格式设置

温馨提示：偏移量 X，让对象水平左右移动，正数是向右，负数是向左；偏移量 Y，让对象垂直上下移动，正数是向下，负数是向上；缩放比例 X，让对象横向放大或缩小；缩放比例 Y，让对象纵向放大或缩小。在图 4-50 中，还有一个“透明度”设置项，可以为填充到图形里面的图片设计透明效果，通过设置透明程度，让图片在页面上不致于太突出。

（7）绘制文本框，输入文本内容“人佳本卿”（模仿古卷从右往左读“卿本佳人”），设置为“隶书、18 号字、白色”，放置在第二层缺角矩形边框的上方，效果如图 4-52 所示。

图 4-52　图卷封面

（8）按制作需要给对象命名：选中前面制作好的图卷效果，单选择击“开始”|“绘图”|“排列”|“选择窗格”命令，打开“选择和可见性”任务窗格；将“组合 58”折叠起来，单击“组合 58”名称框，将名称改为“1”；将“标题 2”移动到“1”的上层，如图 4-53 所示。

（9）将“1”（封面）复制出 4 张，在“选择和可见性”任务窗格中将它们分别重命名为“3，5，7，9”；将图片分别替换为预先准备的“四大美女”图片，将图卷页面上的“人佳本卿”文字改为竖排的“西施”“貂蝉”“王昭君”“杨玉环”，并将文字的位置移动到图片的空白处；图卷页面的上下层次依次为“1，3，5，7，9”，如图 4-54 所示。

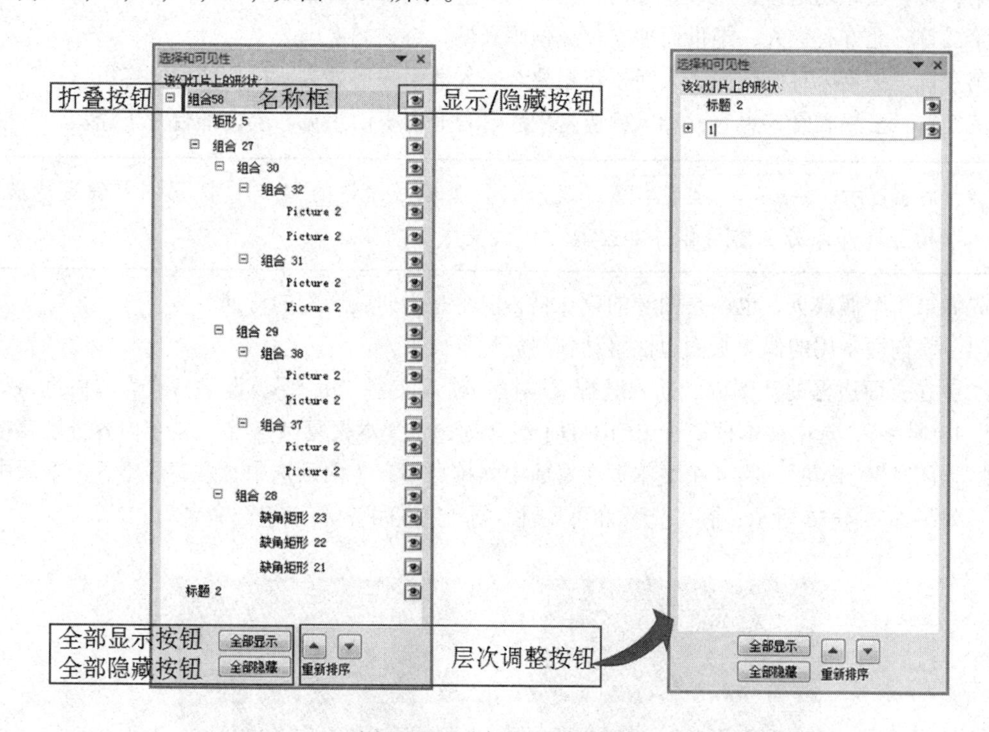

图 4-53　选择和可见性设置

温馨提示：图卷封面设计暂时不需要用到“可见性”设置，但当页面上对象比较多时，尤其是有多个对象重叠时，为了方便编辑，可以只显示正在编辑的对象，其他对象则隐藏起来。

（10）将 1、3、5、7、9 页完全重合，摆放在页面上合适的位置，如图 4-54 所示。

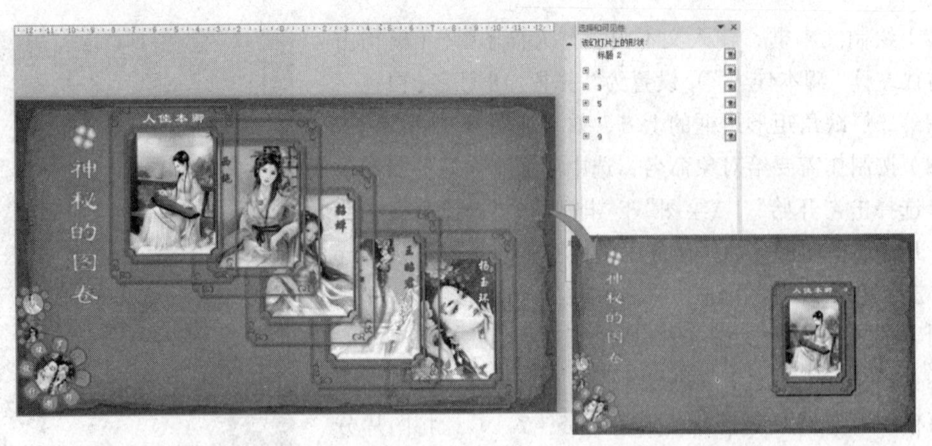

图 4-54　图卷奇数页

2）制作偶数页图卷效果

图卷偶数页面是为“四大美女”配的古诗词：

第一首：瓠犀发皓齿，双蛾颦翠眉。红脸如开莲，素肤若凝脂。

第二首：北方有佳人，绝世而独立。一顾倾人城，再顾倾人国。

第三首：去年今日此门中，人面桃花相映红。人面不知何处去，桃花依旧笑春风。

第四首：云想衣裳花想容，春风拂槛露华浓。若非群玉山头见，会向瑶台月下逢。

温馨提示：第一、二首诗作并不完整，只截取了原诗的 4 句；除第四首确定是描写杨玉环外，另 3 首诗作并非描写“四大美人”。

先做第 1 个偶数页，也就是图卷的第 2 页，内容是为西施所配的诗词。

（1）将前面备用的偶数页面边框移动到幻灯片页面内。

（2）在页面边框的范围内，插入竖排文本框，输入文字“沉鱼”，设置格式为“白色，华文行楷，18 号字”，选中文本框，按【Ctrl+D】组合键，将文本框复制 3 个，文字内容分别替换为“落雁”“闭月”“羞花”，将 4 个文本框在页面中间排列整齐（两两选中，左右居中、上下居中），组合，效果如图 4-55 所示；在“选择和可见性”导航窗格中，将该组合命名为“2”。

图 4-55　图卷第 2 页、第 4 页

（3）复制“2”，删除原来的 4 个文本框，重新插入竖排文本框，输入第 1 首古诗的第 1 句“瓠犀发皓齿”，设置格式为“白色，华文行楷，18 号字”；按住【Ctrl+Alt】组合键，将文本框拖动到合适位置复制出一组，将文字内容替换为“双蛾颦翠眉”；将两组文字组合成一组，按【Ctrl+Shift+Alt】组合键，将前面一组文字水平向左拖动到合适位置复制出一组，分别将文字替换为“红脸如开莲”和“素肤若凝脂”，效果如图 4-55 所示；在“选择和可见性”导航窗格中，将该组合命名为“4”。

（4）将“4”复制出 3 张，将前面准备好的诗词一一替换进去，依次制作出图卷的其他偶数页，再分别重命名为“6，8，10”，图卷页面的上下层次依次为“1，10，3，8，5，6，7，4，9，2”。

温馨提示：一本书摊开后，奇数页页码的顺序，是小号码在上，大号码在下；偶数页页码是大号码在上，小号码在下。

（5）将 10、8、6、4、2 页完全重合，在奇数页左侧与奇数页相邻并排摆放，如图 4-56 所示。

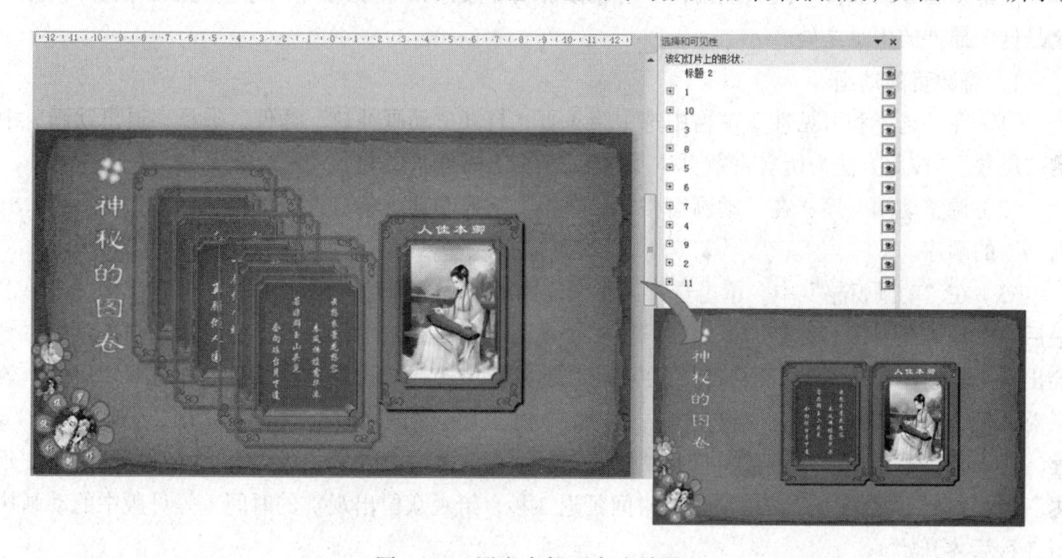

图 4-56　图卷奇偶页完成效果

（6）将第 10 页复制，保留 1 个文本框，将文字内容改成“**设计制作”，命名为“11”，置于最底层，放在幻灯片页面外备用。

4.3.4　动画制作

PowerPoint 2010 舍弃了 PowerPoint 2003 中的一些动画效果，而本案例中使用的动画恰好是被舍弃掉中的几种。那么如何在 PowerPoint 2010 中添加这些“缺失”的动画呢？有两种办法，第一种是将文件另存为 PowerPoint 2003 版的文件（*.ppt），在 PowerPoint 2003 中编辑，编辑完后，再另存为 PowerPoint 2010 版的文件（*. pptx）。如果计算机上只安装了 Office 2010，就只能使用第二种方法，利用“动画补缺”插件来设置“缺失”的动画效果。

在 Internet 上搜索“动画补缺”，下载安装程序，安装完成之后，在 PowerPoint 2010 功能区会多出一个“加载项”，　“加载项”功能区中可以看到“动画补缺”命令。

选中需要设置动画的对象，单击“动画补缺”按钮，打开“动画补缺”工具，选择需要使用的动画，就可以为对象添加这个动画，添加的动画项目会出现在动画窗格中，如图 4-57 所示。

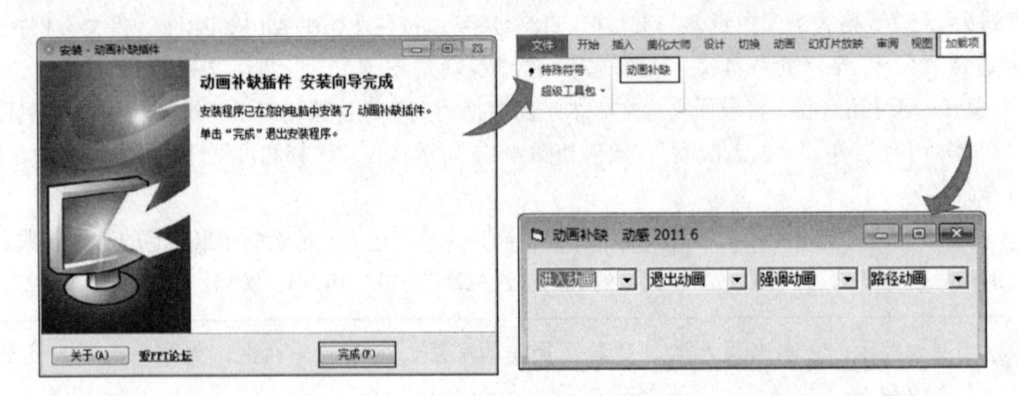

图 4-57 “动画补缺”插件

但是动画补缺插件一次只能给一个对象添加动画效果，不能给多个对象同时添加同样的动画，这是这个插件的不足之处。

1．奇数页的动画

（1）在“选择和可见性”窗格中选中第 1 页，打开“动画补缺”插件，选择“退出动画”中的“层叠”；按此方法为所有奇数页（不含第 11 页）添加“层叠”动画。

（2）调整动画顺序：在“动画窗格”中直接上下拖动动画条目进行调整，调整为“1，3，5，7，9”的顺序。

（3）在“动画窗格”中，单击选中第 1 个动画条目（名称是“1”），按住【Shift】键，再单击最后一个动画条目（名称是“9”），将这 5 个动画条目一起选中，在最下面一个动画条目的右侧会出现一个三角形按钮，单击按钮，在弹出快捷菜单中选择“效果选项”命令，打开“层叠”效果对话框，设置“方向”为“到左侧”，“开始”为“上一动画之后”，“期间”为“慢速（3 秒）”。

（4）双击第 1 个动画条目，打开“层叠”对话框，修改“开始”为“与上一动画同时”，“延迟”为“3 秒”，将第 1 个动画的开始时间延迟 3 秒，给观众留出观赏的时间（等母版中的动画执行 3 秒后才开始）。

（5）同时选中第 2～5 个动画，在快捷菜单中选择“效果选项”命令，打开“层叠”效果对话框，修改“延迟”为“3 秒”。

到这里，正面（奇数页）的动画就设置完成了

2．偶数页的动画

通过“动画补缺”插件为所有偶数页添加“进入动画”中的“伸展”动画，通过“效果选项”设置：“方向”为“自右侧”，“开始”为“上一动画之后”，“期间”为“慢速（3 秒）”。

设置完成后，将所有动画条目按对象名称 1～10 的顺序调整好。

3．让图卷合上

要将图卷合上，就是先将左边的偶数页面整体同时“层叠”，再将奇数页整体“伸展”。制作过程如下：

（1）按照之前为奇数页设置“层叠”动画的方法，利用“动画补缺”插件为全部偶数页添加“层叠”动画，“方向”为“到右侧”，“期间”为“慢速（3 秒）”；

（2）将这一组新增动画的第 1 个动画条目（名字是“2”）的开始方式设置为“上一动画之后”，另外 4 个动画为“与上一动画同时”；

（3）将这一组动画一起选中，设置“延迟 3 秒”；

（4）按照之前为偶数页设置“伸展”动画的方法，利用“动画补缺”插件为全部奇数页（不含第 11 页）添加“伸展”动画，设置这一组动画的“方向”为“自左侧”，“期间”为“慢速（3 秒）”；

（5）将这一组新增动画的第 1 个动画条目（名字是“9”）的开始方式设置为“上一动画之后”，另外 4 个动画为“与上一动画同时”；

（6）将命名为“11”的那张结束页移动到幻灯片页面中，通过“对齐”工具让它与奇数页完全重合，并置于奇数页的最底层。

4．幻灯片放映

在幻灯片制作过程中，可以反复放映正在设计制作的幻灯片，根据幻灯片放映效果，在制作过程中进行细节调整。

幻灯片的放映方法有很多种，常用方法主要有如下几种。

方法 1：“从头开始放映”，单击“幻灯片放映”|“开始放映幻灯片”|“从头开始”按钮，那么不管当前位置是在第几张幻灯片，都会从第 1 张开始播放，快捷方式为【F5】键；

方法 2：“从当前幻灯片开始放映”，单击“幻灯片放映”|“开始放映幻灯片”|“从当前幻灯片开始”，快捷方式为【Shift+F5】组合键，或者单击右下角的“幻灯片放映”按钮，也可以从当前幻灯片开始播放；

方法 3：“自定义幻灯片放映”，单击“幻灯片放映”|“开始放映幻灯片”|“自定义幻灯片放映”按钮，打开“自定义放映”对话框，单击“新建”按钮，将要放映的幻灯片页面在左侧列表中选中，添加到右侧的放映列表中，还可以调整放映列表中幻灯片的放映顺序，设置好后，还可以自定义放映名称，系统将自动保存设置好的自定义放映，在需要放映的时候单击“自定义幻灯片放映”中的放映名称即可；

方法 4：“设置放映方式”，单击“幻灯片放映”|“设置”|“设置幻灯片放映”按钮，打开如图 4-58 所示的“设置放映方式”对话框，根据实际需要进行设置；

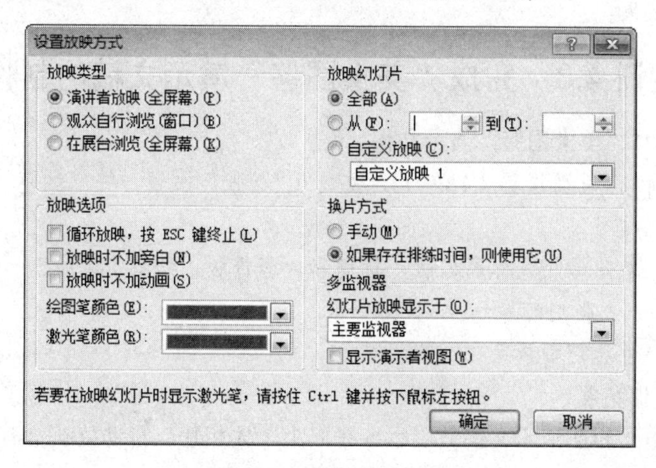

图 4-58　设置放映方式

方法 5：“隐藏幻灯片”，在需要隐藏的幻灯片上右击鼠标，在弹出的快捷菜单中选择最下面一项“隐藏幻灯片”，就可以将选中的幻灯片进行隐藏，隐藏的幻灯片，在放映时是看不到的；

方法 6：“排练计时”，执行排练计时后，每张幻灯片上的每一个动作需要放映多长时间都会被记录下来，再次进行幻灯片放映的时候，系统就会按“排练计时”记录下来的时间长度来控制幻灯片自动播放，不需要人工操作放映了。

温馨提示：用“排练计时”功能，还可以制作歌词与背景音乐同步的MV，参见本书作者的《Office 2003 全案例驱动教程》一书。

4.3.5 结束页

操作步骤如下：

（1）单击“开始”|“新建幻灯片”下拉按钮，选择“垂直排列标题与文本”（列表中的最后 1 个）命令，应用幻灯片母版中设计制作的最后一张母版效果；

（2）在右侧的标题框中输入文本“恭请方家惠正”“不胜感谢”；

（3）将图卷中的偶数页任意复制一张过来，将文本内容修改成：**作品。

到此，本案例就制作完成了。

4.3.6 保存

将演示文稿保存在和音乐文件相同的文件夹中。

案例小结

本案例的制作，涉及主题的使用、母版的设计制作、音乐文件的插入、自选图形的创意使用、素材的创意使用、图片的填充技巧、外部插件的安装作用、选择窗格的使用、动画的设计及幻灯片的放映技巧等技能技巧，灵活运用这些技能技巧，可以设计制作出很有创意的图片展示效果。

希望本案例的效果能抛砖引玉，带领大家插上想像的翅膀，设计制作出更有创意、更富感染力的图片展示动画效果。

实训 4.3 完成“美女图鉴”演示文稿的制作

实训 4.3.1 制作“美女图鉴”演示文稿

（1）完成“设计”：页面设置（16∶9），主题（“纸张”主题，主题颜色“凸显”，主题字体“跋涉”）；

（2）制作母版：基础母版、标题母版、标题和内容母版、结束页母版；

（3）制作幻灯片：3 张幻灯片；

（4）制作动画：古卷翻页效果。

实训 4.3.2 实训拓展

设计制作 1 个电子相册演示文稿，展示 5 张以上个人相片，自动放映，有背景音乐，动画形式不限。

实训 4.3.3　实训报告

完成一篇实训报告，将实训中的感受和收获，整理并记录下来。

案例 4.4　探　照　灯

知识建构

- 自定义功能区
- 图形的创意使用
- 高级图形编辑工具
- 动画的时间控制

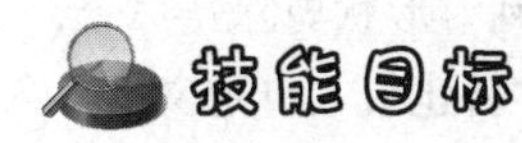

- 会管理功能区
- 能灵活使用高级图形编辑工具
- 能精确设置动画时间

制作如图 4-59 所示的“探照灯”开场动画效果。

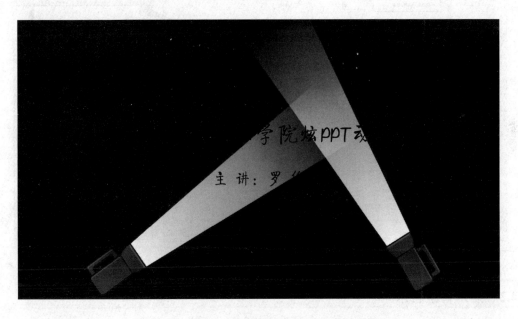

图 4-59　案例 4.4“探照灯”开场动画完成效果

一个好的开场动画胜过千言万语，可以马上让会场观众的注意力集中到演讲者这里来，所以，如何设计制作一个能抓住观众视线的开场动画是演示成功的第 1 步。

本案例的动画效果是让探照灯的光柱扫过屏幕，光柱扫过之处，文字就显示出来。

4.4.1 新增功能区

本案例中，用到了不在默认功能区的命令按钮，所以，首先要把它们找出来，放进功能区，方便后面使用。

（1）选择“文件”|“选项”命令，打开“PowerPoint 选项”对话框。

（2）选择右侧选项卡列表下方的“新建选项卡”命令，在“主选项卡”列表中新增一个“新建选项卡”选项，右击新增的“新建选项卡”，在快捷菜单中选择“重命名”命令，将其重命名为“高级图形编辑工具”，单击“确定”按钮。

（3）选择“高级图形编辑工具”|“新建组”选项，在“高级图形编辑工具”下方新建一个工具组。

（4）选中对话框右侧刚建立的“新建组（自定义）”，再在左侧“自定义功能区”|“从下列位置选择命令”下拉列表中选择“不在功能区的命令”，在下方的命令区中找到“形状剪除”命令，点击左右两个列表中间的“添加”按钮，将“形状剪除”命令按钮添加进“新建组（自定义）”；再依次添加“形状交点”“形状联合”“形状组合”这 3 个命令；操作过程如图 4-60 所示。

（5）单击“确定”按钮，即可看到新增的“高级图形编辑工具”功能区。

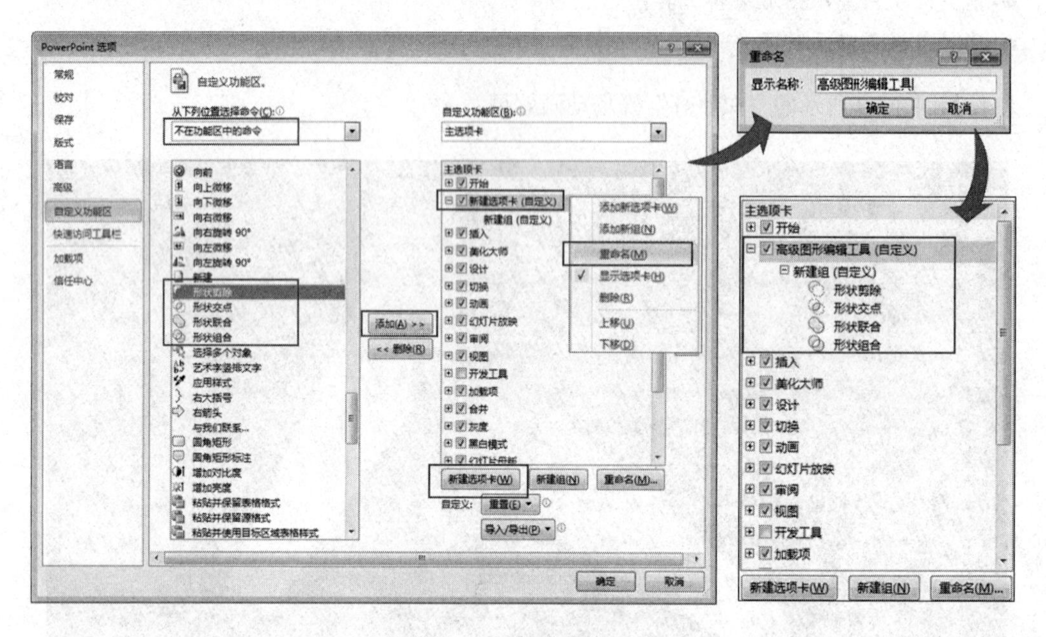

图 4-60 新建功能区

4.4.2 插入背景音乐

（1）新建一个文件夹，命名为“探照灯开场动画”；

（2）将预先准备的背景音乐文件“Era-The Mass.mp3”和音效音乐文件“Bell drum, light, gas.wav”放入这个文件夹中；

（3）不使用任何模板，新建一个空白演示文稿，也保存到这个文件夹中；

（4）在幻灯片中插入背景音乐文件“Era-The Mass.mp3”和音效音乐文件“Bell drum, light, gas.wav”；

（5）背景音乐文件和音效音乐文件的动画开始方式为“与上一动画同时”，取消触发器（设置“触发器”为“部分单击序列动画”）；

（6）在音乐文件的工具栏上，分别调整两个音乐文件的音量，让两个音乐文件同时播放时的声音和谐共存；

（7）将音乐文件的“喇叭”图标拖动放置在幻灯片页面外（通常放在页面左上角外侧）。

4.4.3　探照灯的造型

探照灯的造型分为三个部分，第一部分是“探照灯”，第二部分是“灯柱”，第三部分是“一半隐形的探照灯”。

1. 探照灯

制作探照灯造型将会用到“形状剪除”工具。操作步骤如下：

（1）将幻灯片背景设置为黑色，将“版式”改为“空白”，方便进行图形编辑处理；

（2）探照灯的灯体：绘制一个圆角矩形，设置形状填充为“主题颜色，黑色，文字 1，淡色 25%”（第 2 列第 3 个），“渐变”为“变体”|“从右上角”（第 2 行第 4 个），轮廓色为“黑色”，形状效果为“棱台”|“圆”（第 1 个）；

温馨提示：如果对系统默认的“棱台”效果不满意，可以单击“棱台”效果列表下方的“三维选项”，打开“设置形状格式”对话框，调整细节设置。

（3）探照灯的提手：将做好的探照灯灯体复制出两个，将其中一个缩小，两个灯体按图 4-61 所示的位置摆放好；依次选中大的，再选中小的，选择“高级图形编辑工具”|“形状剪除”命令，就可以制作出一个提手，如图 4-61 所示；

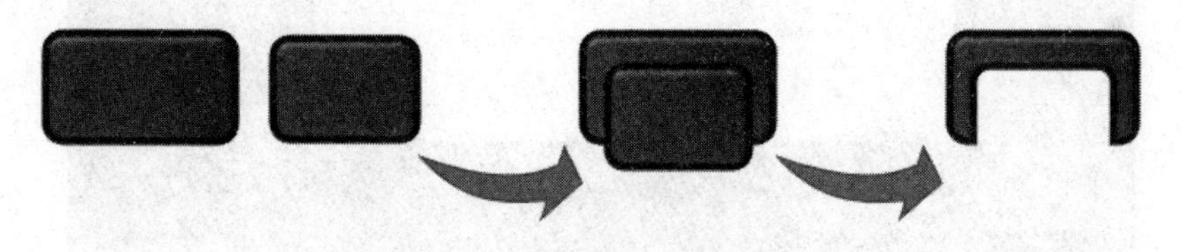

图 4-61　制作探照灯提手

温馨提示：在执行高级图形编辑操作时，先选中谁，后选中谁，最后实现的效果是有区别的。

（4）灯罩：插入一个梯形，设置为与“灯体”相同的格式；在“梯形”上右击，在弹出的快捷菜单中选择“编辑顶点”命令，进入顶点编辑模式，依次拖动两个边角的调节手柄，将左右边线调节成圆润的弧线状；调整完成后，将灯罩“向左旋转 90°”，如图 4-62 所示；

图 4-62　制作灯罩

（5）将探照灯灯体、提手和灯罩组合到一起，注意层次关系，如图 4-63 所示。

图 4-63　探照灯完成效果

2．光柱

光柱的制作很简单，就是绘制一个梯形，然后设置为光圈渐变效果。

（1）绘制一个“瘦长”的梯形，无轮廓色，打开“设置形状格式”对话框，设置“填充”为“渐变填充”，“类型”为“线性”，“方向”为“线性向下”（第 1 行第 2 个），依次选择“渐变光圈”的 3 个游标，设置 3 个光圈的渐变效果：3 个光圈都是“白色”，透明度分别为“0%，40%，100%”，如图 4-64 所示。

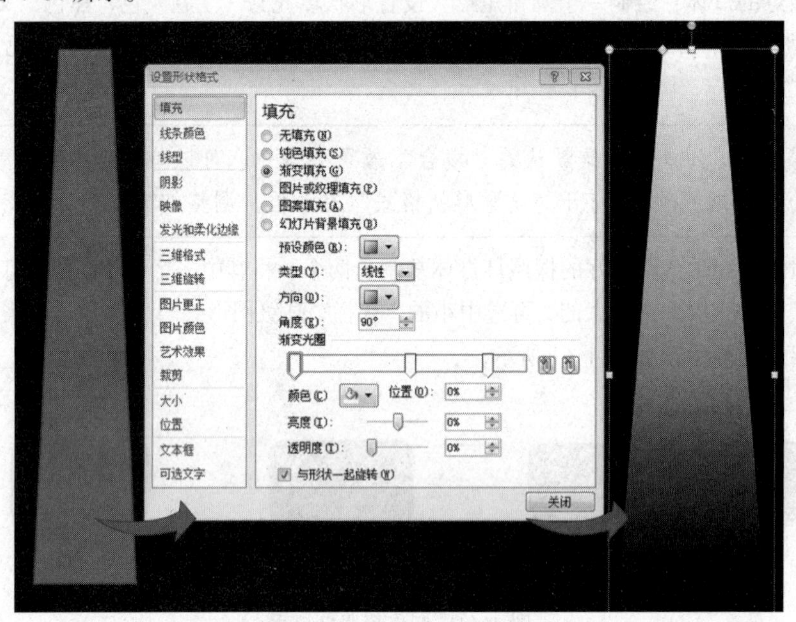

图 4-64　光柱效果设置

（2）将光柱向左旋转 90°，并与探照灯连接、组合，组合之后，整体旋转一定角度，放在“舞台”的左下角；再复制一组，“左右翻转”，放在“舞台”的右下角；效果如图 4-65 所示。

3．隐形的探照灯

为了实现探照灯扫射的效果，必须为每个探照灯制作一个反方向的隐形探照灯。

（1）将左侧的“探照灯”向下复制出一个，执行“垂直翻转”和“水平翻转”，做出一个和原“探照灯”方向相反的探照灯；

（2）将两个“探照灯”“背对背”紧挨在一起；

（3）将复制出的“探照灯”设置为“无轮廓色，无填充色”，也就是完全透明；

（4）将透明探照灯和原灯组合成一个整体，如图 4-66 所示；

（5）同样的方法，为右侧探照灯也制作一个对称的隐形探照灯。

图 4-65　左右两个探照灯效果

图 4-66　隐形的探照灯

温馨提示： 整个过程，原灯的位置始终不变。

4．组件命名

为方便后面做动画时区分、识别不同组件，需要对前面做的这些组件重新命名。

打开“选择和可见性”窗格，将左侧的“灯”（包括“灯体”和“提手”）和“光柱”分别命名为“左灯”和“左光柱”，右侧的灯命名为“右灯”和“右光柱”，左侧的带着隐形的探照灯命名为“左隐形灯”，右侧的带着隐形的探照灯命名为“右隐形灯”。

4.4.4 两个小光球

幻灯片中有两个小光球，一个是页面外面正上方中央的“白色小光球”，一个是页面上两个光柱相交位置的“红色小光球”。

白色小光球：绘制一个正圆形，设置为“无轮廓色”，选择“形状填充”|“渐变”|“其他渐变”命令，打开“设置形状格式”对话框，设置填充为“渐变填充”，“类型”选择“路径”，依次设置3个渐变光圈效果为“白色，0%透明；白色，50%透明；白色，100%透明”。

红色小光球：将白色光球复制一份，将其调整成椭圆形，3个渐变光圈效果为“红色，0%透明；红色，50%透明；红色，100%透明”。

4.4.5 制作动画

1．白色小光球

白色小光球的动画效果是闪动着从上往下滑落，最后消失，这个过程包含3个动画，设置如下：

（1）闪动动画：选中白色小光球，选择“动画”|“强调”中的“放大/缩小”选项，“与上一动画同时”，持续时间为“0.75秒”；双击动画条目，打开效果对话框，选中“自动翻转”复选框，设置“重复”选项为“直到幻灯片末尾”。

温馨提示：当一个对象上设置有多个动画效果时，第1个动画可以从“动画”列表中直接选择、设置，也可以点击“添加动画”命令设置，但从第2个动画开始，就必须用“添加动画”命令来添加，否则会将前面设置过的动画替换掉。

（2）滑落动画：选择“添加动画”|“动作路径”|“自定义路径”命令，用鼠标从白色小光球的中心点开始，向下绘制曲线路径，终点在红色小光球的中心点上，“与上一动画同时”，持续时间为“5秒”。

（3）消失动画：选择“添加动画”|“退出”中的“淡出”选项，“与上一动画同时”，持续时间为“0.5秒”，延迟“5秒”。

完成设置后，当白色小光球从“舞台”上方滑落到“舞台”上后，就会变成红色小光球。

2．红色小光球

红色小光球的动画效果是在白色小光球“落地”后出现，在“舞台”上闪烁，最后消失。

（1）选中红色小光球，选择“动画”|“进入”中的“淡出”选项，“与上一动画同时”，持续时间“0.5秒”，延迟“5”。

（2）选择“添加动画”|“强调”中的“脉冲”选项，“与上一动画同时”，持续时间为“0.75秒”，延迟“5.5秒”；双击动画条目，打开对话框设置“重复”为“7”。

温馨提示： 有了背景音乐后，就要注意动画的快慢节奏，如果能将动画的快慢控制得与背景音乐节奏同步，那么做出来的效果更能吸引人；比如，前面设置动画的“持续时间为 0.75 秒”“重复 7 次”，就是根据背景音乐播放到此处的时长和音乐节奏调试得出的结果。

（3）选择“添加动画”|“强调”中的“放大/缩小”选项，“与上一动画同时”，持续时间“2 秒”，延迟“10.8 秒”，效果选项设置为“巨大”（400%）。

（4）选择“添加动画”|“退出”中的“淡出”选项，“与上一动画同时”，持续时间为“2 秒”，延迟“10.8 秒”。

到这里，两个小光球的动画全部制作完成。

3．光柱

在给光柱做动画之前，先将左、右探照灯的组合分别取消，因为要单独给光柱做动画。

（1）选中左光柱，设置动画为“进入”|“擦除”，“与上一动画同时”，持续时间为“0.5 秒”，延迟“12.9 秒”，效果选项设置为“向左侧”。

（2）选中右光柱，设置动画为“进入”|“擦除”，“与上一动画同时”，持续时间为“0.5 秒”，延迟“13.1 秒”，效果选项设置为“向右侧”。

温馨提示： 别忘了“动画刷”，第（2）步的动画也可以用“动画刷”来完成，选中左光柱，单击“动画”|“高级动画”|“动画刷”，鼠标指针变成刷子状态，再用鼠标点击一下右光柱，即可将左光柱的动画效果复制到右光柱，再将右光柱动画的延迟修改为“13.1 秒”，效果选项修改为“向右侧”。

（3）选中左探照灯灯体，设置动画为“退出”|“消失”，“与上一动画同时”，持续时间为“自动”，延迟“14 秒”；右探照灯灯体、左光柱、右光柱设置相同动画。

（4）同时选中“左隐形灯”和“右隐形灯”，选择“添加动画”|“进入”中的“出现”选项，设置为“与上一动画同时”，延迟“14 秒”。

（5）选中“右隐形灯”，选择“添加动画”|“强调”|“陀螺旋”选项，“与上一动画同时”，持续时间“2 秒”，延迟“14 秒”。

温馨提示： 为什么要添加隐形灯，并且与左右探照灯分别组合？就是为了这里能做出符合要求的“陀螺旋”效果：陀螺旋动画是围绕旋转对象的中心点旋转，如果不添加隐形灯，旋转时就是围绕光柱中的某个点旋转；添加反方向隐形灯并且组合后，旋转时就是围绕两个探照灯的结合处旋转，就可以实现探照灯扫射效果。

（6）在动画窗格中双击“右隐形灯”的“陀螺旋”动画条目，设置细节：“80° 顺时针”（这里的 80° 不是一个固定数据，而是根据绘制的光柱角度来确定），选中“自动翻转”复选框，重复为“直到幻灯片末尾”，如图 4-67 所示。

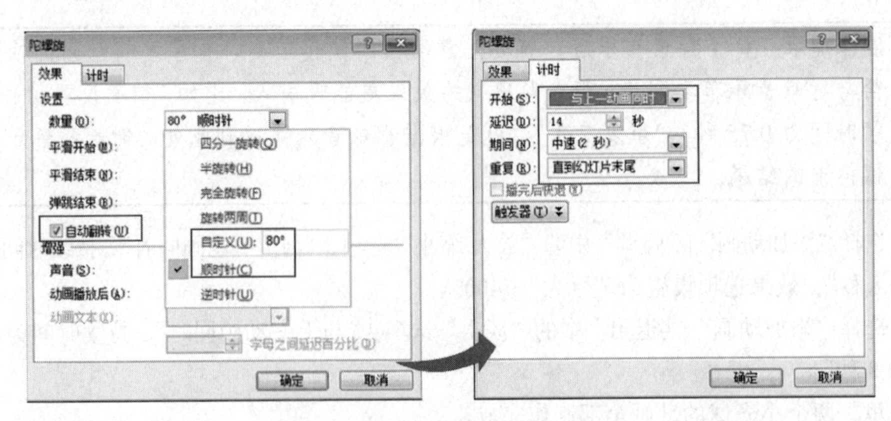

图 4-67 “陀螺旋”细节设置

温馨提示：在自定义设置框中输入“80”后，一定要记得按【Enter】键确认操作。

（7）参照第（6）步调整“左隐形灯”的“陀螺旋”动画条目，将“顺时针”改为“逆时针”，其他设置不变。

4．动画管理

拖动动画窗格左边框，将动画窗格加宽，完整显示各动画项目的时间指示条，如图 4-68 所示。

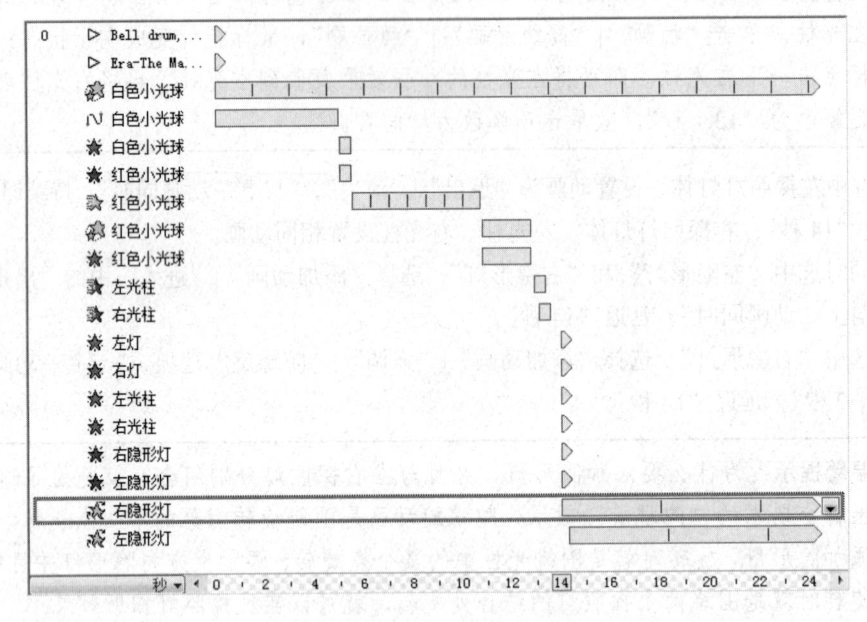

图 4-68 用时间轴管理动画

在动画窗格中，可以看到所有的动画条目由上到下整齐排列，拖动动画条目的时间指示条，可以调整动画的延迟时间和持续时间。动画窗格的下方有一条“时间轴”，“时间轴”上标有“时间刻度”，用以标示时间。

在“0”刻度的左侧，有一个“秒”选项，可以单击“秒”旁的下拉按钮，在菜单中选择“放大”或者“缩小”命令。比如，选择“放大”后，时间轴上的每一个刻度代表的时间变小，动画条目的时间指示条就会变长，这样比较短的动画条目就比较好选中，方便拖动调整。

本案例中，所有的动画都使用“与上一动画同时”开始，通过“延迟时间”精确控制动画开始时间，全程不需要播放者干预。这种方法适合做动画型的演示文稿，做出来的动画效果自由、流畅，接近“动画片”的效果。这种动画制作方式，需要事先将动画的开始、结束时间算好，写出一个“动画脚本”，在制作的过程中，直接按照脚本中的时间来设置动画。

4.4.6 输入标题文字

（1）前面为了方便动画制作，选择了“空白”版式，现在选择“开始”|“幻灯片”|“版式”|“标题幻灯片”选项，将幻灯片更改为“标题幻灯片”版式；

（2）向上调整一下标题占位符的位置，使其不要和静止“光柱”的位置重叠；

（3）选中“标题占位符”和“副标题占位符”，文字效果设置为“迷你简启体”（需要安装此字体）、白色，标题占位符为“44号字”，副标题占位符为“32号字”；

（4）在“标题占位符”中输入“江汉艺术职业学院炫PPT动画”，“副标题占位符”中输入“主讲：**”；

（5）将“标题占位符”和“副标题占位符”一起选中，文字颜色设置为“黑色”。

温馨提示：因为“标题幻灯片”是最后设置的，所以标题的层次关系是在最上层；如果做好了标题后再做其他内容，需要将标题执行一次“置于顶层”的操作。

4.4.7 保存文件

打包成CD，将字体和音乐文件都打包进去。

4.4.8 动画解析

本案例的动画效果，就像是探照灯扫射一样，灯柱扫射到哪里，哪里的东西就被照亮。

这里的原理其实很简单，标题文字与背景都是黑色，文字在最上层，黑色的背景上自然无法显示出黑色的文字；“光球”和“光柱”都是在标题文字的下层、幻灯片背景的上层，颜色是白色，当“光球”和“光柱”移动到文字的位置时，它就将文字和背景隔开了，“光球”和“光柱”的白色代替幻灯片的黑色成了文字的背景，黑色文字就显示在了白色背景上；“光球”和“光柱”移开后，黑色文字再次“隐藏”在了黑色背景中。

案 例 小 结

本案例是一个创意动画，制作方法并不难，关键是在进行动画设计时要转换思维角度：通过图形组合来仿制相关物品对象，通过层次和颜色搭配来显示、隐藏相关对象，通过多个动画组合来实现复杂动画效果，通过精确的时间设定来控制动画的过渡衔接。

学习本案例后，大家可以充分发挥想象，激发创意，尝试设计更多新颖独特的PowerPoint动画效果，制作出更有特点、更引人注目的演示文稿作品。

实训 4.4　完成“探照灯”开场动画的制作

实训 4.4.1　制作“探照灯”演示文稿

（1）安装新字体；

（2）完成“高级图形编辑工具”功能区的设置；

（3）插入背景音乐，制作幻灯片上的各对象要素：探照灯、光柱、隐藏探照灯、光球等；

（4）制作光球动画；

（5）制作探照灯动画；

（6）添加标题。

实训 4.4.2　实训拓展

（1）比较 4 种“高级图形编辑工具”的功能，尝试用它们制作各种物品；

（2）为制作出来的物品对象设计、编写一个动画脚本，制作实现这些动画。

温馨提示：如果没有合适的动画创意，可以寻找一小段动画片片段，将其简化，然后编写动画脚本，在 PowerPoint 中按照脚本去实现动画效果。

实训 4.4.3　实训报告

完成一篇实训报告，将实训中的感受和收获，特别是“实训拓展”探究过程中觉得有价值的内容，整理并记录下来。

案例 4.5　我的幸福生活

知识建构

- 超链接
- 按钮
- 图形的编辑与动画设置
- 循环动画

技能目标

- 形成在演示文稿设计制作过程中进行结构管理的意识
- 进一步熟悉图形的编辑技巧
- 掌握使用超链接和按钮控制 PowerPoint 结构的方法
- 掌握几种创意动画的制作方法
- 培养动画创意的能力

制作如图 4-69 所示的演示文稿“我的幸福生活”。

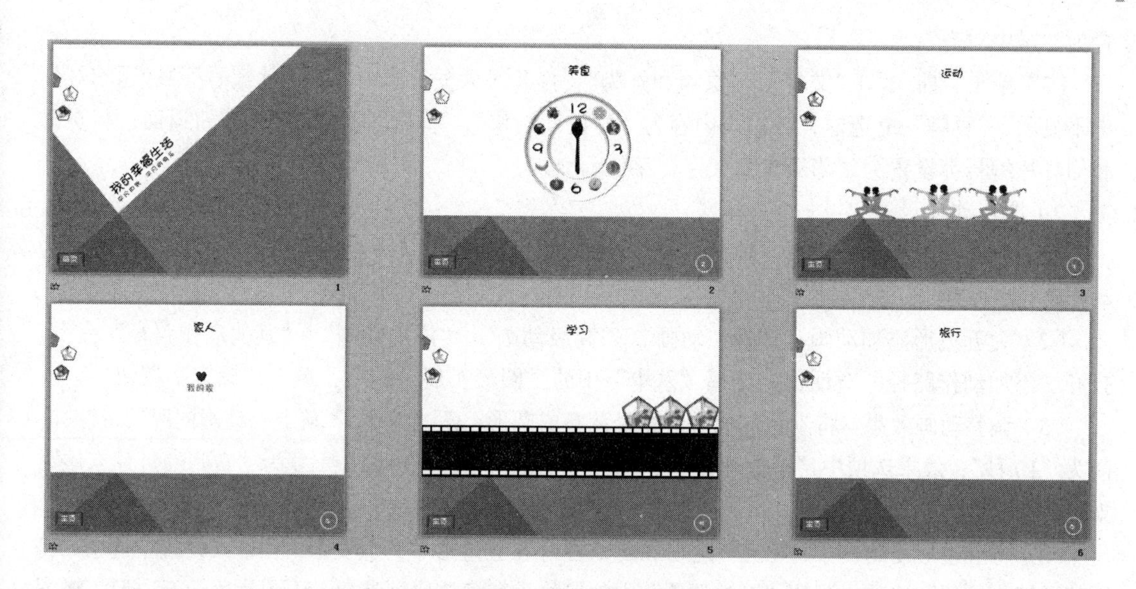

图 4-69　案例 4.5“我的幸福生活”完成效果

初学者设计制作的幻灯片，通常都是“线性结构”，也就是从第 1 张幻灯片开始，不停地单击鼠标，一直播放到最后一张幻灯片。要制作更专业、表现能力更强的演示文稿，就必须学会管理演示文稿的结构，重点是控制幻灯片之间的链接和跳转。

本案例的重点就是作者创新设计的一种结构管理方式。

4.5.1　安装字体

合适的字体，能统一、强化演示文稿的整体风格。本案例根据内容特点，选择使用了“华康少女文字”，制作演示文稿前要提前安装好这一新字体。

4.5.2　设定主题

（1）新建空白演示文稿，设置主题为“角度”主题；

（2）在第 1 张幻灯片（标题幻灯片版式）中录入标题“我的幸福生活”，副标题“平凡的我，平凡的快乐”；

（3）新建 5 张幻灯片（标题与内容版式），分别录入标题：美食、运动、家人、学习、旅行。

4.5.3　插入背景音乐

在第 1 张幻灯片上插入预先准备的背景音乐，设置：从头开始播放，6 张后结束播放，与上一动画同时开始播放，取消触发器（设置“触发器”为“部分单击序列动画”）；将声音图标移动到幻灯片页面外（通常放在页面左上角外侧）。

4.5.4　制作母版

1．第 1 张母版：基础母版

1）标题和页脚

（1）将标题占位符和内容占位符的文本格式都设置为“华康少女文字”，标题占位符文本设置为“居中对齐”；

（2）单击“插入”|“文本”|“页眉和页脚”，打开对话框，选中“幻灯片编号”“标题幻灯片中不显示”“页脚”复选框，并输入内容为“**设计制作”，单击“全部应用”按钮返回，将页脚和幻灯片编号都设置为“华康少女文字”字体。

2）图片动画

（1）绘制一个小正五边形，填充图片“柠檬.jpg”，图片形状大小刚好合适，设置图片颜色为动作路径“灰色”。

（2）为五边形添加动画：选择“动画”|“高级动画”|“添加动画”|“其他动作路径”命令，打开“添加动作路径”对话框，选择“基本”中的“圆形扩展”选项，单击“确定”按钮。

（3）调整动画效果：将默认的椭圆形路径调整成圆形，适当缩小；“从上一动画同时”，持续时间为“10 秒”；效果选项中“平滑开始”与“平滑结束”均为“0 秒”，重复为“直到幻灯片末尾”，如图 4-70 所示。

（4）将五边形复制一个，填充“运动.png”，图片在五边形中有点变形，在格式设置中选中“将图片平铺为纹理”选项，调整“平铺选项”中的偏移量和缩放比例参数，让图片适配五边形，将图片颜色改成“灰色”。

（5）复制的过程中，路径动画会同时复制，单独选中第 2 个五边形（不选中路径），将第 2 个五边形移动到第 1 个五边形的动画路径上的合适位置，单独选中、移动第 2 个五边形的路径，将其与第 1 个路径重合（通过【Ctrl+键盘方向键】组合键微调），单独选中并旋转第 2 个五边形的路径，让“绿色三角形”（路径动画的起点）在第 2 个五边形的中心点上（有一点误差没关系）。

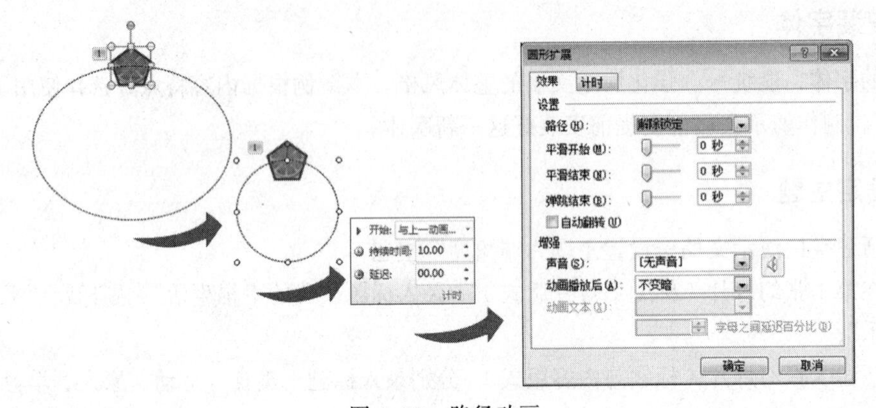

图 4-70 路径动画

温馨提示：两条路径重叠后，如何确定是否选中了第 2 个五边形的路径呢？在动画窗格中选中第 2 个动画条目就可以确定。

（6）同样的方法，再依次复制出 3 个五边形，依次填充“爱心.png”“学习.png”“汽车.png”，参照第（4）步设置图片格式。

（7）将 5 个五边形在动画路径上摆成一个大五边形，参照第（5）步的方法调整各个小五边形的动画路径，完成效果如图 4-71 所示。

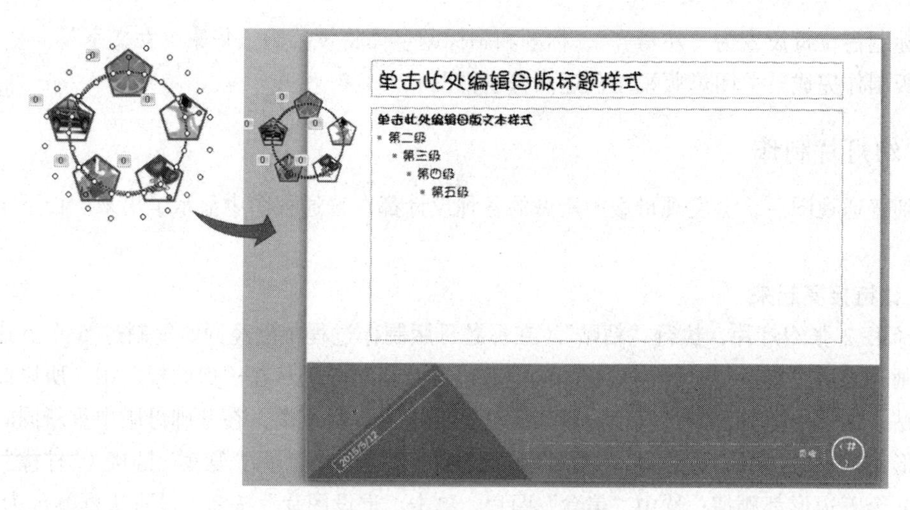

图 4-71　5 个五边形的路径动画

3）图片链接

选中“柠檬”五边形，右击，在弹出的快捷菜单中选择“超链接”命令，打开“插入超链接”对话框，在“链接到”列表框中选择“本文档中的位置”选项，选中标题为“2.美食”的幻灯片（前面提前输入各张幻灯片的标题文字，就是为了这里能正确选择），单击“屏幕提示”按钮，在打开的“设置超链接屏幕提示”对话框中输入“美食”，依次单击“确定”按钮返回母版视图，如图 4-72 所示。

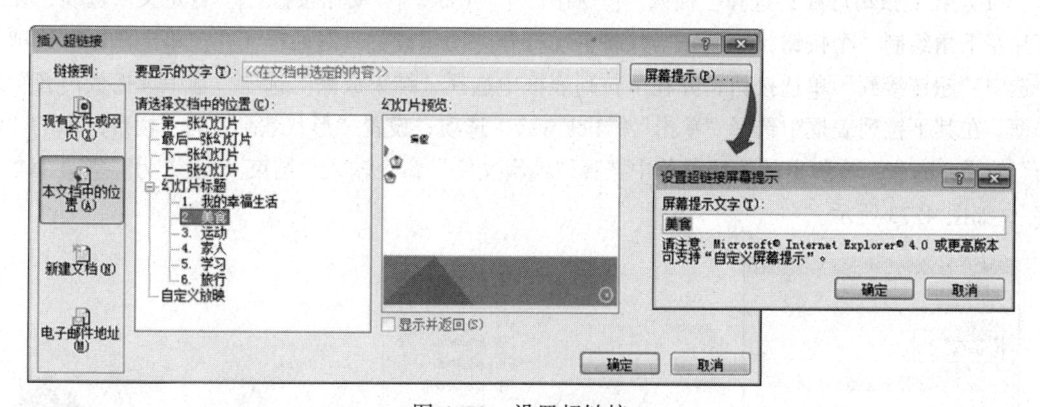

图 4-72　设置超链接

用同样的方法为其他 4 个五边形设置对应的超链接。

温馨提示：“插入超链接”对话框中的其他 3 个选项“现有文件或网页”“新建文档”“电子邮件地址”在幻灯片制作中也经常用到。

2．第 2 张母版：标题母版

将第 1 张母版上做好效果的 5 个五边形复制到第 2 张母版上。

温馨提示：第 1 张母版是基础母版，为什么没有控制第 2 张标题母版呢？因为，这个幻灯片选用的“角度”主题，在标题母版中设置了“隐藏背景图形”。

将标题占位符设置为“左对齐”，标题和副标题字体将设置为“华康少女文字”。

母版制作完成，关闭母版视图，返回普通视图。

4.5.5 幻灯片制作

回到普通视图后，会发现母版中所做的各种设计都在普通视图中显示了出来。接下来还有工作要做。

1. 让链接亮起来

选择第 2 张幻灯片，执行“粘贴”（在标题母版制作过程中已经同时复制过 5 个五边形及它们的动画，之后没有执行过其他复制，5 个五边形及其动画仍然在“剪贴板”中，所以此处可以直接粘贴；如果中间曾复制过其他内容，此处需要进入母版视图，在基础母版中重新同时复制 5 个五边形），粘贴过来的五边形会覆盖母版中设置的五边形，除了“美食”链接（“柠檬”图片），将其他 4 个五边形都删掉；选中“美食”图片，单击“重设图片”按钮，设置边框颜色为“橙色”（与“柠檬”图片主色调相匹配）。

按照上面的方法，依次重设第 3、4、5、6 张幻灯片上的五边形链接。

温馨提示： 由于第 3 张上的“运动”图片本身的颜色为白色，很不醒目，所以将图片颜色改为“橙色”，边框颜色也设置为“橙色”。

2. 按钮

（1）第 1 张幻灯片：选择“插入”|“插图”|“形状”|“动作按钮”|“自定义”选项，在幻灯片左下角绘制一个按钮，绘制完毕，将自动打开“动作设置”对话框，在“单击鼠标”选项卡中选中“超链接到”单选按钮，并在下拉列表框中选择“结束放映”选项，选中“播放声音”复选框，在其下拉列表框中选择“单击”（click.wav）选项；设置“形状效果”为“棱台”中的“斜面”效果；右击，在弹出的快捷菜单中选择“编辑文字”命令输入“结束”，设置为“华康少女文字”；如图 4-73 所示。

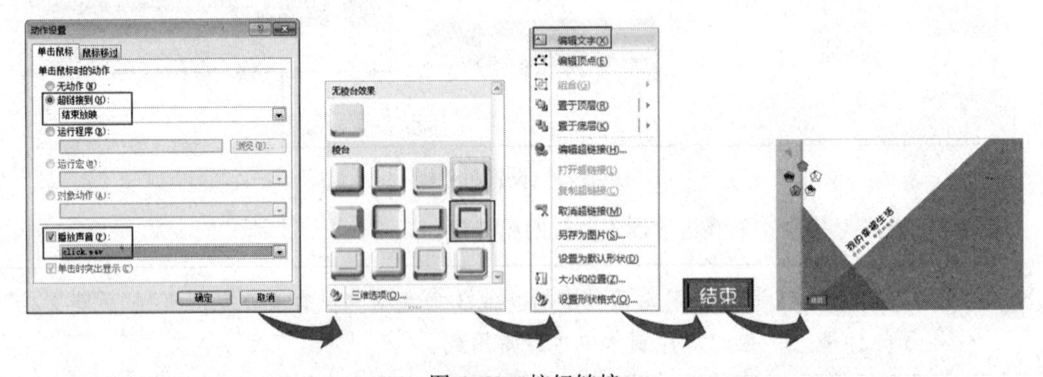

图 4-73 按钮链接

（2）第 2 张幻灯片：将第 1 张幻灯片上的按钮复制到第 2 张幻灯片上，将文字“结束”修改为“主页”，右击，在弹出的快捷菜单中选择“编辑超链接”命令，打开“动作设置”对话框，选中“超链接到”单选按钮，在其下拉列表框中选择“幻灯片”选项，打开“超链接到幻灯片”对话框，选择“1. 我的幸福生活”（第 1 张幻灯片）选项，如图 4-74 所示。

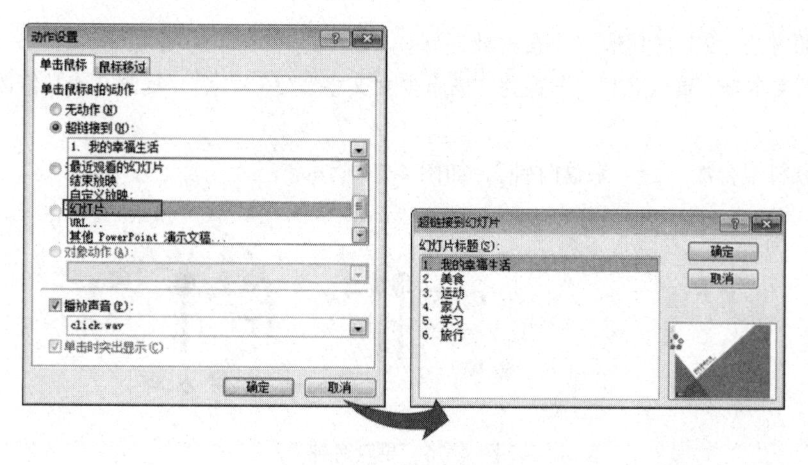

图 4-74　修改超链接

（3）将第 2 张上的按钮直接复制到第 3、4、5、6 张幻灯片上，不需要修改。

4.5.6　幻灯片切换

本案例需要的效果是只能通过旋转的图片和按钮来进行幻灯片的切换和跳转，那么默认的幻灯片切换方式就要取消，以免发生冲突，使链接效果失去作用。

操作步骤如下：选择“切换”功能区，在“计时”工具组中取消选择“单击鼠标时”，单击“全部应用”按钮。完成设置后，幻灯片放映时，就不能用鼠标单击进行幻灯片切换了。

如果幻灯片放映过程中需要强制退出放映，可以敲击键盘左上角的【Esc】键。

温馨提示：禁止“单击鼠标”切换幻灯片后，如果鼠标中间有滚轮，在幻灯片放映时，使用鼠标中间的滚轮向前、后滚动，仍然可以强行切换幻灯片。

4.5.7　创意动画

本案例设计有 5 个创意动画。

1．模拟时钟（第 2 张幻灯片）

1）素材准备

（1）圆盘：绘制正圆形，设置格式：“无轮廓色”“填充白色”，“形状效果”为“棱台”中的“柔圆”（顶端宽度“15 磅”，高度“10 磅”）；复制一个，缩小，放在大圆形中间作“盘底”。

（2）插入图片“猕猴桃.jpg”，双击进入图片编辑模式，单击“删除背景”按钮，进入背景消除状态，拖动图片上的选择框（粉色区域是被删除的部分），使用“标记要保留的区域”和“标记要删除的区域”工具删除或保留图片上的区域，单击“保留更改”按钮返回，如图 4-75 所示。

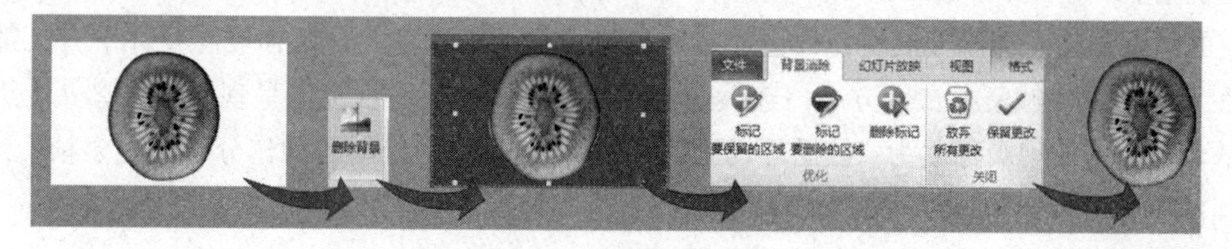

图 4-75　删除图片背景

（3）按照方法（2）将其他图片素材处理好。

（4）插入文本框，输入“3”，设置为“华康少女文字”“36 号字”；复制 3 个，修改文字为“6”“9”“12”。

（5）将素材组合成一个“果盘时钟”，如图 4-76 所示。

图 4-76　果盘时钟

2）动画制作

果盘时钟动画的重点是用叉子和勺子的“陀螺旋”效果来模拟时钟的分针、秒针旋转。由于 PowerPoint 2010 版中，单个动画的时长最多只能设置 59 秒，而分针走一圈却需要 3600 秒，所以，这里的动画是无法完全模拟分针旋转的，只能通过叉子、勺子不同的旋转速度，象征时间的流逝。

（1）将“勺子”和“叉子”一起选中，选择“动画”|“高级动画”|“添加动画”|“强调”中的“陀螺旋”选项，开始为“与上一动画同时”；

（2）选中“叉子”，设置持续时间为“10 秒”，在效果对话框中设置“重复直到幻灯片末尾”；

（3）选中“勺子”，设置持续时间为“59 秒”，在效果对话框中设置“重复直到幻灯片末尾”。

温馨提示：在 PowerPoint 2003 中，可以自由设置动画时长，因此，可以将“秒针”（叉子）旋转时间设置为 60 秒，“时针”（勺子）旋转时间设置为 3600 秒，真实模拟时钟指针的旋转效果。

试一试：

真实的秒针、分针和时针是不会像本案例中的“叉子”和“勺子”这样指着两个方向旋转的，它们的长度从钟表的中心点开始，只指向一个方向。请借鉴“探照灯”案例中的设计，自己设计动画，模拟真实时钟指针旋转。

2．习武动画（第 3 张幻灯片）

这一张幻灯片中的动画要模拟一个简单的习武动作。这里要借用视频编辑和动画制作中的“帧”的概念，比如要在 PowerPoint 中实现鸟儿上下扇动翅膀的动作，需要设置不同的“帧”：第 1 帧上的画面是鸟儿翅膀伸展在身体上方，第 2 帧上的画面是鸟儿翅膀伸展在身体下方，第 3 帧又是在上方，第 4 帧又是在下方……连续快速播放这些画面，在视觉上呈现的就是鸟儿上下扇动翅膀的动作。这种动画称之为“帧循环动画”。如果将一个翅膀扇动的动作分解成更多帧，让相邻帧之间的变化尽可能小，那么翅膀扇动的动作就会更逼真。

本案例中的动画只使用了两帧来进行循环。

1）素材准备

（1）插入图片“运动.png”，调整画面到适宜大小，设置颜色为“橙色”；

（2）按住【Ctrl+Shift+Alt】组合键，水平复制出一张图片，执行“水平翻转”，让两张图片的左右方向完全相反。

2）动画制作

（1）选中两张图片；

（2）选择“添加动画”|“淡出”选项，“与上一动画同时”，持续“0.5秒”；

（3）选中第1张图片，单击“加载项”|“动画补缺”插件，选择“退出”|“闪烁一次”，设置为“与上一动画同时”，持续“1秒”，重复为“直到幻灯片末尾”；

（4）选中已经设置了动画效果的图片，单击“动画刷”复制动画，点击第2张图片，将“闪烁一次”动画应用于第2张图片；

（5）选中第2张图片的“闪烁一次”动画条目，设置“延迟0.5秒”；

（6）选中两张图片，选择“添加动画”|“动作路径”|“自定义路径”，以图片中心为起点，从左到右绘制一条终点在幻灯片页面外的动作路径；

（7）设置路径动画细节：“与上一动画同时”，持续“10秒”，延迟“0秒”，“平滑开始0秒”，“平滑结束0秒”；

（8）将两个图片一起选中，水平复制出一组，修改图片颜色为“橄榄色”，再水平复制出一组，修改图片颜色为“蓝灰色”，将3组图片的位置横向排列在页面上，设置为上下居中，确保它们的“动作路径”都在页面外。

3）动画原理

在PowerPoint中，“闪烁一次（退出/强调）”具有相等的停留时间和消失时间，设置其中一帧延迟0.5秒，刚好能满足两帧画面交替出现的循环要求，如图4-77所示。

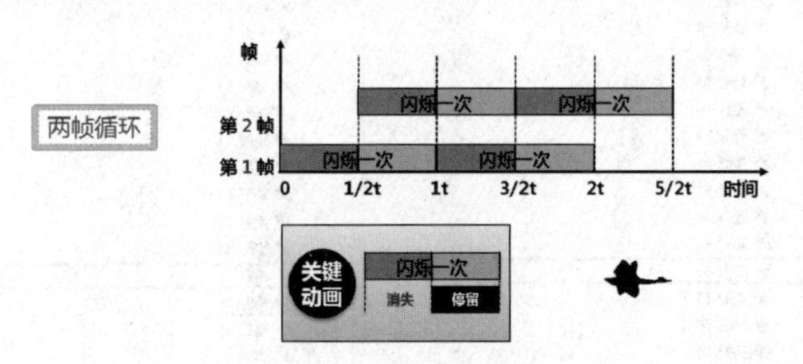

图4-77 两帧循环动画原理

3. 爱心环绕（第4张幻灯片）

这一张幻灯片的动画是一组爱心在循环转动，将“我的家”围绕在中间。

1）爱心

（1）按住【Shift】键，绘制一个“心形”，设置格式为无轮廓色，填充为“红色，渐变，中心辐射”，“形状效果”为“棱台，圆”；

（2）为“心形”添加路径动画，动画路径为也是“心形”，设置为“与上一动画同时”，持续时间为“5秒”“平滑开始为0秒”“平滑结束为0秒”“重复直到幻灯片末尾”；

（3）按【Ctrl+D】组合键，复制生成总共50个“心形”，将它们完全重叠，这时动画窗格中，也会出现对应的50个动画条目；

（4）让心形依次动起来：第1个心形的动画条目不做修改，第2个心形的动画条目设置为“延迟0.1秒”，第3个心形的动画条目设置为“延迟0.2秒”……，依此类推，最后一个心形的动画条目设置为“延迟4.9秒”。

2）幻影字

幻影字可以用做强调标题，也可以用来渲染效果。

（1）创建文字：插入文本框，输入“我的家”，文字的位置在心形路径的中间，设置格式为：“华康少女文字”“20号字”“水平居中对齐”，艺术字效果为倒数第1排的第3种效果。

（2）添加动画：选择“添加动画”|“进入”中的“缩放”选项，设置为“与上一动画同时”，持续时间为“0.5秒”，延迟“5秒”（也就是在心形即将完成时，文字开始出现）。

（3）复制文字：选中文字，按【Ctrl+D】组合键，复制出9组文字，加上原来那个共10组，将文字全部重叠在一起，动画窗格中也会出现对应的10条“缩放”动画条目。

（4）幻影进入效果：从第2个“缩放”动画条目开始，依次往后“延迟0.1秒”，也就是依次延迟“5.1秒、5.2秒……5.9秒”。

（5）继续添加动画：选中所有文字，选择“添加动画”|“更多退出效果”命令，在打开的“添加退出效果”对话框中选择“淡出”选项，设置为“与上一动画同时”，持续时间为“0.5秒”延迟“8秒”。

（6）继续添加动画：选中所有文字，选择“添加动画”|“强调”中的“放大/缩小”选项，设置为“与上一动画同时”，持续时间为“0.5秒”，延迟“8秒”，放大“800%”。

（7）动画按名字分组：用鼠标拖动第1条“放大/缩小”动画条目，往上移动至第1个“淡出”退出动画条目的后面；后面同理，依次将动画条目穿插进去，效果如图4-78所示。

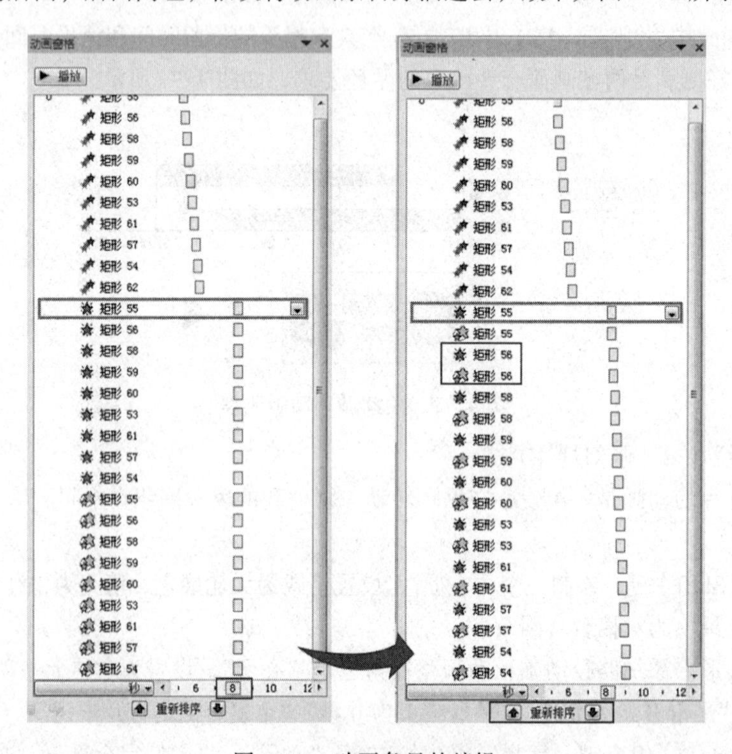

图4-78 动画条目的编辑

（8）幻影退出效果：同时选中第 2 组名字相同的两个“淡出”和“放大/缩小”动画条目，如图 4-77 右侧矩形框所选“矩形 56”，设置延迟“8.1 秒”；后面每组依次延迟“0.1 秒”。

（9）文字最后还要停留在“爱心包围圈”中：删除最后一组“淡出”和“放大/缩小”动画条目，让文字直接停留在页面上。

4．图片循环（第 5 张幻灯片）

在第 5 张幻灯片上，有两种动画，一组是图片变换的动画，还有一组是图片的循环动画。

1）图片变换

（1）绘制一个正五边形，轮廓设置为“灰色”“3 磅”，形状效果为“棱台”“斜面”；

（2）填充图片：填充“学习.png”的图片；

（3）复制图形，并将新图形的填充图片修改为“画画.png”，轮廓色修改为“深橙色”；

（4）选中“学习.png”五边形，选择“添加动画”|“进入”中的“旋转”选项，“与上一动画同时”，持续时间“1 秒”；

（5）为“学习.png”五边形添加第 2 个动画：选择“添加动画”|“退出”中的“旋转”选项，“与上一动画同时”，持续时间“1 秒”，延迟“1 秒”；

（6）选中“画画.png”五边形，选择“添加动画”|“进入”中的“旋转”选项，“与上一动画同时”，持续时间“1 秒”，延迟“2 秒”；

（7）将“学习.png”五边形和“画画.png”完全重合；

（8）同时选中两个五边形，水平复制出一组，调整复制出的动画条目：第 1 个延迟“2 秒”，第 2 个延迟“3 秒”，第 3 个延迟“4 秒”；

（9）再次水平复制出一组，调整复制出的动画条目：第 1 个延迟“4 秒”，第 2 个延迟“5 秒”，第 3 个延迟“6 秒”。

温馨提示： 通过调整延迟，制作出一个接一个变换图片的效果。

动画窗格的动画条目如图 4-79 所示。

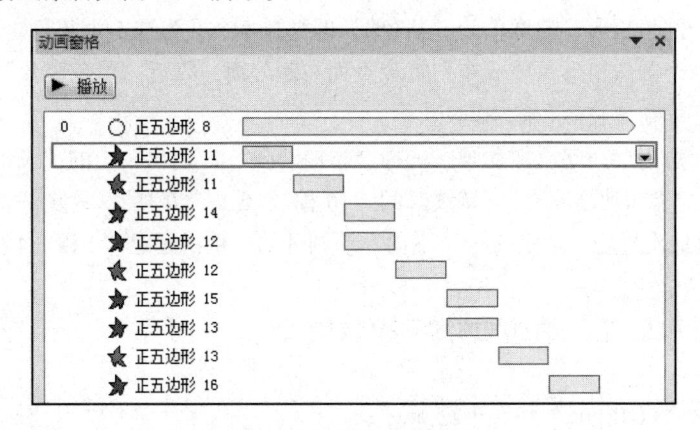

图 4-79　图片变换动画

2）图片循环

这个动画设置的是 5 张图片在进行循环，操作步骤如下：

（1）绘制一个矩形，轮廓色为“黑色”，填充色为“黑色”；

（2）在黑色矩形的左上角绘制一个圆角矩形，无轮廓，填充色为“白色”“形状效果”为“阴影，中部居中”；

（3）将白色圆角矩形水平复制出一整条，再向下复制出一整条，形成胶片效果，如图 4-80 所示；

图 4-80　胶片效果

温馨提示：在绘制、复制圆角矩形的过程中，使用【Ctrl+Shift+Alt】组合键可以提高速度和准确性。

（4）绘制一个圆角矩形，轮廓色为“茶色”，再复制 4 个，为这 5 个圆角矩形分别填充图片，将填充图片后的 5 个圆角矩形重叠放在幻灯片页面右侧外面，靠近“黑色胶片”的位置，让它们向左平移时，正好处在“胶片”的中间；

（5）为 5 个圆角矩形一起添加动画：选择“添加动画”|“退出”中的“飞出”选项，设置效果为“到左侧”“与上一动画同时”、持续时间“10 秒”、延迟“0 秒”、重复“直到幻灯片末尾”；

（6）5 张图形依次进场：从第 2 个“飞出”动画开始，依次延迟“2 秒、4 秒、6 秒、8 秒”。

5．汽车行驶

在第 6 张幻灯片上，用一辆行驶的汽车来代表旅行。

1）素材准备

（1）插入图片“汽车.png”和“车轮.png”；

（2）复制一个“车轮”，将两个“车轮”分别摆放在汽车图片前后车轮的位置；

（3）同时选中“汽车”和两个“车轮”，将其摆放在“舞台”左侧外面，让其向右平移进入页面后，正好在下面颜色区的上边，如图 4-81 所示。

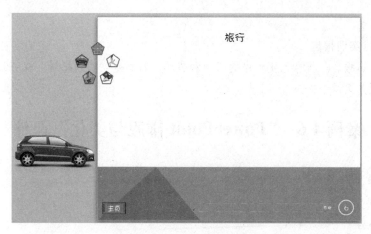

图 4-81　“汽车”摆放位置

2）动画制作

（1）用鼠标框选，同时选中汽车和两个车轮；

（2）添加动画：选择“动画”|“高级动画”|“添加动画”|“动作路径”中的“自定义路径”选项，绘制一条横向穿过整个页面的路径动画，在动画窗格中会新增 3 个动画条目，3 个路径动画都设置为“与上一动画同时”、持续时间“10 秒”“平滑开始 0 秒”“平滑结束 0 秒”；

（3）同时选中两个车轮，设置动画：“强调”中的“陀螺旋”，“与上一动画同时”，持续“2 秒”，数量为“360° 顺时针”，重复“直到幻灯片末尾”。

案 例 小 结

这个案例介绍了一种新的幻灯片结构，当演示内容结构复杂，幻灯片数量较多，经常需要链接和跳转时，就需要创新设计幻灯片的结构，合理定制链接和跳转，保持始终清晰的演示思路和逻辑。

案例中还使用了几种特色鲜明的动画效果，灵活运用系统提供的动画功能，还可以设计出更多的动画效果。

实训 4.5　完成“我的幸福生活”演示文稿的制作

实训 4.5.1　制作“我的幸福生活”演示文稿

（1）安装新字体；

（2）设置主题；

（3）新建文字夹，将背景音乐文件和背景文件放在新文件中；

（4）插入背景音乐；

（5）制作母版：设置图片动画、图片链接；

（6）幻灯片制作：让链接亮起来，按钮；

（7）创意动画：模拟时钟，习武动画，爱心环绕，图片循环，汽车行驶。

实训 4.5.2　实训拓展

4 个人一个小组，大家集思广益，设计一种特色鲜明的幻灯片结构方式，制作一个演示文稿，应用这个结构方式。

实训 4.5.3　实训报告

完成一篇实训报告，将自己实训中的感受和收获，特别是“实训拓展”探究过程中觉得有价值的内容，整理并记录下来。

案例 4.6 “PowerPoint 排版与美化”课件

知识建构

- 结构管理
- 幻灯片备注
- 创建讲义
- PowerPoint 排版与美化的技巧

技能目标

- 能合理使用导航系统管理幻灯片结构
- 掌握创建讲义的方法
- 掌握 PowerPoint 排版与美化的技巧并运用到设计制作实践中

制作如图 4-82 所示的“PowerPoint 排版与美化”课件。

课件是一组具有共同教学目标的文字、声音、图形图像、视频等素材的集合，它必须依靠计算机等多媒体设备播放或演示，它的作用是辅助教学。PowerPoint 是最常见的课件设计制作工具。

为方便教学中使用和学生自学，课件需要有更清晰的逻辑结构，更便捷的结构管理方式，因此课件通常都会设计完善的导航系统。

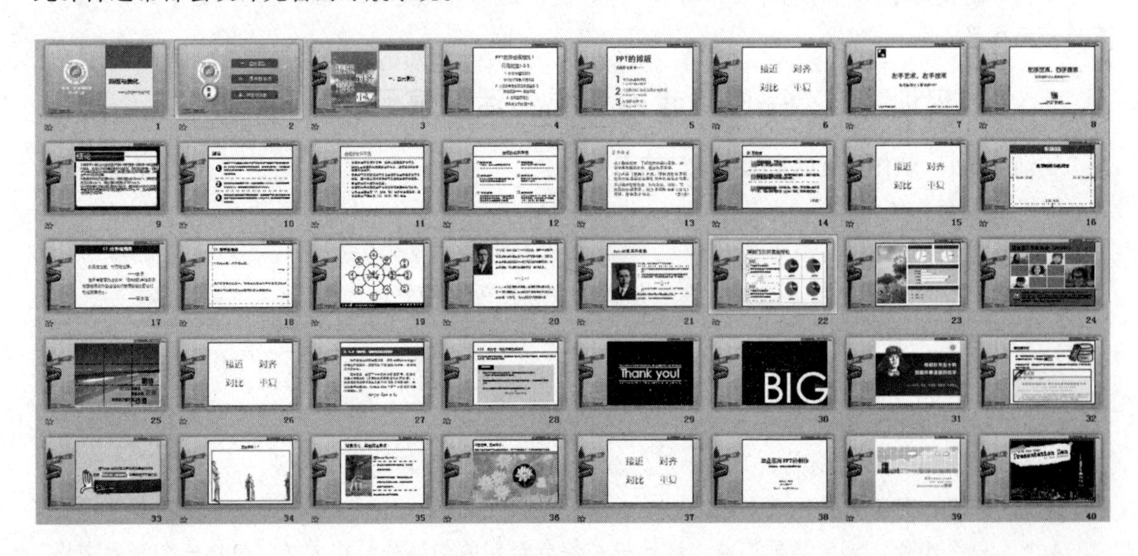

图 4-82　案例 4.6 课件（部分）

本案例主要通过介绍演示文稿的大概框架，来展示课件的结构方式和导航系统。

4.6.1　主题

本案例使用“奥斯汀”主题，页面设置为“16∶9”。

4.6.2　LOGO 的二次编辑

为了匹配这个演示文稿的“教学”特性，可以在不修改 LOGO 基本元素和形状的基础上，对 LOGO 进行了二次编辑，以体现出“培养、成长、活力”等关键词。

制作过程如图 4-83 所示：

图 4-83　LOGO 的二次编辑

温馨提示：这里有“手”和“小绿叶”，是用曲线工具绘制的。添加的元素除了代表培养、成长和活力之外，还代表着每一个“江职”人将学校的荣誉捧在手心呵护。

二次编辑后的 LOGO，放在第 2 张“标题”母版中。

4.6.3　导航设计

如果演示文稿比较长，要在时间较长的演示中，让观众始终清晰把握演示内容的逻辑结构、重点以及进度，就需要为演示文稿建立完善的导航系统。

其实 PowerPoint 中一直都在使用导航，比如，为幻灯片添加页码或者为演示文稿添加目录，只不过，仅仅这些还不够。一个完整的幻灯片导航系统，应该包括目录页、转场页和进度条，在实际使用中，这 3 个要素不一定都出现，只要能清晰反映演示文稿的结构和进度就行，具体情况要根据演示文稿的内容长度、逻辑结构复杂程度等来确定。

1. 目录页母版

（1）定位在空白母版中，选中“设计”|“背景”|“隐藏背景图形”复选框；

（2）将标题幻灯片中二次编辑过的 LOGO 复制过来，并在下面绘制一个具有立体效果的“钮扣”形按钮，输入“目录”；

（3）在页面右侧绘制三个圆角矩形按钮。

目录页效果如图 4-84 所示。

温馨提示：“钮扣”形按钮和矩形按钮的绘制方法见案例 4.2“按钮模板”。

2．转场页母版

转场页的作用：

第一，提示观众前一章节的结束和下一章节的开始，让观众了解整个演示文稿的进度；

第二，作为一个章节目录，对下一部分的内容作简单的介绍；

第三，让观众的思维得到短暂休息。

本案例转场的制作过程如下：

（1）定位在第 10 张母版（图片与标题母版）中，页面左侧是“单击图标添加图片”占位符，右侧是标题区；

（2）选中左侧“单击图片添加图片”占位符下层的空白矩形，填充“浅蓝色”“渐变”“深色向下”，轮廓色为“无”；

（2）选中右侧的“标题”占位符，将文字格式修改为“黑色，居中对齐”。

转场页效果如图 4-85 所示。。

图 4-84　目录页母版

图 4-85　转场页母版

3．进度显示

目录页和转场页的作用是帮助观众了解 PowerPoint 的大框架，“进度显示”则是帮助观众掌握演示文稿的详细进程。

页码是显示进度最简单的办法，但必须是“当前页”和“总页数”同时出现才能让观众了解进度。

还有一种显示进度的方法，称为导航条，本案例中的进度显示，结合了“页码”和“导航条”。

页码：本主题的页码位置在页面上方，没有习惯性地放在右下角。

导航条：本案例中的“导航条”，制作成了“指示牌”的效果，始终显示在幻灯片页面的左侧，在不同的内容页面，导航条上的对应章节标牌显示为彩色，如图 4-86 所示。

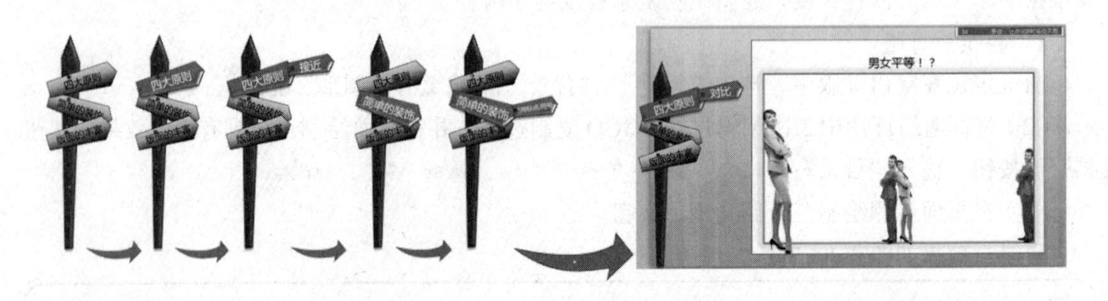

图 4-86　导航条

温馨提示：导航条的形状是用“任意多边形”工具绘制而成，里面分别填充深浅不同的“木纹”和“灰色渐变”，效果设置为“棱台”“柔圆”。

4.6.4 PowerPoint 排版与美化技巧

本案例配套的 PowerPoint 课件，内容是 PowerPoint 的排版与美化，这也是演示文稿设计制作人员必须掌握的基础内容。

1．版面设计的“四大原则”

版面设计是一种艺术，不存在什么金科玉律，对于普通人来说，掌握版面设计的一些基本知识，虽然可能设计不出“伟大的艺术品”，但至少不会设计出令人讨厌的作品。著名设计师 Robin Williams 在《The Non-Designer's Design Book》(汉译本《写给大家看的设计书》) 一书中，提出了版面设计的四大原则：Proximity (接近，中文译本作“亲密性”)、Alignment (对齐)、Contrast (对比)、Repetition (重复)，这四大原则简单、实用，非常适合指导演示文稿的版面设计。

1）接近

“接近”(亲密性) 原则要求将相关项组织在一起。它有两个作用：一是将杂乱无章的元素进行分组，在同一页面上物理位置接近的元素，读者通常会认为它们之间存在意义上的关联，因此“接近”就是将相关的项目放在一起，形成一个视觉单元，帮助观众完成前期的信息组织，减小阅读压力；二是通过相近元素的聚拢，为页面留出更多空白，避免页面拥挤。

如图 4-87 所示，左侧版面上共有 5 条独立的信息，在阅读这张幻灯片时，观众的视线要跳跃 5 次才能将信息全部看完；右侧版面，根据“接近”原则将这 5 条信息聚拢为了两组，观众阅读时，视线从上往下，不必频繁跳转。

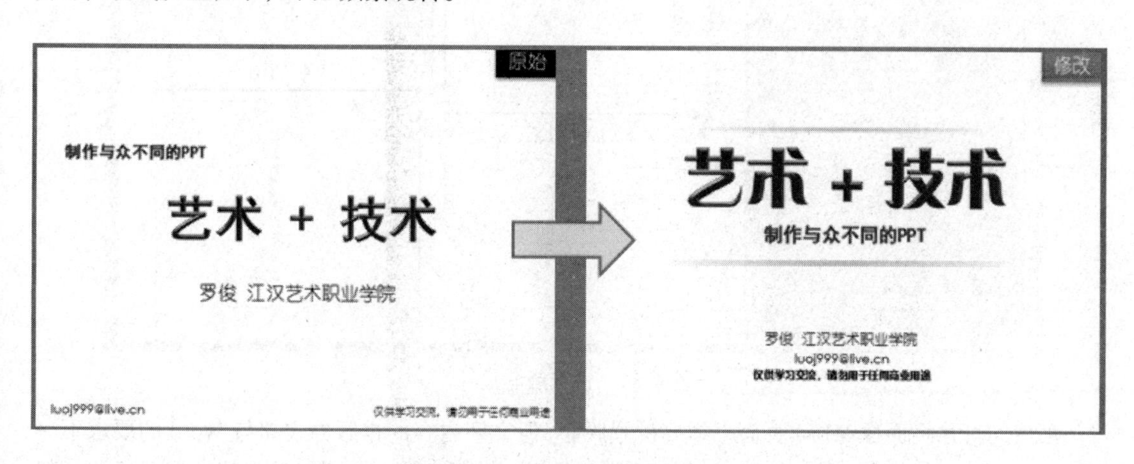

图 4-87　将相关项目组织在一起

对于以文字内容为主的页面，接近原则要求尽量不让观众费心地去区分段落。如果页面太过拥挤，那就适当缩小字号后再将段落拉开，然后通过添加编号或者通过首字放大将段落区分得更明显。

2）对齐

在 PowerPoint 页面上，任何组成元素都不能随意排放，“对齐”能很好地解决页面中各个元素的安置问题，它的作用主要有 3 个：赋予页面秩序美，防止页面过于散乱；避免观众视线的频繁跳跃，影响阅读的连续性；通过对齐来展现元素之间的并列关系。

在对齐页面元素之前，首先需要像 Word 排版一样，为幻灯片页面预留一定的页边空白，除了页眉页脚外，内容元素不要排版在页边空白区域内；换一种说法，就是要设置好幻灯片页面的版心尺寸，内容元素尽量排版在版心区域。设置版心尺寸的方法如下：

（1）在“视图”|“显示”工具组中，选中“标尺”和“参考线”复选框，如图 4-88 所示；

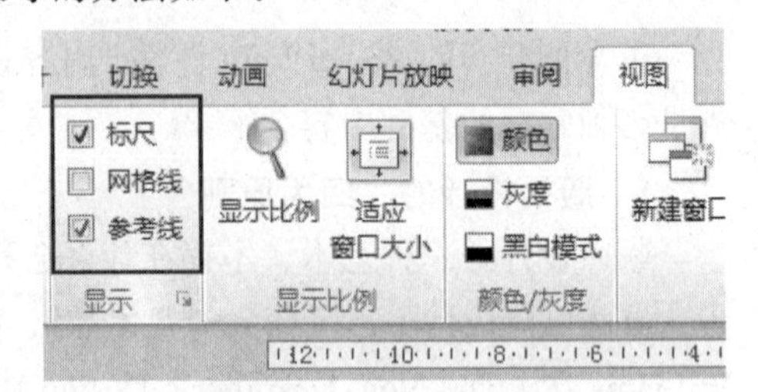

图 4-88 “显示”工具组

（2）幻灯片页面上方和左方会出现“标尺”，两条标尺的“0”刻度都在标尺中间，页面中心会出现纵横两条参考线（虚线），相交在“0，0”座标的位置；

（3）鼠标指针移动到参考线上方，按住鼠标左键，鼠标指针会变成数字，这个数字对应标尺的刻度，在拖动它之前，它显示为“0.0”；按住【Ctrl】键，按住鼠标左键向左拖动纵参考线，到刻度“11.4-11.6”之间，松开鼠标，复制出一条纵参考线，再向右同样位置复制一条纵参考线；同样方法，复制横参考线，上下横参考线的位置在“8.2-8.4”之间；如图 4-89 所示，上下左右 4 条参考线之间为版心位置。

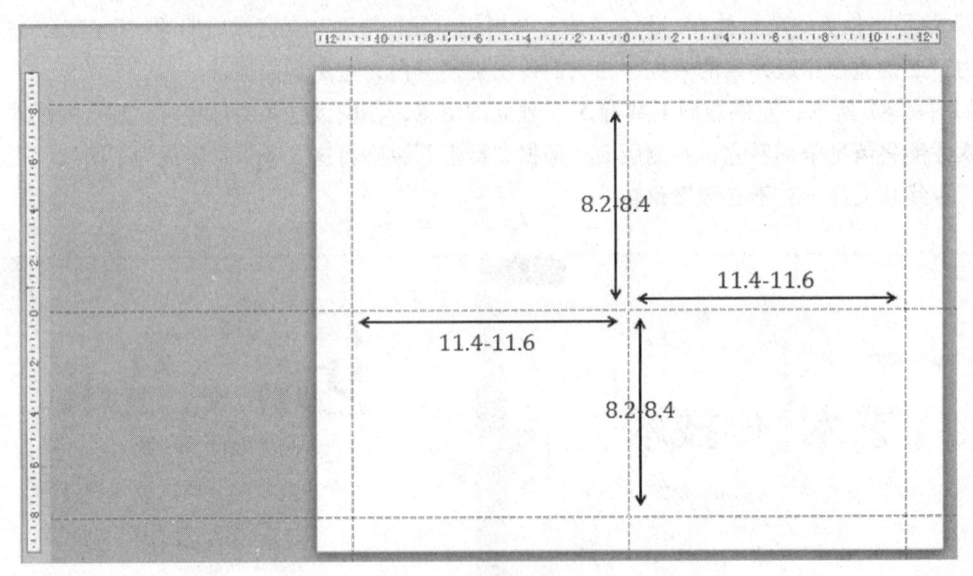

图 4-89 设置版心尺寸

虽然幻灯片页面像 Word 页面一样要设置版心，但文字内容的排版方式却与 Word 的要求不一样。例如，在 Word 中，由于文本密集，通常会使用“首行缩进”来帮助读者快速区分段落，但在 PowerPoint 中，文本内容一般不多，段落之间的间距也较大，有时还会添加一些装饰元素（比如：虚线）来进行区分，所以，首行缩进在 PowerPoint 版面中不仅不能起到作用，反而会让版面凌乱。如图 4-90 所示，左侧页面的标题采用了 Word 排版中常用的“居中对齐”，正文采用了“首行缩进”进行对齐；右侧页面的标题和正文均采用了“左对齐”，姓名均采用了“右对齐”；显然，右侧页面的版面更加整齐，阅读起来也更轻松。

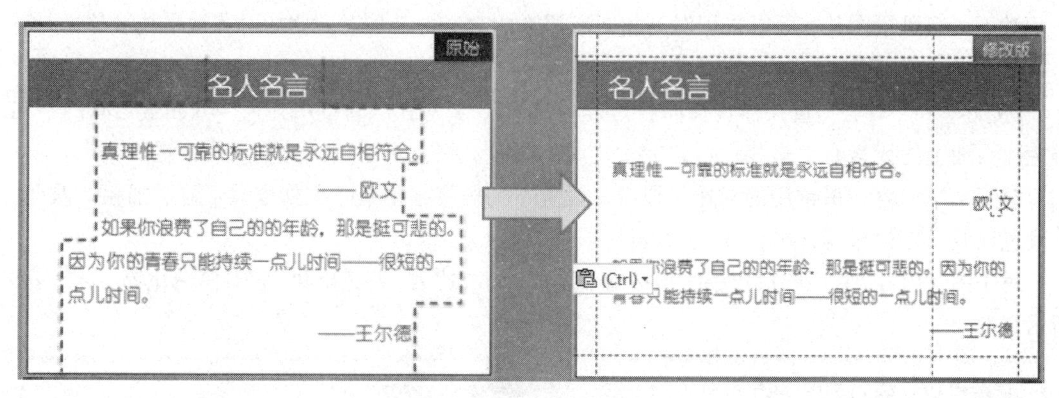

图 4-90　文本对齐方式

当版面上的文字内容较多时，先归纳文字内容，将相同内容“接近”，再分层次对齐，如图 4-91 所示。

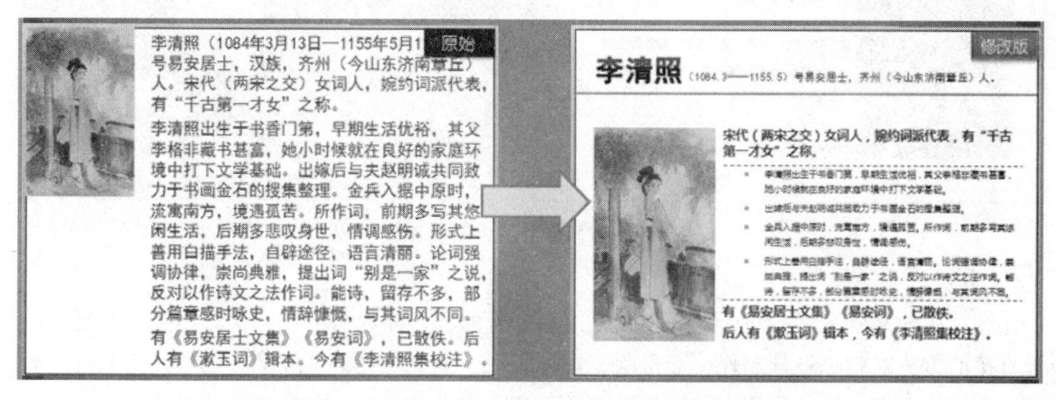

图 4-91　“接近”后对齐，用文字格式形成对比

当同一页面上出现大量图片时，为了使图片大小一致，可以绘制一组相同大小的图形，然后将图片分别填充到图形中去，再将填充了图片的图形对齐。但这只是从形式上将图片对齐了，并没有将图片从视觉上对齐，如图 4-92 左侧图片。这是因为，人们在面对一个人时，一般会先看对方的眼睛，而这一组图片中的人物眼睛并不在同一水平上，所以虽然图片大小相同，但仍然让人觉得凌乱，调整之后的效果如图 4-92 右侧图片。

图 4-92　对齐人物的眼睛

对于一组风景图片，可以采用对齐相同参照物的方法对齐图片，比如对齐地平线、对齐天空。

3）对比

“接近”和“对齐”重在体现页面各元素间的关联，“对比”的作用则是区分元素之间的不同，避免让页面上的元素有太多相似，让元素之间的层次关系一目了然，让重点元素更加突出。

对于文字内容，最常用的对比手段就是设置不同的文字格式，比如增大字号、加粗、改变字体颜色以及反白效果等，如图 4-91 所示。

对于图片内容，常用的对比手段包括局部显示、局部放大、背景虚化、背景黑白化等，如图 4-93 所示。

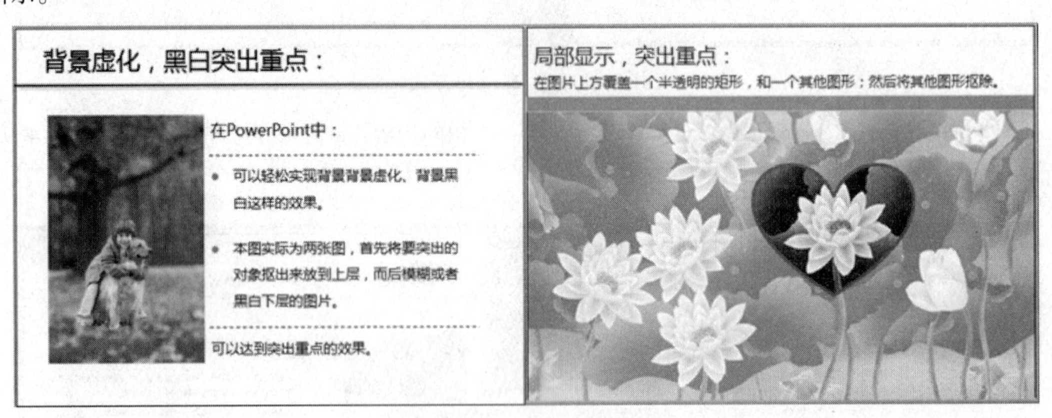

图 4-93　背景虚化、局部显示

4）重复

让设计中的某些元素在整个作品中重复出现，可增加作品风格的统一性。实践“重复”最简单、直接的方法，就是设计制作一套母版，在母版中，统一配色方案、字体字号、文本行距等，然后再在修饰元素、图片风格上进行统一。这一点在本书各 PowerPoint 案例中均有体现。

2．修饰版面的“三种元素”

排版是对信息的组织，良好的排版能够让 PowerPoint 的条理更清晰，还会让 PowerPoint 美观很多，但仅仅只是套用版面设计的四原则，页面还是会显得单调刻板，因此还需要对 PowerPoint 进行各种装饰。常用的装饰元素可以归纳为“点”“线”“面”三种类型。

1）点

常用的装饰“点”，主要有项目符号、特殊符号和标点符号。比如，经过变色、放大的引号，常用来修饰他人的言论；尖括号的样子很像一个箭头，所以常常被拿来作为指示之用；圆点通常用来作为项目符号使用。图 4-94 是案例 4.1 中的一张幻灯片，这张幻灯片中就使用了圆点项目符号和尖括号作为装饰，这两种符号还分别起着区分项目和指引思路的作用。

2）线

线也是 PowerPoint 中较常用的装饰元素，比如直线、曲线和线框等。线可以分为实线和虚线，两种线都可以用作分割，使不同条目区分得更明显，同时也能起到区分作用。图 4-95 中的两张幻灯片都使用了线条来分隔内容、装饰页面，左侧页面中的 3 个闪光点也起到了装饰页面的作用，右侧页面中同时使用了实线和虚线，实线的切割感更强，虚线的装饰性更强。

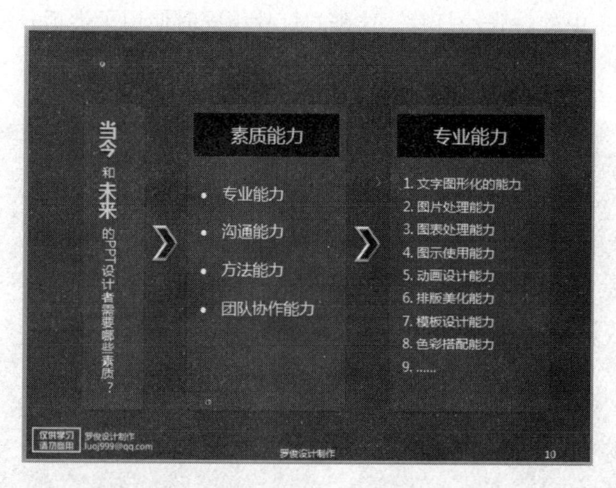

图 4-94　用“点”装饰页面

图 4-95　用“线”装饰页面

3）面

这里的“面”主要指幻灯片页面中的“色块”，它主要起两个作用，一是增加文字的视觉比重，调节页面的视觉平衡，或者突出页面的重点；另一个作用是作为装饰元素扩展比较小的图片。如图 4-96 就使用了圆形、矩形、不规则图形等不同的色块来装饰、突出显示文字。

图 4-96　用色块突出文字

图 4-97 是案例 4.1 中的一张幻灯片，这张幻灯片中同时使用了尖括号、虚线、色块等不同的元素来丰富页面的表现力。

图 4-97 综合使用“点、线、面”装饰版面

3．丰富版面的“三个方法”

1）变化

过于规整的排版容易让版面过于平淡，或者感觉枯燥。这时，为页面增添一些变化就可以让页面更吸引人，表现更生动。比如文字，在标题幻灯片中，由于文字比较少，可以使用竖排文字，让版面显得与众不同，如图 4-98 所示。

图 4-98 竖排文字

除了竖排之外，还可以让文字倾斜，带来动感，也可以使用形式和表现力更丰富的艺术字。

2）稳定

页面的“变化”，也可能带来一些“副作用”，比如页面上的有些元素会显得摇摇欲坠。这时就需要“稳定”，让页面上的元素有所依靠。如图 4-99 所示，为了让页面上的斜排文字稳定，在它的左侧增加了一个紧贴着边框的任意多边形。

“三分法”也是让版面稳定的重要方法。三分法也称为“井”字构图法，是一种在摄影、绘画、设计等艺术创作中经常使用的构图手法。它的特点是，将整个版面用两条竖线和两条横线平均分割，就像在版面上写了一个“井”字，这时版面上有 4 个交点，将重点元素或对象摆放在其中一个交点上，突出重点的同时，保持版面稳定。如图 4-100 所示，远处的树木基本位于画面的中间水平线，近处的沙滩和海水的分割线从下方两个交点之间切过，文字位于右下交点附近，部分文字设置为蓝色，与天空和海水呼应，让版面保持稳定。

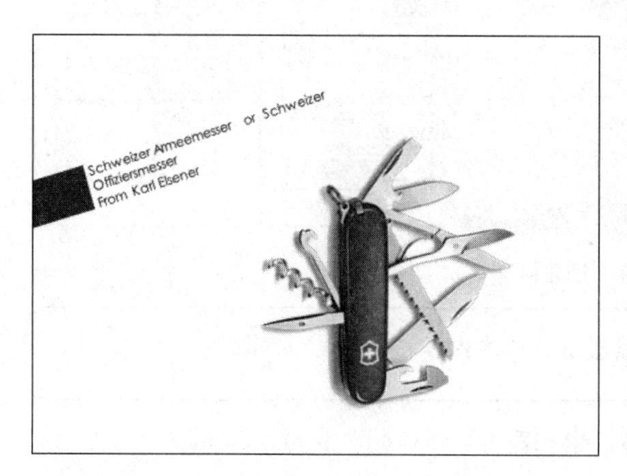

图 4-99　稳定斜排文字

图 4-100　“三分法”

3）图片

没人愿意观看纯文字的演示文稿，插入图片、图形、图表，可以让幻灯片的版面更美观、生动，将抽象的文字变得直观、形象、更具说服力。

图片可以作为插图，也可以作为背景，但不管作什么，所选择的图片都要“切题”，要对页面文字的关键字起到说明或暗示作用。

4.6.5　备注

在每一页幻灯片的下方都有一个文本输入框提示：单击此处添加备注。演讲者可以在备注框中输入演讲到该页幻灯片时需要注意的提示语，甚至演讲稿原文。

如果设置了双屏显示，在放映幻灯片时，观众看到的是幻灯片的放映效果，而演讲者可以从电脑屏幕上看到备注的内容。

4.6.6　创建讲义

如果将备注中的内容与幻灯片页面示意图一一对应，打印成讲义，供演讲者在演讲前和演讲中随时参考、熟悉，将会极大地提高演讲效果，特别是对心理素质不太好，或初次登台的演讲者，帮助显而易见。这需要用到 PowerPoint 的“创建讲义”功能。

使用方法如下：

（1）选择“文件”|“保存并发送”|“创建讲义”命令；

（2）根据需要选择版式，本案例选择第 1 个选项“备注在幻灯片旁”，单击“确定”按钮；

（3）这时，会自动生成一个 Word 文档，文档中是按刚才的设置生成的讲义，如图 4-101 所示，将生成的讲义打印出来就可以使用了。

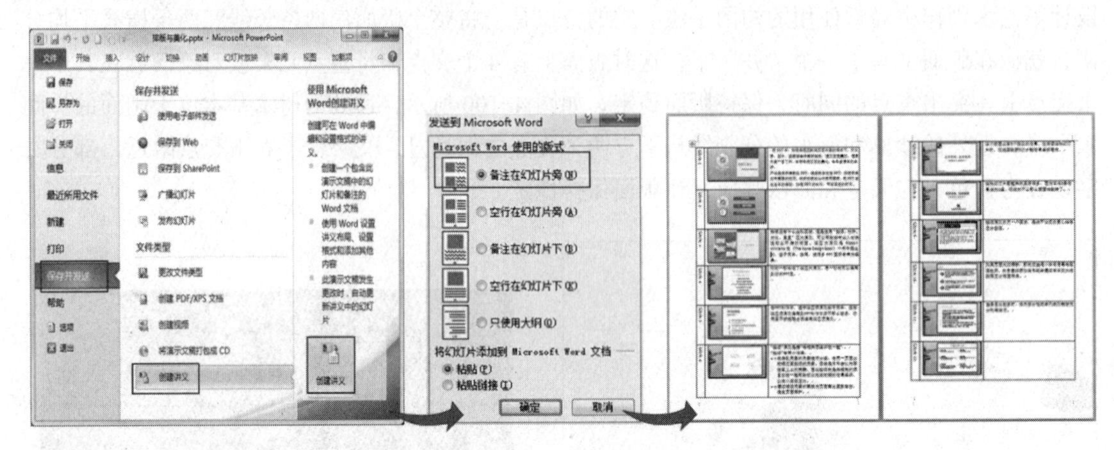

图 4-101　创建讲义

温馨提示：在 Word 中，可以进一步编辑讲义中的内容和格式。

案 例 小 结

本案例主要展示了导航系统的作用和制作方法，备注和讲义的使用方法，充分利用好这些功能和技巧，可以大幅提高演讲（教学）的水平和效果。

实训 4.6　完成“PowerPoint 排版与美化”课件的制作

实训 4.6.1　制作“PowerPoint 排版与美化”课件

（1）设置主题和页面；

（2）设计制作导航系统：目录页母版，转场页母版，进度显示（导航条）；

（3）添加备注；

（4）创建讲义。

实训 4.6.2　设计制作一套导航系统

（1）选择模板，设置主题和页面；

（2）制作母版，插入 LOGO 和作者信息；

（3）设计一套导航系统，在母版和相关幻灯片页面上制作出相关内容，保存下来供今后使用。

实训 4.6.3　实训拓展

（1）上网查找资料，自行探究放映演示文稿时设置“双屏”显示的方法，将归纳的方法写入实训报告。

（2）在 Internet 上查找、下载几个 PowerPoint 文件，分析它们存在的主要问题，并对其中一个 PowerPoint 文件进行修改、美化。

实训 4.6.4　实训报告

完成一篇实训报告，将实训中的感受和收获，特别是“实训拓展”探究过程中觉得有价值的内容，整理并记录下来。

案例 4.7　开 心 辞 典

知识建构

- 母版的设计制作
- 结构管理
- 超链接
- 触发器
- 插入视频

技能目标

- 掌握 PowerPoint 结构的创意管理方法
- 掌握超链接的创意使用
- 掌握触发器的使用
- 掌握视频的展示和管理方法

制作如图 4-102 所示的“开心辞典”演示文稿。

本案例的创意，来自于中央电视台早几年的一档十分火爆的益智类综艺节目《开心辞典》。在节目中，主持人负责判定答案是否正确，控制节目进程，但本案例直接由系统来判断答案、控制进程，相当于用计算机充当主持人来控制交互过程。

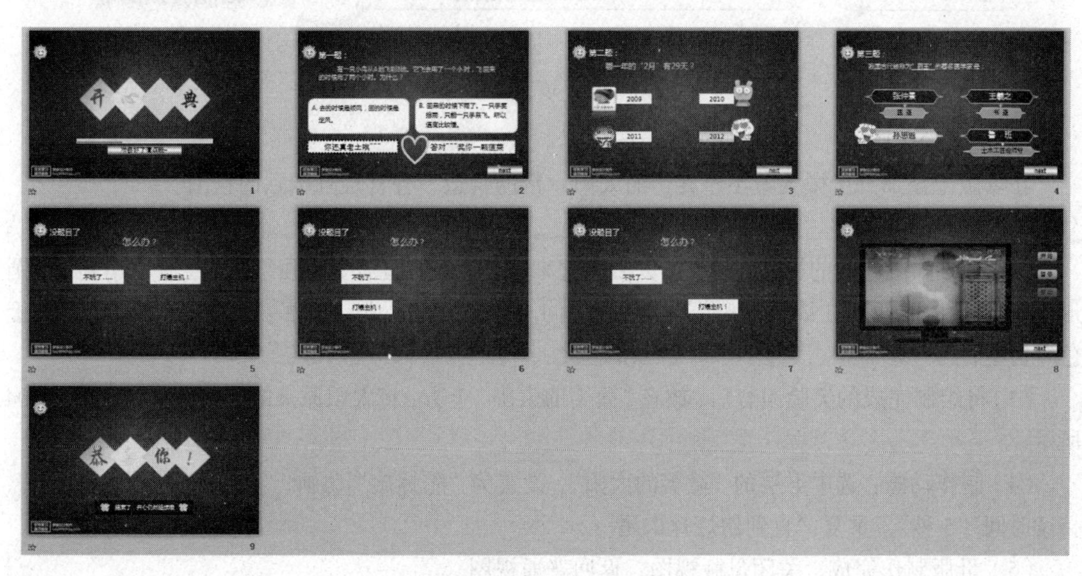

图 4-102　案例 4.7 开心辞典

4.7.1 页面设置

设置“幻灯片大小”为“全屏显示（16 ： 10）”。

4.7.2 基础母版

本案例中各张幻灯片所用的背景效果都一样，所以只需要设计制作基础母版。

1．背景图片

背景图片为一张十分喜庆的红色图片。

（1）右击页面空白处，在弹出的快捷菜单中选择“设置背景格式”命令，打开“设置背景格式”对话框；

（2）选择“填充”选项卡，选中“图片或纹理填充”单选按钮，单击“文件”按钮，打开“插入图片”对话框，找到“红色背景.jpg”，单击“插入”按钮，关闭对话框，完成背景图片的填充设置，如图 4-103 所示。

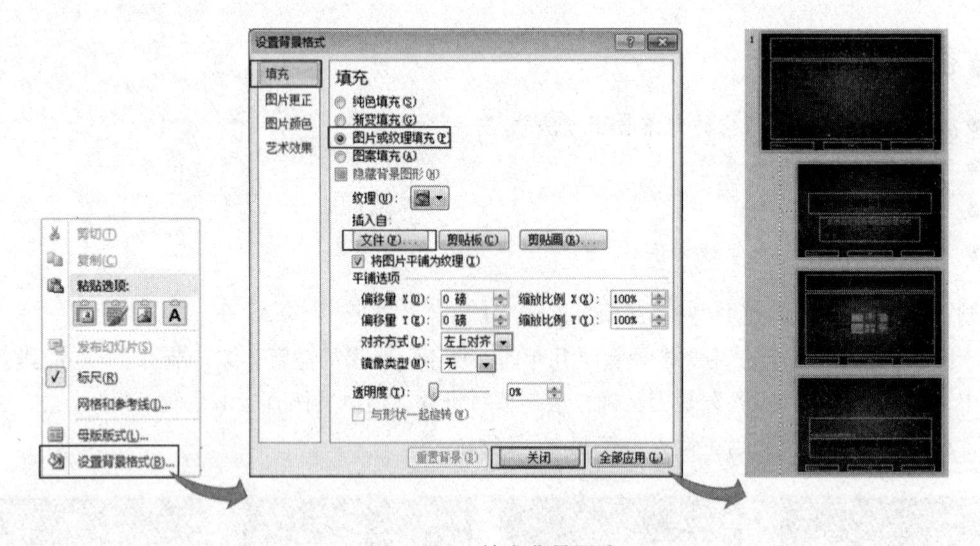

图 4-103　填充背景图片

2．旋转的太阳

在母版上添加一个微笑着不停旋转的太阳，帮助营造一种喜庆且幽默的氛围。

（1）插入图片文件“微笑的太阳.wmf”；

（2）绘制太阳中间的笑脸：为了让太阳转起来，中间的笑脸需要单独绘制，绘制中用到了“圆形”（脸、脸上的两团红晕）、“弧形”（笑眼、嘴），“填充颜色”与“轮廓颜色”以“黄色”和“橙色”为主；

（3）将绘制完成的笑脸组合后，放在“微笑的太阳”上方，将太阳原来的笑脸盖住，如图 4-104 所示；

（4）制作动画：选中下层的“微笑的太阳”，设置为“陀螺旋”动画，“与上一动画同时开始”，持续时间“5 秒”，重复“直到幻灯片末尾”；

（5）母版制作完成，关闭母版视图，返回普通视图。

图 4-104　重新编辑过的太阳

温馨提示：在设置动画之前，可以先将“笑脸”和“微笑的太阳”组合，一起调整至合适的大小，放置到第 1 张母版左上角合适的位置。这些都做好后，取消组合，再给“微笑的太阳”做动画。

4.7.3　幻灯片制作

1．第 1 张幻灯片

1）设计解析

第 1 张幻灯片是标题幻灯片，为了突出主题、吸引观众，作了如下设计：

（1）绘制了 4 个扁平化风格的菱形，来衬托、突出标题文字；

（2）在标题的下方设计了一个“加载题库”的进度条，目的是吸引观众，为了让进度条的效果更逼真，进度条动画分成 3 段完成。

2）菱形

（1）绘制一个正菱形；

（2）编辑菱形格式：“形状填充”为“白色”的渐变色，“形状轮廓”为“蓝色”，粗细为“2.5 磅”，线型为“双线”；

（3）其他 3 个菱形：按住【Ctrl+Shift+Alt】组合键，按住鼠标左键拖动，水平复制出 3 个菱形，逐个修改 3 个菱形的填充颜色和轮廓颜色，让 4 个菱形的颜色存在一定差异；

（4）调整 4 个菱形的位置：摆放好左右两个菱形的位置，将 4 个菱形一起选中，选择“绘图工具”|“格式”|“排列”|“对齐”|“对齐所选对象”中的“横向分布”和“上下居中”选项，调整好 4 个菱形的层次关系，如图 4-105 所示；

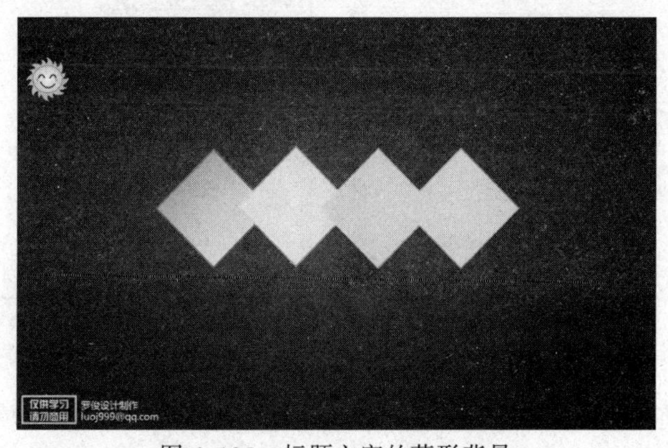

图 4-105　标题文字的菱形背景

温馨提示：4 个菱形设计成角部相互重叠的效果，可以给人以整体感和层次感。

（5）添加动画：选中 4 个菱形，选择“动画”|“高级动画”|“添加动画”|“更多进入效果”命令，打开“添加进入效果”对话框，选择“基本型”中的“向内溶解”选项，单击“确定”按钮；

（6）细节设置：“与上一动画同时”，持续时间“0.5 秒”，除了左边第 1 个“菱形”不延迟，第 2、3、4 个“菱形”分别延迟“0.1 秒”“0.2 秒”和“0.3 秒”，形成从左向右依次进入的效果。

3）开心辞典

（1）输入文字：在同一个标题占位符中输入“开心辞典”4 个字，设置格式为“汉仪雪君体简体”“66 号字”“阴影”效果。

（2）设置文字颜色：“开”设置为“玫红色”，“心”设置为“天蓝色”，“辞”设置为“黄色”，“典”设置为“深红色”。

（3）设置文字对齐方式：调整标题占位符的长短，与文字下面的 4 个菱形匹配，文字对齐方式为“分散对齐”。

（4）添加动画：选中文本，选择“动画”|“高级动画”|“更多进入效果”命令，打开“添加进入效果”对话框，选择“华丽型”|“挥鞭式”选项，“与上一动画同时”，持续时间“0.5 秒”，延迟“0.5 秒”。

（5）继续添加动画：选中文本，选择“动画”|“高级动画”|“强调”中的“字体颜色”选项，“与上一动画同时”，持续时间“2 秒”，延迟“1.1 秒”；双击动画条目，打开“字体颜色”对话框，在“效果”选项卡中设置“字体颜色”为“黄色”，“样式”为最后一种，选中“自动翻转”复选框，“动画文本”设置为“按字母”“10%字母之间延迟百分比”；“计时”选项卡设置“重复直到幻灯片末尾”；设置完成后单击“确定”按钮关闭对话框，如图 4-106 所示。

4）进度条

（1）进度槽：在标题的下方，横向绘制一个窄长条状的矩形，“形状填充”为“无”，“轮廓颜色”为“白色、3 磅”，无动画。

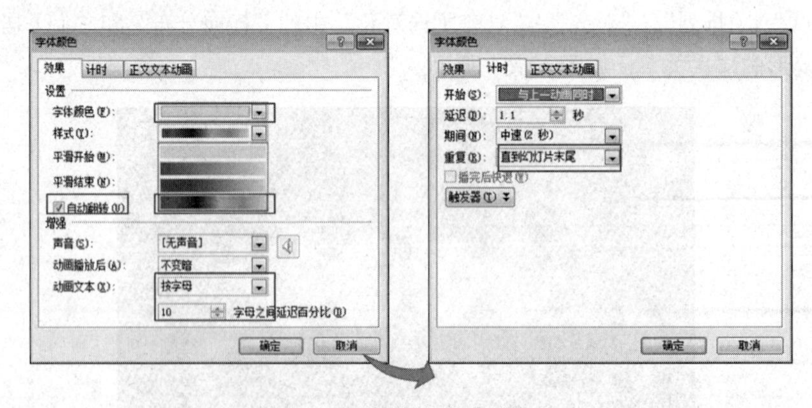

图 4-106　标题文字动画设置

（2）进度条 1：将“进度槽”复制一份，高度不变，缩短长度，“形状填充”为“黄色”，“轮廓颜色”为“无”；设置动画为“擦除”“自左侧”“与上一动画同时”“持续时间 5 秒”。

（3）进度条 2：将进度条 1 复制一份，调整长度；修改动画持续时间为“1.6 秒”，延迟“5 秒”。

（4）进度条 3：将进度条 2 复制一份，调整长度；修改动画持续时间为“3.4 秒”，延迟“6.6 秒”。

温馨提示：3 个进度条要一根接一根，拼接后要与“进度槽”长度一致；动画时间也要前后衔接，一共是 10 秒。

5）题目装载中……

（1）绘制一个文本框，输入文字“题目装载中……”，设置格式为“微软雅黑，白色，阴影，18 号字”；

（2）添加“强调”|“闪烁”动画，“与上一动画同时”，持续时间“1 秒”，重复“10 次”；

思考：为什么要设置“重复 10 次”？

（3）为文本框再添加“退出”|“消失”动画，“与上一动画同时”，延迟“10 秒”。

6）准备好了请点我～

（1）绘制一个动作按钮：选择“插入”|“插图”|“形状”|“动作按钮”|“动作按钮：自定义”选项，绘制一个矩形按钮，绘制完成后，自动弹出“动作设置”对话框。

（2）设置超链接：在“动作设置”对话框中，选择“单击鼠标”选项卡，选择超链接到“下一张幻灯片”，选中“播放声音”复选框，在下拉列表中选择“单击”选项，如图 4-107 所示，设置完成后单击“确定”按钮返回。

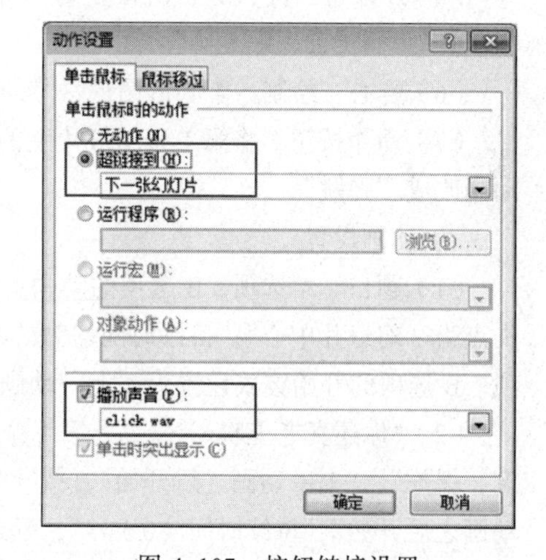

图 4-107　按钮链接设置

（3）设置按钮格式：“形状填充”为“白色”的渐变色，“无轮廓”。

（4）为按钮添加文字：“准备好了请点我～”，格式为“微软雅黑，黑色，18 号字”。

（5）添加动画：添加“进入”|“出现”动画，“与上一动画同时”，延迟“10 秒”。

温馨提示：每张幻灯片完成之后，打开“选择和可见性”窗格，对幻灯片上的各对象重新命名，这样将便于管理幻灯片上的对象和设置动画。

思考：第 1 张幻灯片上各个动画的时间设置有没有什么规律可循？你从中受到了什么启发？

2．第 2 张幻灯片

1）素材准备

（1）题目：

“第一题：”：微软雅黑，24 号字，白色；

“有一只小鸟从A地飞到B地。它飞去用了一个小时，飞回来的时候用了两个小时。为什么？”：微软雅黑，20号字，黄色。

（2）A选项：

绘制圆角矩形（“形状填充”为“白色”，“形状轮廓”为“黄色，3磅”）；

输入文字“A. 去的时候是顺风，回的时候是逆风。”，文字格式为“微软雅黑，20号字，黑色”，段落格式为“悬挂缩进”。

（3）B选项：

除文字外，其他都同“A选项”；复制A选项，将文字内容改为“B. 回来的时候下雨了。一只手要挡雨，只能一只手来飞。所以速度比较慢。”。

（4）A评价：绘制矩形（“形状填充”为“白色”，“形状轮廓”为“黑色，虚线，3磅”）；输入文字“你还真老土唉～～～”。

（5）B评价：将A评价直接复制一份，修改“形状轮廓”为“黄色，虚线，3磅”；修改文字“答对～～～奖你一颗菠菜”。

（6）爱心：绘制一个心形图形，“形状填充”为“红色渐变”，“形状轮廓”为“黄色，3磅”。

（7）动作按钮：将第1张幻灯片上的按钮复制过来，调整长度、位置，修改文字为“next”，动画改成“弹跳”。

2）动画设置

（1）题目、A选项、B选项的动画：将3个对象一起选中，添加“进入”|“缩放”动画，消失点为“幻灯片中心”，持续时间均为“0.5秒”，题目的开始方式设置为“从上一项开始”，A选项、B选项的开始方式设置为“上一动画之后开始”。

（2）“你还真老土唉～～～”：第1个动画为“进入，出现”，“单击开始”；第2个动画为“强调，爆炸”，“上一动画之后开始”，持续时间“2秒”；第3个动画为“退出，向外溶解”，“上一动画之后开始”，持续时间“0.5秒”，延迟“1秒”。

（3）“答对～～～奖你一颗菠菜”：第1个动画为“进入，出现”，“单击开始”；第2个动画为“强调，闪现”，“上一动画之后开始”，持续时间“0.5秒”，声音效果为“风铃”，动画文本为“按字母”发送，字母之间延迟百分比为“10%”。

（4）爱心：第1个动画为“进入，放大”，“上一动画之后开始”，持续时间“1秒”；第2个动画为“强调，脉冲”，“上一动画之后开始”，持续时间“0.5秒”。

3）触发器

触发器，字面意思好像很神秘，但通俗一点说，就是“开关”，与现实世界中的开关不同，触发器往往不受人工控制，当预设的条件出现或满足后，触发器会自动作出响应。很多软件中都会用到触发器，PowerPoint中的触发器功能比较简单。

本案例第2张幻灯片上有两个答题选项，分别对应着不同的反馈结果，那么不同的答题选项就是不同反馈结果的触发器。设置步骤如下：

（1）双击“你还真老土唉～～～”的“出现”动画条目，打开对话框，切换到“计时”选项卡，单击“触发器”按钮，展开“触发器”设置面板，单击选中“单击下列对象时启动效果”，在右侧的下拉列表中选择“A选项：A. 去的时候是顺风……”；设置完成后，单击“确定”返回；将“你还真老土唉～～～”另外两个动画条目都拖放到第1个触发器的后面，如图4-108所示。

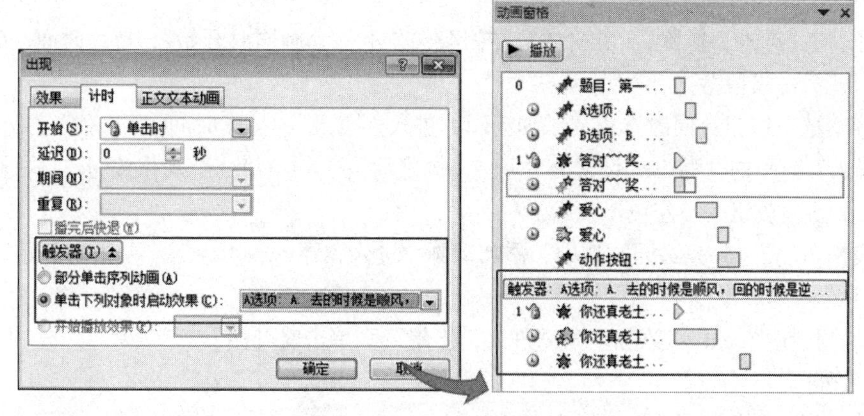

图 4-108　第 1 个触发器

温馨提示：触发器生成后，相关动画条目会自动排放在动画列表的最下面，所以，需要调整相关的动画条目的顺序。

（2）参照第（1）步设置“答对～～～……”的“出现”动画条目的触发器，设置触发器对应对象为“B 选项：B. 回来的时候下雨了……”，设置完成后，确定返回；将“答对～～～……”的另外一个动画条目、“爱心”的两个动画条目、动作按钮的动画条目都拖放到第 2 个触发器的后面，如图 4-109 所示。

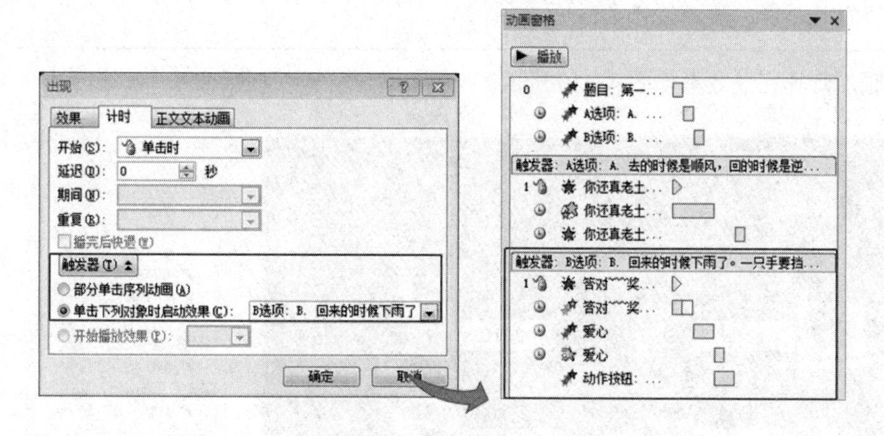

图 4-109　第 2 个触发器

3．第 3 张幻灯片

1）素材准备

（1）题目：设置与第 2 张幻灯片相同。

（2）4 个矩形按钮（4 个答案选项），4 个表情图片，在页面上的排列方式如图 4-96 所示。

（3）在“动作按钮 4”（第 4 个答案选项，“2012”）的上方复制出一个“动作按钮 4-1”按钮，填充颜色修改改成“黄色”的渐变，与“动作按钮 4”完全重合。

（4）动作按钮“next”：将第 2 张幻灯片上的“动作按钮：next”复制过来即可。

2）动画

（1）题目：“进入，擦除”，方向“自左侧”，“与上一动画同时开始”，持续时间“0.5 秒”，组合文本“按第一级段落”。

（2）答案选项按钮：同时选中，添加动画“进入，飞入”，持续时间“0.5 秒”；第 1 个动作按钮的“飞入”动画的开始方式设置为“上一动画之后”；第 1、第 3 个动作按钮“自右侧”飞入；第 2、第 4 个动作按钮“自左侧”飞入。

（3）表情 1、2、3、4：同时选中，添加动画“进入，浮入，下浮”，“单击时开始”，持续时间为“0.5 秒”。

（4）动作按钮“next”：添加动画“进入，出现”，“单击时开始”。

3）触发器

（1）为表情 1 添加触发器“动作按钮 1”；

（2）为表情 2 添加触发器“动作按钮 2”；

（3）为表情 3 添加触发器“动作按钮 3”；

（4）为表情 4 添加触发器“动作按钮 4”；

（5）为“动作按钮：4-1”添加动画“进入，出现”，“与上一动画同时”，将这条动画条目拖放至“表情 4”的触发器动画这一组；

（6）将“动作按钮：next”的动画条目拖放至“表情 4”的触发器这一组。

温馨提示：“动作按钮：4”和“动作按钮：4-1”的完全重合，再加上动画的合理使用，可以让正确答案的按钮更醒目。

第 4 张幻灯片完成效果如图 4-110 所示。

图 4-110　第 3 张幻灯片效果及动画设置

4．第 4 张幻灯片

1）素材准备

（1）题目：设置与第 2 张幻灯片相同。

（2）制作“张仲景”个性文本框：选择“插入”|“插图”|“形状”|“线条”|“任意多边形”

选项，按住【Alt】键，按住鼠标左键拖动，绘制出一个“个性”多边形；“形状填充”为“黑色，40%透明”，“形状轮廓”为“水绿色，0.5 磅”，输入文字“张仲景”，设置文字格式为“微软雅黑，24 号字，白色”。

温馨提示：如果对形状不满意，可在多边形上右击，在快捷菜单中选择“编辑顶点”，进入顶点编辑状态，对形状进行编辑。如图 4-110 所示。

（3）制作“医圣”个性文本框：将“张仲景”文本框向下复制出一个，按住【Ctrl+Shift+Alt】组合键，将复制出的文本框等比例缩小；将“形状填充”改为“浅黄色，40%透明”，其他不变。

（4）绘制一个箭头：选择“插入”|“插图”|“形状”|“线条”|“单向箭头”选项，在“张仲景”和“医圣”之间绘制一个箭头，箭头格式设置为“水绿色，0.75 磅”，将“箭头”和“医圣”文本框组合起来，并命名为“医圣”，完成效果如图 4-111 所示。

图 4-111　个性文本框

（5）制作其他 3 组，并摆放好位置：将制作完成的“张仲景”和“医圣”这一组复制出 3 组，修改文字内容分别为“王羲之，书圣”“孙思邈”“鲁班，土木工匠祖师爷”。

（6）将“孙思邈”复制出一个来，修改“形状填充”为“白色的渐变色，40%透明”，放在原来的“孙思邈”文本框的上方，与原来的“孙思邈”文本框完全重合，将原文本框覆盖，命名为“孙思邈-1”。

（7）插入表情图片，放在“孙思邈”文本框左侧的位置。

（8）动作按钮“next”：将第 2 张幻灯片上的动作按钮“next”复制过来。

2）动画

（1）题目：“进入，擦除”，方向“自左侧”，“与上一动画同时开始”，持续时间“0.5 秒”，组合文本“按第一级段落”。

（2）答案选项：同时选中 4 个答案选项，添加动画“进入，飞入”，持续时间“0.5 秒”；“张仲景”选项的“飞入”动画开始方式设置为“上一动画之后”，“张仲景”“孙思邈”选项“自右侧”飞入，“王羲之”“鲁班”选项“自左侧”飞入。

（3）“孙思邈”表情图片：添加动画“进入，浮入，下浮”，“单击时开始”，持续时间“0.5 秒”。

（4）“医圣”“书圣”“土木工匠祖师爷”3 个组合：同时选中，添加动画“进入，浮入，下浮”，“单击时开始”，持续时间“0.5 秒”。

3）触发器

（1）为“孙思邈”表情图片动画添加触发器“孙思邈”文本框。

（2）为“医圣”组合添加触发器“张仲景”文本框。

（3）为“书圣”组合添加触发器“王羲之”文本框。

（4）为“土木工匠祖师爷”添加触发器“鲁班”文本框。

（5）为“孙思邈-1”文本框添加动画：“进入，出现”，“与上一动画同时”；将添加的动画条目拖放至“孙思邈表情”动画的触发器动画这一组。

（6）将“动作按钮：next”的动画条目拖放至“孙思邈”表情动画的触发器这一组。

第 4 张幻灯片的完成效果如图 4-112 所示。

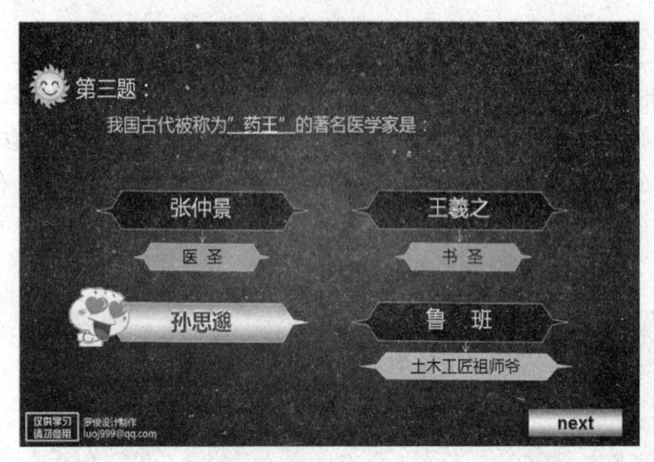

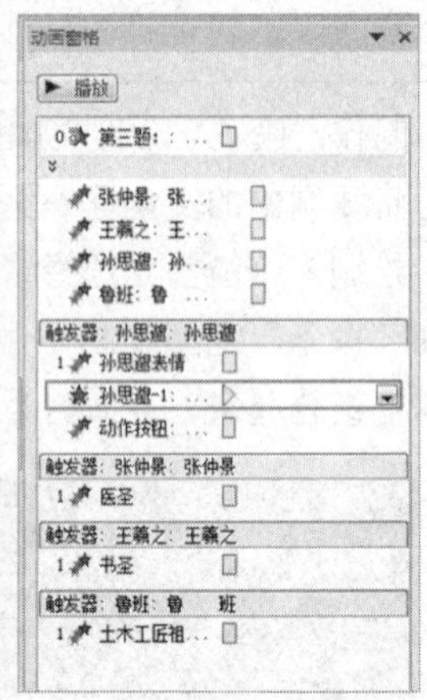

图 4-112　第 4 张幻灯片完成效果

5．第 5、6、7 张幻灯片

第 5、6、7 张幻灯片是一个循环结构，“打爆主机”这个按钮始终都是选不中的，只有点“不玩了……”这个按钮才能跳出这个循环。

（1）第 5 张幻灯片：

输入题目内容“没题目了　　怎么办？”；

“动作按钮 1：不玩了……”：绘制一个动作按钮，动作设置为“单击鼠标”“超链接到 8.幻灯片 8”，选中“播放声音”复选框，音效为“单击”。

“动作按钮 2：打爆主机!”：绘制一个动作按钮，动作设置为“鼠标移过”“超链接到 6.幻灯片 6”，选中“播放声音”，音效为“疾驰”。

（2）第 6 张幻灯片：将第 5 张幻灯片直接复制一张，然后将“动作按钮 2：打爆主机!”的位置移动到“动作按钮 1：不玩了……”的下方，修改“动作按钮 2：打爆主机!”的“超链接”为“超链接到 7.幻灯片 7”。

（3）第 7 张幻灯片：将第 5 张幻灯片直接复制一张，然后将“动作按钮 2：打爆主机!”的位置移动到“动作按钮 1：不玩了……”的右下方，并修改“动作按钮 2：打爆主机!”的“超链接”为“超链接到 5.幻灯片 5”。

温馨提示： 到这里，就可以看到因为“动作按钮 2：打爆主机!”的超链接设置，形成了一个在第 5、6、7 张幻灯片之间不停循环的效果；单击第 5、6、7 张任意一张幻灯片上的“动作按钮 1：不玩了……”都可以退出这个循环，进入第 8 张幻灯片。

第 5、6、7 张幻灯片的效果如图 4-113 所示。

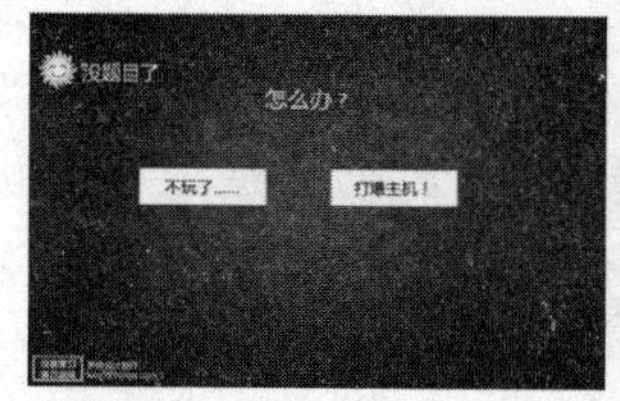

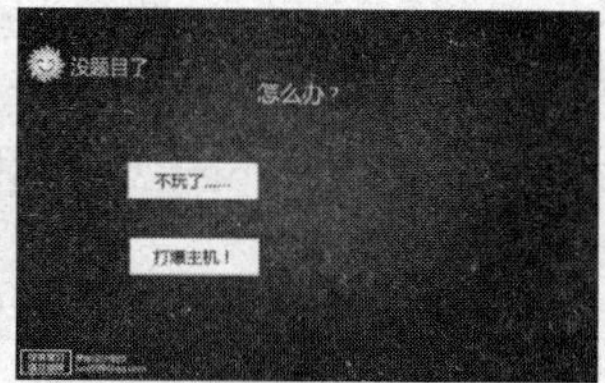

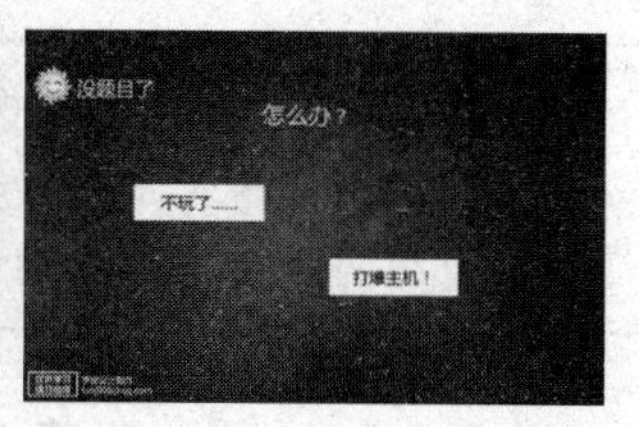

图 4-113　第 5、6、7 张幻灯片完成效果

6．第 8 张幻灯片

第 8 张幻灯片中，展示了一段中央电视台关于“开心辞典·国学特别节目”的视频，可以通过按钮进行视频的播放控制。操作步骤如下：

（1）“显示器“素材的准备：在网上查找、下载一张显示器图片；

温馨提示：这张幻灯片的制作，可以参见本书作者编著的《Office 2003 全案例驱动教程》PowerPoint 部分的案例 2-6《图片展示动画》。

（2）插入视频：选择“插入”|“媒体”|“视频”|“文件中的视频”命令，打开“插入视频文件”对话框，找到视频所在的位置，选中准备插入的视频，单击“插入”按钮，插入视频后，动画窗格中会自动生成一条“暂停”的视频控制动画条目；

（3）为视频添加“开始”播放视频动画条目：选择“动画”|“高级动画”|“添加动画”|“播放”动画；

（4）为视频添加“停止”播放视频动画条目：选择“动画”|“高级动画”|“添加动画”|“停止”动画；

（5）动画控制按钮：绘制 3 个圆形矩形，分别填充“黄色渐变色”“青色渐变色”“蓝色渐变色”，分别添加文本：“开始”“暂停”“停止”，文本格式设置为“微软雅黑，16 号字，黑色”；

（6）设置触发器：“播放”动画条目的触发器是圆角矩形“播放”，“暂停”动画条目的触发器是圆角矩形“暂停”，“停止”动画条目的触发器是圆角矩形“停止”；

（7）调整视频的大小和位置：将视频的位置放置在显示器的中间，大小调整为和显示器相匹配，调整方法和调整图片的方法相同；

（8）将第 4 张幻灯片上的动作按钮“next”复制过来。

第 8 张幻灯片的完成效果如图 4-114 所示。

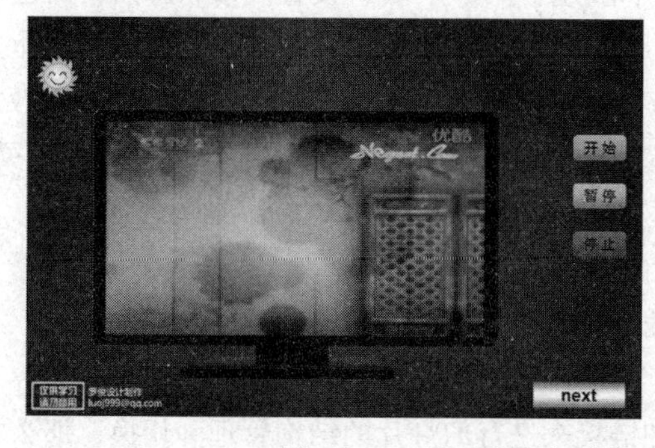

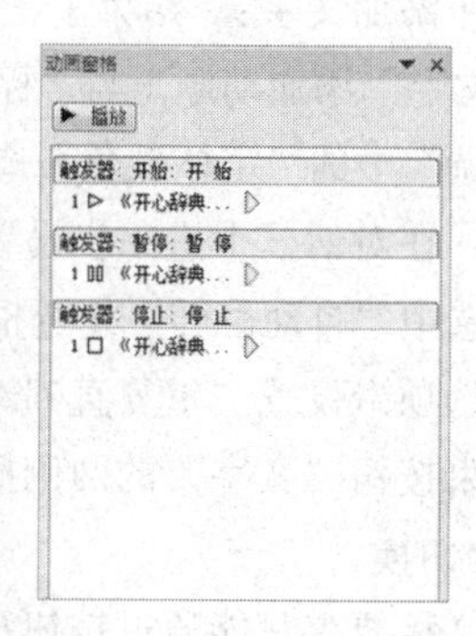

图 4-114　第 8 张幻灯片完成效果

温馨提示：幻灯片在播放视频时，视频的下方会出现一个工具条，这个工具条可以十分方便地控制视频文件的播放，这是 PowerPoint 2010 中新增的功能。PowerPoint 2010 可以兼容的视频格式如表 4-3 所示

表 4-3　PowerPoint 兼容的视频格式

文件格式	扩展名	更多信息
Adobe Flash Media	.swf	Flash 视频：动画设计软件 Flash 的专用格式
Windows Media	.asf	高级流格式：这种文件格式通常用于在网络上以流形式传输音频和视频内容、图像以及脚本命令
Windows Video	.avi	音频视频交错格式：这是最常见的视频格式之一，因为很多不同的编解码器压缩的音频或视频内容都可以存储在 .avi 文件中
Movie	.mpg 或 .mpeg	运动图像专家组：这是运动图像专家组开发的一组不断发展变化的视频和音频压缩标准，VCD、DVD 都采用这一视频标准，目前也被广泛应用于网络视频传播
Windows Media Video	.wmv	Windows Media 视频：这种文件格式使用 Windows Media 视频编解码器压缩音频和视频，是一种压缩率很大的格式，适合网络播放和传输

温馨提示：如果安装了 Apple QuickTime 播放器，还可以在 PowerPoint 中播放 mp4、mov 和 qt 格式的视频。

7．第 9 张幻灯片

（1）将第 1 张幻灯片上的“开心辞典”文字及“菱形”一起复制过来，将文字内容改成“恭喜你!”。

（2）绘制一个动作按钮：选择“插入”|“插图”|“形状”|“动作按钮”|“动作按钮：自定义”选项，用鼠标绘制出一个矩形按钮，绘制完成后，会出现一个“动作设置”对话框。

（3）设置超链接：在“动作设置”对话框中选择“单击鼠标”选项卡，在“单击鼠标时的动作”选区中选择“超链接到”选项，在下拉列表框中选中“结束放映”选项；选中“播放声音”复选框，在下拉列表中选择“单击”音效。

（4）设置按钮格式：“形状填充”为“黑色”的渐变色，无轮廓。

（5）为按钮添加文字：“结束了，开心仍然继续哦～”，设置“微软雅黑，白色，16 号字”。

（6）为“文字”添加动画（与“标题”文字的动画格式一样）：选中文本，选择“动画”|“高级动画”|“强调”中的“字体颜色”选项，“与上一动画同时”，持续时间“2 秒”，延迟“1.1 秒”；双击动画条目，在对话框中进一步设置，“效果”选项卡中设置“字体颜色”为“黄色”，“样式”为最后一种，选中“自动翻转”复选框，“动画文本”设置为“按字母”，“10%字母之间延迟百分比”，“计时”选项卡设置“重复直到幻灯片末尾”。

（7）在结束按钮“文字”的两侧插入“笑.gif”图片，以渲染情绪。

8．幻灯片切换

这个演示文稿要求只能通过按钮和链接来进行幻灯片的结构管理和切换，那么默认的幻灯片切换方式就要取消，以免发生冲突，让按钮和链接失效。

操作步骤为：取消选中“切换”|“计时”|“单击鼠标时”复选框，单击“全部应用”按钮即可。

设置好后，放映幻灯片时就不能用鼠标单击切换幻灯片了。

放映中需要强制退出放映时，可以按“Esc”键。

温馨提示：如果鼠标中间有滚轮，在幻灯片放映时，用鼠标中间的滚轮向前、后滚动，也可以实现幻灯片的切换。

案例小结

这个案例的重点是超链接和触发器的应用，用好这两个功能，将让演示文稿如虎添翼，可以更加自由地管理幻灯片结构，不必再局限于传统的线性结构。

实训 4.7　完成“开心辞典”演示文稿的制作

实训 4.7.1　制作“开心辞典”演示文稿的制作

（1）页面设置；

（2）制作母版；

（3）制作幻灯片：动画，超链接，触发器，视频，幻灯片切换。

实训 4.7.2　实训拓展

自己设计制作一份有超链接和触发器，并且插入了音频和视频的多媒体演示文稿，内容不限，主题健康积极向上。

实训 4.7.3　实训报告

完成一篇实训报告，将实训中的感受和收获，特别是“实训拓展”探究过程中觉得有价值的内容，整理并记录下来。

第5章 报表奇才——Excel 2010

Excel 是 Microsoft office 办公套件的重要组件，是目前最优秀的电子表格处理软件之一，它具有创建表格、计算数据、制作图表、统计分析和管理数据，以及打印输出等功能，能满足财务、统计、工程计算、文秘等各方面的制表需要。

Excel 不同于数据库软件，虽然它本身具有非常复杂的命令和函数功能，但对于大多数普通办公用户来说，他们并不需要去记忆这些命令和函数，就能对各种数据进行汇总、统计、分析，并以“所见即所得”的方式将数据制成可直接打印的表格和图表。

案例 5.1 教 师 课 表

知识建构

- Excel 界面组成
- 鼠标指针的形态
- 数据的录入与编辑
- 格式刷
- 工作表编辑
- 页面设置
- 打印
- 保存

技能目标

- 掌握鼠标指针不同形态下的操作
- 掌握数据录入的技巧
- 掌握工作表的编辑与美化方法
- 掌握数据保护的方法
- 掌握页面设置要点

制作如图 5-1 所示的“教师课表”。

罗俊 老师 2014-2015（下）课表

星期 节次	星期一	星期二	星期三	星期四	星期五
第1节 8：00-8：45	计算机实用基础 14影视2	计算机实用基础 14影视1	计算机实用基础 14影视2	计算机实用基础 14酒店，社区	PPT高级应用 13旅游，商英
第2节 9：00-9：45	计算机实用基础 14影视2	计算机实用基础 14影视1	计算机实用基础 14影视2	计算机实用基础 14酒店，社区	PPT高级应用 13旅游，商英
第3节 10：00-10：45			计算机实用基础 14影视1		计算机实用基础 14酒店，社区
第4节 11：00-11：45			计算机实用基础 14影视1		计算机实用基础 14酒店，社区
上课地点：综406					
第5节					
第6节	计算机实用基础 14影视3	计算机实用基础 14影视3	PPT高级应用 13营销		
第7节	计算机实用基础 14影视3	计算机实用基础 14影视3	PPT高级应用 13营销		

第 1 页，共 1 页　　　　制表人：罗俊

图 5-1 教师课表

5.1.1 Excel 2010 的工作界面

Excel 2010 的工作界面组成如图 5-2 所示。

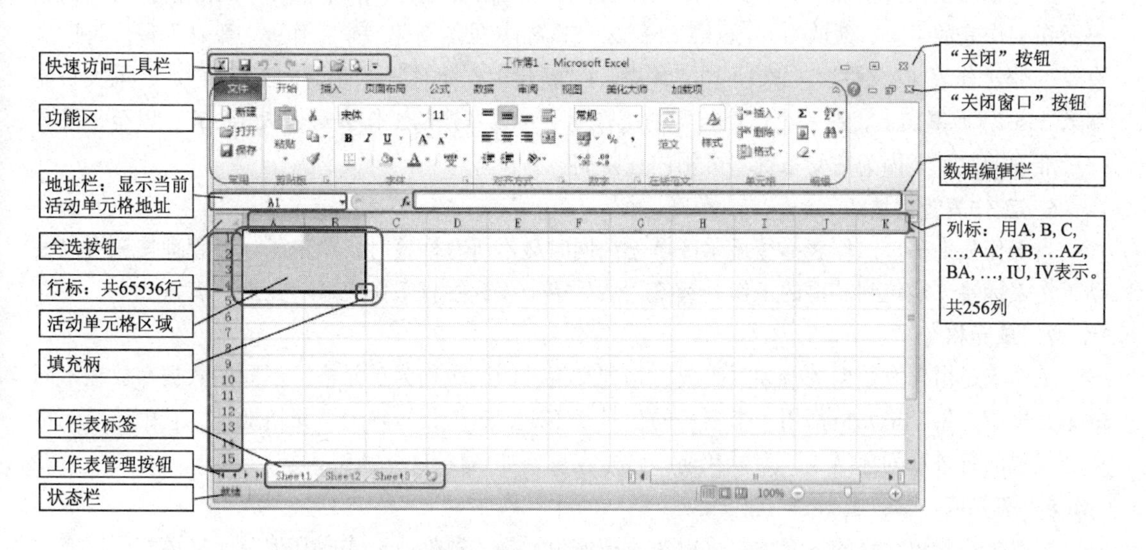

图 5-2 Excel 2010 工作界面组成

Excel 2010 的功能区界面与 Word 2010、PowerPoint 2010 基本一样，不同的是编辑区。

1．“关闭”按钮和“关闭窗口”按钮

单击“关闭”按钮将会把 Excel 程序窗口和所有打开的 Excel 文件都关闭，关闭前，如果打开的文件中有被改动但未保存的，系统会询问是否保存。

单击“关闭窗口”按钮，只会关闭当前窗口显示的 Excel 文件，Excel 程序窗口和其他被打开的 Excel 文件不会被关闭；如果当前窗口显示的 Excel 文件被改动但未保存，系统会询问是否保存。

2．数据编辑栏

数据编辑栏用于输入或编辑当前单元格的值或公式，它的左边是“插入函数”按钮 *fx*，在单元格处于编辑状态时，“插入函数”按钮左边还会出现“取消”按钮 ✕ 和“确认”按钮 ✓。

数据编辑栏最左边是名称框 A1 ▾，用于显示当前单元格的地址或名称。

3．全选按钮

单击该按钮可以选中当前工作表中的所有单元格。

4．行号、列标

Excel 工作表的行号用 1、2、…、1048576 表示，列标用 A、B、…、Z、AA、AB、…、ZZ、AAA、…、XFD 表示。也就是说，一张工作表最多允许有 1048576 行、16384 列。在 Excel 2010 中，每张工作表的最大行数只有 65536 行、256 列。

温馨提示：【Ctrl】和上下左右 4 个方向键分别组合，可以直接选中当前列最上一行（第 1 行）、当前列最下一行（第 1048576 行）、当前行最左一列（A 列）、当前行最右一列（XFD 列）。

5．工作簿、工作表和工作表标签

一个 Excel 文件，又称一个工作簿。

每个工作簿可以包含一个或多个表格，这些表格称为工作表。

一个新的工作簿默认含有 3 张空白工作表，每张工作表都用一个标签来标识，称为工作表名，显示在工作表的下方，默认为 Sheet1、Sheet2、Sheet3。虽然新建一个工作簿“默认”最多可以含有 255 张工作表（“文件”|“选项”|“常规”|“新建工作簿时”|“包含的工作表数”，最大只能输入 255），但事实上，在一个已经打开的工作簿中可以新建的工作表远远大于 256，以至于没有一个准确的数字，因为它受系统“可用内存限制”。

6．工作表管理按钮

当工作表太多，工作表标签显示区域无法同时显示所有标签时，单击工作表管理按钮可以滚动工作表标签，定位到需要的工作表标签，然后单击该标签将工作表显示在工作窗口。

7．单元格

工作表是由含有数据的行和列组成，行列交汇处的区域称为单元格，不同的数据存放在不同的单元格中。每个单元格都用一个唯一的代号来表示，这个代号称为单元格地址，它由该单元格所处位置的行号和列标组成，列标在前，行号在后，如 A1、D9、AB56 等。

8．填充柄

用鼠标拖动单元格的填充柄，可以快速把该单元格的数据或格式向其他单元格填充，填充方式有复制单元格、填充序列、填充格式、不带格式填充等几种。

9．状态栏

状态栏位于窗口的底部，用于显示当前正在进行的操作和状态信息。

5.1.2 Excel 操作中鼠标指针的形态

在 Excel 中，鼠标指针的形态有很多种，每种指针形态对应不同的操作状态，具体如下：

：单元格正在输入、编辑时，光标在单元格内闪烁。

：除了位于正在输入、编辑的单元格上方，在其他任何单元格上方时，鼠标指针都呈现为空心十字形态。此时左击鼠标，可以选中当前单元格；按下左键并拖动，可以选中相邻单元格区域；按住【Ctrl】键，多次左击鼠标，或多次按住左键拖动鼠标，可以选中不连续单元格区域；按住【Shift】键，多次左击鼠标后，会选中以第 1 个单元格和最后一个单元格为对角的连续区域。

：鼠标指针移到当前单元格或选中区域边框上时，鼠标指针变为带箭头十字架，通过鼠标拖动，可以移动当前单元格或单元格区域中的内容；

温馨提示：在移动单元格的同时，按住【Ctrl】键，可以直接将单元格内容复制到其他单元格。

：当前单元格或单元格区域，在右下角有一个小方点，称为填充柄，鼠标指针停在填充柄上时，指针会变成黑色十字架形状，这时按住左键向外拖动鼠标，可以复制数据，或填充序列、格式等，向内拖动，可以清除当前单元格或区域的数据。

：鼠标指针位于行号上方时，变为向右箭头，单击鼠标左键，可以选择“行”，拖动鼠标可以选择连续行。

：鼠标指针位于列标上方时，变为向下箭头，单击鼠标左键，选择“列”，拖动鼠标可以选择连续列。

：鼠标指针位于行号之间时，拖动鼠标可以改变行高。

温馨提示：如果同时选中多行，再拖动鼠标改变行高，则可以同时改变选中行的行高。

D 十 E：鼠标指针位于列号之间时，拖动鼠标可以改变列宽。

温馨提示：如果同时选中多列，再拖动鼠标改变列宽，则可以同时改变选中列的列宽。

：格式刷，进行格式的复制。

5.1.3　数据的录入

1．文字、数字的录入

先录入表格标题和字段名。

温馨提示：数据表中的每一列被称为一个“字段”，字段名就是指每一列的列标题（第 1 行）。数据表中的每一行作为一个记录，存放相关的一组数据。

操作步骤如下：

（1）单击选中 A1 单元格，输入表格标题文字内容“罗俊 老师　2014-2015（下）课表”；输入完成后，按【Enter】键确认，光标自动定位到下一行 A2 单元格。

（2）在 A2 单元格中输入字段名“星期”，按【Tab】键确认录入，光标自动右移定位至 B2 单元格。

温馨提示：录入数据时，如果是向下切换单元格，按【Enter】键；如果是向右侧切换，则按【Tab】键；不要用鼠标定位单元格之后，再用键盘输入，这样反复地在键盘与鼠标之间切换比较麻烦。

2．星期的录入（填充柄）

（1）在B2单元格中输入“星期一”；

（2）将鼠标指针定位在B2单元格右下角的填充柄上；

（3）向右拖动填充柄至F2单元格，“星期一”到“星期五”的字段内容可自动填充完成。

3．节次的录入

（1）选中A3单元格，输入“第1节”；

（2）将鼠标指针定位在A3单元格右下角的填充柄上；

（3）向下拖动填充柄至A9单元格，“第1节”到“第7节”的文字内容可自动填充完成了。

温馨提示：填充柄的功能很强大，可自行摸索。

5.1.4 表格编辑

数据录入完成后，需要对整个数据表进行格式设置，让表格更美观，当然主要还是为了方便查看和打印。

1．标题

（1）选中A1单元格，按住鼠标左键，拖动鼠标到F1单元格，A1至F1单元格区域呈现被选中状态，被选中的区域称为“A1:F1”，松开鼠标左键；

（2）单击“开始”|“对齐方式”|“合并后居中”按钮；

（3）设置文字格式：黑体，14号字。

2．行高

（1）鼠标移动到第1行行号上，鼠标指针变为向右的实心箭头，按住鼠标左键，向下拖动鼠标到第9行，第1～9行所有单元格被同时选中，松开鼠标左键；

（2）将鼠标指针放置在选中区域任意两行行号交界线的位置，向下拖动，拖动出的距离就是即将调整出的行的高度，到达合适高度后，松开左键，这时第 1～9 行会全部自动调整为同样的高度。

温馨提示：一般来说，标题行的行高要高一些，其他行的高度保持一致。如果行高有具体的要求，则在选定了所有行之后，在选中区域任一行号位置上右击，在弹出的快捷菜单中选择“行高”命令，打开“行高”对话框，输入要求的数据，单击“确定”按钮即可，如图5-3所示。本案例为了更美观，标题行（第1行）行高为“46.5”，第2～9行行高设置为“32”。

3．列宽

列宽与行高不一样，行高一般要保持高度相等，而列宽一般需要根据单元格中数据的长短来进行适当调整。

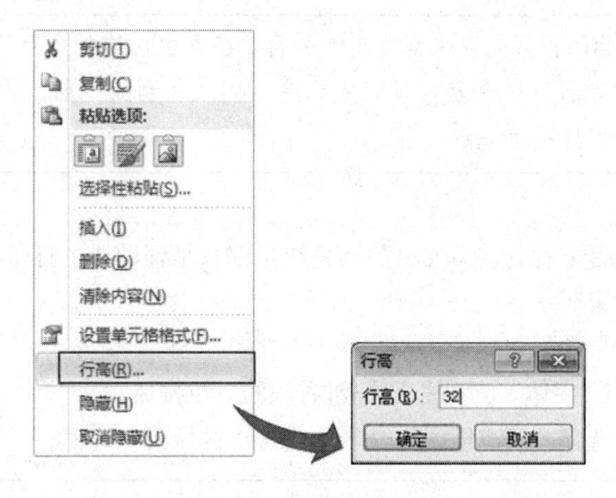

图 5-3　精确设置行高

操作步骤如下：

（1）选中 A～F 列；

（2）在选中区域任意两列相交的交界线上，双击，A～I 列的宽度自动适应了单元格中数据的长短；

（3）根据实际需要，再通过拖动列标边线对个别列进行宽度调整，直到合适为止。

温馨提示：行高也可以采用在行号交界线上双击的方法快速适应内容高度；列宽也可以通过快捷菜单设置为具体宽度。本案例中，列宽统一设置为 14。

4．对齐方式

在 Excel 数据表的单元格中，数据的对齐设置有“水平对齐”和“垂直对齐”两种。

默认的“垂直对齐”方式是“居中”；默认的“水平对齐”方式，文本是“左对齐”，数字是“右对齐”。

本案例中，“水平方式”全部设置为“居中对齐”，操作步骤如下：

（1）选中所有列；

（2）单击“开始”|“对齐方式”|“居中”按钮。

温馨提示：在水平“居中”按钮的上面一排，是垂直对齐方式设置的三个按钮。

5．插入行

本案例要在第 6 行和第 7 行之间插入 1 行，输入“上课地点：综 406”，操作步骤如下：

（1）在第 7 行的行标上右击。

（2）在快捷菜单中选择“插入”，就可以在第 7 行上方插入 1 行；如果要插入 2 行，除了连续点击插入命令外，还有一种方法，先选中第 7～8 行，选择“插入”命令，就可以在第 7 行上方插入 2 行，也就是说，选中几行，通过“插入”命令就可以插入几行。

（3）在 A7:F7 区域任意单元格中输入“上课地点：综 406”，合并“A7:F7”，刚才输入的文字会自动水平居中。

温馨提示：要删除行，先选中需要删除的行，在选中区域任意行号上右击鼠标，在快捷菜单中选择“删除”命令就可以完成删除；插入和删除“列”的操作与“行”相同，只不过是在“列标”上完成。

6．边框设置

在 Excel 中，从屏幕上看到的单元格的灰色线条都只是辅助线，打印不出来，真正的表格边框需要用户自己进行设置。

（1）选中“A2:F10”单元格区域；

（2）单击“开始”|“字体”|“边框”按钮右侧的下拉按钮；

（3）在下拉列表中选择“所有框线”命令，为选中区域设置边框；

温馨提示：当选择了“所有框线”命令后，“边框”按钮就记下了这一步操作，按钮形态会变成“所有框线”。

（4）设置其他形式的线框：选中右击区域，在弹出的快捷菜单中选择“设置单元格格式”命令，打开“设置单元格格式”对话框，选择“边框”选项卡；

（5）“线条”样式列表框中选择“双线”（最后一种），单击“外边框”按钮，在预览图中可以看到外边框被设置成双线，如图 5-4 所示。

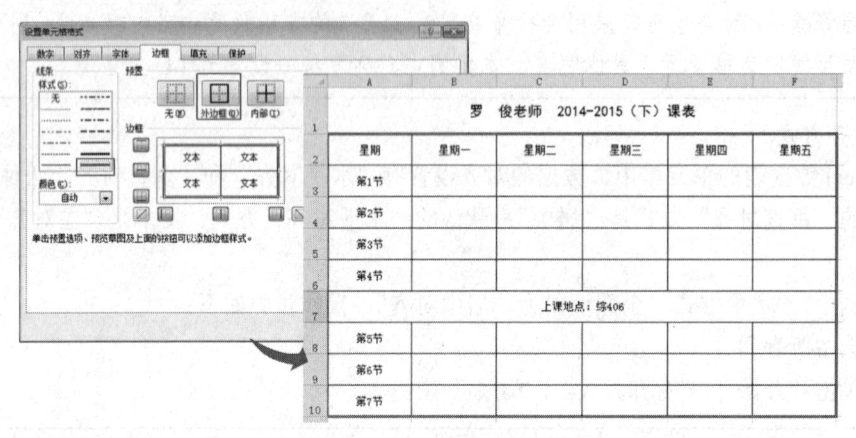

图 5-4 设置表格边框

温馨提示：不论设置什么格式，都要先选中要设置格式的数据表格区域。

7．多行文字

在 Word 中，按【Enter】键会强制换行分段；但在 Excel 中，按【Enter】键是确认数据录入，同时选中下面的单元格。如何在单元格内部分行呢？步骤如下：

（1）选中 A2 单元格，录入文本“星期”；

温馨提示：前面已经录入过，在 A2 单元格“星期”文本的后面双击，将光标定位在“期”字的后边。

（2）按住【Alt】键，再按【Enter】键，光标在 A2 单元格里下移一行，完成单元格内部强制换行分段；

（3）录入文字内容“节次”；

（4）按【Enter】键确认录入；

（5）设置单元格对齐方式为“左对齐”；

（6）录入课表中其他多行文字内容。

8．斜线表头

在 A2 单元格中，需要制作成斜线表头的效果：

（1）在 A2 单元格上右击，在弹出的快捷菜单中选择“设置单元格格式”命令，打开“设置单元格格式”对话框，选择“边框”选项卡；

（2）在“线条”样式中选择一种虚线；

（3）单击“边框”选项组右下角的斜线按钮，即可在“预览”图中看到单元格中添加了斜线，如图 5-5 所示。

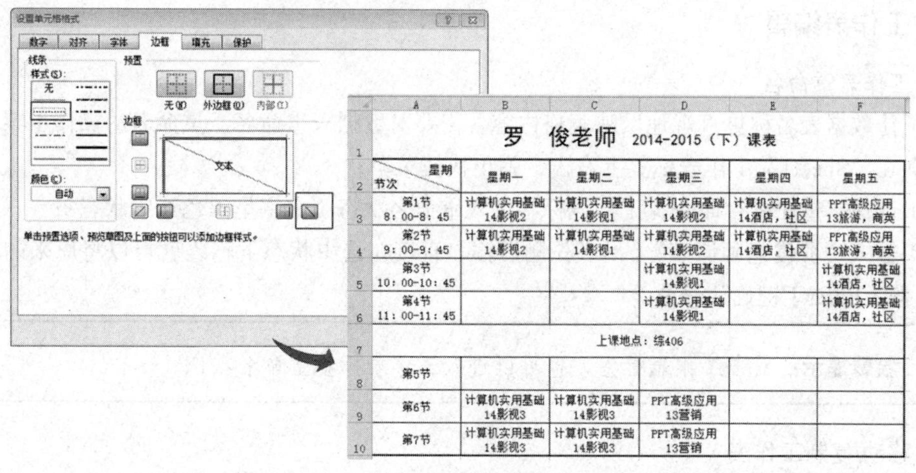

图 5-5　斜线表头

9．填充颜色

为数据区域填充颜色可以区分相邻行或列的数据，便于准确读取数据，以免错行或错列，也可以让表格更美观。

（1）选中 A2:F2 单元格区域；

（2）单击“开始”|“字体”|“填充颜色”（油漆桶形状按钮）右侧的下拉按钮，打开下拉选项面板；

（3）选择“深蓝，文字 2，深色 50%”（第 4 列最后一个色块）；

（4）设置文字格式为“黑体，白色”；

（5）通过快捷菜单中的“设置单元格格式”|“边框”，将 A2:F2 单元格区域的竖分隔线设置为“白色”，A2 单元格中的斜线修改成“虚线，白色”；

温馨提示：“边框”选项卡中的各个按钮，要注意使用顺序。

（6）选中 A3:F3 单元格区域，填充“深蓝，文字 2，浅色 60%”（第 4 列倒数第 4 个色块）。

10．格式刷

同 Word 一样，使用格式刷设置格式可以节省很多时间，特别是数据比较多的表格。本案例中表格，需要一行是浅蓝色，一行白色。

（1）同时选中第 3、4 行；

（2）单击“开始”|“剪贴板”|“格式刷”按钮，鼠标指针变为“格式刷”状态；

（3）在第 5 行的行标上按住鼠标左键，向下拖动至第 6 行的行标，第 5、6 行的格式修改为与第 3、4 行完全一样；

（4）用同样的方法，完成第 8、9、10 行的格式设置。

温馨提示：双击“格式刷”的用法，与 Word 完全一样；第 5、6 行与第 8、9、10 行之所以需要分为两次设置，是因为中间隔着合并过的第 7 行，如果没有第 7 行，可以用格式刷将格式直接从第 5 行复制到第 10 行。

5.1.5 工作表编辑

1．工作表重命名

为了让数据表名称更直观地反映表格内容，需要对数据表重命名。重命名的操作步骤如下：

（1）在“Sheet1”工作表标签上右击，弹出快捷菜单；

（2）选择“重命名”命令，工作表标签进入重命名状态（文字呈黑色选中状态）；

（3）输入“罗俊老师课表”（不必先删后输，直接在选中状态下输入就可以将原来的内容替换掉），按【Enter】键确认修改。

温馨提示：双击工作表标签，也可以进入工作表标签重命名状态。

2．移动/复制工作表

工作表可以整体移动或者复制，既可以直接在本工作簿中移动、复制，也可将当前工作表移动、复制到其他工作簿中去。操作步骤如下：

（1）在“罗俊老师课表”工作表标签上右击，弹出快捷菜单；

（2）在快捷菜单中选择“移动或复制”命令，打开“移动或复制工作表”对话框；

（3）“工作簿”默认为当前工作簿，不作修改，如果需要复制或移动到其他打开的工作簿或者新建一个工作簿，可以在这里选择；

（4）在“下列选定的工作表之前”选项中选择“Sheet2”；

（5）选中“建立副本”，表示将当前工作表复制一份，如果不选中“建立副本”，当前工作簿将会被移动；

（6）单击“确定”，如图 5-6 所示；

（7）工作表标签区域会多出一个名为“罗俊老师课表（2）”的工作表；

（8）复制完成后，将新工作表重命名为“红袖老师课表”，再根据需要修改课表内容。

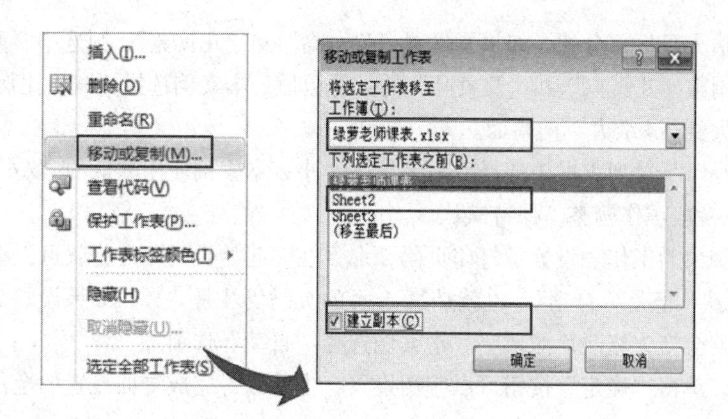

图 5-6　移动或复制工作表

温馨提示：在同一个工作簿中复制，可使用如下快捷方式：选中“罗俊老师课表”工作表标签，按住【Ctrl】键，按住鼠标左键向旁边拖动，可以看到一个黑色三角形，这个黑色三角形在哪个地方停下，就代表复制出的工作表会从哪里插进去。如果不需要复制，只是移动工作表的顺序，可以直接用左键拖动工作表左右移动。

试一试：如果直接选中“罗俊老师课表”中的数据，复制、粘贴到“Sheet2”工作表中，效果是怎样的？与复制工作表有什么不同？

5.1.6　页面设置

制作完一张工作表后，可以根据需要将它打印出来。打印之前，首先要设置好打印区域和页面设置。

1．设置打印区域

如果不设置打印区域，系统默认会把当前工作表中所有有数据的区域，以及两个数据单元格之间所有的空白区域，全部打印出来。设置打印区域，可以控制只将工作表的某一部分打印出来。设置方法如下：

（1）选定需要打印的区域；

（2）选择“页面布局”|“页面设置”|“打印区域”|“设置打印区域”命令。

本案例直接打印工作表中的全部数据，因此可以不设置打印区域。

2．页面设置与打印

页面设置的好坏直接关系到工作表的打印效果。

单击“页面布局”|“页面设置”右下角的对话框启动器按钮，打开“页面设置”对话框，在对话框中可以对页面选项和打印选项进行设置。

1）“页面”选项卡

在“方向”选项组中，用户可根据需要设置打印出来的纸张方向，课表一般使用 A4 纸横向打印，此处将页面方向设置为“横向”。

在“缩放”选项组中，如果要按比例缩放工作表，可以单击“缩放比例”单选按钮，然后在其右侧文本框中输入目标百分比；如果要设置“几页高”和“几页宽”，则选中“调整为”单选按钮，然后输入或调整“几页宽”和“几页高”的具体数值；本案例选择“缩放比例”为“140%”，刚好将工作表放大到A4纸大小的幅面。

在“纸张大小”下拉列表框中选择所需的纸张大小，本案例使用默认的“A4”纸。

“打印质量”一般不作调整，保持默认。

如果页眉页脚中为工作表设置了打印页码，那么在“起始页码”处，就可以根据需要来设置第1页的页码。默认值是“自动”，也就是第1页的页码仍然是“1”，如果设置为其他数字，那么第1页的页码就会变为修改后的数字。本案例选择“自动”选项。

完成设置后，单击“确定”按钮可以应用设置，也可以等完成页面设置的全部设置项之后再应用设置。

2)“页边距”选项卡

页边距的设置方式与Word基本一样，如图5-7所示。

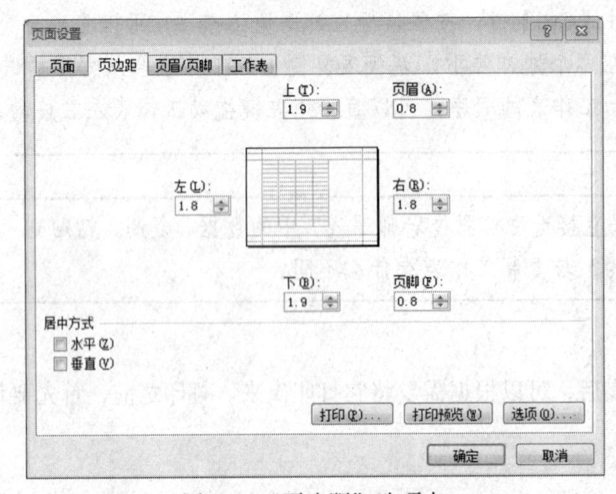

图5-7 “页边距”选项卡

在“页边距”选项卡的下方，有一个“居中方式”选项组，有两个复选框：

第1个复选框“水平”，指的是数据表在纸张的水平方向上居中对齐，这个选项比较常用；

第2个复选框“垂直”，指的是数据表在纸张的垂直方向上居中对齐，这个选项很少使用。

在“页边距”选项卡的右下方有3个按钮，单击第2个“打印预览”按钮，可以进入“打印预览”状态。

在“打印预览”视图中，右下角有2按钮，第1个按钮是“显示边距”按钮，第2个按钮是“缩放到页面”按钮。单击“显示边距”按钮，可以看到4条“页边距”和2条“页眉页脚”的调整线，拖动这些调整线也可以十分方便、快捷地调整页边距和页眉页脚的位置；单击“缩放到页面”按钮，可以将页面显示比例迅速放大或缩小成整页效果。

3)“页眉和页脚”选项卡

页眉和页脚位于页面顶端和底端，用来打印页码、表格名称、时间、其他自定义信息等补充信息。设置页眉和页脚时，可直接使用Excel的内置页眉和页脚，也可以根据实际需要自定义页眉和页脚。

使用内置的页眉和页脚格式，操作步骤如下：

（1）选择“页眉和页脚”选项卡；

（2）单击“页眉”下拉列表框右边的下拉按钮，在打开的列表中有一些系统内置的页眉内容，可以根据需要选用，本案例选择“罗俊老师课表.xlsx”；

（3）单击“页脚”下拉列表框右边的下拉按钮，在打开的下拉列表中选择内置的页脚格式“第1页，共？页”；

（4）设置完成后，单击“确定”按钮。

当 Excel 内置的页眉和页脚不符合要求时，用户可以根据实际需要通过“自定义页眉”和“自定义页脚”按钮设置个性化的页眉和页脚，操作步骤如下：

（1）选择“页眉和页脚”选项卡；

（2）单击“自定义页眉”按钮，打开“页眉”对话框，如图 5-8 所示；

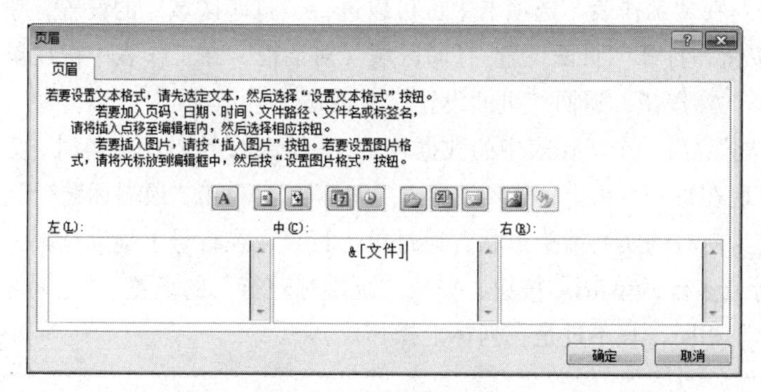

图 5-8　自定义页眉

（3）鼠标左键点入中间的框中，单击“插入文件名”按钮，让文件名出现在页眉中间；

（4）鼠标左键点入右边的框中，单击“插入日期”按钮，让日期出现在页眉右边；

（5）设置完成后单击“确定”按钮，返回“页眉设置”对话框。

自定义页脚的对话框和设置方式、选项，与页眉相同。页眉、页脚对话框中的各选项和按钮具体功能为：

在“左”文本框中输入信息，信息会出现在页眉或页脚的左侧；

在“中”文本框中输入信息，信息会出现在页眉或页脚的中间；

在“右”文本框中输入信息，信息会出现在页眉或页脚的右侧；

单击A按钮，打开“字体”对话框，设置页眉页脚的字体格式；

单击按钮，在页眉页脚中插入页码；

单击按钮，插入总页码；

单击按钮，插入当前日期；

单击按钮，插入当前时间；

单击按钮，插入文件的路径；

单击按钮，插入工作簿的名称；

单击按钮，插入工作表的名称；

单击按钮，插入图片；

单击按钮，在页眉页脚中设置插入图片的格式。

温馨提示：如果要删除所选的内置页眉或页脚，可以在“页眉”或“页脚”下拉列表框中选择“(无)”选项，或者在“自定义页眉（页脚）”对话框中删除页眉页脚信息；如果要删除自定义的页眉或页脚，可以单击“自定义页眉”或“自定义页脚”按钮，然后删除文本框中的信息。

4）“工作表”选项卡

“工作表”选项卡可以让用户进行更细致的打印选项设置。除了通过“页面设置”对话框可以打开“工作表”选项卡外，还可以直接选择“页面布局”|“页面设置”|“打印标题”命令来打开“工作表”选项卡。“工作表”设置选项内容主要有：

打印区域设置：在“工作表”选项卡中也可以进行“打印区域”的设置，单击“打印区域”文本框右边的按钮，打开“页面设置-打印区域”对话框，在工作表中按住鼠标左键选中全部打印区域，然后单击按钮，返回“页面设置”对话框。

设置“打印标题”：当一个工作表中的数据较多，一页纸无法打印完整时，为了能让顶端标题行或左端标题列出现在每一页纸上，需要设置“打印标题”。单击“顶端标题行”文本框右边的按钮，鼠标指针变为向右的实心箭头形状，通过单击行号或在行号上拖动选择，选中准备作为工作表行标题的 1 行或多行，单击按钮，完成“顶端标题行”的设置；“左端标题行”的设置方法与“顶端标题行”相同，只不过是在列标上操作。

温馨提示：标题行或标题列可以是多行或多列；既可以包含首行或首列，也可以跳过首行或首列，按需要设置。

“打印”选项主要用于设置打印效果，包括：

“网格线”复选框：如果没有为表格设置边框，选中此框后，打印时也会自动为表格打印网格线作为表格边框，这个选项在打印数据量较大的表格时比较实用；

“单色打印”复选框：打印时忽略彩色，对工作表进行黑白处理；

“草稿品质”复选框：图形以简化方式输出，打印时不打印网格线、边框、设置的颜色等；

“行号列标”复选框：打印时打印出行号和列标；

“批注”下拉列表框：确定打印时是否包含批注，以及批注的显示方式；

“错误单元格打印为”：对于有错误的单元格，默认打印为“显示值”。

设置打印顺序：如果一张工作表的内容不能在一页纸上打印完，横向被分为 2 页或更多页，纵向也被分为了 2 页或更多页，这时就要考虑设置打印顺序。“打印顺序”选项可以控制页码的编排和打印次序，如果选中“先列后行”，那么系统从第 1 页向下纵向编排页码和打印，第 1 纵列的页面打印完后，再打印第 2 纵列，依此类推；如果选中“先行后列”，那么系统从第 1 页向右横向编排页码和打印，第 1 横排的页面打印完后，再打印第 2 横排，依次打印。

温馨提示：如果正在处理的是图表，那么“页面设置”对话框中的“工作表”选项卡会变为“图表”选项卡。

5）分页

一个 Excel 工作表可能很大，但用来打印表格的纸张面积总是有限的，对于超过一页信息的工作表，系统能够自动插入分页符，为表格分页。自动分页的标准是在前面的页面编排到剩余页面已经不足以容纳下一行或下一列时，立即分页。如果要将可以显示在同一页上的相邻内容显示在不同的纸张页面上，就需要调整分页符位置，或者手动插入分页符，强制表格分页。操作步骤如下：

（1）单击“视图”|“工作簿视图”|“分页预览”按钮，打开“欢迎使用‘分页预览’视图”的对话框（可以选中“不再显示此对话框”，让它不再出现），看清楚对话框中的提示内容“通过用鼠标单击并拖动分页符，可以调整分页符的位置”，单击“确定”按钮关闭对话框，这时工作表中会显示出用蓝色粗线标示的分页符，如图 5-9 所示；

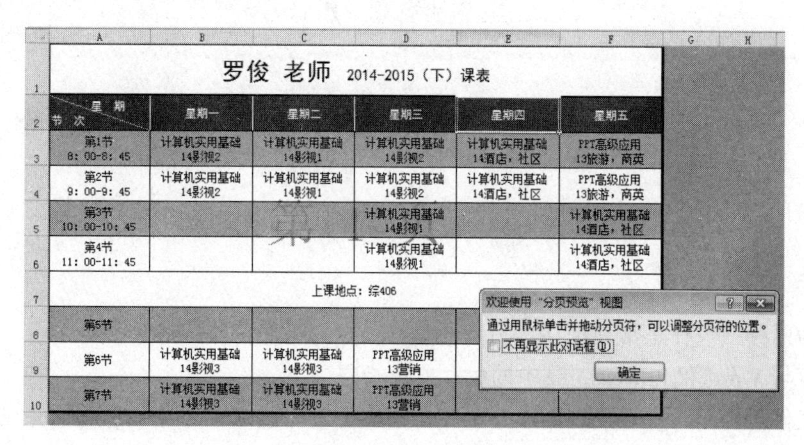

图 5-9　“分页预览”视图

（2）移动、调整分页符：移动鼠标指针到分页符附近，当鼠标指针变为双向箭头时，按住鼠标左键，将分页符拖到需要的位置；

（3）插入分页符：将光标定位在需要强行分页的位置，右击，在弹出的快捷菜单中选择“插入分页符”命令；

（4）删除分页符：右击垂直分页符右侧或水平分页符下方的单元格，在弹出的快捷菜单中选择“删除分页符”命令，即可将分页符删除。

完成分页操作后，单击“视图”|“工作薄视图”|“普通”按钮，即可退出分页预览视图，返回普通视图。

6）设置页面布局

在 Excel 2010 中，有一种页面布局视图，可以在分页预览工作表的同时进行编辑数据、设置页眉页脚等工作。在页面布局视图中，Excel 2010 表格以“所见即所得”方式显示为打印预览状态。

打开页面布局视图：单击编辑窗口右下角的“页面布局”按钮可以打开页面布局视图；选择“视图”|“工作簿视图”|“页面布局”命令，也可以打开页面布局视图。

温馨提示：编辑窗口右下角除了“缩放级别”和“显示比例”外，共有 3 个按钮，左起第 1 个是普通视图，第 2 个是页面布局，第 3 个是分页预览，切换非常方便。

在页面布局视图中，页眉页脚也可以编辑，此时输入页眉页脚非常方便快捷；本案例在页脚右下角处输入“制表人：罗俊”，效果如图 5-10 所示。

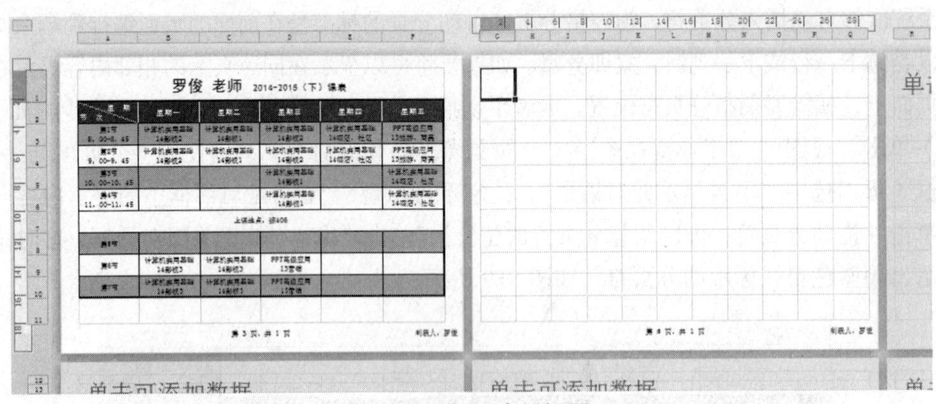

图 5-10　页面布局视图

7）打印

Excel 的打印方法与 Word 相同。

5.1.7　保存

保存分为两种：一种是常规保存，另一种是“另存为工作区”。

常规保存与 Word 和 PowerPoint 中的保存方法相同。

当某项工作需要同时查看或调用多个工作簿的数据，而这项工作又不能马上完成时，就可以将所有的工作簿一起另存为一个工作区文件。当下次打开这个工作区文件时，就可以一次性打开所有相关的工作簿。“另存为工作区”的方法：

（1）把需要使用的工作簿全部打开，排列好位置；

（2）单击“视图”|“窗口”|“保存工作区”按钮，打开“保存工作区”对话框；

（3）按常规保存的方法保存工作区，工作区文件的后缀为“.xlw”。

案 例 小 结

本案例所涉及到的都是 Excel 最基础的知识和最基本的操作，通过案例的学习和训练，应该熟悉 Excel 的界面，熟练掌握基本操作，为后续深入学习打好基础。

实训 5.1　制作教师课表

实训 5.1.1　模仿案例制作一份教师课表

（1）录入数据：简单数据的录入，填充柄的使用；

（2）数据表编辑：标题，行高，列宽，对齐方式，插入/删除行或列，边框，斜线表头，填充颜色，格式刷；

（3）工作表编辑：工作表重命名，移动复制工作表；

（4）页面设置与打印：打印区域，页面设置；

（5）文件保存：常规保存，另存为工作区。

实训 5.1.2　实训拓展

用 Excel 制作出本班本学期的课表。

实训 5.1.3　实训报告

完成一篇实训报告，将实训中的感受和收获，特别是“实训拓展”探究过程中觉得有价值的内容，整理并记录下来。

案例 5.2　学生信息统计表

知识建构

- 记录单
- 数据有效性
- 数据格式的转换
- 文本连接符
- MID 函数
- 套用表格格式
- 数据保护

技能目标

- 会使用记录单
- 掌握非常规数据录入的技巧
- 能为表格套用表格格式
- 掌握数据保护的方法
- 掌握数据有效性、文本连接运算符、MID 函数的用法

制作如图 5-11 所示的“学生信息统计表”。

2014级中兴通讯1班学生信息统计表

学号	姓　名	性别	年龄	出生年月日	生源省份	市/县	身份证号码	家庭电话
1	秦菲菲	女	18	19971106	辽宁	大连	450821199711065339	0766-9876567
2	郑　爽	女	19	19960225	湖北	宜昌	130682199602254239	0733-6354667
3	孙凌波	女	19	19960627	河南	洛阳	630121199606273 11x	8661931
4	任青青	女	18	19971005	陕西	宝鸡	130682199710052431	15826920505
5	刘　洋	男	17	19980921	河北	保定	421202199809214230	13697364568
6	陆晓川	男	17	19980929	四川	成都	421127199809293233	13212328132
7	李　臻	女	17	19980817	广东	珠海	340826199808170312	010-8976533
8	游　弋	男	19	19960116	湖北	十堰	370481199601160617	020-8765478
9	罗　斐	男	18	19970623	湖南	浏阳	612522199706230041	15926039809
10	吴绿萍	女	18	19970622	贵州	遵义	131102199706220 81x	13687238579

图 5-11　案例 5.2 学生信息统计表

5.2.1 特殊数据的录入

1．“性别”数据的录入

“性别”字段中，有“男”和“女”两组数据。

快捷录入的方法有两种，以“女”为例，具体操作方法如下。

方法 1：

（1）在 C3 单元格中输入“女”；

（2）用填充柄快速填充至 C6 单元格，完成连续数据的填充；

（3）后面不连续的单元格，采用复制，粘贴的方式录入。

方法 2：

（1）拖动鼠标选中“C3:C6”单元格区域，再按住【Ctrl】键，依次单击 C9、C12 单元格，将所有需要填入“女”的单元格全部同时选中；

（2）松开【Ctrl】键和鼠标；

（3）输入“女”；

（4）再按住【Ctrl】键，按【Enter】键，即可将“女”输入全部选中区域。

2．籍贯数据的录入（数据有效性）

为了防止单元格中被输入错误数据，有时需要设置“数据有效性”，设置好后，每次输入的数据都会自动被进行“数据有效性”检查，检查不合格时，会自动报错、提示。

数据有效性还可以在输入数据时提供下拉列表，供用户快捷输入。设置方法如下：

（1）选中 F3:F12 单元格区域（生源省份）；

（2）单击“数据”|“数据工具”|“数据有效性”按钮，打开“数据有效性”对话框；

（3）选择“设置”选项卡；

（4）选择“有效性条件”为允许“序列”；

（5）在“来源”框中录入“序列”内容：辽宁,四川,湖北……。如果必要，这些数据可以包含全国所有的省份，设置如图 5-12 所示；

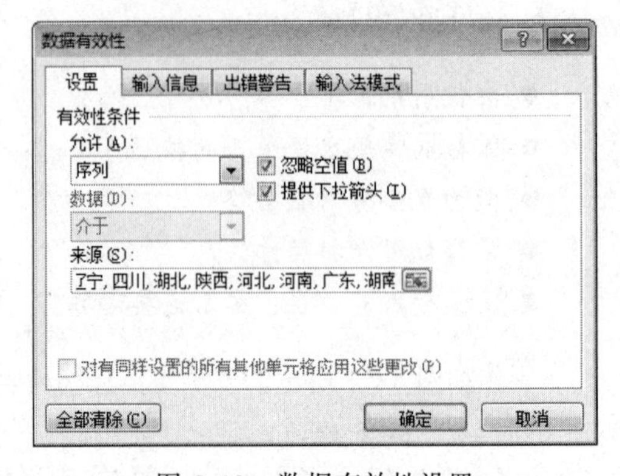

图 5-12 数据有效性设置

温馨提示：“来源”序列中的逗号必须是“英文逗号”。

（6）在“输入信息”和“出错警告”选项卡，还可以设置一些输入提示信息或输入出错时的警告信息；

（7）设置好后，单击“确定”按钮；

（8）设置完成后，单击 F3:F12 单元格区域的任意单元格，在单元格右侧就会出现一个下拉按钮，选择正确的选项就可以完成数据的录入；

温馨提示：设置好数据有效性之后，除了可以通过下拉列表录入数据外，也可以通过键盘录入，当通过键盘录入出错时，系统就会提示录入出错，确保错误的数据无法录入单元格。

（9）同样的方法，为“G3:G12”（市/县）单元格区域设置相应的有效性数据序列：大连,宜昌,成都,宝鸡,保定,洛阳,珠海,十堰,浏阳,遵义,武汉,西安,长沙,青岛,石家庄,昆明,济南,太原,福州,柳州,南昌,九江（以上城市已包含该班所有学生的来源市县），设置完成后在工作表中将数据选择录入。

录入完成之后的效果如图 5-13 所示。

	A	B	C	D	E	F	G	H	I
1	2014级中兴通讯1班学生信息统计表								
2	学号	姓　名	性别	年龄	出生年月日	生源省份	市/县	身份证号码	家庭电话
3	1	秦菲菲	女			辽宁	连		
4	2	郑　爽	女			辽宁	昌		
5	3	孙凌波	女			四川	都		
6	4	任青青	女			湖北	鸡		
7	5	刘　洋	男			陕西	定		
8	6	陆晓川	男			河北 河南 广东 湖南	阳		
9	7	李　臻	女			广东	珠海		
10	8	游　弋	男			湖北	十堰		
11	9	罗　斐	男			湖南	浏阳		
12	10	吴绿萍	女			贵州	遵义		

图 5-13　数据有效性

3．身份证号码的录入

身份证号码共 18 位，在 Excel 中，单元格中的数字超过 11 位将以科学计数法来显示，为了避免身份证号码被误认为是“数字”，需要将输入内容转换为“文本”，这样才能保证身份证号码不会被转换为科学计数法显示，而是直接显示为 18 位号码。设置方法如下：

（1）在 H 列的列标上单击选中 H 列；

（2）单击“开始”|“数字”右下角对话框启动器按钮，打开“设置单元格格式”对话框；

（3）在“设置单元格格式”对话框中选择“数字”选项卡，在“分类”列表框中选择“文本”选项，单击“确定”按钮返回，如图 5-14 所示；

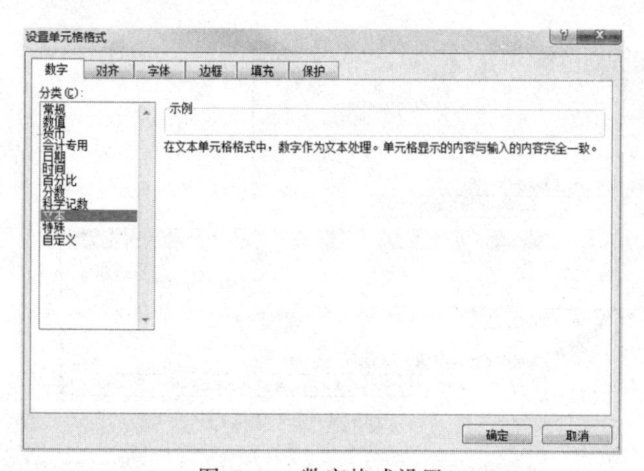

图 5-14　数字格式设置

（4）录入身份证号码。

温馨提示：输入了身份证号码的单元格的左上角会出现绿色的三角形标志，用鼠标指针放到绿色三角形标志上，会出现一个智能选项标记，单击，会出现一个菜单，可以看到当前的状态是“以文本形式存储的数字”，在实际工作过程中，可以根据实际需要选择其他选项。

4．出生年月日的录入（MID 函数）

如果表格数据中需要同时录入人员的身份证号码和出生年月日，那么可以先录入“身份证号码”，再从“身份证号码”中提取出“出生年月日”，不需要再重新录入。

（1）选中 E3 单元格；

（2）录入公式“=mid(h3,7,8)”（不含引号），如图 5-15 所示；

在“数据编辑栏”中输入也一样　　所有的运算都是以“=”开头

SUM　=mid(h3,7,8)

	A	B	C	D	E	F	G	H	I
1	2014级中兴通讯1班学生信息统计表								
2	学号	姓 名	性别	年龄	出生年月日	生源省份	市/县	身份证号码	家庭电话
3	1	秦菲菲	女		=mid(h3,7,8)	辽宁	大连	45082119971106	
4	2	郑 爽	女		MID(text, start_num, num_chars)		宜昌	13068219960225×××	
5	3	孙凌波	女			四川	成都	63012119960627×××	
6	4	任青青	女			陕西	宝鸡	13068219971005×××	
7	5	刘 洋	男			河北	保定	42120219980921×××	
8	6	陆晓川	男			河南	洛阳	42112719980929×××	
9	7	李 臻	女			广东	珠海	34082619980817×××	
10	8	游 弋	男			湖北	十堰	37048119960116×××	
11	9	罗 斐	男			湖南	浏阳	61252219970623×××	
12	10	吴绿萍	女			贵州	遵义	13110219970622×××	

图 5-15　MID 函数

温馨提示：公式的意思是在 h3 单元格中进行数据提取，从第“7”位开始提取，一共提取“8 位”。如果是在“数据编辑栏”中输入公式，输入完成后，可以单击前面的“✓”确认录入，也可以直接按【Enter】键确认；如果不清楚“MID”函数的语法，可以单击数据编辑栏前的“fx”按钮，打开“函数参数”对话框，根据提示录入或选择函数参数，如图 5-16 所示。

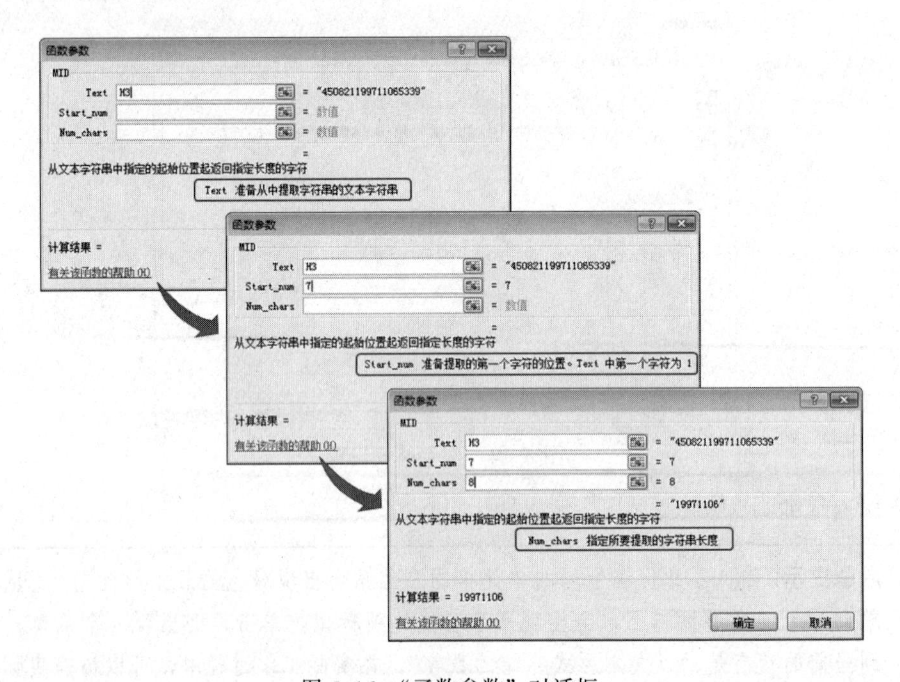

图 5-16　“函数参数”对话框

（3）公式录入完成，按【Enter】键确认执行；

（4）向下拖动填充柄，将函数公式套用到其他人的“出生年月日”单元格，完成信息自动提取。

5.2.2　记录单

一个标准的二维数据表，表中的每一列可以视为一个字段，一般存放相同类型的数据，每一列的列标题就是字段名；表中的每一行作为一个记录，存放相关的一组数据。因此，可以这样理解，一个二维的数据表，就是由若干条记录组成的数据库。

对于一个大型的 Excel 工作表，如果直接用鼠标拖动右侧和下方滚动条的方式来修改、查询数据将会非常不方便，特别是在一个字段（数据列）很多的 Excel 表格中输入数据时，来回拉动滚动条，既麻烦又容易错行，非常不方便。这种情况下，使用记录单来操作工作表中的数据记录相对更方便、快捷。

1.“记录单”按钮的调用

在 Excel 2010 中，这个强大的功能按钮需要我们手动打开才可以使用。操作步骤如下：

（1）选择“文件”|“选项”命令，打开“Excel 选项”对话框；

（2）选择“快速访问工具栏”选项卡，右侧会出现“自定义快速访问工具栏”的设置选区；

（3）在“从下列位置选择命令”下拉列表框中选择“不在功能区中的命令”选项，下面的列表框中会出现命令的变化；

（4）将命令选区右侧的滑块往下拖动，找到“记录单”命令；

温馨提示：列表框中的命令是按 26 个英文字母的顺序排列的。

（5）找到“记录单”命令后，选中，单击“添加”按钮，即可将“记录单”命令添加到右侧的“自定义快速访问工具栏”中；

（6）单击“确定”按钮，退出对话框，完成操作，如图 5-17 所示。

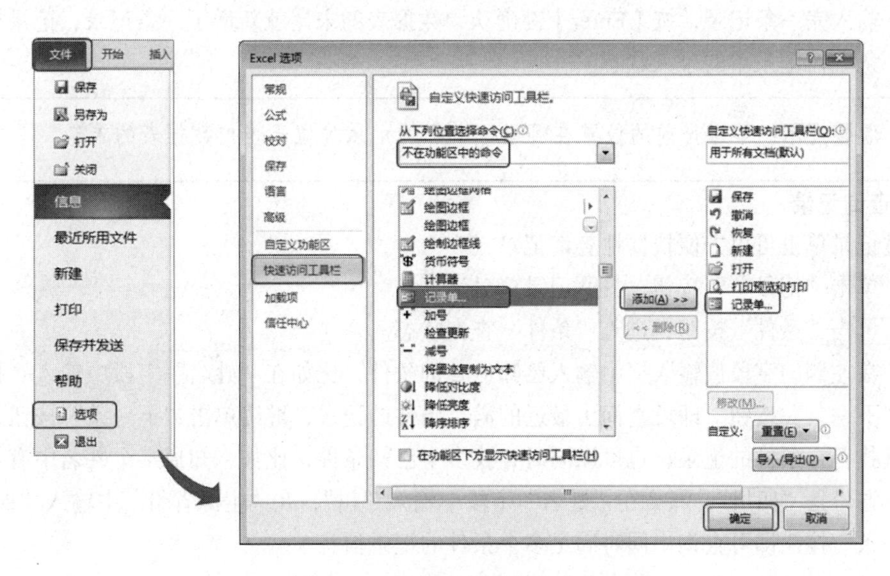

图 5-17　添加“记录单”命令

2．增加记录

当需要在数据清单中增加一个记录时，既可以直接在工作表中添加空行，然后在相应的单元格中输入数据，也可以使用记录单添加。操作步骤如下：

（1）单击需要增加记录的数据清单中的任意单元格；

（2）单击“记录单”按钮，打开“Sheet1”记录对话框，如图 5-18 所示：在记录单对话框中，左边显示了该数据表中的字段名，中间的字段值显示的是当前记录的数据信息，右边显示了当前记录的记录号、记录总数及多个命令按钮，如果需要查看上一条记录或下一条记录，可以单击对话框中的“上一条”或“下一条”按钮，也可以通过中间的垂直滚动条来快速地移动、浏览数据清单中的任意记录；

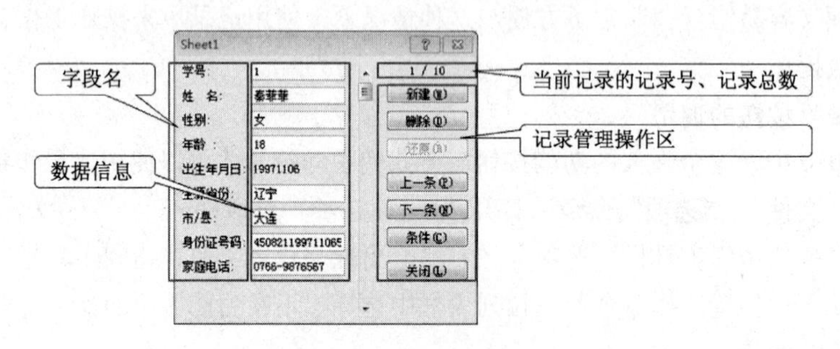

图 5-18　记录单对话框

温馨提示：记录单对话框中的“出生年月日”是不能修改的，这是因为由公式自动计算出来的结果，不能进行手动修改。

（3）单击对话框中的“新建”按钮，出现一个空白的记录单；

（4）将光标定位在第 1 个字段输入框中，输入数据，输入完一个数据后，按【Tab】键，切换到下一个输入框，继续输入；

（5）输入完一条记录，按【Enter】键确认，数据表的末尾就新增了一条记录，记录单对话框进入下一条空白记录单的录入状态。

温馨提示：不管当前的位置在哪里，增加的记录均位于当前数据表的末尾。

3．查询记录

通过记录单也可以方便快捷地查询记录：

（1）单击“记录单”按钮，打开记录单对话框。

（2）单击“条件”按钮，进入“条件”查询状态。

（3）在左侧的字段值输入框中输入已知的查询条件，比如在“姓名”字段中输入：孙，单击右侧的“下一条”按钮，即可查询出最近的满足条件的记录，继续单击“下一条”按钮，可以继续向下查找符合条件的记录；也可以同时查找多个已知条件，比如，知道某个姓名中有个“川”字，生源省份是“四川”，那么在“姓名”字段中输入“川”，在“生源省份”中输入“四川”，单击“下一条”按钮即可查询出同时满足多个条件的记录信息。

4．修改记录

用前面查询记录的方法查询到需要修改的记录，可以直接在记录单中修改记录，修改完一条记录后，单击“关闭”按钮，返回到工作表。如果要修改另一条记录，必须重复刚才的操作，也就是说，通过记录单，一次只能修改一条记录。

5．删除记录

对于数据表中不再需要的记录，可以删除：用记录单查询到需要删除的记录，单击“删除”按钮将其删除，单击“确定”按钮返回，单击“关闭”按钮，关闭记录单对话框。

5.2.3　设置数据表格式

数据录入完成后，需要对整个数据表进行美化。

（1）标题：“A1:I1”区域，合并后居中，黑体，20 号字；

（2）行高：第 1～12 行的行高为“32”；

（3）列宽：自动适应单元格中数据的长短，再根据实际需要，对个别列进行宽度调整，直到合适为止；

（4）对齐方式：水平对齐方式全部设置为“居中对齐”；

（5）边框：选中“A2:I10”，选择“开始”|“字体”|“边框”|“所有框线”命令，再将外框线设置为“双横线”。

5.2.4　套用表格样式

表格样式是为表格预设的一组格式，包括字体样式、对齐、边框、填充色等设定，为表格套用样式后，该表格将自动设置相关格式。系统提供了一些表格样式，可以直接套用，提高工作效率。设置方法如下：

（1）选中“A2:I10”；

（2）选择“开始”|“样式”|“套用表格样式”|“深色”|“表样式深色 3”选项；

（3）将“字体”设置为“加粗”。

温馨提示：套用表格样式后，会自动进入数据“筛选”状态，每个字段名单元格的右下角都会出现一个“筛选”按钮。如果想退出“筛选”状态，可以单击“数据”|“排序和筛选”|“筛选”按钮，取消选中“筛选”（再次单击，会选中“筛选”，再次进入筛选状态）。

5.2.5　隐藏行/列

数据表中的行和列都可以隐藏，不显示，隐藏的行和列也不会打印出来。例如，要隐藏第 6 行，先选中第 6 行，右击，在弹出的快捷菜单中选择“隐藏”命令，第 6 行就被隐藏了，行标从“5”直接到了“7”；要取消隐藏，先选中第 5、7 两行，右击行号，在弹出的快捷菜单中选择“取消隐藏”命令。

如果数据表比较大，不知道到底哪些行、列隐藏了，可以单击“全选”按钮，将整个数据表选中，然后在表上任意位置右击，在弹出的快捷菜单中选择“取消隐藏”命令，即可将所有隐藏内容显示出来。

隐藏和取消隐藏列的操作方法与行的操作一样。

5.2.6 冻结行/列

如果表格中的数据量很大，滚动表格时，第一行的字段名也会随着滚动隐藏，导致后面的记录数据不知道到底对应的是什么字段，为了便于查看，可以通过“冻结行/列”的方式，将表格最上面的1行或数行、最左边的1列或数列冻结，始终显示在屏幕上，不随着滚动消失。本案例中的操作方法如下：

选中 C3 单元格，选择“视图”|“窗口”|“冻结窗格”|“冻结拆分窗格”命令，可以看到C3单元格上面的各行（第1～2行）和左边的各列（第1～2列）被“冻结”了，当向下或向右滚动表格时，第1～2行和第1-2列始终显示在屏幕上，不会消失。

如果只想冻结第2行，不想显示第1行，可以先滚动表格，让第1行消失，将第2行滚动到表格最上方，再执行上面的冻结操作。

5.2.7 数据保护

Excel 有较为完备的保护功能，用以保护数据不被查看或修改，这种保护分为三个层次：工作簿的保护、工作表的保护、单元格的保护。

1．工作簿的保护

（1）单击“审阅”|“更改”|“保护工作簿”按钮；

（2）在打开的“保护结构和窗口”对话框中选中“结构”，输入密码，单击“确定”按钮，如图5-19所示。

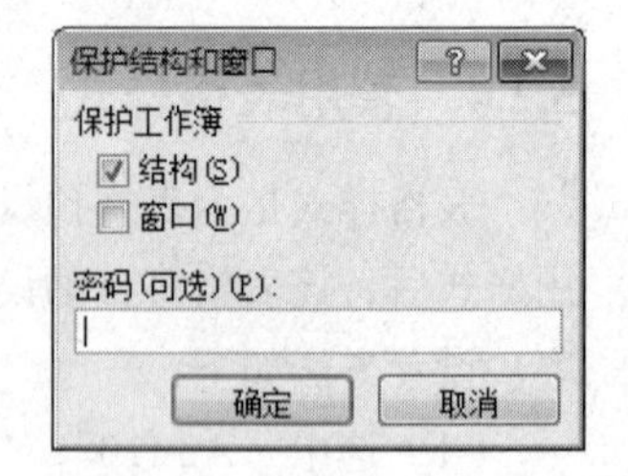

图 5-19　保护工作簿

2．工作表的保护

（1）单击“审阅”|“更改”|“保护工作表”按钮；

（2）在打开的“保护工作表”对话框中输入密码后单击“确定”按钮。

3．单元格的保护

要保护单元格，必须先设置工作表保护后才能实现。

（1）选中要保护的单元格，比如“身份证号码”，右击，在弹出的快捷菜单中选择“设置单元格格式”命令；

（2）在“设置单元格格式”对话框中选择“保护”选项卡，选中“锁定”复选框，对选定的单元格进行保护，如果同时选中“隐藏”复选框，则选定区域内容不可见。

温馨提示：为 Office 文档设置的密码，是无法“找回”的，如果忘记了密码，文档将无法打开。

5.2.8 数据提取与连接

图5-20所示数据表是在图5-11所示数据表的基础上制作完成的，这两张数据表有什么不同呢？

2014级中兴通讯1班学生信息统计表

学号	姓　名	性别	年龄	出生年月日	籍贯	身份证号码	家庭电话
1	秦菲菲	女	18	1997-11-06	辽宁大连	450821199711065×××	0766-9876×××
2	郑　爽	女	19	1996-02-25	湖北宜昌	130682199602254×××	0733-6354×××
3	孙凌波	女	19	1996-06-27	四川成都	630121199606273×××	8661×××
4	任青青	女	18	1997-10-05	陕西宝鸡	130682199710052×××	15826920×××
5	刘　洋	男	17	1998-09-21	河北保定	421202199809214×××	13697364×××
6	陆晓川	男	17	1998-09-29	河南洛阳	421127199809293×××	13212328×××
7	李　臻	女	17	1998-08-17	广东珠海	340826199808170×××	010-8976×××
8	游　弋	男	19	1996-01-16	湖北十堰	370481199601160×××	020-8765×××
9	罗　斐	男	18	1997-06-23	湖南浏阳	612522199706230×××	15926039×××
10	吴绿萍	女	18	1997-06-22	贵州遵义	131102199706220×××	13687238×××

图 5-20　出生年月日信息和籍贯信息

通过比较，可以发现，图 5-20 所示数据表中的出生年月日字段中，年、月、日数据之间加了连字符“-”，另外“籍贯”字段中的数据是将图 5-11 数据表中的“生源省份”“市/县”两个字段中的数据连接而成。这两个字段中的数据都是在图 5-11 数据表的基础上提取、连接而成。

1．将多个文本数据连接起来

选中“2014 级中兴通讯 1 班”工作表中的 J3 单元格；录入公式“=F3&G3”，“&”符号被称为“文本连接运算符”，公式的作用是将 F3 和 G3 两个单元格中的文本数据连接起来；录入完公式后，按【Enter】键确定执行；向下拖动 J3 单元格的填充柄到 J12 单元格，将公式复制到 J4:J12 之间的各个单元格。

效果如图 5-21 所示。

J3　=F3&G3

2014级中兴通讯1班学生信息统计表

学号	姓　名	性别	年龄	出生年月日	生源省份	市/县	身份证号码	家庭电话	列J
1	秦菲菲	女	18	19971106	辽宁	大连	450821199711065×××	0766-9876×××	辽宁大连
2	郑　爽	女	19	19960225	湖北	宜昌	130682199602254×××	0733-6354×××	湖北宜昌
3	孙凌波	女	19	19960627	河南	洛阳	630121199606273×××	8661931×××	河南洛阳
4	任青青	女	18	19971005	陕西	宝鸡	130682199710052×××	15826920×××	陕西宝鸡
5	刘　洋	男	17	19980921	河北	保定	421202199809214×××	13697364×××	河北保定
6	陆晓川	男	17	19980929	四川	成都	421127199809293×××	13212328×××	四川成都
7	李　臻	女	17	19980817	广东	珠海	340826199808170×××	010-8976×××	广东珠海
8	游　弋	男	19	19960116	湖北	十堰	370481199601160×××	020-8765×××	湖北十堰
9	罗　斐	男	18	19970623	湖南	浏阳	612522199706230×××	15926039×××	湖南浏阳
10	吴绿萍	女	18	19970622	贵州	遵义	131102199706220×××	13687238×××	贵州遵义

图 5-21　文本连接

温馨提示：“&”是“文本连接运算符”，所以，它只能连接“文本”，不能连接数字。

2．将连接之后的数据复制到指定的位置

（1）复制“2014 级中兴通讯 1 班”工作表，生成“2014 级中兴通讯 1 班 （1）”工作表，将新工作表更名为“2014级中兴通讯1班副本”；

（2）选中“2014级中兴通讯1班”工作表的J3:Jl2单元格区域，按【Ctrl+C】组合键执行复制命令；

（3）选中“2014级中兴通讯1班副本”工作表的“F3:F12”单元格；

（4）选择“开始”|“剪贴板”|“粘贴”|“选择性粘贴”命令，打开如图5-22所示对话框；

（5）选中“粘贴”选项组中的“数值”单选项；

（6）单击“确定”按钮即可完成数据的转换。

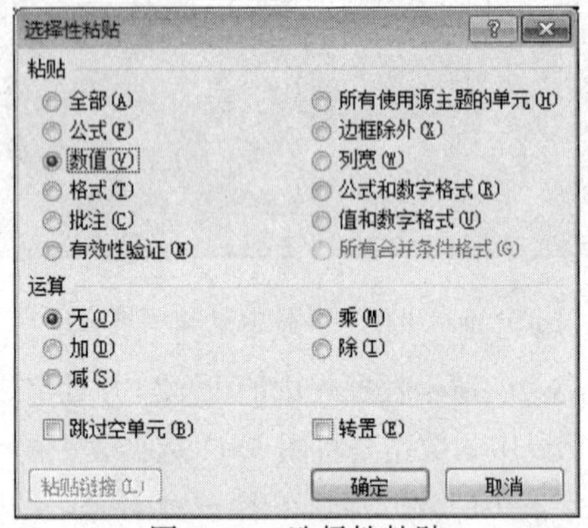

图5-22　选择性粘贴

试一试：如果不执行选择性粘贴，而是用【Ctrl+V】组合键直接粘贴，结果会怎样？用【Ctrl+V】组合键粘贴，又该如何完成“选择性粘贴”？

3．设置“出生年月日”的格式

图5-20工作表中的“出生年月日”的格式比图5-11更清晰，更符合填写规范。要从身份证号码中提取并生成这样格式的出生年月日信息，需要使用“MID”函数和“&”运算符。

（1）单击“2014级中兴通讯1班副本”工作表中的E3单元格；

（2）录入公式“=MID(H3,7,4)&"-"&MID(H3,11,2)&"-"&MID(H3,13,2)”，公式的意思是分别用3个“MID”函数将身份证号码中“年”“月”“日”提取出来，然后，用文本连接符在“年”“月”“日”数据的中间各自连接上一个“-”符号；

（3）公式录入完成，按【Enter】键确定执行；

（4）拖动填充柄，将其他人的“出生年月日”信息填充完整。

案 例 小 结

本案例的制作，主要涉及特殊数据的录入、数据有效性审核、记录单的使用、表格样式套用、隐藏和冻结行列、数据保护等操作，这都是日常工作、生活中经常要用到的功能，因此，要非常熟悉相关操作步骤和要求。

实训5.2　制作学生信息统计表

实训5.2.1　制作完成2014级中兴通讯1班学生信息统计表

（1）录入数据：学号，姓名、性别，生源省份，市县，身份证号码，出生年月日等；

（2）设置数据表格式：标题，行高，列宽，对齐方式，插入/删除行或列，边框，套用表格样式，隐藏行/列，冻结行/列；

（3）工作表编辑：工作表重命名，移动复制工作表；

（4）数据保护：保护工作簿，保护工作表，保护单元格；

（5）页面设置与打印：打印区域，页面设置与打印（页面、页边距、页眉页脚、分页、页面布局、打印）；

（6）保存：另存为工作区。

实训 5.2.2 实训拓展 1

在图 5-11 所示数据表的基础上，完成图 5-20 所示数据表。

实训 5.2.3 实训拓展 2

学生入校时，学生信息表上“年龄”显示为“18”岁，到了大三，学生信息表上的年龄还是“18”岁，要在数据表打开时自动计算学生年龄，必须使用函数。

请在“年龄”字段中输入公式，利用身份证号码自动计算出各个学生的当前年龄，可以通过 Excel 的帮助信息查找相关函数的功能和使用方法，也可以上网查找相关信息。

实训 5.2.4 实训报告

完成一篇实训报告，将自己实训中的感受和收获，特别是“实训拓展”探究过程中觉得有价值的内容，整理并记录下来。

案例 5.3 学生成绩表

知识建构

- 公式中的运算符和运算顺序
- 相对引用、绝对引用
- 常用函数
- 输入函数、编辑函数
- 使用名称
- 条件格式

技能目标

- 掌握相对/绝对引用在公式中的应用
- 掌握在公式中使用函数的方法
- 会使用名称进行运算
- 掌握条件格式的用法

完成如图 5-23 所示的学生成绩表。

“统考成绩表”中将计算出每名学生的总分，各科目的平均分、最高分和最低分；“选修成绩表”将计算每名学生选修课的总分；“总成绩表”将汇总学生的总分并进行排序。

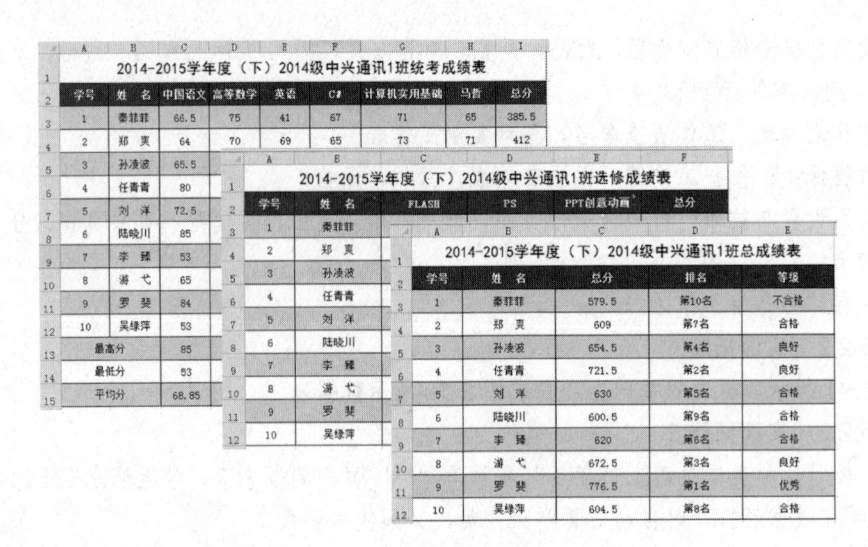

2014-2015学年度（下）2014级中兴通讯1班统考成绩表

学号	姓名	中国语文	高等数学	英语	C#	计算机实用基础	马哲	总分
1	秦菲菲	66.5	75	41	67	71	65	385.5
2	郑 爽	64	70	69	65	73	71	412
3	孙凌波	65.5						
4	任青青	80						
5	刘 洋	72.5						
6	陆晓川	85						
7	李 臻	53						
8	游 弋	65						
9	罗 斐	84						
10	吴绿萍	53						
最高分		85						
最低分		53						
平均分		68.85						

2014-2015学年度（下）2014级中兴通讯1班选修成绩表

学号	姓名	FLASH	PS	PPT创意动画	总分
1	秦菲菲				
2	郑 爽				
3	孙凌波				
4	任青青				
5	刘 洋				
6	陆晓川				
7	李 臻				
8	游 弋				
9	罗 斐				
10	吴绿萍				

2014-2015学年度（下）2014级中兴通讯1班总成绩表

学号	姓名	总分	排名	等级
1	秦菲菲	579.5	第10名	不合格
2	郑 爽	609	第7名	合格
3	孙凌波	654.5	第4名	良好
4	任青青	721.5	第2名	良好
5	刘 洋	630	第5名	合格
6	陆晓川	600.5	第9名	合格
7	李 臻	620	第6名	合格
8	游 弋	672.5	第3名	良好
9	罗 斐	776.5	第1名	优秀
10	吴绿萍	604.5	第8名	合格

图 5-23　学生成绩表

5.3.1　公式的输入

1．公式中的运算符

Excel 中的公式就是一种方程式，它可以执行计算、返回信息、操作其他单元格的内容、测试条件等，公式始终以一个等号（=）作为开头，在一个公式中可以包含有各种运算符、常量、变量、函数以及单元格引用。

运算符用于指定要对公式中的元素执行的计算类型，计算运算符分为 4 种类型：算术运算符、比较运算符、文本连接运算符和引用运算符。

算术运算符用于实现加法、减法、乘法和除法等基本的数学运算。比较运算符用于比较两个数值并产生逻辑值，即其值只能是“TRUE”或“FALSE”。算术运算符和比较运算符如表 5-1 所示。

表 5-1　算术运算符和比较运算符

算术运算符	含　义	比较运算符	含　义
+（加号）	加法	=（等号）	等于
-（减号）	减法/负数	>（大于号）	大于
*（星号）	乘法	<（小于号）	小于
/（正斜杠）	除法	>=（大于等于号）	大于或等于
%（百分号）	百分比	<=（小于等于号）	小于或等于
^（脱字号）	乘方	<>（不等号）	不等于

文本连接运算符就是与号“&”，它可以将多个字符串连接起来产生一串文本，例如：“hello” &“kitty”产生新的字符串“hellokitty”。

引用运算符可以将单元格区域合并计算，它包括冒号、逗号和空格，如表 5-2 所示。

表 5-2　引用运算符

引用运算符	含　义	示　例
:（冒号）	区域运算符，对两个引用之间，包括两个引用在内的所有单元格进行引用	B5:B15
,（逗号）	联合运算符，将多个引用合并为一个引用	SUM(B5:B15,D5:D15)
（空格）	交集运算符，对两个引用之间共有的单元格进行引用	B7:D7 C6:C8

2．公式中的运算顺序

如果一个公式中有多个运算符，Excel 将按运算符的优先级由高到低进行运算，如果多个运算符具有相同的优先级，则从左到右计算各运算符。运算符的优先次序如表 5-3 所示。

表 5-3　运算符的优先级

运　算　符	说　明	优　先　级
:（冒号） （单个空格） ,（逗号）	引用运算符	1
-	负数（如 -1）	2
%	百分比	3
^	乘方	4
* 和 /	乘和除	5
+ 和 -	加和减	6
&	连接两个文本字符串（串连）	7
= < > <= >= <>	比较运算符	8

5.3.2　使用函数

函数是预定义的公式，它通过使用一些称为参数的特定数值来按特定的顺序和结构执行计算。在函数中，参数可以是数字、文本、TRUE 或 FALSE 等逻辑值、数组、单元格引用或表达式等，也可以是常量、公式或其他函数。

函数的结构以等号（=）开始，后面紧跟函数名称和左括号，然后以逗号分隔输入该函数的参数，最后是右括号。

1．常用函数

本案例和下一个案例将使用以下常用函数，如表 5-4 所示。

表 5-4　Excel 提供的常用函数

函 数 名 称	语　法	作　用
SUM	=SUM(number1,[number2],...)	将指定为参数的所有数字相加。
AVERAGE	=AVERAGE(number1,[number2],...)	计算所有参数的算术平均值。
IF	=IF(logical_test,[value_if_true],[value_if_false])	判断指定条件真假，根据真假值返回不同结果。
COUNT	=COUNT(value1,[value2],...)	计算包含数字的单元格以及参数列表中数字的个数。
MAX	=MAX(number1,[number2],...)	返回一组参数的最大值。
MIN	=MIN(number1,[number2],...)	返回一组参数的最小值。
RANK	=RANK(number,ref,[order])	返回一个数字在数字列表中的排位。

温馨提示： 函数语法中，方括号“[]”中的参数是非必要参数，其他参数均为必要参数。

2．输入函数

用户可以在单元格中像输入公式一样直接输入函数，也可以通过函数列表选择函数，然后再根据提示输入或选择参数。以本案例中的求和函数为例，操作步骤如下：

1）方法 1

（1）单击“统考成绩表”工作表的 I3 单元格；

（2）输入一个等号“=”；

（3）输入函数名称“SUM”和左括号；

（4）选定要汇总求和的单元格区域 C3:H3，此时所引用的单元格或区域会出现在左括号的后面，如图 5-24 所示；

（5）输入右括号，按【Enter】键，确认函数输入并计算。

图 5-24　选定要引用的单元格或区域

2）方法二

（1）单击“统考成绩表”工作表的 I3 单元格。

（2）在单元格中输入等号“=”。

（3）单击“函数”按钮右边的下拉按钮，从打开的下拉列表中选择要输入的函数名，如图 5-25 所示。

（4）如果在下拉列表中没有所需要的函数，可以选择“其他函数”命令或单击工具栏中的“插入函数”按钮 f_x ，打开“插入函数”对话框；在该对话框中，可在“搜索函数”文本框中直接输入所需函数名，或者输入关键词，比如：求和、计数、求平均，然后单击“转到”按钮；也可以在“或选择类别”下拉列表框中选择所需的函数类别，最后在“选择函数”列表框中选择所需的函数，如图 5-26 所示。

（5）单击“确定”按钮，打开“函数参数”对话框，在参数文本框中直接输入参数值、单元格引用区域，也可用鼠标直接在工作表中选取单元格区域，例如本案例选定 C3:H3 单元格区域，完成函数选择和参数输入后单击“确定”按钮，返回单元格，完成函数输入和运算，如图 5-26 所示。

SUM ▾ × ✓ f_x =

SUM
AVERAGE
IF
HYPERLINK
COUNT
MAX
SIN
SUMIF
PMT
STDEV
其他函数...

	C	D	E	F	G	H	I
-2015学年度（下）2014级中兴通讯1班统考成绩表							
名	中国语文	高等数学	英语	C#	计算机实用基础	马哲	总分
	66.5	75	41	67	71	65	=
	64	70	69	65	73	71	
5 3 孙凌波	65.5	60	59	67	76	68	

图 5-25　通过函数列表选择函数

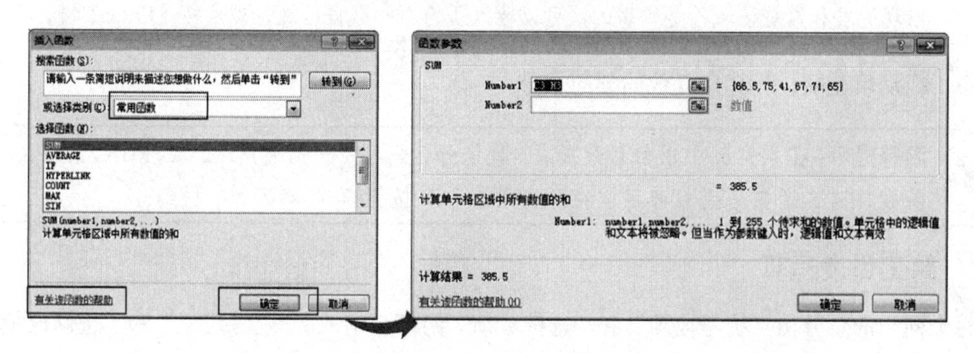

图 5-26　“插入函数”对话框

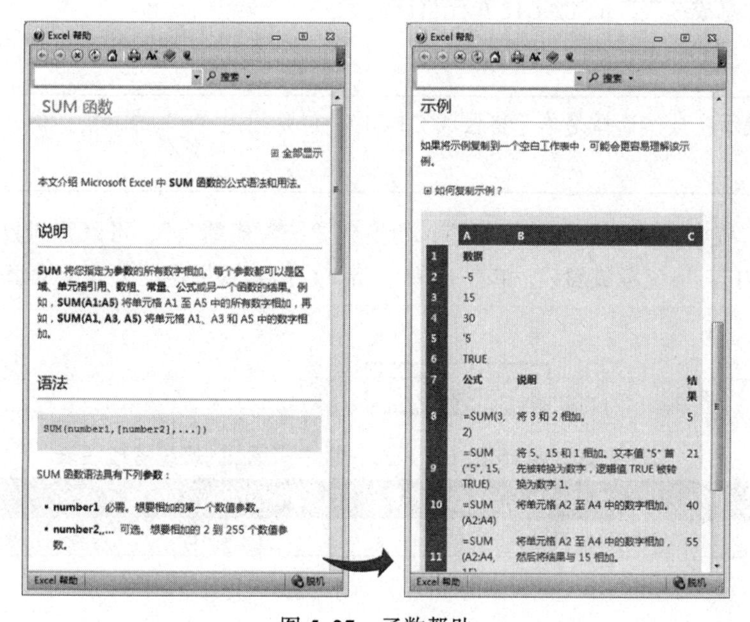

图 5-27　函数帮助

温馨提示：在图 5-26 的左下脚，有“有关该函数的帮助”，对于不清楚用途和语法的函数，可以先搜索、选择相关函数，再单击“有关该函数的帮助”，打开该函数的详细说明，说明中包括很多详细的小案例，通过小案例，可以迅速地学会该函数的使用方法。如图 5-27 所示。Excel 中有 400 多条函数，普通用户不需要全部记住它们的用途和语法，所以，学会使用“函数帮助”非常重要。

3．自动求和

在 Excel 中，可用“自动求和”按钮 Σ 自动求和 ▾ 对数字进行自动求和运算。

本案例中，操作步骤如下：

（1）选中“统考成绩表”工作表的 I4 单元格；

（2）单击“常用”工具栏中的“自动求和”按钮 Σ 自动求和 ▾，此时 Excel 将自动出现求和函数以及求和数据区域“=SUM（C4:I4）”，按【Enter】键确认；

温馨提示：如果出现的求和数据区域是用户所需要的，可按【Enter】键确认执行运算；如果出现的求和数据区域不是所需的，可以输入新的求和数据区域，然后按【Enter】键。

（3）拖动填充柄，计算出其他同学的总分。

温馨提示：在本案例中求科目最高分、最低分、平均分分别使用 MAX、MIN、AVERAGE 函数，这 3 个常用函数都可以在“自动求和”按钮 Σ 自动求和 ▾ 中找到。

5.3.3 跨工作表运算

每个同学的总分由“统考成绩”和“选修成绩”两部分组成，“统考成绩”和“选修成绩”分别在两个不同的工作表中，针对这种情况，Excel 可以实现跨表格运算。操作步骤如下：

（1）选中“总成绩表”的 C3:C12 单元格区域；

（2）输入“=”号；

温馨提示：虽然选择是单元格区域 C3:C12，但是输入“=”的时候，仍然是在 C3 单元格中。

（3）单击“统考成绩表”工作表标签，切换到“统考成绩表”，可以看到数据编辑栏中自动填充了公式内容“=统考成绩!”，单击 I3 单元格，数据编辑栏中的公式继续填充，如图 5-28 所示；

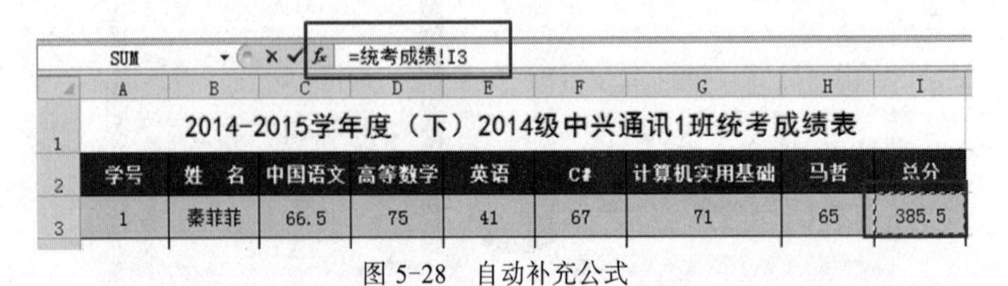

SUM =统考成绩!I3

	A	B	C	D	E	F	G	H	I
1	2014-2015学年度（下）2014级中兴通讯1班统考成绩表								
2	学号	姓 名	中国语文	高等数学	英语	C#	计算机实用基础	马哲	总分
3	1	秦菲菲	66.5	75	41	67	71	65	385.5

图 5-28 自动补充公式

（4）从键盘录入运算符号“+”号，公式会继续补充；

（5）单击“选修成绩表”工作表标签，切换到“选修成绩表”，可以看到数据编辑栏中继续在自动填充公式内容“=统考成绩!I3+选修成绩!”，单击 F3 单元格，数据编辑栏中的公式继续填充，如图 5-29 所示；

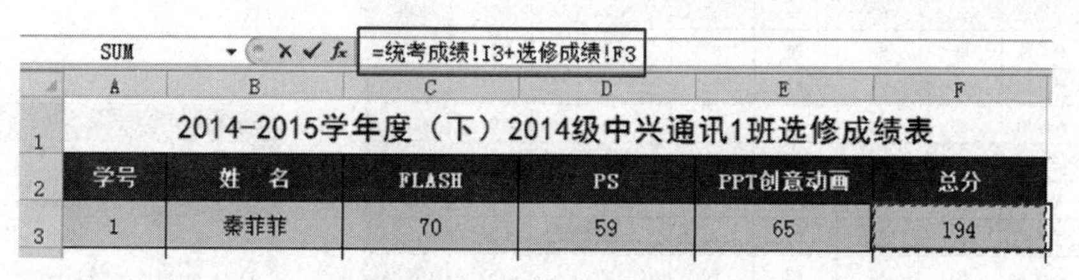

SUM
=统考成绩!I3+选修成绩!F3
2014-2015学年度（下）2014级中兴通讯1班选修成绩表
学号
姓 名
FLASH
PS
PPT创意动画
总分
1
秦菲菲
70
59
65
194

图 5-29　自动补充公式

（6）按住【Ctrl】键，再按【Enter】键，界面自动返回输入“总成绩表”，C3:C12 单元格区域中所有的总分都已计算完成。

温馨提示：这里，没有用填充柄，而是先选中全部区域，再用【Ctrl+Enter】组合键自动填充。

5.3.4　为单元格命名

在实际工作中，可以对工作表中的单元格或单元格区域重新命名，使它们有一个更有意义、更容易被记住的名称。这些名称在数据运算时，可以直接使用，通过使用名称，可以更准确、快捷地输入公式，使用函数。

在本案例中，先为需要进行运算的单元格区域创建“名称”，再用创建的名称进行运算。

1．创建名称

在创建名称时，应遵循下列规则：

（1）名称可以包含大小写字母、数字、汉字以及下划线字符“_”等；

（2）名称的第 1 个字符不能是数字，而必须是一个字母或者是下划线等字符；

（3）名称最多包含 256 个字符；

（4）名称不能与单元格的引用相同；

（5）名称中不能含有空格。

1）方法一

（1）选定要命名的单元格区域：统考成绩表中的 I3:I12；

（2）单击“数据编辑栏”左边的“名称框”，在“名称框”中输入所需的名称“统考成绩”；

（3）按【Enter】键确定，如图 5-30 所示。

2）方法二

（1）选定要命名的单元格区域：选修成绩表中的 F3:F12；

（2）单击“公式”|“定义的名称”按钮，在“名称”中输入所需的名称“选修成绩”；

（3）按【Enter】键确定，如图 5-31 所示。

统考成绩 =SUM(C3:H3)

	A	B	C	D	E	F	G	H	I
1	2014-2015学年度（下）2014级中兴通讯1班统考成绩表								
2	学号	姓 名	中国语文	高等数学	英语	C#	计算机实用基础	马哲	总分
3	1	秦菲菲	66.5	75	41	67	71	65	385.5
4	2	郑 爽	64	70	69	65	73	71	412
5	3	孙凌波	65.5	60	59	67	76	68	395.5
6	4	任青青	80	90	86	83	87	85	511
7	5	刘 洋	72.5	73	64.5	73	77	72	432
8	6	陆晓川	85	45	75	78	73.5	82	438.5
9	7	李 臻	53	62	72	54	71	88	400
10	8	游 弋	65	74	75	71	66	69	420
11	9	罗 斐	84	92.5	78	82	82.5	89	508
12	10	吴绿萍	53	77	63	50	75	61	379
13	最高分		85	92.5	86	83	87	89	
14	最低分		53	45	41	50	66	61	
15	平均分		68.85	71.85	68.25	69	75.2	75	

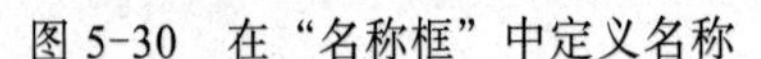

图 5-30　在“名称框”中定义名称

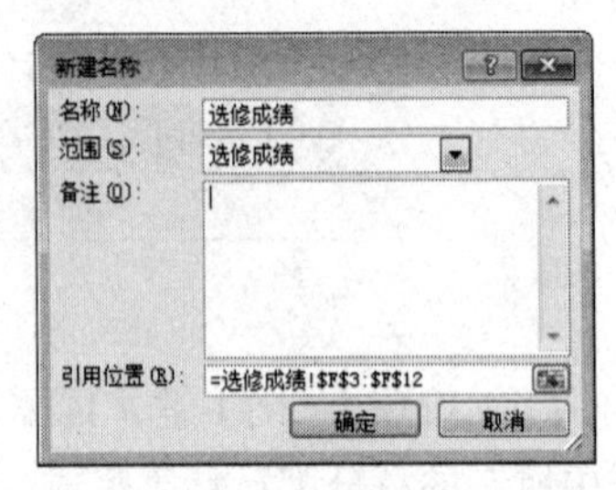

图 5-31　定义名称

2．在运算中使用名称

在“总成绩”表中要算出每个同学的“统考成绩”与“选修成绩”的和。

（1）选定“总成绩”工作表中的 C3 单元格；

（2）在编辑栏中输入公式“=统考成绩+选修成绩”，按【Enter】键完成计算；

（3）剩下的用填充柄来完成计算。

5.3.5　编排名次

本案例中，“总成绩表”会根据最后的总分来自动编排名次，这里需要用到对“绝对地址”的引用。

1．引用单元格

1）相对引用

公式中的“相对”单元格引用，是基于当前单元格的相对位置，如果公式所在单元格的位置改变，引用也随之改变。如果多行或多列地复制、粘贴公式，引用也会自动调整。

默认情况下，新公式都使用相对引用。例如前面用到多次的用填充柄来复制公式进行计算，它引用的就是相对目标单元格而言的同一行的区域。

2）绝对引用

绝对单元格引用，是指不同的单元格所引用的位置都是指定的同一个单元格区域，如果公式所在单元格的位置改变，引用区域还是会保持不变。如果多行或多列地复制、粘贴公式，引用区域也保持不变。

默认情况下，新公式使用相对引用，需要时再将它们转换为绝对引用。

例如，在公式中输入 A1 是相对引用，而输入$A$1 就是绝对引用，当公式复制到下一行时，A1 会变为 A2，当公式复制到下一列时，A1 会变为 B1，但无论怎么复制，$A$1 是不会改变的。

3）混合引用

混合引用具有绝对列和相对行，或是绝对行和相对列。

绝对引用列采用$A1、$B1 等形式，绝对引用行采用 A$1、B$1 等形式。

如果公式所在单元格的位置改变，则相对引用改变，而绝对引用不变。如果多行或多列地复制公式，相对引用自动调整，而绝对引用不作调整。

例如，公式中引用了$A1，当公式复制到下一行时，$A1 会变为$A2，当公式复制到下一列时，$A1 不会发生改变；公式中引用了 A$1，当公式复制到下一行时，A$1 不会发生改变，当公式复制到下一列时，A$1 会变为 B$1。

2．排名次（RANK 函数）

“总成绩表”将按总分排名次，操作步骤如下：

（1）切换到“总成绩表”，在“排名”列的 D3 单元格输入公式“=RANK(C3,$C$3:$C$12)”；

公式解析：这里 C3 单元格的数据是第 1 位同学的总分，“$C$3:$C$12”是所有同学的总分，排名次就是看每一位同学的总分在所有同学的总分里面按大小排第几位，所以，作为参照物的“所有同学的总分”这一组数据不能变，必须使用“绝对引用”。

（2）按【Enter】键，计算出第一位同学的名次。

（3）后面的名次，用填充柄完成，填充柄也不会改变绝对引用。

温馨提示：“RANK”在 Excel 2010 中已经被细分为“RANK.AVG”和“RANK.EQ”两个函数，这两个函数相对“RANK”函数来说，可以根据不同实际的需要实现所需要的、更准确的排名。

3．根据需要显示名次

图 5-32 中的名次数据前后都统一添加了汉字，这并不是手工输入的，只不过是修改了数据的显示格式。

2014-2015学年度（下）2014级中兴通讯1班总成绩表

学号	姓　名	总分	排名	等级
1	秦菲菲	579.5	第10名	不合格
2	郑　爽	609	第7名	合格

图 5-32　自定义数字格式

操作步骤如下：

（1）完成排名后，选中 D3:D12 单元格区域；

（2）单击“开始”|“数字”按钮，打开“设置单元格格式”对话框，选择“数字”选项卡；

（3）在左侧的“分类”中选择“自定义”；

（4）在右侧的“类型”选框中选择“0”；

（5）在输入框中“0”的前后分别输入“第”和“名”；

（6）输入完成后，在“示例”中可以看到效果“第 10 名”，如图 5-33 所示；

（7）单击“确定”按钮完成设置。

温馨提示：自定义数字格式中有很多种格式可以设置，具体用法可以参照本书作者编著的《Office 2003 全案例驱动教程》，也可以上网搜索、学习。

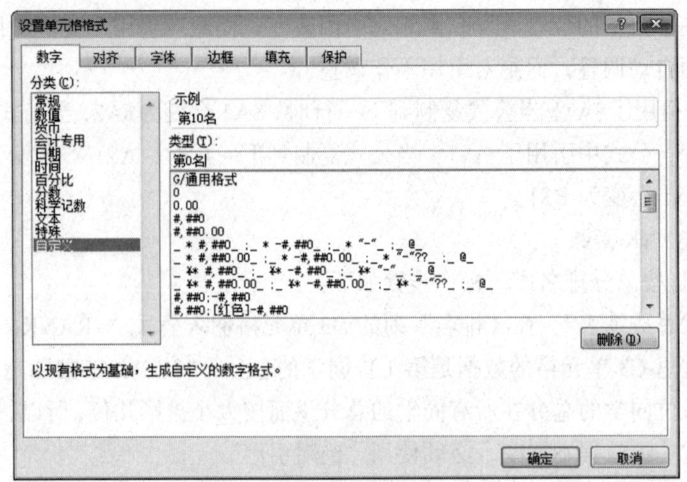

图 5-33　自定义数字格式

5.3.6　排等级

排等级用到的是逻辑判断函数“IF”。

本案例的判断条件如下：

如果总分>=750，返回“优秀”；如果总分>=650，返回“良好”；如果总分>=600，返回“合格”；否则，返回“不合格”。

操作步骤如下：

（1）切换到“总成绩表”，在“等级”列的 E3 单元格中，输入公式“=IF(C3>=750,"优秀",IF(C3>=650,"良好",IF(C3>=600,"合格","不合格")))”。

公式解析：判断 C3 单元格中的数据，如果满足第 1 个条件“>=750”，则返回“优秀”值，并且退出公式；如果不满足第 1 个条件，则继续判断第 2 个条件，依此类推；如果前 3 个条件都不满足，则直接返回最后一个值“不合格”。

（2）按【Enter】键，第一位学生的等级也就出来了。

（3）后面的等级，用填充柄完成。

5.3.7　条件格式

本案例还需要将不及格的分数用红色醒目地标识出来。操作步骤如下：

（1）选择“统考成绩表”中的 C3:G12 单元格区域；

（2）选择“开始”|“样式”|“条件格式”|“突出显示单元格规则”|“小于”命令，打开“小于”对话框；

（3）在左侧的“对小于以下值的单元格设置格式”输入框中录入数字“60”，右侧的“设置为”使用默认的“浅红填充色深红色文本”；

（4）单击“确定”按钮，可以看到所有不及格的分数都突出显示了，如图 5-34 所示。

温馨提示：“设置为”还可以选择“自定义格式”，根据需要进行设置。

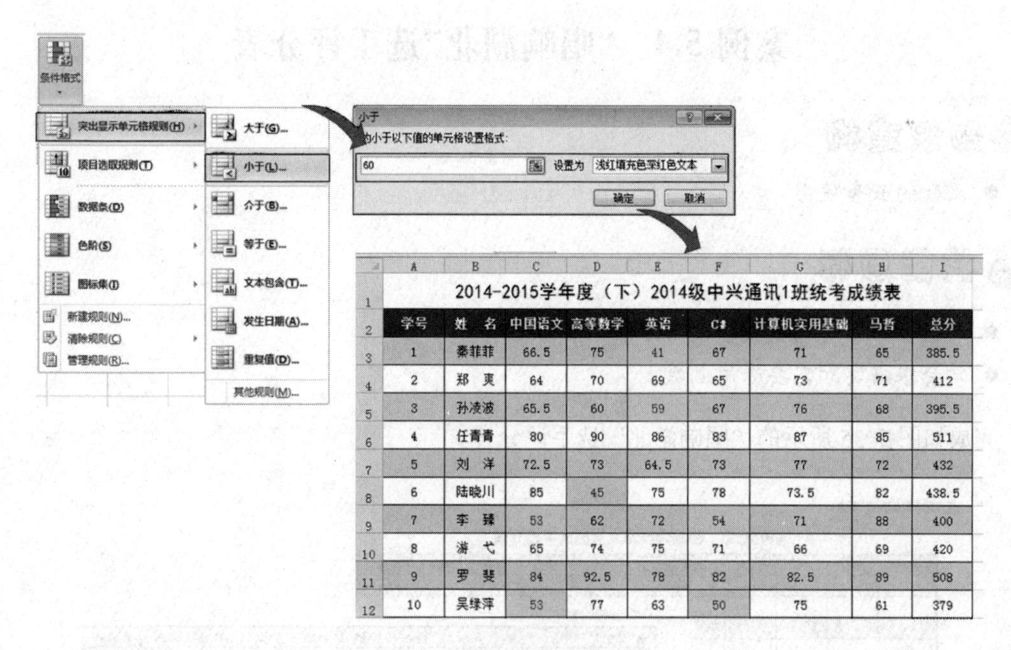

学号	姓　名	中国语文	高等数学	英语	C#	计算机实用基础	马哲	总分
1	秦菲菲	66.5	75	41	67	71	65	385.5
2	郑　爽	64	70	69	65	73	71	412
3	孙凌波	65.5	60	59	67	76	68	395.5
4	任青青	80	90	86	83	87	85	511
5	刘　洋	72.5	73	64.5	73	77	72	432
6	陆晓川	85	45	75	78	73.5	82	438.5
7	李　臻	53	62	72	54	71	88	400
8	游　弋	65	74	75	71	66	69	420
9	罗　斐	84	92.5	78	82	82.5	89	508
10	吴绿萍	53	77	63	50	75	61	379

图 5-34

案例小结

函数是体现 Excel 强大的数据处理能力的重要功能，本案例介绍了函数的基础知识和几个常用函数的使用方法，更多的函数需要在实际工作中慢慢学习。

实训 5.3　制作学生成绩表

实训 5.3.1　完成数据处理前的准备工作

（1）录入数据；

（2）美化表格；

（3）重命名工作表；

（4）定义单元格区域的名称。

实训 5.3.2　数据处理

（1）计算出统考成绩；

（2）计算出选修成绩；

（3）计算出总成绩；

（4）按总分排名次，根据需要设置名次的显示格式；

（5）按总分算等级；

（6）将“统考成绩表”工作表中不及格的单科分数用条件格式醒目地标识出来。

实训 5.3.3　实训报告

完成一篇实训报告，将自己实训中的感受和收获，整理并记录下来。

案例 5.4 “唱响湖北”选手评分表

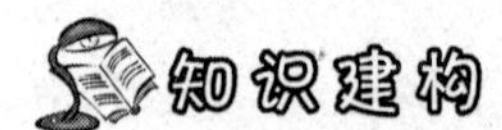

知识建构

● 函数的嵌套使用

技能目标

● 掌握多个不同函数嵌套使用方法

● 学会根据实际需要选用函数

完成如图 5-35 所示的“唱响湖北”选手评分表。

江汉艺术职业学院分赛场

“唱响湖北”新歌大赛湖北赛区选手评分表

选手编号	评委1	评委2	评委3	评委4	评委5	评委6	评委7	评委8	评委9	最后得分
1号										0.00
2号										
3号										
4号										
5号										
6号										
7号										
8号										
9号										
10号										
11号										
12号										
13号										
14号										
15号										
16号										
17号										
18号										
19号										
20号										

江汉艺术职业学院分赛场

选手编号	评委1	评委2	评委3	评委4	评委5	评委6	评委7	评委8	评委9	最后得分
21号										0.00
22号										0.00
23号										0.00
24号										0.00
25号										0.00
26号										0.00
27号										0.00
28号										0.00
29号										0.00
30号										0.00
31号										0.00
32号										0.00
33号										0.00
34号										0.00
35号										0.00
36号										0.00
37号										0.00
38号										0.00
39号										0.00
40号										0.00

第 2 页，共 2 页　　制表人：罗俊

图 5-35 “唱响湖北”选手评分表

当一场比赛有多个评委时，经常会采用“去掉一个最高分，去掉一个最低分，取剩余分数的平均分作为选手成绩”的计分规则，这个规则听起来不复杂，但如果用计算器和纸笔计算、统计，就很麻烦，而且容易出错。Excel 可不可以满足这一需要呢？答案是肯定的。

5.4.1 确定函数和公式

计分规则所反映出来的基本运算思路应该是：去掉最高分和最低分，用平均函数求剩下的平均分。但事实是，工作人员无法提前确定哪两个评委的分数应该去掉，因此无法确定需要统计的数据单元格，因此需要转换思路：先计算全部评委的总分，再减去最高分和最低分，最后除以减去 2 人后的评委人数。根据这一思路，公式中需要使用 3 个函数：求总分函数 SUM、求最大值函数 MAX（最高分），求最小值函数 MIN（最低分）。

本案例中的具体操作和公式如下：

（1）选中 K3:K42（放置运算结果的单元格区域）；

（2）在数据编辑栏中录入公式“=(SUM(B3:J3)-MAX(B3:J3)-MIN(B3:J3))/7”；

（3）按【Ctrl+Enter】组合键，完成公式录入，并将公式套用到整个 K3:K42 单元格区域；

（4）设置 K3:K42 单元格区域的数字显示格式，保留两位小数。

温馨提示：这里不用填充柄，是因为前面已经设置好底纹格式了，拖动填充柄，会破坏已经设好的格式。

5.4.2 公式改进

在实际比赛过程中，可能有评委因为特殊情况，中途忘了给个别选手打分；或者中途暂时离开现场，无法打分，返场后再继续为剩下选手打分。出现这种情况后，如果仍然用总评委数减 2 来计算平均分，显然不正确。因此，需要在公式中直接统计有分数的评委个数，将没有分数的评委不计算进去。

改进后的公式为“=(SUM(B3:J3)-MAX(B3:J3)-MIN(B3:J3))/(COUNT(B3:J3)-2)”。

案 例 小 结

本案例的重点并不在于几个具体函数的用法，而是为了说明，现实生活中的各种计算和统计工作，只要认真分析实际需要和计算流程，灵活选择函数，合理设计公式，总是可以找到一种数学方法来求得最后的结果。

实训 5.4 制作“唱响湖北”选手评分表

实训 5.4.1 完成数据处理前的准备工作

（1）录入数据；

（2）美化表格；

（3）编辑页眉页脚；

（4）设置顶端标题行。

实训 5.4.2 录入公式

（1）在“最后得分”列中录入计算公式；

（2）为所有评委打分单元格设置“数据有效性”：<=10 分；

（3）模拟评委打分，验算公式是否正确，“数据有效性”是否发挥了作用。

实训 5.4.3 实训拓展

通过因特网搜索相关资料，自行探究“COUNT”“COUNTIF”“COUNTIFS”“COUNTBLANK”等函数的功能和使用方法，设计简单表格验证这些函数的用法。

实训 5.4.4 实训报告

完成一篇实训报告，将实训中的感受和收获，特别是“实训拓展”探究过程中觉得有价值的内容，整理并记录下来。

案例 5.5　工　资　条

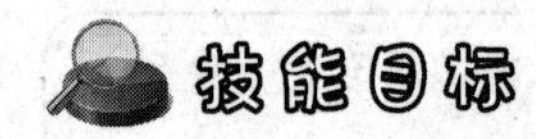

- 创建工资表
- 邮件合并

技能目标

- 根据实际需要使用公式
- 掌握工资表转换为工资条的方法

完成如图 5-36 所示的工资条。

2015 年 1 月工资条

编号	姓名	工资	津贴	加班	请假	应发工资	住房公积金	医疗保险	报税金额	纳税	实发工资
001	秦菲菲	5000	700	600		6300	630.00	63.00	5607.00	63.21	5543.79

2015 年 1 月工资条

编号	姓名	工资	津贴	加班	请假	应发工资	住房公积金	医疗保险	报税金额	纳税	实发工资
002	郑　爽	4100	500			4600	460.00	46.00	4094.00	11.88	4082.12

2015 年 1 月工资条

编号	姓名	工资	津贴	加班	请假	应发工资	住房公积金	医疗保险	报税金额	纳税	实发工资
003	孙凌波	6500	450			6950	695.00	69.50	6185.50	80.57	6104.94

2015 年 1 月工资条

图 5-36　工资条（局部）

利用 Word 提供的"邮件合并"功能，可以快速地将工资表转换为工资条。

5.5.1　工资核算

1．创建工资表

在 Excel 2010 中创建一份工资表，如图 5-37 所示。

	A	B	C	D	E	F	G	H	I	J	K	L
1	编号	姓名	工资	津贴	加班	请假	应发工资	住房公积金	医疗保险	报税金额	纳税	实发工资
2	001	秦菲菲	5000	700	600		6300.00	630.00	63.00	5607.00	63.21	5543.79
3	002	郑　爽	4100	500			4600.00	460.00	46.00	4094.00	11.88	4082.12
4	003	孙凌波	6500	450			6950.00	695.00	69.50	6185.50	80.57	6104.94
5	004	任青青	6300	600			6900.00	690.00	69.00	6141.00	79.23	6061.77
6	005	刘　洋	6250	700			6950.00	695.00	69.50	6185.50	80.57	6104.94
7	006	陆晓川	5750	450			6200.00	620.00	62.00	5518.00	60.54	5457.46
8	007	李　臻	5600	500		-100	6000.00	600.00	60.00	5340.00	55.20	5284.80
9	008	游　弋	5200	650	600		6450.00	645.00	64.50	5740.50	67.22	5673.29
10	009	罗　斐	6200	450			6650.00	665.00	66.50	5918.50	72.56	5845.95
11	010	吴绿萍	5950	500			6450.00	645.00	64.50	5740.50	67.22	5673.29
12	011	卢世磊	5100	700			5800.00	580.00	58.00	5162.00	49.86	5112.14
13	012	杨德华	6300	600		-300	6600.00	660.00	66.00	5874.00	71.22	5802.78
14	013	程语嫣	5750	650	600		7000.00	700.00	70.00	6230.00	81.90	6148.10
15	014	董小洁	5600	500	600		6700.00	670.00	67.00	5963.00	73.89	5889.11
16	015	何清秋	5550	650			6200.00	620.00	62.00	5518.00	60.54	5457.46
17	016	易江南	5300	600			5900.00	590.00	59.00	5251.00	52.53	5198.47
18	017	梅若雪	6350	650			7000.00	700.00	70.00	6230.00	81.90	6148.10
19	018	贾亦真	5700	700	600		7000.00	700.00	70.00	6230.00	81.90	6148.10
20	019	孟成真	6150	600			6750.00	675.00	67.50	6007.50	75.23	5932.28
21	020	郝事近	6500	500			7000.00	700.00	70.00	6230.00	81.90	6148.10

图 5-37　工资表

2．工资表数据核算

本案例中，除了“工资”“津贴”“加班”“请假”是手动输入的外，其他数据均由公式计算得出结果，操作步骤如下：

（1）计算“应发工资”：选中 G2 单元格，输入公式“=C2+D2+E2+F2”，按【Enter】键，用填充柄计算其他各行数据；

（2）计算“住房公积金”：选中 H2 单元格，输入公式“=G2*0.1”，按【Enter】键，用填充柄计算其他各行数据；

（3）计算“医疗保险”：选中 I7 单元格，输入公式“=G2*0.01”，按【Enter】键，用填充柄计算其他各行数据；

（4）计算“报税金额”：选中 J7 单元格，输入公式“=G2-H2-I2”，按【Enter】键，用填充柄计算其他各行数据；

（5）计算“纳税”：选中 K7 单元格，输入公式“=IF(J9>=8000,(J9-3500)*0.1,IF(J9>=5000,(J9-3500)*0.03,IF(J9>=3500,(J9-3500)*0.02,0)))”，按【Enter】键，用填充柄计算其他各行数据；

（6）计算“实发工资”：选中 L7 单元格，输入公式：“=G2-H2-I2-K2”，按【Enter】键，用填充柄计算其他各行数据；

（7）保存为：2015 年 1 月工资表.xlsx。完成效果如图 5-37 所示。

5.5.2　制作工资条

在 Word 中，利用“邮件合并”功能完成工资条的制作。

1．制作主控文档

（1）新建一个 Word 文档；

（2）纸张方向，横向；页边距，上、下各“2.5 厘米”；其他默认；

（3）录入标题：“2015 年 1 月工资表”，对齐方式为“居中对齐”；

（4）插入表格：12 列，2 行；

（5）录入字段文本：编号、姓名、工资、津贴、加班、请假、应发工资、住房公积金、医疗保险、报税金额、纳税、实发工资等，注意与 Excel 中工资表的字段名保持一致；

（6）选中表格，设置为“居中对齐”；

（7）表格下方添加两个空段落，防止生成的不同人的工资条连在一起。

主控文档完成效果如图 5-38 所示。

2015 年 1 月工资条

编号	姓名	工资	津贴	加班	请假	应发工资	住房公积金	医疗保险	报税金额	纳税	实发工资

图 5-38　工资条主控文档

2．邮件合并

（1）在 Word 中选择“邮件”|“开始邮件合并”|“选择收件人”|“使用现有列表”命令，打开“选取数据源”对话框，选择打开“2015 年 1 月工资表.xlsx”中的工作表，单击“确定”按钮返回，如图 5-39 所示。

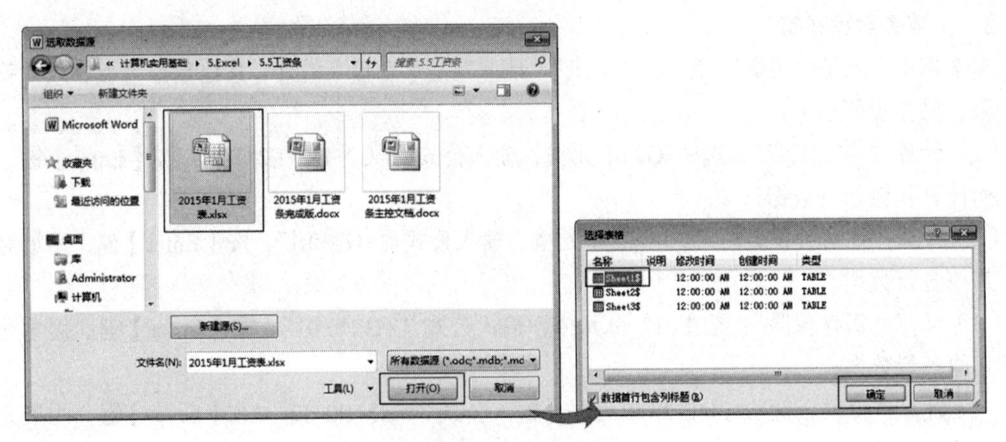

图 5-39　选取数据源

（2）如果要对数据源中的数据进行选取编辑，可以单击“编辑收件人列表”按钮，在打开的“邮件合并收件人”对话框中按字段名称进行复选。

（3）将光标定位在“编号”下面的空白单元格中，单击“编写和插入域”|“插入合并域”按钮的下半部分，选择“编号”域，即可插入。

（4）依次在其他单元格中，插入其他合并域，效果如图 5-40 所示。

2015 年 1 月工资条

编号	姓名	工资	津贴	加班	请假	应发工资	住房公积金	医疗保险	报税金额	纳税	实发工资
«编号»	«姓名»	«工资»	«津贴»	«加班»	«请假»	«应发工资»	«住房公积金»	«医疗保险»	«报税金额»	«纳税»	«实发工资»

图 5-40　插入合并域

（5）单击“预览结果”|“预览结果”按钮，即可查看邮件合并的效果；单击旁边的“下一记录”按钮，即可预览其他员工的工资条内容。

（6）编辑“公积金”域格式，让其保留两位小数：将光标定位在“<<公积金>>”合并域中，然后按【Alt+F9】组合键，切换到域代码状态，将域代码从原来的“{ MERGEFIELD 公积金 }”修改为“{ MERGEFIELD“公积金”\# “0.00” }”；将“医疗保险”“报税金额”“纳税”和“实发工资”也用同样的方法设置为保留两位小数，如图 5-41 所示；处理完成后，按【Alt+F9】组合键，回到域结果状态。

2015 年 1 月工资条

编号	姓名	工资	津贴	加班	请假	应发工资	住房公积金	医疗保险	报税金额	纳税	实发工资
{ MERGEFIELD 编号 }	{ MERGEFIELD 姓名 }	{ MERGEFIELD 工资 }	{ MERGEFIELD 津贴 }	{ MERGEFIELD 加班 }	{ MERGEFIELD 请假 }	{ MERGEFIELD 应发工资 }	{ MERGEFIELD "住房公积金"\#"0.00" }	{ MERGEFIELD "医疗保险"\#"0.00" }	{ MERGEFIELD "报税金额"\#"0.00" }	{ MERGEFIELD "纳税"\#"0.00" }	{ MERGEFIELD "实发工资"\#"0.00" }

图 5-41　编辑域格式

（7）单击“完成”|“完成并合并”|“编辑单个文档”|“合并到新文档”|“全部”|“确定”按钮，系统自动生成一个新的 Word 文档，显示合并后的数据，如图 5-36 所示。

（8）以“2015 年 1 月工资条.docx”为文件名保存合并后的工资条文档。

（9）打印“2015 年 1 月工资条.docx”文档，裁剪后，就可以分发给员工了。

案例小结

本案例只用到了算术运算符和前面已经学习过的邮件合并功能，操作比较简单，关键是要学会充分发掘 Office 软件的强大功能，然后根据实际工作需要综合运用这些功能，小功能有时也会发挥大作用。

实训 5.5 制作工资条

实训 5.5.1 完成工资表的核算

（1）创建工作表；

（2）录入如下字段的数据：编号，姓名，工资，津贴，加班，请假；

温馨提示： 编号格式以“0”开头，所以要将数字格式改成“文本”格式。

（3）核算如下字段的数据：应发工资，住房公积金，医疗保险，报税金额，纳税，实发工资；

（4）为数据区域添加边框线；

（5）将工作表命名为“2015 年 1 月”；

（6）将文件保存为“2015 年 1 月工资表.xlsx”。

实训 5.5.2 制作工资条

（1）新建工资条 Word 文档；

（2）利用邮件合并功能，将 Excel 中的数据合并过来，自动生成工资条。

实训 5.5.3 实训报告

完成一篇实训报告，将实训中的感受和收获，整理并记录下来。

案例 5.6 销售统计图表

知识建构

- 创建图表
- 编辑图表
- 设置图表类型

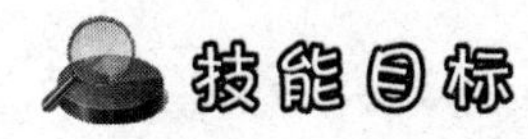

- 掌握常用图表的编辑及图表细节的设置
- 能根据需要表达的重点和意图选择合适的图表类型

根据数据分析的需要，完成如图 5-42 所示的图表。

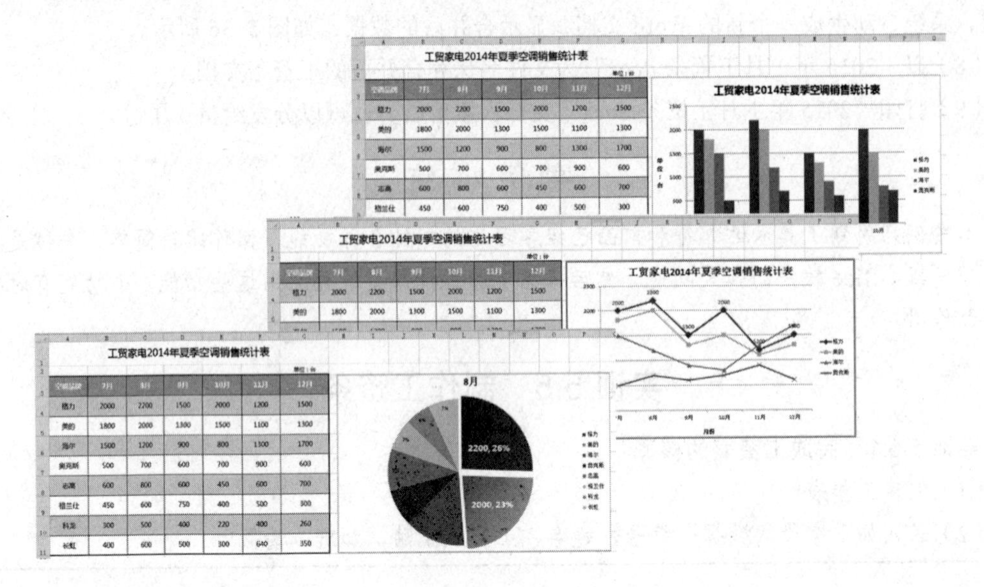

图 5-42　图表

在创建“图表”之前，首先要清楚“图表”是什么。

“图表”，顾名思义，它既像“图”，又像“表”，它是用图示、表格等可视化的图形结构来直观、形象地展示统计信息的相关属性。在 Excel 中，图表是数据的一种可视表示形式；图表的图形格式可以让用户更容易理解大量数据和不同数据系列之间的关系，比如，柱形图通常用来比较数据间的多少关系，饼图可以表现数据间的比例分配关系；图表还可以显示数据的全貌，以便用户分析数据并找出重要趋势，比如折线图就可以用来反映数据间的趋势关系。

图 5-43 显示的是“簇状柱形图”的构成，不同的图表类型在构成上会有差异。

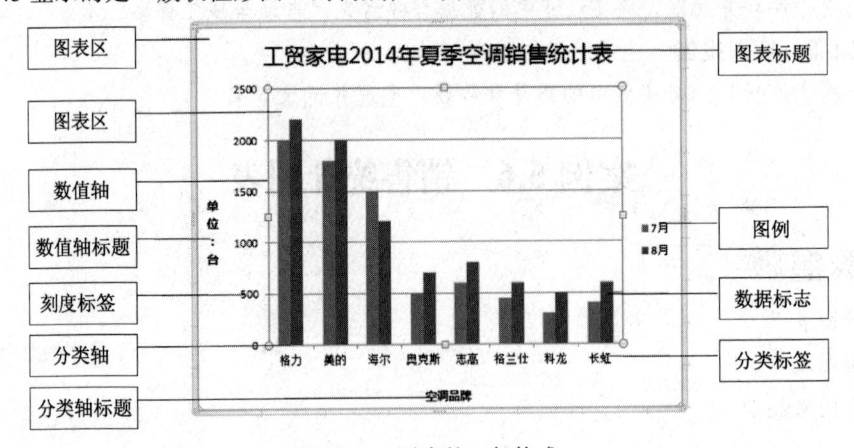

图 5-43　图表的一般构成

5.6.1　创建图表

对于已经制作完成的 Excel 电子表，通过“图表”选项组的“图表类型”按钮，可以快速地创建图表。

本案例中先创建 7、8 月份的销售情况，因为创建这份数据表的时候，才刚刚进入 9 月，后面 9、10 月的数据还没有出来。操作步骤如下：

（1）选中“A3:C11”单元格区域；

（2）选择“插入”|“图表”|“柱形图”|“二维柱形图”|“簇状柱形图”（第 1 个）选项，图表在工作表中创建完成，如图 5-44 所示。

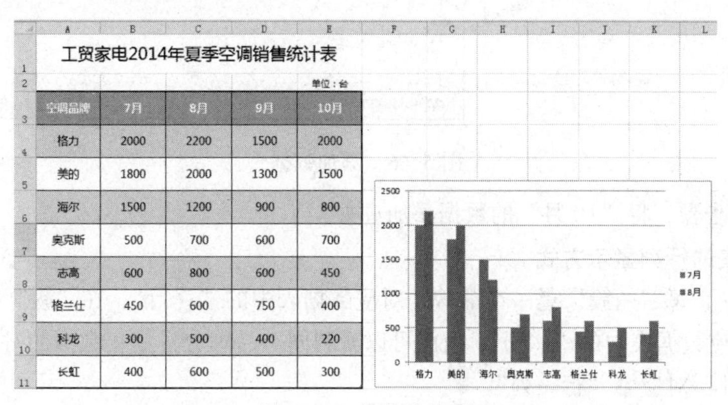

工贸家电2014年夏季空调销售统计表

单位：台

空调品牌	7月	8月	9月	10月
格力	2000	2200	1500	2000
美的	1800	2000	1300	1500
海尔	1500	1200	900	800
奥克斯	500	700	600	700
志高	600	800	600	450
格兰仕	450	600	750	400
科龙	300	500	400	220
长虹	400	600	500	300

图 5-44　簇状柱形图

5.6.2　在图表中增加、删除数据

当 9、10 月份的统计数据出来后，需要将 9、10 月份的统计数据也反映到图表中去，主管部门还要求只在图表中反映“格力”“美的”“海尔”“奥克斯”4 个品牌的分月销售情况对比。

1．增加数据

（1）单击选中图表，系统功能区会出现“图表工具”选项卡，包括“设计”“布局”、“格式”三组命令工具，利用这 3 组工具可以完成对图表的所有编辑操作；单击“图表工具”|“设计”|“数据”|“选择数据”按钮，打开“选择数据源”对话框，如图 5-45 所示。

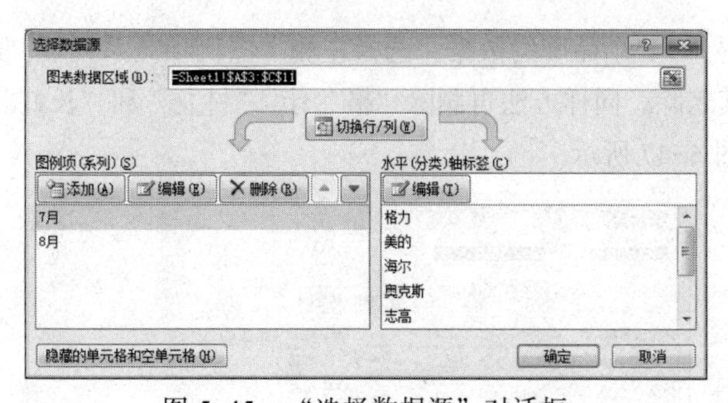

图 5-45　“选择数据源”对话框

温馨提示：也可以在图表区域上右击，在弹出的快捷菜单中选择“选择数据”命令直接进入对话框。

（2）单击“选择数据源”对话框中的“图例项（系列）”|“添加”按钮，打开“编辑数据系列”对话框，单击“系列名称”的折叠按钮，选中数据表中的 D3 单元格（9 月），单击“编辑数据系列”的折叠按钮返回“编辑数据系列”对话框；单击“系列值”的折叠按钮，在数据表中选

择 D4:D11 单元格区域，返回，单击“确定”按钮，返回“数据源对话框”，如图 5-46 所示。

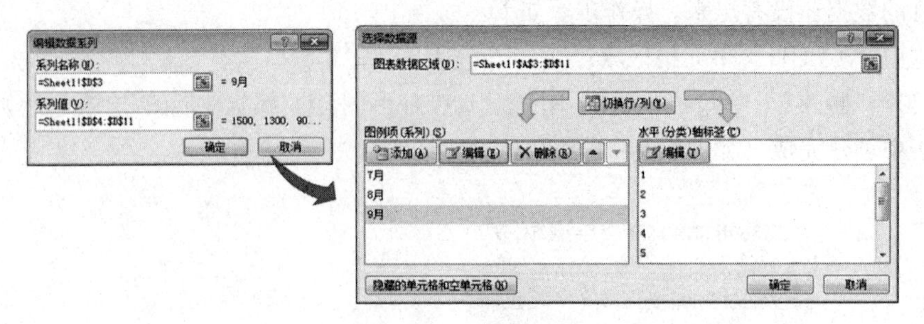

图 5-46　添加数据

（3）同样的步骤，将“10 月”的数据添加进去。

2．对换图表的行列显示方式

在图 5-44 中，每“一簇”是一个品牌，对应数据表中的“一行”，在“簇”中，每“一柱”就是一个月，对应数据表中的“一列”，由此可以看到同一品牌分月销售数据的对比关系。在这张图表中，“簇—柱”对应着“行—列”。

根据主管部门要求，必须分月呈现“格力”“美的”“海尔”和“奥克斯”4 个品牌销量对比关系，也就是说，“一簇”就是一个月，对应数据表中的“一列”，在“簇”中，“一柱”就是一个品牌，对应数据表中的“一列”。在这张图表中，“簇—柱”对应着“列—行”，正好将图 5-44 的行列显示方式进行了对换。

对换图表中行列显示方式的操作很简单：

打开“选择源数据”对话框，单击“切换行/列”按钮，完成行和列的数据显示方式转换，转换后可以看到，“空调品牌”数据系列到了对话框左侧的“图例项（系列）”框中，而月份数据则到了对话框右侧的“水平（分类）轴标签”框中。

3．删除数据

数据表中只需要显示 4 个品牌的数据：选择左侧“图例项（系列）”框中的“志高”项，单击“删除”按钮，将其删除，同样方法再删除“格兰仕”“科龙”和“长虹”的数据，只保留需要的 4 个品牌数据，如图 5-47 所示。

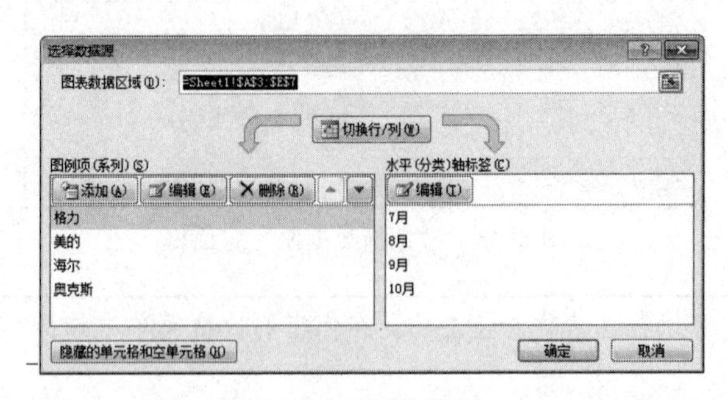

图 5-47　删除数据

5.6.3　美化图表

为了让图表更美观、直观，可以对默认的图表样式进行适当美化，将销售最好的数据系列醒目地显示出来。本案例中的操作步骤如下：

（1）添加图表标题：选择“布局”|“标签”|“图表标题”|“图表上方”命令，在图表区的上方出现“图表标题”框，重新输入标题文本“工贸家电 2014 年夏季空调销售统计表”，格式设置为“微软雅黑，18 号字”；

（2）添加图表横坐标轴标题：选择“布局”|“标签”|“坐标轴标题”|“主要横坐标轴标题”|“坐标轴下方标题”命令，在横坐标轴下方出现“坐标轴标题”框，重新输入标题文本“月份”，格式设置为“微软雅黑，10 号字”；

（3）添加图表纵坐标轴标题：按照第（2）步的方法，添加“主要纵坐标轴标题”|“竖排标题”，文本内容为“单位：台”；

（4）调整图表大小和位置：将鼠标指针移动到图表的边框上，鼠标指针变成“十字箭头”时，可拖动移动图表的位置；将鼠标指针移动到图表的角上，鼠标指针变成“双向箭头”时，可拖动调整图表的大小；

（5）设置图表样式：选择“设计”|“图表样式”|“样式 1”（第 1 个，深浅不同的灰色）；

（6）将销售最好的数据系列醒目地显示出来：单击任一月份最长的那根“柱形”，系统会选中相同品牌的所有“柱形”（如果单击两次，就只会选中当前月份那根“柱形”，其他月份相同品牌的“柱形”不会被选中），单击“格式”|“形状填充”按钮，选择填充色为“红色”，“渐变”|“变体”为线性向上（操作方法和 Word、PowerPoint 中一样，如案例 3.5.7、4.1.3），如图 5-48 所示；

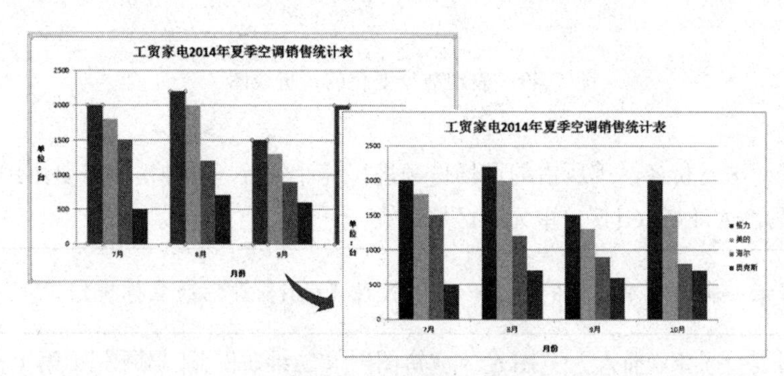

图 5-48　将销售最好的数据系列醒目地显示

（7）修改“Y 轴”的刻度：右击“Y 轴”的刻度区域，在弹出的快捷菜单中选择“设置坐标轴格式”命令，打开对话框，设置“坐标轴选项”，最小值“0”，最大值“2 500”，主要刻度单位“1 000”，其他选项默认。

除以上样式内容外，还有更多的图表样式细节可以设置，在实际应用中，可以根据需要进行探究。

5.6.4　更改图表类型

1．折线图

年底了，公司要求在图表中显示下半年（7～12 月）“格力”“美的”“海尔”“奥克斯”4 个品牌的销售数据变化情况。这时，可以更换图表类型为“折线图”，以便更直观地显示数据变化。

（1）选中图表，单击“设计”|“数据”|“选择数据”按钮，打开“选择数据源”对话框；

（2）切换行/列，让横坐标轴显示月份；

（3）将 4 个品牌“11 月”和“12 月”的销售数据添加到“图表”中；

（4）选择“设计”|“类型”|“更改图表类型”|“折线图”|“带数据标记的折线图”（第 4 种）选项；

（5）将销售量最大的数据线醒目显示：销售量最大的是“格式”品牌，选中“格力”数据系列的折线，单击“格式”|“形状轮廓”按钮，设置线条格式为“红色，3 磅”；

（6）将“格力”的数据标签显示出来：选中“格力”数据系列的折线，选择“布局”|“标签”|“数据标签”|“上方”命令。

完成效果如图 5-49 所示。

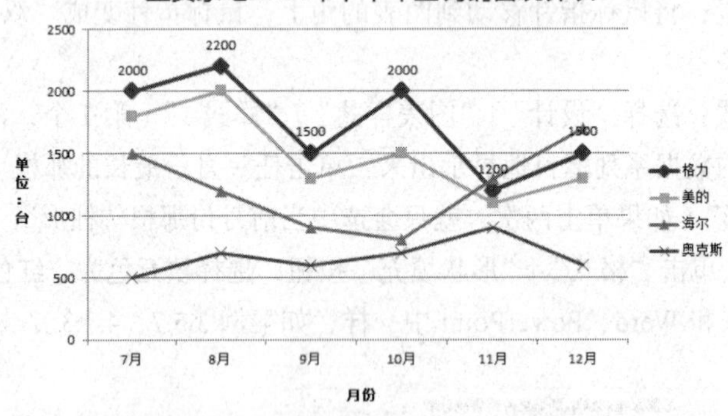

图 5-49　表现数据变化的“折线图”

2．饼图

公司还要求对 8 月份各品牌所占的市场份额进行统计分析，这种情况需要用到“饼图”。

（1）选中“A3:A11,C3:C11” 单元格区域。

温馨提示：非连续单元格的选中，需要按住【Ctrl】键辅助鼠标操作。

（2）创建图表：选择“插入”|“图表”|“饼图”|“二维饼图”|“饼图”（第 1 种样式）选项。

（3）编辑图表样式：选中创建的“饼图”，选择“设计”|“图表样式”|“样式 1”选项。

（4）添加数据标签：单击“布局”|“标签”|“数据标签”按钮，打开“其他数据标签选项”对话框，选中“标签选项”选项卡，选中“百分比”复选框，系统会自动将相关数据换算成“百分比”，关闭对话框。

（5）重点突出销售量最大的“格力”：单击“格力”所在扇区 1 次，所有扇区被选中；再次单击“格力”所在扇区，这时只有“格力”扇区被选中；用鼠标左键将“格力”扇区向外拖动分离出一定距离；设置“格力”扇区为“红色”“渐变”（渐变样式可自选）；单击“布局”|“标签”|“数据标签”按钮，打开“其他数据标签选项”对话框，选择“值”复选框，单击“关闭”按钮返回；将“数据标签”的文字格式设置为“微软雅黑，14 号字，加粗，白色”。

（6）重点突出销售量第二大的“美的”：扇区填充颜色为“主题颜色”|“水绿色，强调文字颜色 5，淡色 40%”（倒数第 2 列倒数第 3 个色块），其他格式同第（5）步。

完成效果如图 5-50 所示。

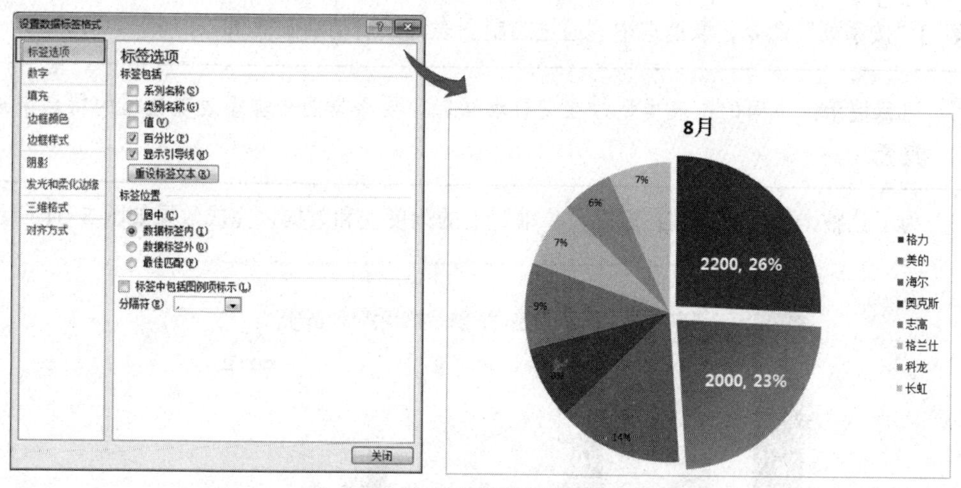

图 5-50　表现市场份额的“饼图”

5.6.5　在 PowerPoint 中展示图表

完成 Excel 中的图表制作后，设置页面格式，就可以打印上交了。但很多时候，公司会要求对销售情况进行演示汇报，那么，如何在在 PowerPoint 中创建图表呢？下面仍以前面的案例数据为基础，设计、制作一个包含图表的 PowerPoint 演示文稿。

1．第 1，2 张幻灯片

（1）制作或选择一个模板，根据需要完成模板设置、修改。

（2）第 1 张标题幻灯片：输入标题“工贸家电 2014 年下半年空调销售情况分析”，副标题“销售部”。

（3）第 2 张数据表页：输入标题文本“工贸家电 2014 年夏季空调销售统计表”；插入表格（单击占位符中的提示按钮，插入一个 7 列 9 行的表格），使用默认样式；选中第 1 个单元格，将前面 Excel 数据表中的数据粘贴过来。

温馨提示：也可以选中正文占位符后，不插入空白表格，直接将 Excel 数据表中的数据粘贴过来，然后设置格式。

2．第 3 张幻灯片

（1）输入标题“工贸家电 2014 年夏季空调四大品牌销售情况分析”。

（2）创建图表：单击占位符中的“插入图表”提示按钮，插入“簇状柱形图”，弹出一个 Excel 数据表，录入数据，本案例可以直接将原来的数据复制粘贴过来。

（3）设置与美化图表等操作与 Excel 中的操作完全一样。

温馨提示：同第 2 张幻灯片一样，在这里也可以选中正文占位符后，不插入图表，直接复制 Excel 中的图表，粘贴过来。

（4）动画制作：选中图表，选择“动画”|“进入”|“擦除”选项；效果选项“自底部”；双击动画条目，可以看到与其他元素的动画相比，多了“图表动画”选项，选择“图表动画”|“组

合图表”|“按系列”命令，取消选中“通过绘制图表背景启动动画效果”。

温馨提示：不同的图表类型，在设置动画时，要根据图表类型表现数据的特点来进行设置。

（5）为了让整个版面更简洁，删除“Y 轴”上的刻度线和数据，完成效果如图 5-51 所示。

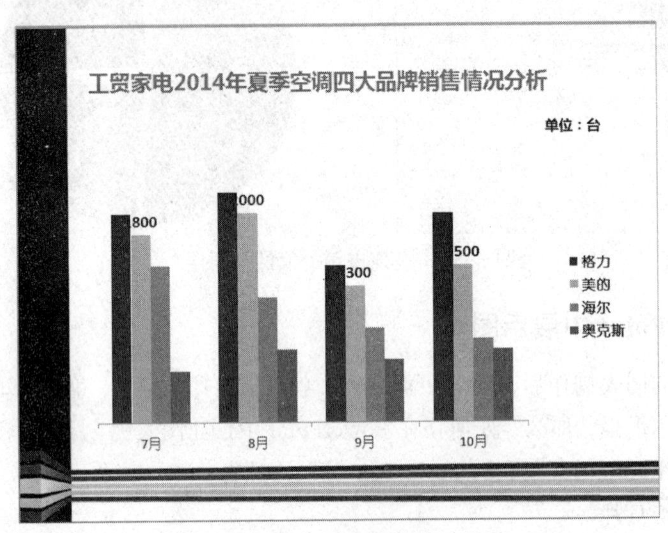

图 5-51　四大品牌销售情况分析

3．第 4、5、6 张幻灯片

（1）第 4 张幻灯片：制作（或复制、粘贴）折线图，合理选择动画效果；

（2）第 5 张幻灯片：制作（或复制、粘贴）饼图，合理选择动画效果；

（3）第 6 张幻灯片：制作结束页。

全部完成后的演示文稿效果如图 5-52 所示。

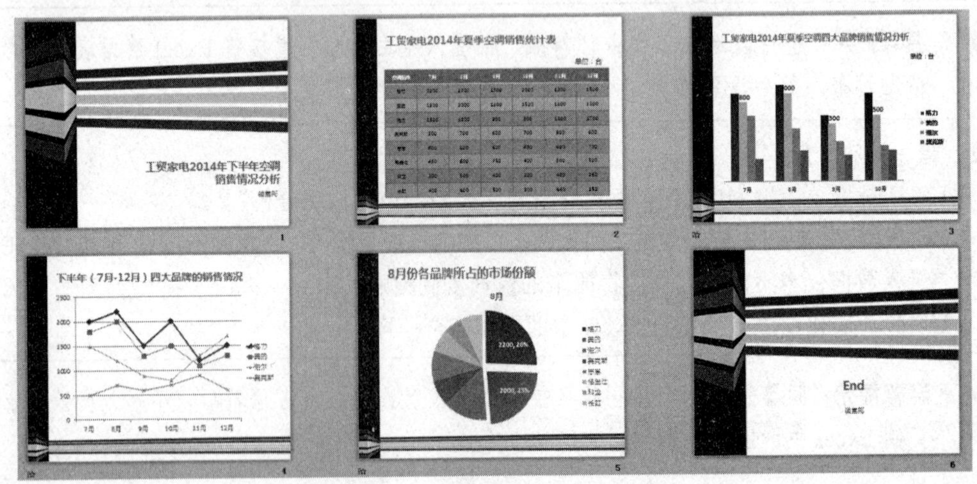

图 5-52　销售情况分析演示文稿

案 例 小 结

本案例介绍了图表的创建方法，以及编辑图表的基本操作，但只介绍了“柱状图”“折线图”“饼图”这三种常用图表，Excel 还有很多图表类型可供选择使用，可以通过 Excel 的帮助文档，认真分析各种图表类型的适用环境和表达重点，在实际工作中灵活选用。PowerPoint 中的图表制作与 Excel 相同，也可以将 Excel 中制作好的图表直接复制到 PowerPoint 中使用，重点是要根据图表的特点，合理设置图表动画。

实训 5.6　制作销售统计图表

实训 5.6.1　完成工贸家电 2014 年夏季空调销售统计图表制作

（1）创建数据表；

（2）创建图表：簇状柱形图；

（3）向图表中添加数据；

（4）删除图表中的数据；

（5）美化图表；

（6）根据表达需要更改图表类型，并美化：折线图，饼图；

（7）重命名工作表：簇状柱形图，折线图，饼图。

实训 5.6.2　实训拓展 1

根据实训 5.6.1 制作完成的销售统计图，制作或选择合适模板，合理设置图表动画，制作出汇报演示文稿。

实训 5.6.3　实训拓展 2

根据实训 5.6.1 创建的数据表，选择其他图表类型显示销售数据。

实训 5.6.4　实训报告

完成一篇实训报告，将实训中的感受和收获，特别是“实训拓展”探究过程中觉得有价值的内容，整理并记录下来。

案例 5.7　室内装饰工程预算表

知识建构

- 数值型数据的输入
- 表格美化

技能目标

- 掌握各种数值型数据的格式设置方法
- 能根据实际需要设置表格格式

根据工作需要，完成如图 5-53 所示的室内装饰工程预算表。

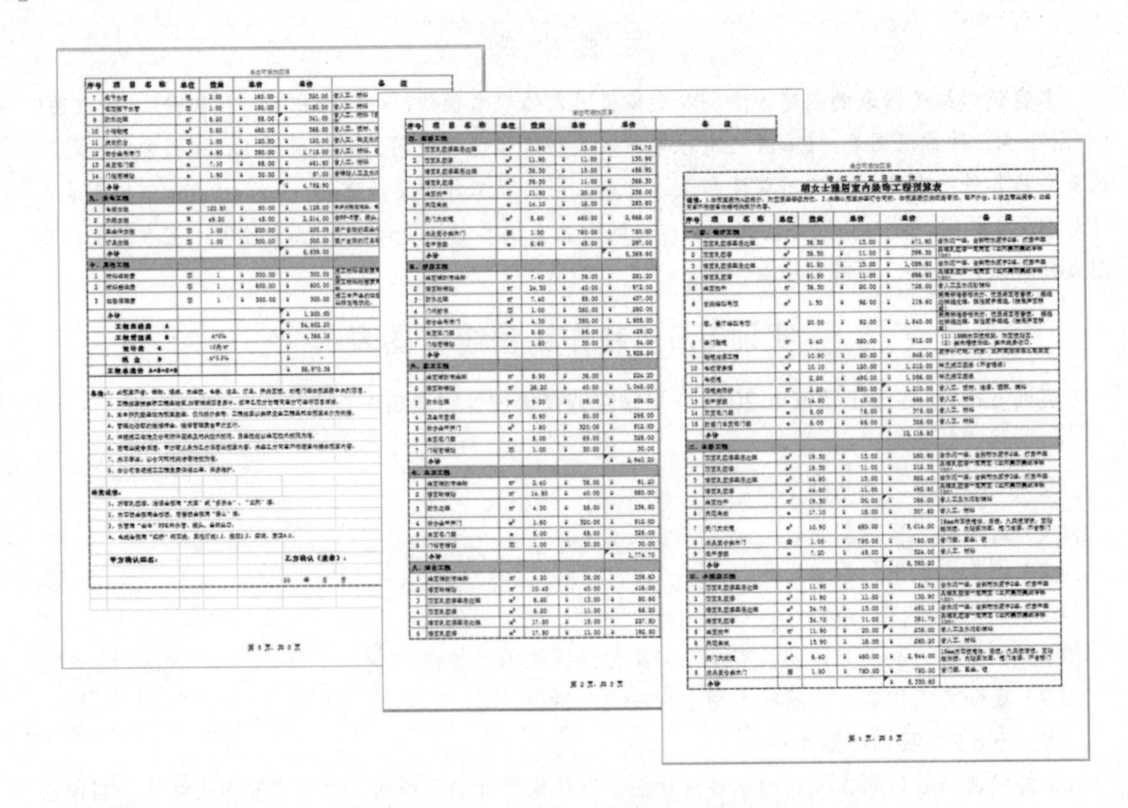

图 5-53　胡女士雅居室内装饰工程预算表

本案例是一份真实的家装预算表，这个数据表中涉及到多种不同类型、不同单位的数据，要让数据表直观易懂，必须正确设置数据格式。

5.7.1　数字格式

1．数字格式简介

在 Excel 中，数值型数据是使用最多，也是最为复杂的数据类型。数值型数据由 0～9、正号、负号、小数点、分数号“/”、百分号“%”、指数符号“E”或“e”、货币符号“$”或“￥”、千分位“,”等组成。数值型数据的类别通常称为“数字格式”。

默认情况下，数字格式是常规格式，数字以整数、小数或科学计数法显示。常规格式最多可以显示 11 位数字，超过 11 位后，数字以科学计数法显示。此外，Excel 还提供了如数值、货币、会计专用、日期格式和自定义格式等多种数字显示格式。表 5-5 列出了 Excel 中数字格式的分类。

表 5-5　数 字 格 式

数 字 格 式	说　明
常规	整数、小数，大于 11 位时用科学计数法显示，单元格宽度不够时对小数进行四舍五入
数值	数字的一般表示，可以指定小数位数、是否使用千位分隔符以及如何显示负数
货币	用于一般货币值并显示带有数字的默认货币符号，可以指定小数位数、是否使用千位分隔符以及如何显示负数

续表

数 字 格 式	说　　明
会计专用	与货币一样，但会对齐货币符号和小数点
日期	根据指定的类型和区域设置（国家/地区），将日期和时间序列号显示为日期值
时间	根据指定的类型和区域设置（国家/地区），将日期和时间序列号显示为时间值
百分比	将单元格值乘以 100，并用百分号显示结果
分数	以分数形式显示数字
科学记数	以科学计数法显示数字
文本	将单元格的内容视为文本
特殊	将数字显示为邮政编码、电话号码等
自定义	用于创建自定义的数字格式

2．设置数字格式

数字格式的设置，可以在数据输入前进行，也可以在数据输入后进行。

同样的数字格式，也有不同的显示样式。比如负数，可以显示为红色带括号数字、带括号数字、红色、带负号数字、红色带负号数字等 5 种样式；货币，货币符号可以选择不同语言的符号；日期和时间，可以选择不同区域（国家/地区）的不同样式，比如“2014/9/1”“2014 年 9 月 1 日”“二〇一四年九月一日”等。

数字格式和显示样式的设置，都可以在“设置单元格格式”对话框中完成：选中需要设置格式的单元格，单击“开始”|“数字”对话框启动器按钮，打开“设置单元格格式”对话框，（也可通过右键快捷菜单打开对话框），选择“数字”选项卡，根据需要设置数字格式和显示样式。如图 5-54 所示。

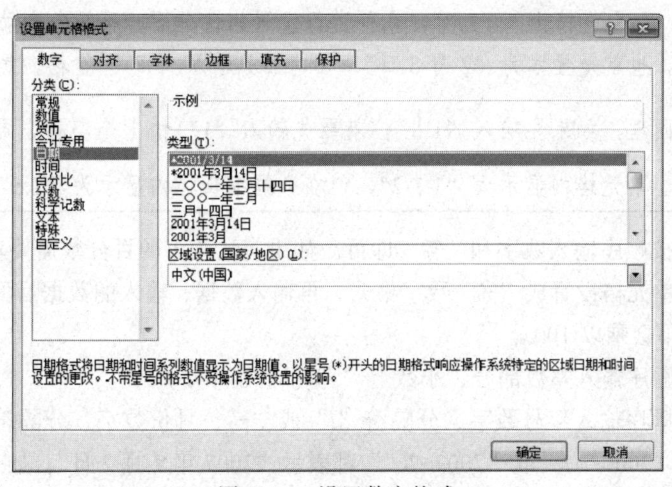

图 5-54　设置数字格式

3．数字格式快捷设置按钮

在“开始”|“数字”工具组中，有 5 个数字格式快捷设置按钮，功能如表 5-6 所示，选中需

要设置的单元格，单击相应按钮，可以快捷地设置对应格式。

表 5-6 “数字”工具组的格式设置按钮

图　　标	名　　称	功　　能
	会计数字样式	数字显示 2 位小数，每千位后添加一个半角逗号，数字前显示货币符号
%	百分比样式	将数字乘以 100，并添加百分号
,	千位分隔样式	数字显示 2 位小数，每千位后添加一个半角逗号
	增加小数位位数	每按 1 次，数据增加显示 1 个小数位
	减少小数位数	每按 1 次，数据减少显示 1 个小数位

本案例中，“单价”和“总价”两个数据列都需要设置为“会计专用”数字格式，设置方法如下：

（1）打开数据表，选中数据区域 E6：F20；

（2）单击“会计数字样式”快捷设置按钮，将格式设置为“会计专用”数值格式；

（3）用格式刷完成其他相同类型单元格的格式设置。

5.7.2 特殊数据的输入

输入负数：必须在数字前加负号“-”，或给数字加上圆括号。例如，输入“-97”或“(97)”，都可以在单元格中显示“-97”。

输入分数：应先输入“0”和 1 个空格，然后再输入分数。例如输入“0 2/3”，该单元格内显示 2/3。

温馨提示： 如果直接输入“2/3”，在不进行设置的情况下，系统会自动将它转换为日期格式显示，也就是显示为“2 月 3 日”。在前面先输入“0”和空格，是将它视为“$0\frac{2}{3}$”在输入；同理，如果要输入“$1\frac{1}{2}$”，就要先输入“1”和 1 个空格，再输入“1/2”，输入完成后，单元格内显示为“1 1/2”，但在数据编辑栏内显示为“1.5”。

输入百分数：按顺序输入数字和“%”即可。如果有比较多的百分数需要输入，可先选定相应单元格区域，将单元格设置成“%”数字格式，再输入数据，输入的数据后面会自动添加“%”（直接添加“%”，不会乘以 100）。

输入小数：按顺序输入整数部分、小数点“.”和小数部分。

输入日期：按顺序输入年号数字、分隔符“/”或“-”、月份数字、分隔符“/”或“-”、日期数字。例如输入“2007/7/2”或“2007-7-2”都表示“2007 年 7 月 2 日”。如果省略年份，则以当前年份作为默认值。

输入时间：小时、分、秒之间用冒号（:）作为分隔符，例如“4:34:11”。如果要输入的是下午时间，可以在时间后面加一个空格，然后输入“PM”表示下午，也可采用 24 小时制，输入

“16:34:11”。

5.7.3　设置表格样式

数据输入完成后，为了让表格更美观，更便于阅读，需要对数据表的样式进行设置。

1．填充颜色

（1）选中“一、客厅、餐厅工程”标题区域（A5∶G5）；

（2）填充“粉红色”，设置字体“加粗”；

（3）用格式刷将其他几个标题区域设置成同样的格式：A22∶G22，A33∶G33，A43∶G43，A54∶G54，A63∶G63，A72∶G72，A80∶G80，A96∶G96，A102∶G102。

2．合并单元格

表头的“说明”，表尾的“备注”“补充说明”都需要合并单元格。

（1）选中 A1:G1 单元格，单击“开始”|“对齐方式”|“合并后居中”按钮；

（2）同样方法合并 A2∶G2；

（3）单击“开始”|“对齐方式”|“合并后居中”右侧的下拉按钮，如图 5-55 所示，在弹出的菜单中选择“合并单元格”（也可以直接选择“合并后居中”，再设置单元格为“垂直居中，左对齐”）；

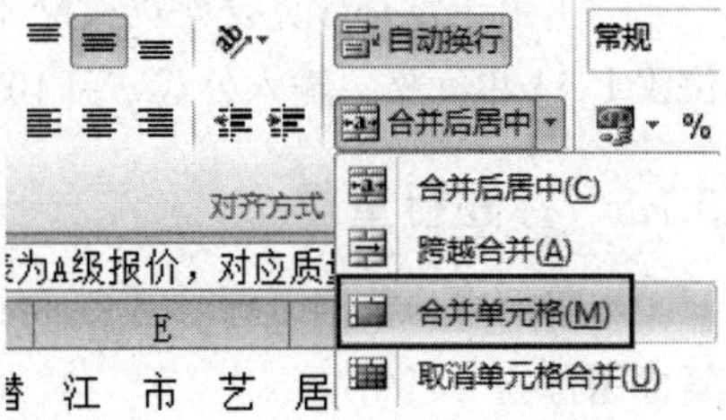

图 5-55　合并单元格

（4）按第（3）步方法合并 B113∶G113；

（5）用格式刷将下面 113-120 行、123-126 行相应的单元格分别合并；

（6）按第（3）步方法合并“A122∶B122”。

3．文本自动换行

（1）单击“开始”|“对齐方式”对话框启动器按钮，选择“设置单元格格式”对话框的“对齐”选项卡；

（2）在“文本控制”选区中，选中“自动换行”复选框，让文本自动换行。

4．表格框线

（1）数据区域：外框线为黑色细实线，内框线为黑色细虚线；

（2）表头、备注、补充说明、签名区域：无框线。

5.7.4　数据计算

1．客厅、餐厅工程造价

（1）单击定位于 F6 单元格；

（2）输入公式“=E6*D6”，按【Enter】键确认，计算出顶面乳胶漆基层处理工程造价；

（3）用填充柄算出其他单项的造价；

（4）计算“客厅、餐厅”的总工程造价：单击定位于 F21 单元格，单击“自动求和”按钮，自动填充函数与公式“=SUM(F6:F20)”，按【Enter】键确认运算。

2．其他工程造价

其他工程的造价计算方法同上。

3．工程总费用

工程总费用的计算如图 5-56 所示。

	A	B	C	D	E	F	G
107		工程直接费 A				¥ 54,602.20	
108		工程管理费 B		A*8%		¥ 4,368.18	
109		设计费 C		15元/m²		¥ -	
110		税 金 D		A*3.5%		¥ -	
111		工程总造价 A+B+C+D				¥ 58,970.38	

图 5-56　工程总费用

（1）工程直接费：单击定位于 F107 单元格，输入公式“=F106+F101+F95+F79+F71+F62+F53+F42+F32+F21”，按【Enter】键确认；

（2）工程管理费：单击定位于 F108 单元格，输入公式“=F107*0.08”，按【Enter】键确认；

（3）由于没有计算设计费和税金，因此工程总造价只包含工程直接费和工程管理费：单击定位于 F111 单元格，输入公式“=F107+F108”，按【Enter】键确认。

5.7.5　标题行重复

本案例中，数据表打印出来一共有 3 页，为了方便客户查看表格、理解数据，需要在顶端重复标题行：

（1）单击“页面布局”|“页面设置”|“打印标题”按钮，选择“页面设置”对话框的“工作表”选项卡；

（2）单击“打印标题”选项组中的“顶端标题行”右侧的折叠按钮；

（3）在第 4 行的行号上单击一下，选中整个第 4 行（被一圈“蚂蚁线”围住了），单击折叠按钮返回对话框按钮；

（4）单击“确定”按钮，完成设置，如图 5-57 所示。

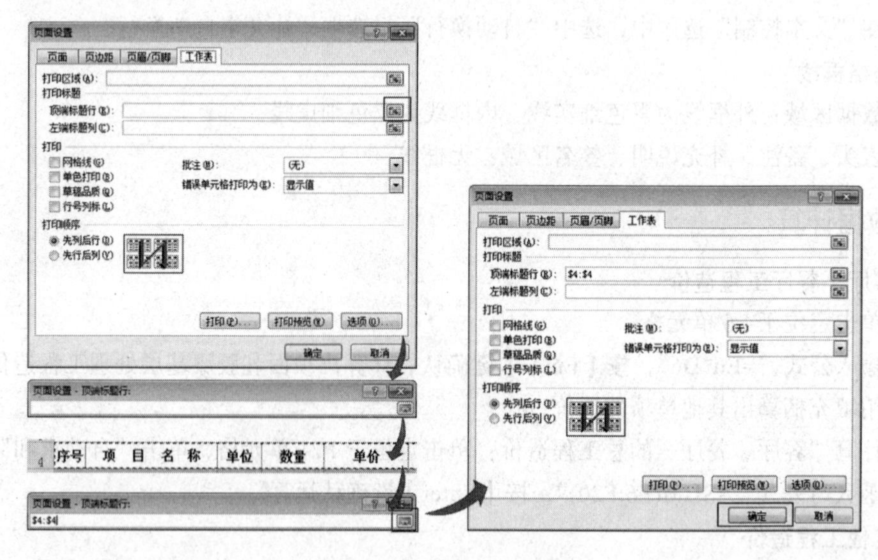

图 5-57　“工作表”选项卡

温馨提示：顺便在“页面设置”对话框的“页边距”选项卡中设置“水平”居中对齐。

案 例 小 结

本案例通过家装行业的一个真实案例，介绍了数据的格式设置和特殊数据的输入，只有正确地设置数据格式和显示样式，才能让数据表具备可读性。案例中涉及的表格样式设置和数据运算等内容，是前面案例中的知识点，要学会灵活运用。

实训 5.7　制作室内装饰工程预算表

实训 5.7.1　制作胡女士雅居室内装饰工程预算表

（1）创建数据表；

（2）正确设置数据格式；

（3）设置表格样式；

（4）数据计算；

（5）设置标题行重复。

实训 5.7.2　实训拓展

完成如图 5-58 所示的数据表格。

星星出版社图书销售情况统计表

ISBN	书籍名称	出版日期	单价	印刷册数	销售册数	销售总金额	亏损	销售额增长率
9787123456711	办公软件实用秘籍	2013年9月6日	39	5000	8330			1 2/3
9787123456712	炫动PPT	2014年6月1日	35	3000	3450			15%
9787123456713	新编小学生安全手册	2015/1/1	12	10000	8700	104400	15600	-13%
9787123456714	PS基础到提高	2015/2/1	69	3000	2250	155250	51750	3/4
9787123456715	Flash基础到提高	2015/3/1	50	3000	2400	120000	30000	- 1/5

Administrator:
加印3300册

图 5-58　图书销售情况统计表

（1）录入数据（A、B、C、D、E、F、I 列）；

（2）完成数据计算（G、H 列）；

（3）设置表格样式；

（4）插入批注：在 F3 单元格上右击，插入批注“加印 3300 册”；在 F4 单元格插入批注“加印 450 册”。

温馨提示：在创建了批注的单元格上右击，弹出的快捷菜单中会出现“编辑批注”“删除批注”“显示/隐藏批注”等选项；在“审阅”|“批注”工具组中，也有与批注相关的操作命令。

实训 5.7.3　实训报告

完成一篇实训报告，将实训中的感受和收获，特别是“实训拓展”探究过程中觉得有价值的内容，整理并记录下来。

案例 5.8　恋家超市销售情况表

知识建构

- 自动筛选
- 自定义数据筛选
- 高级筛选

技能目标

- 能够根据实际需要选择合适的数据筛选方式

分析数据时经常需要对数据清单进行筛选，也就是从众多的数据中挑选出符合指定条件的数据行，将不符合条件的数据行暂时隐藏显示，它是一种快速有效查找数据的简便方法。

Excel 将筛选分为“自动筛选”和“高级筛选”。“自动筛选”包括 3 种筛选类型，按值列表、按格式、按条件，在一列数据中，只能允许这 3 种筛选类型中的某一种存在，它们中的任意两种都不可能同时存在。

“按值列表筛选”的筛选条件是数据列中本来就有的“值”，每次筛选可以选择 1 个或多个已有的“值”。

“按格式筛选”的筛选条件是单元格填充颜色或字体颜色，前提是该列有单元格设置了填充颜色或字体颜色，每次筛选只能选择一种填充色或一种字体色。

“按条件筛选”是根据设定的条件进行筛选，这个条件可以是单一条件，比如“不等于”“大于或等于”“10 个最大的值”“高于平均值”等预设条件；也可以是两个条件，如“‘大于或等于’和‘小于’”“‘小于’或‘大于或等于’”等。

“高级筛选”可以同时设置多个筛选条件，并可将筛选出来的数据复制到新的数据表区域。

本案例将在 3 张数据完全一样的数据表中分别执行“按值列表筛选”“按条件筛选”“高级筛选”，如图 5-59 所示。

恋家超市食品类销售情况一览表

商品类别	店名	2012年	2013年	2014年	合计
水果类	师范路分店	158,000.00	232,000.00	659,000.00	1,049,000.00

恋家超市食品类销售情况一览表

商品类别	店名	2012年	2013年	2014年	合计
水果类	总店	325,600.00	452,000.00	156,200.00	933,800.00
水果类	东门分店	150,000.00	369,000.00	236,900.00	755,900.00
肉类	总店	369,000.00	365,800.00	365,820.00	1,100,620.00
肉类	东门分店	180,000.00	485,000.00	698,300.00	1,363,300.00
粮油类	东门分店	170,000.00	356,000.00	125,800.00	651,800.00
粮油类	师范路分店	367,000.00	458,000.00	475,000.00	1,300,000.00

恋家超市食品类销售情况一览表

商品类别	店名	2012年	2013年	2014年	合计
水果类	总店	¥ 325,600.00	¥ 452,000.00	¥ 156,200.00	¥ 933,800.00
水果类	东门分店	¥ 150,000.00	¥ 369,000.00	¥ 236,900.00	¥ 755,900.00
水果类	师范路分店	¥ 158,000.00	¥ 232,000.00	¥ 659,000.00	¥ 1,049,000.00
蔬菜类	总店	¥ 698,000.00	¥ 635,000.00	¥ 365,800.00	¥ 1,698,800.00
蔬菜类	东门分店	¥ 160,000.00	¥ 582,000.00	¥ 568,200.00	¥ 1,310,200.00
蔬菜类	师范路分店	¥ 682,000.00	¥ 658,000.00	¥ 458,100.00	¥ 1,798,100.00
肉类	总店	¥ 369,000.00	¥ 365,800.00	¥ 365,820.00	¥ 1,100,620.00
肉类	东门分店	¥ 180,000.00	¥ 485,000.00	¥ 698,300.00	¥ 1,363,300.00
肉类	师范路分店	¥ 987,000.00	¥ 963,000.00	¥ 245,000.00	¥ 2,195,000.00
粮油类	总店	¥ 125,600.00	¥ 987,000.00	¥ 969,800.00	¥ 2,082,400.00
粮油类	东门分店	¥ 170,000.00	¥ 356,000.00	¥ 125,800.00	¥ 651,800.00
粮油类	师范路分店	¥ 367,000.00	¥ 458,000.00	¥ 475,000.00	¥ 1,300,000.00
调味品类	总店	¥ 180,000.00	¥ 220,000.00	¥ 230,000.00	¥ 630,000.00
调味品类	东门分店	¥ 130,000.00	¥ 31,000.00	¥ 320,000.00	¥ 481,000.00
调味品类	师范路分店	¥ 160,000.00	¥ 200,000.00	¥ 220,000.00	¥ 580,000.00

商品类别	2013年	2014年
粮油类	>=500000	>=500000

商品类别	店名	2012年	2013年	2014年	合计
粮油类	总店	¥ 125,600.00	¥ 987,000.00	¥ 969,800.00	¥ 2,082,400.00

图 5-59　三种不同的筛选

5.8.1　按值列表筛选

按值列表筛选是自动筛选中使用最多的筛选类型，用户可以通过它快速地查询大量数据，并从中筛选出等于特定值的记录。

本案例的第 1 个筛选任务是：在“自动筛选”工作表中筛选出所有“师范路分店”的“水果类”商品的销售数据。操作步骤如下：

（1）单击数据表的任意单元格；

（2）单击“数据”|“排序和筛选”|“筛选”按钮，数据表进入“自动筛选”状态，此时，数据表中的每一个字段名的右侧出现一个向下的筛选按钮；

（3）单击 B 列“店名”字段名右侧的筛选按钮，会出现一个下拉列表选项框，其中列出了该字段中出现过的所有“值”，这些“值”就是可供筛选的条件；

（4）只留下“师范路分店”字段前面的“√”，筛选出“店名”为“师范路分店”的记录（行），其他记录（行）被隐藏起来，如图 5-60 所示；

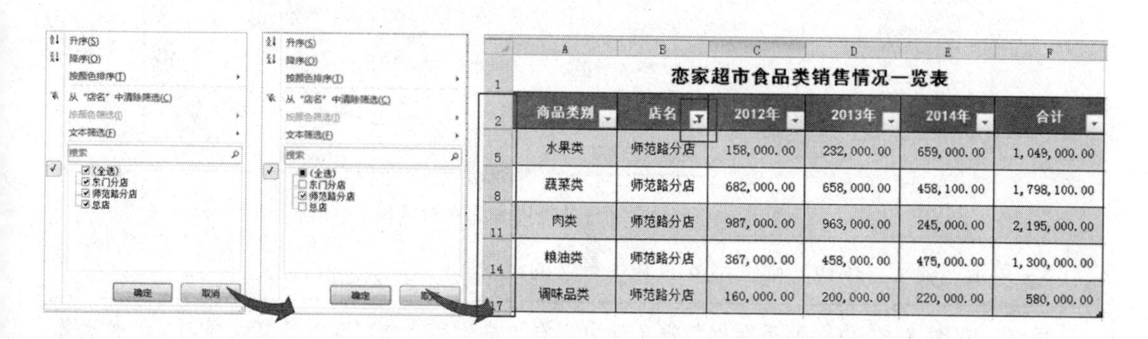

图 5-60　按值列表筛选

温馨提示：当筛选条件（值）比较少的时候，可先去除“全选”前面的“√”，再选中所需筛选条件（值）。筛选完成后，执行过筛选的字段名“店名”右侧的筛选按钮由三角形变成了一个加了筛选符号的三角形，被筛选出来的记录的行标变成了蓝色。

（5）单击 A 列“商品类型”字段名右侧的筛选按钮，选中“水果类”，筛选出“商品类别”为“水果类”的全部记录（行）。

这个筛选分别在两个字段中设置了不同的筛选条件，最后筛选出来满足条件的只有一条记录。

5.8.2　按条件筛选

在一张大型数据表中需要筛选出字段值位于某一区间范围内的全部记录时，如果再使用“按值列表筛选”的方式，逐一选中筛选条件，显然既笨拙也容易出错，这时，就需要使用“按条件筛选”。按条件筛选也称为“自定义自动筛选”或“自定义筛选”。

本案例需要在“自定义筛选”工作表中查找出 2013 年销售额在 300 000～500 000 元之间的所有商品类别的记录。操作步骤如下：

（1）选定数据表中的任意单元格。

（2）单击“数据”|“排序和筛选”|“筛选”按钮，数据表进入“自动筛选”状态。

（3）单击“2013 年”字段名右侧的筛选按钮，在下拉列表中选择“数字筛选”|“自定义筛选”选项（本案例中也可以选择“介于”选项），打开“自定义自动筛选方式”对话框。

（4）设置筛选条件：在第 1 个数据筛选条件选区中选择“大于或等于”“300 000”；第 2 个数据筛选条件选区中选择“小于或等于”“500 000”；选择“与”运算单选按钮；如图 5-61 所示。

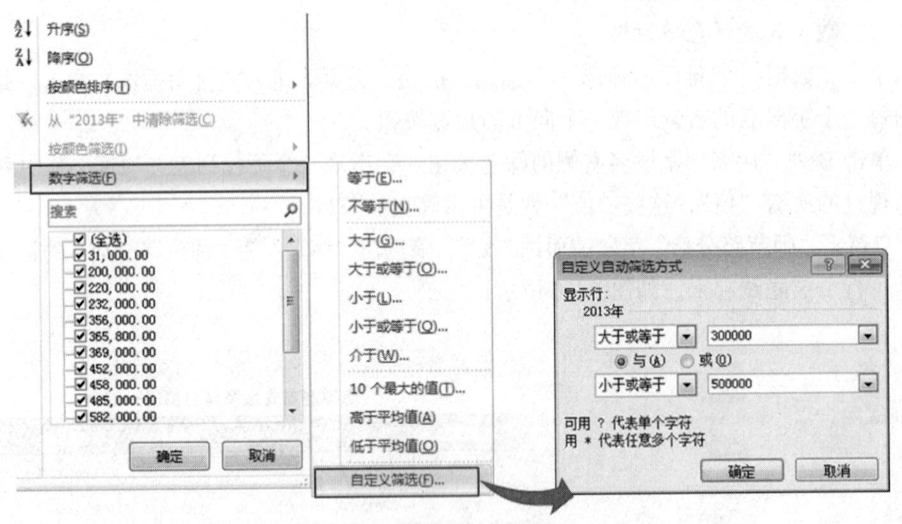

图 5-61 “自定义自动筛选方式”对话框

（5）单击“确定”按钮，筛选出 6 条满足条件的记录。

思考：在图 5-61 中，两个数据筛选条件中间有“与”和“或”两种运算选择，这两种运算有什么区别？分别在什么情况下使用？

5.8.3 高级筛选

在 Excel 中，如果涉及到比较复杂的条件或要求，利用自动筛选无法完成筛选时，就需要使用到“高级筛选”。

本案例要求在“高级筛选”工作表中筛选出 2013 年销售额超过 400 000 元，或者 2014 年销售额超过 400 000 元的“粮油类”商品销售记录，并将筛选结果放到“条件区域”的下方。

这个筛选需要同时筛选 3 个字段，但“2013 年”和“2014 年”字段是“或”运算，也就是说只需要满足其中一个条件即可，而“自动筛选”在不同的字段间只能执行“与”运算，筛选出来的是同时满足所有字段的所有条件的记录。因此，这个筛选要求无法使用“自动筛选”完成，只能使用“高级筛选”功能。

高级筛选的条件不是在对话框中设置，而是在工作表的某个区域中给定，因此使用高级筛选之前需要建立一个条件区域。条件区域一般放在数据清单的最前面或者最后面，与数据清单之间至少隔一行。

条件区域的第 1 行用于输入指定字段名称，第 2 行起开始输入对应字段的筛选条件：如果是“与”运算，则所有条件位于同一行；如果是“或”运算，则不同的条件位于不同行。本案例中，“2013 年”与“2014 年”是“或”运算，它们的条件要分处两行；“商品类别”与“2013 年”“2014

年”是“与”运算，那么两行都要将“粮油类”作为筛选条件列出来。

本案例的操作步骤如下：

（1）在数据表的下方，与数据清单至少隔 1 行（这里隔 2 行）的单元格中录入筛选条件：在 B20 至 D20 单元格中分别输入“商品类别”“2013 年”“2014 年”；在 B21 和 C21 单元格中，分别输入“粮油类”“>=400 000”；在 B22 和 C22 单元格中，分别输入“粮油类”“>=400 000”，如图 5-62 所示。

	A	B	C	D	E	F
1	恋家超市食品类销售情况一览表					
2	商品类别	店名	2012年	2013年	2014年	合计
3	水果类	总店	¥ 325,600.00	¥ 452,000.00	¥ 156,200.00	¥ 933,800.00
4	水果类	东门分店	¥ 150,000.00	¥ 369,000.00	¥ 236,900.00	¥ 755,900.00
15	调味品类	总店	¥ 180,000.00	¥ 220,000.00	¥ 230,000.00	¥ 630,000.00
16	调味品类	东门分店	¥ 130,000.00	¥ 31,000.00	¥ 320,000.00	¥ 481,000.00
17	调味品类	师范路分店	¥ 160,000.00	¥ 200,000.00	¥ 220,000.00	¥ 580,000.00
18						
19						
20		商品类别	2013年	2014年		
21		粮油类	>=400000			
22		粮油类		>=400000		

图 5-62　输入高级筛选的条件

（2）单击“数据”|“排序和筛选”|“高级”按钮，打开“高级筛选”对话框。

（3）在“方式”选项组中选中“将筛选结果复制到其他位置”单选按钮。

温馨提示：在选中“将筛选结果复制到其他位置”单选按钮后，下方的“复制到”输入框才会被点亮。

（4）在“列表区域”输入框中输入要进行筛选的数据表单元格区域。

温馨提示：系统一般默认的是筛选条件上方的数据表区域。如果有变化，可以单击“列表区域”文本框右边的 [折叠按钮图标] 折叠按钮，打开“高级筛选-列表区域”对话框，用鼠标选择需要筛选的数据表区域（包括字段名区域），然后再单击折叠按钮返回“高级筛选”对话框。

（5）在“条件区域”输入框中输入含筛选条件的单元格区域“$B$20:$D$22”，或者使用右侧的折叠按钮完成条件区域选择。

（6）在“复制到”输入框中输入显示筛选结果的目标区域，输入起点“$A$25”即可，方法同上。

（7）如果需要在筛选结果中忽略掉重复的记录，则选中“选择不重复的记录”复选框，如图 5-63 所示。

（8）单击“确定”按钮，完成筛选，符合筛选条件的记录将被复制到指定数据表区域。

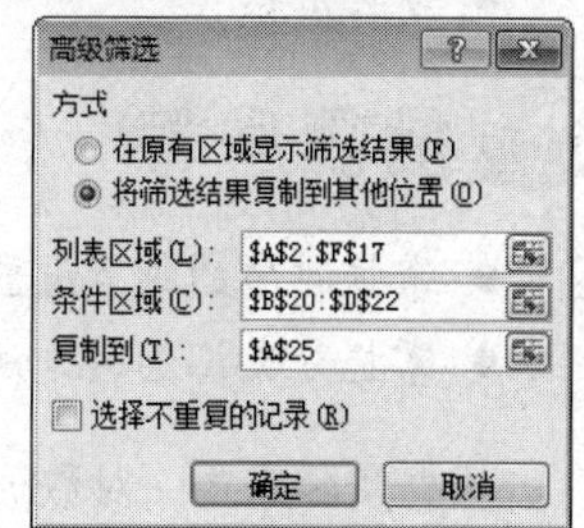

图 5-63　“高级筛选”对话框

案例小结

本案例介绍了3种数据筛选方式，日常工作中要根据实际情况灵活运用。要准确地理解和运用各种筛选条件，重点是要弄清“与”和“或”两种不同的运算：

“与”运算：同时满足指定条件，比如，“大于100”与“小于200”的整数，包括101~199这99个整数，但不包括“100”和“200”。

“或”运算：只需要满足其中一个条件，比如，“小于12岁”或“大于60岁”的人，包括不足12岁的孩子，也包括大于60岁的老人。

“与”运算和“或”运算都要符合逻辑。“小于12岁与大于60岁”这个条件就不成立，“大于100或小于200的整数”这个条件则没有任何意义，因为它包括了所有的整数。

实训 5.8 完成恋家超市销售数据的筛选工作

实训 5.8.1 完成恋家超市销售数据的筛选工作

（1）制作工作表《恋家超市食品类销售情况一览表》，复制3份，将3份工作表分别重命名为“自动筛选”“自定义筛选”“高级筛选”；

（2）在“自动筛选”表中筛选出所有“师范路分店”的“水果类”商品的销售数据；

（3）在“自定义筛选”表中筛选出2013年销售额在300 000～500 000元之间所有商品的记录；

（4）在“高级筛选”表中筛选出2013年的销售额超过400 000元，或者2014年的销售额超过400 000元的“粮油类”商品销售记录，并将筛选结果复制到“条件区域”的下方。

实训 5.8.2 实训拓展

将案例5.3《学生成绩表》中有课程不及格的学生名单及成绩筛选、复制到一个新的工作簿中，将新工作簿存盘。

实训 5.8.3 实训报告

完成一篇实训报告，将实训中的感受和收获，特别是“实训拓展”探究过程中觉得有价值的内容，整理并记录下来。

案例 5.9 各大院线电影票房情况汇总

知识建构

- 排序
- 分类汇总

技能目标

- 掌握排序的细节设置
- 掌握分类汇总的方法

根据实际需要，对数据表中的数据进行排序和分类汇总，如图5-64所示。

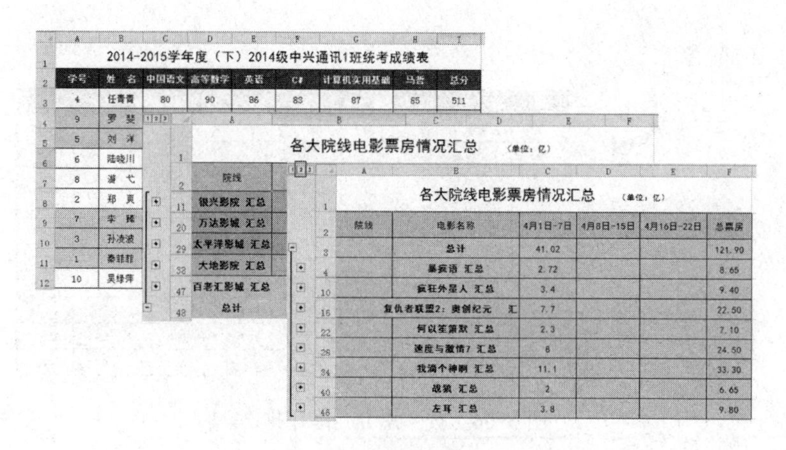

图 5-64　数据排序和分类汇总

5.9.1　排序

通常，数据表中的数据都是随机输入的，在实际工作中，为了让数据便于查询和管理，需要对数据进行排序。在 Excel 中，排序就是将一组记录按照其中的某个或某些字段的特定序列进行排列。

1．简单排序

简单排序也叫单列排序，是最简单、最常用的排序方法。

本案例要求以“总分”列中的分数从高到低作为排序依据，将案例 5.3《学生成绩表》中的数据重新进行排序。操作步骤如下：

（1）单击“总分”列（I 列）中的任意一个单元格；

温馨提示：要以哪一列的数据作为标准进行数据排序，就要先选中那一列的任意一个单元格；如果定位在非数据区域，会出现如图 5-65 所示的消息提示框。

（2）单击“数据”|“排序和筛选”|“降序”按钮，数据表自动完成排序，效果如图 5-66 所示。

图 5-65　排序区域定位错误提示框

2．多级排序

以单列数据作为标准进行排序，如果碰到相同数据时，系统会将相同数据排列在一起，相同数据之间会保持它们的本来顺序不变。本案例中，“刘洋”和“陆晓川”两位同学的“总分”刚好相等，按“总分”排序时，他们排在一起，谁原来在前面，排序后也还是在前面。

为了让排序更科学、清晰，在简单排序无法区分相同数据时，或者相同数据较多时，就需要用到“多级排序”。Excel 2010 支持将所有“字段”（列）作为排序关键字。本案例将对“总分”相同的同学再按“姓名”进行排序。

2014-2015学年度（下）2014级中兴通讯1班统考成绩表

学号	姓　名	中国语文	高等数学	英语	C#	计算机实用基础	马哲	总分
4	任青青	80	90	86	83	87	85	511
9	罗　斐	84	92.5	78	82	82.5	89	508
5	刘　洋	72.5	73	71	73	77	72	438.5
6	陆晓川	85	45	75	78	73.5	82	438.5
8	游　弋	65	74	75	71	66	69	420
2	郑　爽	64	70	69	65	73	71	412
7	李　臻	53	62	72	54	71	88	400
3	孙凌波	65.5	60	59	67	76	68	395.5
1	秦菲菲	66.5	75	41	67	71	65	385.5
10	吴绿萍	53	77	63	50	75	61	379

图 5-66　按“总分”降序排序

（1）将光标定位在数据表中的任意单元格；

（2）单击“数据”|“排序和筛选”|“排序”按钮，打开“排序”对话框，可以看到，刚才使用的排序依据“总分”是“主要关键字”；

（3）单击“添加条件”按钮，在“主要关键字”的下方添加“次要关键字”设置框，在“列”设置框中选择“姓名”，“排序依据”和“次序”分别选择“数值”和“升序”；

（4）单击“选项”按钮，打开“排序选项”对话框，选择“按列排序”和“字母排序”，单击“确定”按钮返回“排序”对话框，再单击“确定”按钮执行排序操作，如图 5-67 所示。

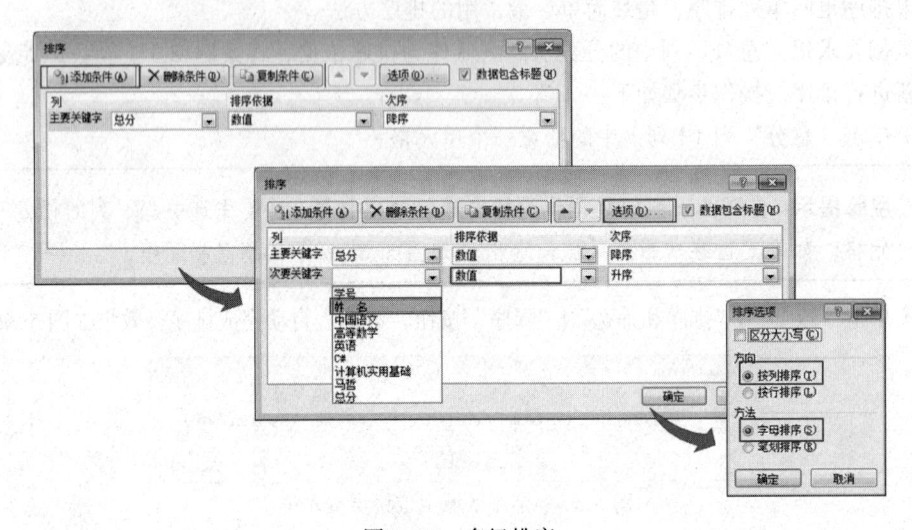

图 5-67　多级排序

5.9.2　分类汇总

对数据进行分析和统计时，使用“分类汇总”命令，不需要手动创建公式，Excel 将自动创建公式，对数据表中的指定字段按需要进行“求和”“计数”“求平均值”等运算，并将计算结果分级显示出来。

“分类汇总”与“排序”密切相关：排序标准列中相同的数据会放在一起，无形中就形成了“分类”，“分类汇总”实际上只需要完成“汇总”操作。因此要执行“分类汇总”，首先需要按“分类”

关键字进行“排序”。

本案例需要将《各大院线电影票房情况汇总》数据表先按不同的“院线”进行票房汇总，再按照不同“电影名称”来进行首周票房和总票房汇总。

1．按“院线”汇总

（1）按“院线”分类（排序）：将光标定位在“院线”列（A 列）的任意单元格，单击“数据”|“排序和筛选”|“升序”按钮；

（2）按“院线”进行“总票房”汇总：单击“数据”|“分级显示”|“分类汇总”按钮，打开“分类汇总”对话框；

（3）设置汇总项：“分类字段”选择“院线”，“汇总方式”选择“求和”，“选定汇总项”选择“总票房”，单击“确定”按钮开始汇总，汇总设置和结果如图 5-68 所示。

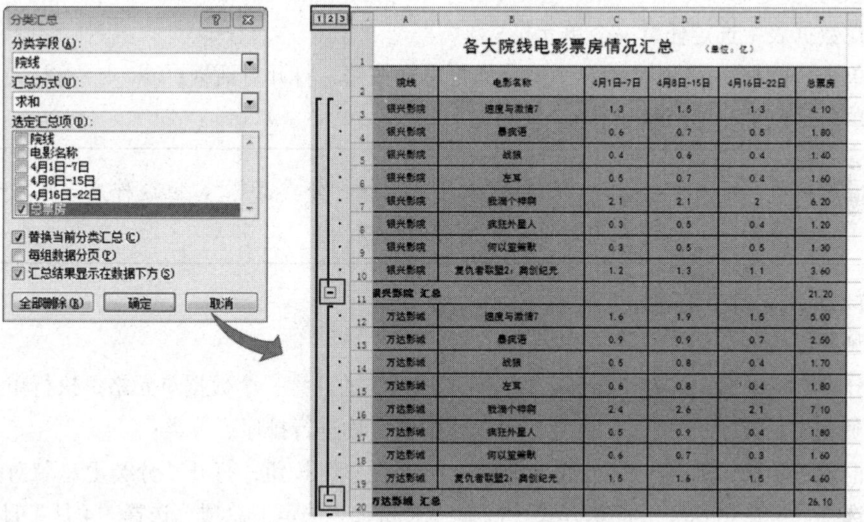

分类汇总
分类字段(A):
院线
汇总方式(U):
求和
选定汇总项(D):
院线
电影名称
4月1日-7日
4月8日-15日
4月16日-22日
总票房
替换当前分类汇总(C)
每组数据分页(P)
汇总结果显示在数据下方(S)
全部删除(R)　确定　取消

各大院线电影票房情况汇总 （单位：亿）

院线	电影名称	4月1日-7日	4月8日-15日	4月16日-22日	总票房
银兴影院	速度与激情7	1.3	1.5	1.3	4.10
银兴影院	暴疯语	0.6	0.7	0.5	1.80
银兴影院	战狼	0.4	0.6	0.4	1.40
银兴影院	左耳	0.5	0.7	0.4	1.60
银兴影院	我的个神啊	2.1	2.1	2	6.20
银兴影院	疯狂外星人	0.3	0.5	0.4	1.20
银兴影院	何以笙箫默	0.3	0.5	0.5	1.30
银兴影院	复仇者联盟2：奥创纪元	1.2	1.3	1.1	3.60
银兴影院 汇总					21.20
万达影城	速度与激情7	1.6	1.9	1.5	5.00
万达影城	暴疯语	0.9	0.9	0.7	2.50
万达影城	战狼	0.5	0.8	0.4	1.70
万达影城	左耳	0.6	0.8	0.4	1.80
万达影城	我的个神啊	2.4	2.6	2.1	7.10
万达影城	疯狂外星人	0.5	0.9	0.4	1.80
万达影城	何以笙箫默	0.6	0.7	0.3	1.60
万达影城	复仇者联盟2：奥创纪元	1.5	1.6	1.5	4.60
万达影城 汇总					26.10

数据表局部

图 5-68　按“院线”进行“总票房”汇总

“分类汇总”对话框的其他设置项功能如下：

“替换当前汇总”：如果前面做过分类汇总，后面的分类汇总将替换之前的分类汇总；

“每组数据分页”：分类汇总之后，如果需要打印，每一组（类）数据将独占一页，分页打印可以让数据分类更加一目了然；

“汇总结果显示在数据下方”：将汇总结果放在汇总数据的下方，如图 5-68 所示，不选中的话，汇总结果会放在汇总数据的上方。

完成分类汇总后，数据表的左侧会出现一个分类汇总的分级别管理区域，如图 5-68 所示：标为“1，2，3”的 3 个级别按钮，下方对应的数据区域还有数据折叠/显示按钮。管理数据时，“级别按钮”和“折叠按钮”搭配使用，可以让数据表只显示需要显示的级别的数据。例如，想集中查看各院线的汇总数据，也就是第 2 级别的数据，单击一下级别按钮“2”，第 3 级别的数据就会全部隐藏，只显示第 2 级别各院线的汇总数据，如图 5-69 所示。

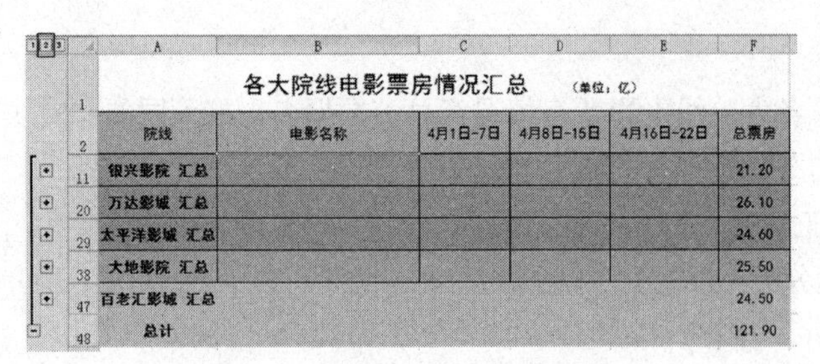

各大院线电影票房情况汇总 （单位：亿）

院线	电影名称	4月1日-7日	4月8日-15日	4月16日-22日	总票房
银兴影院 汇总					21.20
万达影城 汇总					26.10
太平洋影城 汇总					24.60
大地影院 汇总					25.50
百老汇影城 汇总					24.50
总计					121.90

图 5-69 只显示第 2 级别数据

温馨提示：被隐藏显示的级别，折叠/显示按钮会变成“+”号，可单击显示其中任意一个折叠按钮（“+”号），查看对应数据明细。

2．删除分类汇总

（1）在数据表中选定任意一个单元格；

（2）单击“数据”|“分级显示”|“分类汇总”按钮，打开对话框；

（3）单击“全部删除”按钮。

温馨提示：可以直接通过“撤销”按钮来删除“分类汇总”，但这种方式只限于在执行了“分类汇总”后没有进行过其他操作的时候。

3．按“电影名称”汇总

（1）删除之前的分类汇总；

（2）分类：将光标定位在“电影名称”列（B 列）的任意一个数据单元格，执行单击“数据”|“排序和筛选”|“升序”按钮，将所有的电影按照名称进行排序、分类；

（3）汇总：单击“数据”|“分级显示”|“分类汇总”按钮，打开“分类汇总”对话框，“分类字段”选择“电影名称”，“汇总方式”选择“求和”，“选定汇总项”选择“4 月 1 日-7 日”和“总票房”，选中“每组数据分页”，取消选中“汇总结果显示在数据下方”，单击“确定”按钮执行分类汇总；

（4）单击左侧的“2”级按钮，只显示 1、2 级汇总数据，如图 5-70 所示。

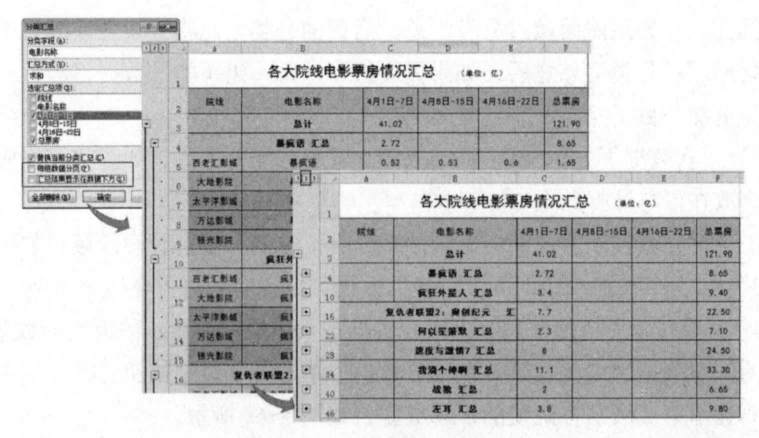

各大院线电影票房情况汇总 （单位：亿）

院线	电影名称	4月1日-7日	4月8日-15日	4月16日-22日	总票房
	总计	41.02			121.90
	暴疯语 汇总	2.72			8.65
	疯狂外星人 汇总	3.4			9.40
	复仇者联盟2：奥创纪元 汇	7.7			22.50
	何以笙箫默 汇总	2.3			7.10
	速度与激情7 汇总	8			24.50
	我滴个神啊 汇总	11.1			33.30
	战狼 汇总	2			6.65
	左耳 汇总	3.8			9.80

图 5-70 多列数据分类汇总

案例小结

排序是 Excel 最常用的功能之一，在 Excel 2003 中，一张数据表最多只能使用 3 个关键字进行排序，Excel 2010 则可以将全部字段（列）作为关键字进行排序。排序所使用关键字的先后顺序直接影响着数据表的显示方式，要根据实际需要合理安排关键字的先后顺序。

分类汇总可以快速汇总，呈现出一张数据表的关键数据，以便掌握数据表的整体情况。分类汇总以排序为基础，分类汇总之前必须先对数据进行排序，只有正确地排序，才能得到想要的汇总结果。

实训 5.9　汇总各大院线电影票房情况

实训 5.9.1　完成 2014 级中兴通讯 1 班统考成绩“总分”排序工作

（1）“总分”为主要关键字，按“数值”的“降序”排序；

（2）“姓名”为第二关键字，按“字母顺序”的“升序”排序。

实训 5.9.2　汇总各大院线电影票房情况

（1）按“院线”进行“总票房”的求和汇总；

（2）按“电影名称”进行“总票房”和“4 月 1 日-7 日”（首周）的总票房求和汇总。

实训 5.9.3　实训报告

完成一篇实训报告，将实训中的感受和收获，整理并记录下来。

案例 5.10　员工数据分析整理

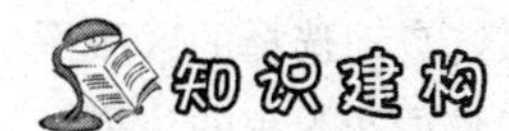

- 数据透视表

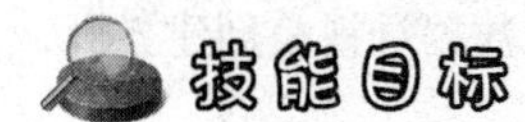

- 掌握利用数据透视表制作交叉分析报表的方法
- 能够根据实际需要选择合适的数据处理方式

数据透视表是一种快速汇总大量数据并建立交叉表的交互式表格。数据透视表可以转换行列以查看数据源的不同汇总结果，可以显示不同页面以筛选数据，可以根据需要显示区域中的明细数据。数据表中的数据越多越复杂，就越能体现数据透视表的强大功能和处理数据时的优越性、便捷性。

本案例要求根据原始数据使用数据透视表分院部统计“博士平均工资”，统计“员工学历层次结构”，完成效果如图 5-71 所示。

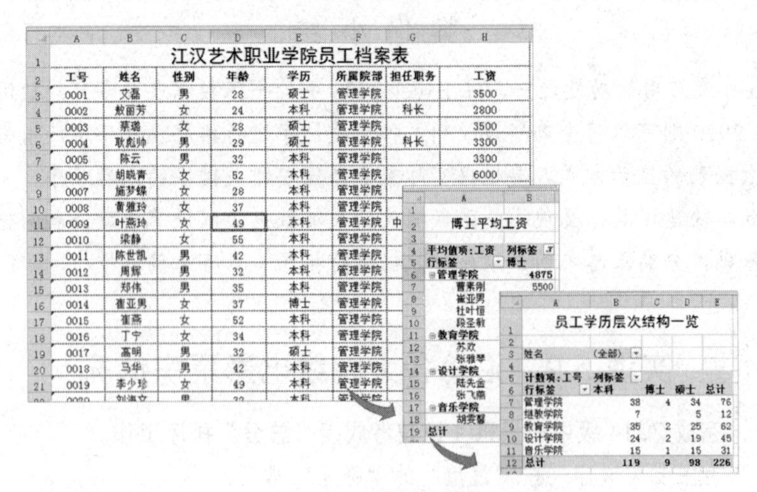

图 5-71 数据透视表

5.10.1 博士平均工资统计

原始数据表《员工档案管理表》中数据非常多，案例要求从这个庞大的数据源中筛选出“博士”的工资数据，并进行求“平均值”运算。

操作步骤如下：

（1）单击“员工档案表”工作表数据区域中的任意单元格。

（2）单击“插入”|“表格”|“数据透视表”按钮，打开“创建数据透视表”对话框。

（3）在“创建数据透视表”对话框中，Excel 会自动选中“选择一个表或区域”，并在“表/区域”文本框中自动输入数据区域，如果检查无误，可以不作修改，如果系统自动选择的区域不对，也可以单击文本框右侧的折叠按钮，重新选择数据区域；在“选择放置数据透视表的位置”选项组中选中“新工作表”单选按钮，如图 5-72 所示。

（4）单击“确定”按钮，系统会在当前工作簿中新建一张工作表，显示数据透视表创建界面，工作表的右侧是“数据透视表字段列表”窗格，如图 5-73 所示。

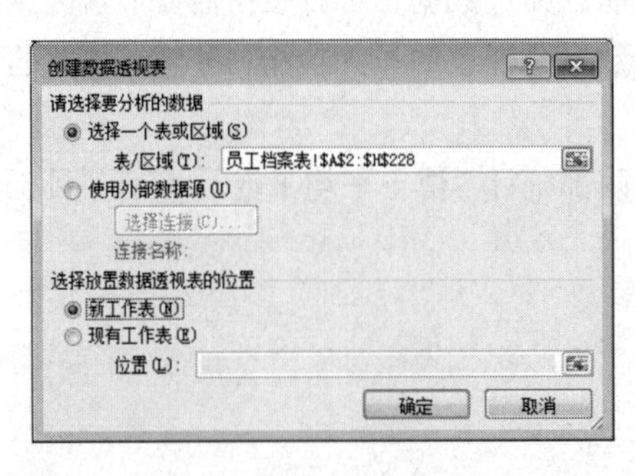

图 5-72 “创建数据透视表”对话框

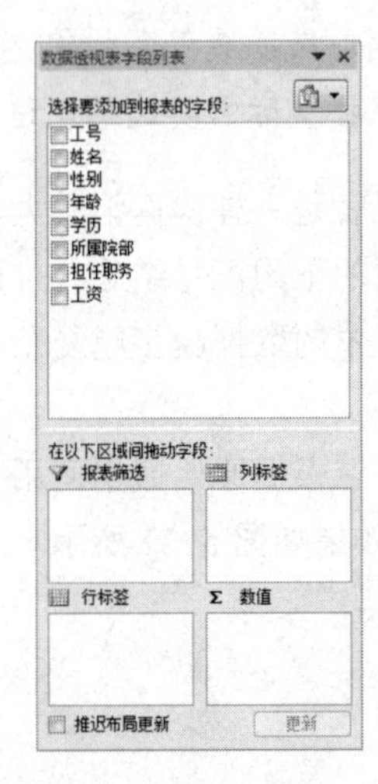

图 5-73 “数据透视表字段列表”工作区

（5）在“选择要添加到报表的字段”中用鼠标左键按住相关字段，可以将其拖动到下方“在以下区域间拖动字段”的 4 个框中，先将“所属院部”和“姓名”字段拖到“行标签”框中，“姓名”字段排在“所属院部”字段的下面。

（6）单击“学历”字段按钮右侧的下拉按钮，在出现的“选项”框中，只选中“博士”选项（“学历”字段按钮右侧会出现“筛选”标记），再将“学历”字段拖放到“列标签”框中。

（7）将“工资”按钮拖动到“数值”框中，“数值”框中显示“求和项：工资”，选择“求和项：工资”命令，在弹出的菜单中选择“值字段设置”命令，打开“值字段设置”对话框，在“计算类型”选区中选择“求平均值”选项，单击“确定”返回，数据透视表创建完成，效果如图 5-74 所示。

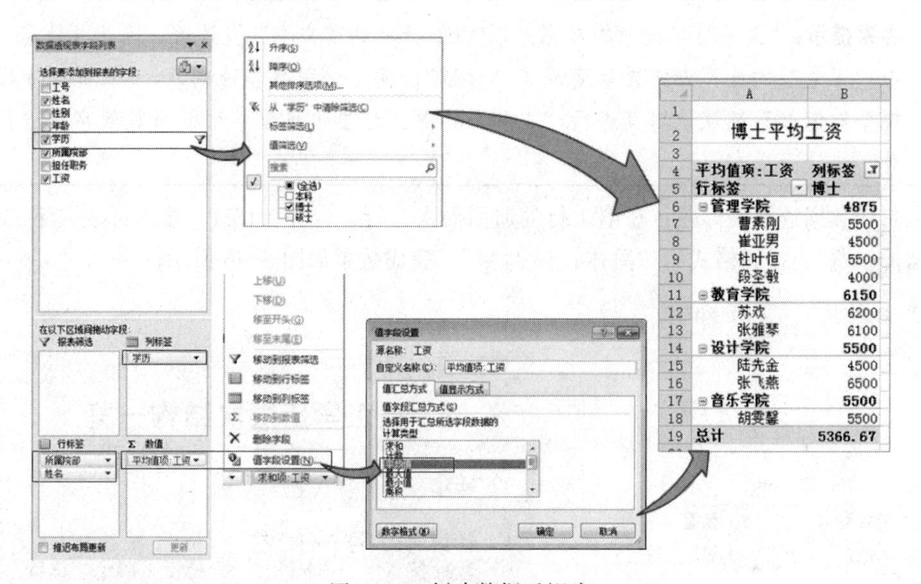

图 5-74　创建数据透视表

（8）从完成的数据透视表中可以看到，每一行的“总计”项是不需要的，可以将其舍去：将光标定位在数据透视表中的任意数据单元格，选择“数据透视表工具”|“设计”|“布局”|“总计”|“仅对列启用”命令，如图 5-75 所示。

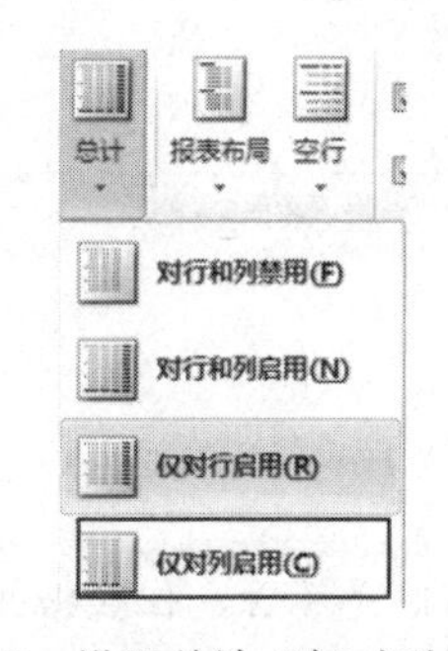

图 5-75　设置总计“仅对列使用”

（9）设置汇总项数值格式：选中 B18 单元格，单击“开始”|“数字”|“会计数字格式”按钮，将 B18 单元格设置为“会计专用”的货币样式。

（10）制作数据透视表标题：合并 A2:B2 单元格区域，输入“博士平均工资”，设置格式为“黑体，14 号字”。

温馨提示： 在“数据透视表字段列表”窗格中，“报表筛选”区域中的字段可以为整个数据透视表添加筛选字段，在数据透视表的基础上再次筛选需要的数据；“行标签”区域中的字段显示为数据透视表侧面的行，位置较低的字段（行）嵌套在紧靠它上方的字段（行）中；“列标签”区域中的字段显示为数据透视表顶部的列，位置较低的字段（列）嵌套在它上方的字段（列）中；“数据”区域中字段显示汇总数值数据。

5.10.2 员工学历层次结构一览

（1）单击“员工档案表”工作表的数据区域中的任意单元格；

（2）单击“插入”|“表格”|“数据透视表”按钮，打开“创建数据透视表”对话框，单击“确定”按钮系统自动新建一张工作表用于创建数据透视表，同时显示“数据透视表字段列表”窗格；

（3）在“数据透视表字段列表”窗格中操作：将“姓名”字段拖动到“报表筛选”框中，将“所属院部”字段拖到“行标签”框中，将“学历”字段拖到“列标签”框中，将“工号”字段拖到“数值”框中；

温馨提示：“工号”字段中的数据是以“0”开头的“文本”型数值，因此“数值”区域中“工号”的计算方式自动变成了“计数”；而上一张数据透视表，“工资”字段是常规型数值，系统默认对其进行“求和”运算。这里也可以尝试使用其他字段进行“计数”统计。

（4）制作数据透视表标题：在第1行的前面插入2行，合并A1:E1，输入标题文字“员工学历层次结构一览”，设置格式为“黑体，16号字”。完成效果如图5-76所示。

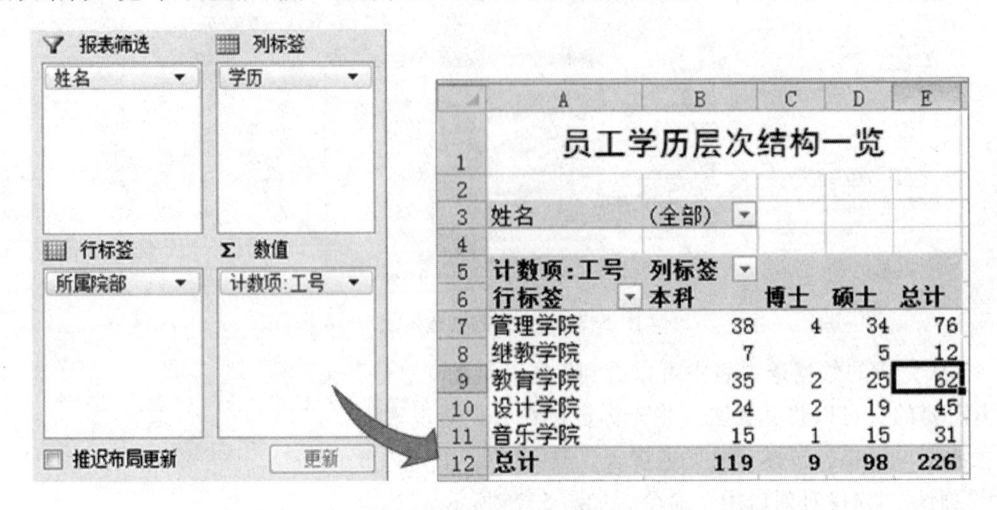

	A	B	C	D	E
1	员工学历层次结构一览				
2					
3	姓名	(全部)			
4					
5	计数项:工号	列标签			
6	行标签	本科	博士	硕士	总计
7	管理学院	38	4	34	76
8	继教学院	7		5	12
9	教育学院	35	2	25	62
10	设计学院	24	2	19	45
11	音乐学院	15	1	15	31
12	总计	119	9	98	226

图5-76 “员工学历层次结构一览”数据透视表

案例小结

信息是资源，但数据并不等于资源，只有经过分析、加工、处理过的数据才能成为信息。数据透视表就是Excel加工处理信息的重要工具。

数据透视表具备分类汇总的全部功能，但比分类汇总更强大，它可以对需要的数据进行筛选、重组、排序、组合、分页打印，快速完成海量数据的分析整理。本案例只简单介绍了数据透视表的制作和应用，数据透视表还有更多、更强大的功能可以发掘利用。但这并不是说有了数据透视表，就不需要分类汇总功能了，对于少量数据的简单汇总处理，分类汇总功能还是更简单、更快捷。

实训 5.10　完成员工数据分析整理

实训 5.10.1　制作博士平均工资的数据透视表

利用数据透视表分学院统计博士的平均工资。

实训 5.10.2　制作员工学历层次结构的数据透视表

利用数据透视表分学院统计各学历层次的教师人数。

实训 5.10.3　实训拓展

制作一张数据透视表，在同一张表中统计分学院、分学历的平均工资和平均年龄数据。

实训 5.10.4　实训报告

完成一篇实训报告，将实训中的感受和收获，特别是“实训拓展”探究过程中觉得有价值的内容，整理并记录下来。